普通高等教育“十三五”规划教材
全国高等院校动物医学类专业系列教材

“大国三农”系列规划教材

U0821103

动物组织学与胚胎学

马云飞　主编

中国农业大学出版社
·北　京·

内容简介

本书为动物医学专业核心课程规划教材，共 18 章，配有 200 多幅彩色插图。绪论主要介绍了动物组织学与胚胎学的研究内容、发展简史、研究技术及学习方法。第一章主要阐述动物细胞的基本知识。第二至五章是基本组织学部分，系统介绍动物机体四大基本组织，即上皮组织、结缔组织（含血液与淋巴，软骨与骨）、肌组织和神经组织的结构。第六至十六章是器官组织学部分，包括神经系统、循环系统、被皮系统、免疫系统、内分泌系统、感觉器官、消化系统、呼吸系统、泌尿系统和生殖系统，主要叙述动物机体各器官组织的微细结构及功能。第十七章主要介绍动物胚胎学的基本知识，着重阐述畜禽早期胚胎发育的特征和规律。

本书为新形态教材，附有数字化资源。党的二十大中提出科教兴国战略、人才强国战略，提出要推进教育数字化。本书的出版将有利于加强畜牧兽医专业基础学科建设，推进数字化教育。

本书可供高等农林院校的动物医学（兽医学）、动物科学（畜牧学）以及生物学（动物学）等专业的本科生和专科生作为教材使用，亦可作为相关专业的研究生、教师及畜牧兽医科技人员的参考书。

图书在版编目（CIP）数据

动物组织学与胚胎学 / 马云飞主编. —北京：中国农业大学出版社，2020.7（2025.5重印）

ISBN 978-7-5655-2403-5

Ⅰ.①动… Ⅱ.①马… Ⅲ.①动物组织学－高等学校－教材②动物胚胎学－高等学校－教材 Ⅳ.①Q95

中国版本图书馆CIP数据核字（2020）第 142207 号

书　名 动物组织学与胚胎学

作　者 马云飞　主编

策划编辑 梁爱荣　潘晓丽　　**责任编辑** 潘晓丽

封面设计 郑　川　李尘工作室

出版发行 中国农业大学出版社

社　址 北京市海淀区圆明园西路 2 号　　**邮政编码** 100193

电　话 发行部 010-62818525，8625　　读者服务部 010-62732336

编辑部 010-62732617，2618　　出　版　部 010-62733440

网　址 http://www.caupress.cn　　**E-mail** cbsszs@cau.edu.cn

经　销 新华书店

印　刷 天津鑫丰华印务有限公司

版　次 2020 年 9 月第 1 版　2025 年 5 月第 3 次印刷

规　格 787 × 1 092　16 开本　19.5 印张　485 千字

定　价 79.00 元

编审人员

主　编　马云飞

副主编　黄丽波　崔亚利　胡传活　石　娇

编　委　（按姓氏笔画排序）

马云飞（中国农业大学）

毛景东（内蒙古民族大学）

石　娇（沈阳农业大学）

白志坤（东北农业大学）

匡　宇（中国农业大学）

刘华珍（华中农业大学）

李　珣（广西大学）

李海军（内蒙古农业大学）

杨　平（南京农业大学）

张虹亮（湖南农业大学）

张雅楠（东北农业大学）

胡　满（河北农业大学）

胡传活（广西大学）

徐春生（石河子大学）

殷玉鹏（西北农林科技大学）

黄丽波（山东农业大学）

崔亚利（河北农业大学）

韩德平（中国农业大学）

主　审　滕可导（中国农业大学）

前言

在中国农业大学和中国农业大学出版社的大力支持下，《动物组织学与胚胎学》作为动物医学专业核心课程的规划教材付梓了。为贯彻党的二十大"实施科教兴国战略，强化现代化建设人才支撑"精神，深化教育领域综合改革，加强教材建设和管理，推进教育数字化，本教材采用彩版印刷，提供数字化资源（教材中全部插图电子版及 PPT 课件放出版社网络平台，网址：http://xy.caupress.cn/course/480）。

本书对知识点的描述，注重反映本学科的新近研究成果和科学前沿，充分借鉴国内外优秀的兽医组织学和兽医胚胎学研究成果、教材及图谱等有关资料。本教材在内容翔实的基础上，重点突出、文字精练，将组织结构的形态学描述和功能特点有机结合，同时保持内容适度及深入浅出。每章之后均附有思考题，便于读者掌握各章节的重点内容。

本书编者提供了大量原创真实照片，并采用电脑绘制彩色模式图，插图质量高，图片结构典型、色彩清晰、标注准确，有利于读者更好地学习、理解和掌握教材的基本知识点。

本书编委来自 13 所高校，均为本学科专业教学一线、具有丰富教学经验的中青年教师。编写分工如下：马云飞（绪论、第一章、第十一章、第十七章第三节和第四节），石娇（第二章、第三章第二节），胡满和崔亚利（第三章第一节、第六章），张虹亮（第三章第三节），刘华珍（第四章），李珣（第五章），殷玉鹏（第七章），毛景东（第八章），匡宇（第九章），胡传活（第十章、第十五章），徐春生（第十二章第一节），黄丽波（第十二章第二节、第十六章），韩德平（第十三章），杨平（第十四章），李海军（第十七章第一节和第五节），白志坤（第十七章第二节），张雅楠（绘图及标注）。全书由马云飞统稿。在此，对各位编委的辛勤付出表示诚挚的感谢！

本书的编写工作凝聚了全体编写人员的心血，此外，中国农业大学王淑静同学承担了部分图片采集、标注及格式编排等工作；东北农业大学居安妮同学承担了部分绘图工作；中国农业大学滕可导教授对本书进行了全面审阅，在此一并致谢！

本书在编写过程中参阅了大量国内外相关书籍和文献，引用了有关资料及图片，并改绘了一些示意图，在此谨向原作者致以诚挚谢意。由于编者学识有限，书中有不足甚至错误之处，敬请读者提出宝贵意见，便于再版时予以更正。

马云飞

2023 年 5 月

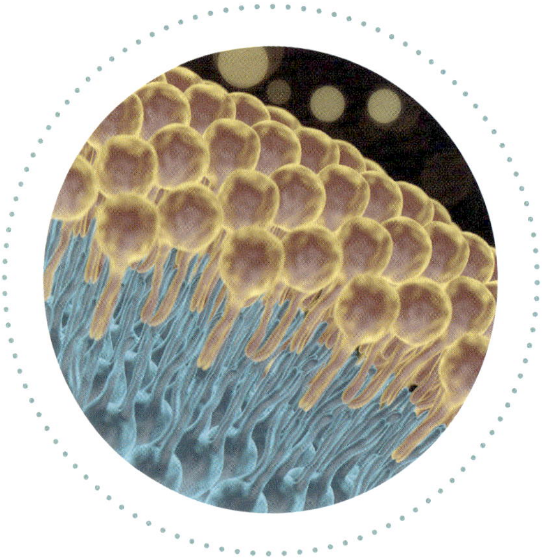

CONTENTS

目录 CONTENTS

绪 论

动物组织学与胚胎学由动物组织学（animal histology）和动物胚胎学（animal embryology）两门学科组成。动物组织学是研究动物机体的微细结构及其相关功能的科学，主要是借助显微镜观察分析器官组织的结构，亦称显微解剖学（microscopic anatomy）；动物胚胎学是研究动物个体发生、生长发育过程及其机理的科学。两门学科均为形态学科，有着密切的内在联系，都是从细胞的观察、微细结构的研究开始，注重形态结构、发生发展规律及其与生理机能的关系，因此，在动物医学等专业教育中习惯将它们合为一门课程进行学习。

一、动物组织学与胚胎学的研究内容及意义

动物组织学的研究内容包括细胞学、基本组织学和器官系统组织学 3 部分。

细胞（cell）是生物体形态结构与功能的基本单位，是一切生物新陈代谢、生长发育和繁殖分化的形态基础。动物体内的细胞种类繁多，形态和功能各异。以细胞为研究对象，不断地深入发展并成为一门独立的学科——细胞学（cytology）。

组织（tissue）是由许多结构和功能密切相关的细胞和细胞间质构成。根据其来源、形态结构和功能的不同，通常将机体的组织分为 4 种基本类型，称为基本组织（elementary tissue），即上皮组织、结缔组织、肌组织和神经组织。随着组织学研究的不断深入，常常发现同一种组织内细胞的结构和功能是多种多样的，其发生也未必完全一致。因此组织的分类仅是一种相对意义的归纳性概念，不可机械地理解。

器官（organ）是由几种不同的组织按一定的规律有机结合而成，具有一定的大小和形态结构，并执行特定的生理功能。如果器官中央有大的空腔，称管状器官，如胃、肠、心、膀胱和子宫等；如无明显管腔的，称实质性器官，如肝、脾、肺、肾和淋巴结等。

系统（system）是由若干结构上连续、功能上相关的器官联合在一起构成。如神经、循环、被皮、免疫、内分泌、消化、呼吸、泌尿和生殖系统等。动物机体的各个系统既有相对的独立性，又有严密而完整的统一性，在神经－体液－免疫调节下进行着各种生命活动。

动物胚胎学的研究内容包括胚前发育、胚胎发育和胚后发育阶段。胚前发育，即两性生殖细胞（精子和卵子）的形成和结构；胚胎发育，包括胚胎早期发育和各器官系统发育两个时期，前者包括受精、卵裂、囊胚与附植、三胚层形成与分化以及胎膜与胎盘等；胚后发育，即胎儿出生后的发育直至个体衰老死亡的过程。本书重点介绍畜禽的胚前发育和胚胎早期发育这两个阶段。

动物组织学与胚胎学的研究对象在日渐扩大，本书以传统的家畜和家禽为主，兼顾部分经济动物和实验动物。动物组织学与胚胎学是动物医学、动物科学、动物生物学、水产学等专业的基础学科之一，旨在揭示动物机体的微细结构、生理机能、发生规律及其相互关系。

本学科具有承上启下的作用，既是动物解剖学的延续，又为后续的动物生理学、兽医病理学、遗传学、饲养学以及临床兽医学等多门学科奠定基础。

二、动物组织学与胚胎学的发展简史

组织学的发展是以解剖学进展为前提，以细胞学的发展为基础，又与胚胎学发展密切关联。从古代医书（如约公元前 500 年的《内经》）中的记载起始，解剖学的发展已有约 2 500 年的历史。从显微镜的发明和细胞的发现起始，组织学发展迄今有 400 多年。组织学与胚胎学的发展与显微镜等研究工具的发明和改进以及组织标本制备技术的改良有着密切的关系。

1. 细胞的发现与细胞学说的确立

显微镜起源于 16 世纪荷兰的眼镜制造工匠 Janssen 兄弟制作的放大镜。1665 年英国人 R. Hooke（1635—1703）用自制的显微镜观察软木薄片，首先描述了细胞壁所围成的小室，称之为“cell”，创立了“细胞”一词。以后更多的细胞及其功能被发现，如荷兰人 Leeuwenhoek（1632—1723）用自制的较高倍数的显微镜（×270）观察到精子、红细胞、肌细胞和神经细胞；荷兰人 Graaf（1641—1673）发现了卵泡。19 世纪，人们研制了反射显微镜、消色差物镜和油浸显微镜，发明了聚光器等，大大提高了显微镜的放大倍数和分辨率。此外，英国人 Gudden 和 Welker（1856）设计和制作了切片机，组织标本的固定、包埋、切片和染色等技术也有了很大的进步。组织学技术和研究工具的改进使人们获得了一系列新发现。1838 年和 1839 年德国学者 Schleiden（1804—1881）和 Schwann（1810—1882）指出植物和动物都含有细胞，细胞具有细胞膜、内含物和核仁，动物、植物在生物界本质的联系均是以细胞为其结构、功能和发生的基本单位，从而创立了“细胞学说”，成为生命科学发展的重要里程碑，被誉为 19 世纪自然科学的三大发现（细胞学说、物质和能量守恒定律、达尔文进化论）之一。

2. 组织概念的提出和组织学的建立

法国人 Bichat（1771—1822）于 1801 年发表“膜的研究”一文，首次提出“组织”（法文 tissu，原意为编织物）一词，并将人体分为神经、血液、血管、肌肉、软骨、骨、纤维等 21 种组织，由这些组织集合而组成器官，再由器官形成更复杂的系统，认为组织是机体结构和功能的基本单位，提出了组织学说。Bichat 的组织学说最终被细胞学说所取代，但他的工作为组织学的发展奠定了基础。1819 年，德国人 Mayer 将组织重新归纳为 8 种，并创立“histology”一词，组织学作为一门独立的学科而正式建立。

19 世纪中叶后，光学显微镜、切片技术及染色方法的不断改进与充实推进了组织学的迅速发展。有关动物和人体组织与器官的显微结构的研究资料日趋丰富。Schwann 根据细胞的发育程度将组织分为血液、上皮组织、软骨和骨、结缔组织、肌肉和神经组织等类型，并发现了周围神经的神经膜细胞。Purkinje（1787—1869）观察了神经细胞及其突起、有髓神经纤维以及小脑的梨状神经元。意大利人 Golgi（1843—1926）和西班牙人 Cajal（1852—1934）创立和发展了银染技术，系统研究了中枢神经系统的神经元、神经胶质细胞、脑皮质的细胞构筑以及神经回路等，为此，两人同获 1906 年诺贝尔生理学或医学奖。

3. 现代组织学的发展

20 世纪以来，组织学的研究技术得到了蓬勃发展，相差显微镜、偏振光显微镜、暗视野显微镜、荧光显微镜、紫外光显微镜等相继问世。1932 年，德国人 Knoll 和 Ruska 研制了第一台透射电镜（点分辨率达到 50 nm），使人类视野进入超微领域。以后随着超薄切片机的出现、标本制备技术的改进，以及扫描电镜的发明，电镜的应用逐渐广泛。由于电镜的分辨率是光镜的 1 000 倍，放大率可达数十万倍，组织学研究遂从细胞水平进入了亚细胞水平。人们观察细胞及细胞外基质成分的超微结构，发现了许多特殊的细胞器，如核糖体、内皮细胞的 W-P 小体等；在阐明超微结构的基础上，提出了许多新的理论，如神经元通过突触相互连接的神经元学说（Palade 和 Palay，1954）、纤毛摆动的微管滑动学说（Afzelius，1959）、肌纤维收缩的肌丝滑动学说（Huxley，1969）等。此外，由于多学科的相互渗透和促进，组织化学技术有了很大的进展，相继建立了许多新方法，如显示 DNA 的 Feulgen 反应（Feulgen，1924）、显示多糖的过碘酸 - 希夫反应（McManus，1946），以及显示多种酶活性的酶组织化学。

近 40 年科学技术发展更为迅猛，许多新技术、新设备不断涌现并用于细胞学和组织学的研究。免疫组织化学从最初的荧光素标记和直接法（Coons，1941）到间接法的过氧化物酶 - 抗过氧化物酶法（PAP）（Sternberger，1970）或亲和素 - 生物素 - 酶复合物（ABC）法（Hsu，1981），其显示抗原物质（如蛋白质）的敏感性和特异性明显提高。核酸分子杂交技术和聚合酶链反应（PCR）在组织学中的应用产生了原位杂交技术（Gall 和 Pardue，1969）和原位 PCR 技术（Haase，1990），这些方法可在组织细胞的原位特异性显示 DNA 和 mRNA 片段，并使单拷贝和低拷贝核酸的检测成为可能，实现对蛋白质分子等进行定性、定位、定量及代谢和功能分析，揭示基因及其表达状态，使组织学研究进入分子水平。

由于生物物理学的发展，放射自显影术、X 射线显微分析术、显微分光光度术等技术随之建立和完善；又相继出现了细胞培养技术、细胞融合术、图像分析术、流式细胞术、激光共聚焦扫描显微镜术以及分子重组与基因工程等，这些新技术与计算机技术相结合，能够迅速地对组织细胞的微细结构及生物物理和生物化学参数做出分析，对细胞进行分选或切割，使组织学研究更加广泛深入和精细，并逐渐向自动化、定量化和数字化方向发展。

我国组织学研究起始于 20 世纪初，我国老一辈组织学家如马文昭（1886—1965）、鲍鉴清（1893—1982）、王有琪（1899—1995）、张作干（1907—1969）、李肇特（1913—2006）、薛社普（1917—2017）等在学科建设、科学研究和人才培养等方面做出了历史性贡献。动物医学领域，最早可追溯至 1903 年和 1904 年创办的京师大学堂和保定马医学堂，其课程设置中已有家畜组织学与胚胎学内容，随后在一些大学的畜牧兽医专业中均设有独立的家畜组织胚胎学课程。20 世纪 40 年代以后，一些留学归国的学者将国外部分先进的理论知识和技术应用到畜牧兽医教育中，使家畜组织胚胎学内容日渐丰富。20 世纪 60 年代，包括家畜组织胚胎学在内的兽医基础学科体系形成，开始进入相互交流、共同发展的时期，一批组织胚胎学家如李玉秀、李维恩、秦鹏春、史少颐、李宝仁、罗克、聂其灼等在学科建设、人才培养和教育质量提高等方面做出了重大贡献，有力地推动了本学科的发展。

纵观学科发展历史沿革，深刻感悟老一辈科学家艰苦卓绝的奉献精神和爱国情怀。以教材为载体，广泛践行社会主义核心价值观，深化爱国主义、集体主义、社会主义教育，增进文化自信自强，提高对本学科本专业的认同感，着力培养担当民族复兴大任的时代新人。

三、动物组织学与胚胎学的研究技术简介

组织学与胚胎学的研究方法和技术种类繁多，并随着现代科学技术的不断进步而迅速发展，了解和熟悉组织学与胚胎学的研究工具和技术方法可以更好地理解和掌握本学科知识。

（一）组织制片技术

自然状态下，生物体的大部分都是不透明的，不能直接在显微镜下观察，要经过特殊的处理，使要观察的材料减小厚度，光线能够透过才能用于显微镜观察。通常有两种方法处理标本，一种是切片法，另一种是非切片法。

1. 切片法

传统而又经典的方法是石蜡切片技术。在切片之前，为了尽可能使镜下结构保持接近活体时的形态，需要用一定药品，如甲醛、多聚甲醛、戊二醛、苦味酸、丙酮等处理，使组织内的蛋白质迅速凝固或沉淀，防止细胞自溶和组织腐败，称为固定。而后，为了便于切成薄片，再把材料包埋在石蜡（也可用火棉胶）内，用石蜡切片机（图 0–1）切成薄片。一般切片厚 4～7 μm，经染色后可在显微镜下观察。制片程序如下：取材—固定—脱水—透明—浸蜡和包埋—切片—染色—封固。

有时因特殊需要可取新鲜组织，立即投入液氮内快速冻结，用恒冷箱切片机（或称冷冻切片机）（图 0–2）制成冷冻切片，以保存酶活性和脂类物质，常用于酶组织化学和脂类物质染色。此外，用振动切片机切片可防止石蜡切片的高温处理和冷冻切片的冰晶形成。

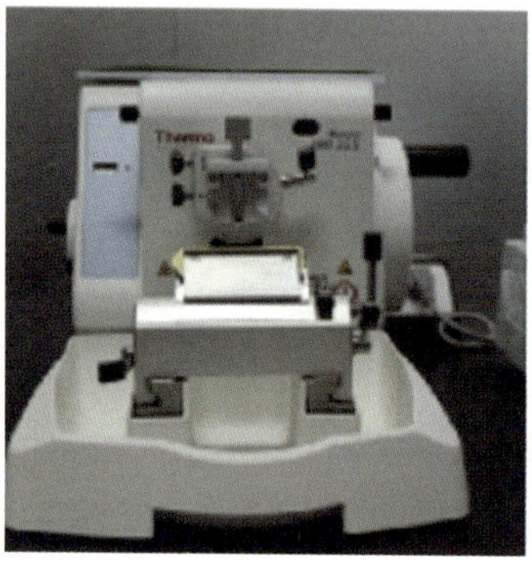

图 0–1　石蜡切片机

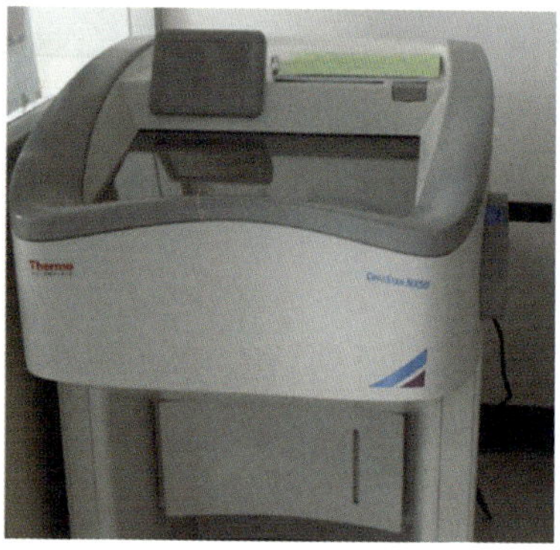

图 0–2　冷冻切片机

2. 非切片法

在显微镜下观察的材料，除上述切片法制作外，根据材料的性质或研究目的不同，有时并不需要切成薄片。常用的非切片法有：①涂片法，血液等液态物质、分离细胞或脱落细胞等可直接涂在玻片上；②铺片法，肠系膜、疏松结缔组织等可撕成薄片铺在玻片上；③磨片法，牙齿和骨等坚硬组织可磨成薄片；④整装片法，用于小的胚胎等制片；⑤离散法，用于平滑肌纤维分离制片等。再经染色后观察。

（二）活体组织和细胞研究技术

1. 组织培养

组织培养（tissue culture）将活体的细胞、组织、器官（器官原基、器官一部分或整个器官）取出，置于体外培养基内，模拟体内生理环境（无菌、适宜温度、酸碱度和一定营养条件等），使之生存、生长并维持主要结构和功能的一种方法，又称体外（*in vitro*）实验。通过体外实验可以研究细胞的信号转导、细胞的合成代谢、细胞的生长增殖等生理功能，以及各种理化因子对活细胞的直接影响。根据细胞是否附于支持物上生长的特性，分为贴附型（如成纤维细胞、上皮细胞、神经细胞等）、悬浮型（如白细胞等）。通过组织培养而获得组织、器官或个体的技术通常称为组织工程（tissue engineering）。

2. 活体染色法

活体染色法（vital staining）用无毒或毒性很小的染料注入动物体内使细胞染色的方法，观察染料颗粒被吸收和分布的情况，可用于研究细胞的迁移运动、吞噬等特性。如巨噬细胞具有吞噬异物的能力，一般是活体注射无毒染料如台盼蓝（trypan blue）、中性红、墨汁后取材。

3. 细胞分离

细胞分离（cell isolation）根据细胞的大小、密度、表面标志及电荷量等的不同，采用不同方法将某种细胞或亚细胞成分从含有多种细胞的混合液中分离出来，再研究其各自特性。细胞分离技术包括差速离心术、流式细胞术和细胞电泳等。差速离心是研究如细胞核、线粒体、高尔基体、溶酶体和微体，以及各种大分子的基本手段。流式细胞术是对单个细胞进行快速定量分析与分选的一门技术。细胞电泳是指在一定 pH 下细胞表面带有净的正或负电荷，能在外加电场的作用下发生泳动，进而分离不同种类细胞，并了解细胞表面结构和功能状态。

4. 细胞融合

细胞融合（cell fusion）也称细胞杂交（cell hybridization），是指两个或多个细胞融合成一个新细胞的过程，融合后形成的具有原来两个或多个细胞遗传信息的细胞，称为杂交细胞（hybrid cell）。对选出的杂种细胞进行克隆（选择与纯化），经过培养，就能获得所需要的无性繁殖系，用于研究细胞遗传、细胞免疫、肿瘤以及生物新品种培育和单克隆抗体制备等方面。

（三）组织化学技术

1. 一般组织化学技术

组织化学方法是利用化学试剂与组织、细胞内的某些物质呈现物理或化学反应，在局部形成有色沉淀物，通过光学显微镜观察，或形成重金属沉淀，用电镜观察，进而对组织、细胞内的化学成分进行定位、定性或定量的研究。常用的染色方法举例如下。

（1）HE 染色 最常用的染色方法是苏木精（hematoxylin）和伊红（eosin）染色法，简称 HE 染色。苏木精是碱性染料，将细胞核和细胞质中的核糖体等酸性物质染成紫蓝色；伊红是酸性染料，将细胞质和细胞外基质中的碱性成分染成粉红色。组织或细胞中的酸性物质对碱性染料亲和力强，易被其染色的特性称为嗜碱性（basophilia）；对酸性染料亲和力强，易被其染色的特性称为嗜酸性（acidophilia）；若对碱性染料和酸性染料亲和力都不强的，称中性（neutrophilia）。此外，在用某一染料染细胞或组织时，染色部分呈现与染剂色调不同的颜色，这种染色特性称为异染性（metachromasy）。异染性染料有甲苯胺蓝、天青 B、硫堇（碱性染料）和刚果红系染料（酸性染料）等，如甲苯胺蓝染肥大细胞时，其细胞质颗粒呈现紫红色而不是染料的蓝色。

（2）过碘酸 – 希夫反应（periodic acid–Schiff reaction，PAS 反应） 用于显示组织、细胞内的糖原、多糖、糖蛋白等糖类物质的存在。过碘酸将糖类相邻两个碳上的羟基氧化成醛基，再用 Schiff 试剂和醛基反应呈现紫红色。

（3）瑞氏 – 吉姆萨染色（Wright–Giemsa staining） 适于血液（骨髓）涂抹标本的染色。染液中含有天晴色素、伊红、亚甲蓝等染料，能使细胞核和细胞中的特殊颗粒呈现不同颜色，很好地显示各种血细胞的形态结构。

（4）浸银染色（silver impregnation staining） 亦称镀银，是用于显示神经细胞、神经纤维和网状纤维的一种方法。用硝酸银浸渍组织切片，使银还原，由于析出的金属银的作用而得到黑色的染色相。有些结构可直接使硝酸银还原为银颗粒而显色，称为亲银性(argentaffin)；有些结构则需要加入还原剂方能显色，称为嗜银性（argyrophilia）。

其他染色方法，如用油红 O、尼罗蓝或苏丹类染料使脂类染色，亦可用锇酸固定兼染色，脂类呈黑色；用福尔根反应（Feulgen reaction）显示 DNA（紫红色）；用甲基绿 – 派洛宁反应（methyl green–pyronin reaction）可同时显示 DNA（蓝绿色）和 RNA（红色）。

2. 免疫组织化学技术

免疫组织化学（immunohistochemistry）或免疫细胞化学（immunocytochemistry）是利用抗原 – 抗体特异性结合的免疫学原理，用已知标记的抗体(或抗原)对组织细胞中某种抗原(多肽、蛋白质等大分子)物质(或抗体)进行原位定位、定性及定量检测。该方法需要制备抗体，首先将某种蛋白质（或多肽）作为抗原，注入动物体内，使其体内产生与该抗原相应的抗体；而后从血清中提取该抗体，并用酶或荧光染料等标记，再用标记后的抗体处理细胞或组织切片，标记抗体与相应抗原特异性结合，从而显示该物质在组织中的分布，达到研究或诊断目的。该方法特异性强、敏感度高、广泛应用于生物医学各学科的研究中。该技术根据标记抗体与被检抗原的结合方式分为直接法和间接法两种（图 0–3）。

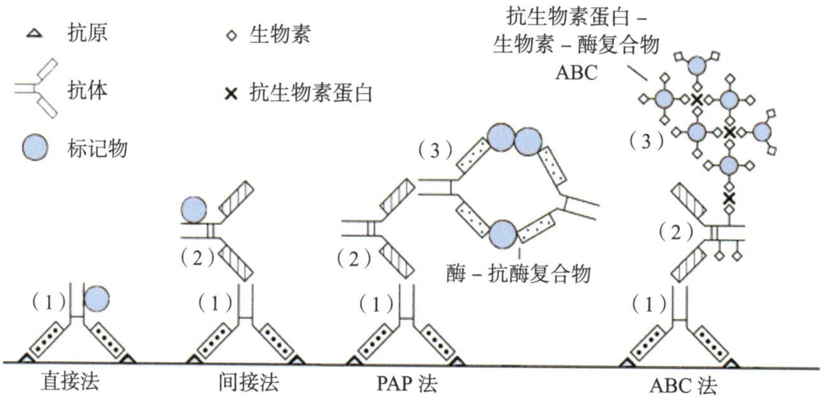

图 0–3　免疫组化原理示意图

（1）直接法 用标记抗体（一抗）直接与样品中的抗原结合，此法简单，但是敏感性较差。

（2）间接法 将一抗作为抗原免疫另一种动物，制备该抗体的抗体（二抗），用标记物标记二抗，再依次用一抗和二抗处理样品。此法由于有两种抗体的放大作用，敏感性显著增强。近年来间接法被不断改进，有更加敏感性的 PAP 法、ABC 法和 SABC 法等。

PAP 法（过氧化物酶 – 抗过氧化物酶法，peroxidase anti–peroxidase method）：先形成一种可溶性酶 – 抗酶血清的 PAP 复合物，然后通过抗原 – 抗体 – 抗 IgG 抗体 –PAP 复合物顺序进行结合。ABC 法（亲和素 – 生物素 – 过氧化物酶复合物法，avidin–biotin–peroxidase complex method）：ABC 法与 PAP 法的区别是以 ABC 复合物代替 PAP 复合物。染色步骤：第一抗体、生物素标记的第二抗体、ABC 复合物，最后进行酶显色反应。

3. 原位杂交组织化学技术

原位杂交组织化学（*in situ* hybridization histochemistry）即核酸分子杂交组织化学，是一种在组织细胞原位进行的核酸分子杂交技术，敏感度高，特异性强，是当前分子生物学研究的重要手段。其原理是使用带有标记物的已知碱基序列的单链核酸探针（标记的 DNA 或 RNA 探针），通过碱基互补规则与组织细胞内待测的核酸结合而形成特定的双链分子，即杂交，然后通过对标记物的显示和检测，而获知待测核酸的定位及相对含量。常用的标记物有 2 种：一种是放射性核素（^{35}S、^{32}P、^{3}H），经放射自显影术显色后观察；另一种是非放射性物质，如地高辛、生物素或荧光素等，经免疫组织化学处理后观察。

（四）放射自显影技术

放射自显影术（autoradiography）亦称同位素示踪，其原理是使用放射性物质。首先，将某种放射性同位素或其标记物注入动物体内（或加入培养基中），间隔一定时间，让组织细胞摄取该物质，再取材制成标本（如切片或涂片），在暗室中将标本表面涂上一层感光乳胶，组织细胞内的放射性核素产生的射线作用于乳胶中的溴化银，使其还原为银颗粒，再经显影和定影处理后，可在光镜或电镜下观察。由此，可获知被检物质在机体、组织与细胞内的分布、含量、吸收及代谢路径。在生物学、组织学研究中，常用的放射性同位素主要是能量低、射程短、电离作用强的 β 射线，如 ^{3}H、^{14}C、^{32}P、^{35}S、^{125}I 等。

（五）形态计量术

形态计量术（morphometry）亦称图像分析技术，是利用图像分析系统，应用几何学和统计学原理计算出组织和细胞中各微细结构的分布、数量、形态、表面积和周长等数值，如肺泡的数量和表面积、胰岛的数量及其各细胞的百分率等，这些数值从量的角度显示了结构与功能的关系。该技术能够快速准确地将平面的测量数据按数学公式推算出立体结构数值，如通过连续的组织切片，应用图像分析仪对组织细胞的结构进行三维重建，这部分内容又称生物体视学（biological stereology）。

（六）流式细胞术

流式细胞术（flow cytometry, FCM）是利用流式细胞仪对流动的单细胞或微粒进行鉴定、分类计数、定量和分选纯化，是集单克隆抗体和免疫细胞化学技术、激光和电子计算机科学及流体理论于一体的技术。该技术可同时检测单个细胞的多个参数，具有速度快、精度高、准确性好的优点。流式细胞术广泛用于细胞生物学、免疫学、血液学及肿瘤学等研究，如分析细胞表面和细胞内分子的表达、鉴定并确定异质细胞群中的不同细胞类型、分离和定量淋巴细胞亚群、研究分析细胞周期、DNA 倍体及细胞凋亡等。

（七）差速离心术

差速离心术（differential centrifugation）是一种物理方法，根据各种细胞或细胞组分的沉降系数不同，利用不同强度的离心力来分级分离细胞或细胞器。一个颗粒的沉降系数与其大小、形状和密度以及周围液体的黏度有关。对于差速离心制取的各组分，要用光学显微镜（检查细胞、细胞核、线粒体、分泌颗粒）、电子显微镜（检查核糖体、微粒体等），或用化学方法鉴定其纯度。该方法能详细地研究纯化的细胞成分。

（八）显微镜的种类及主要用途

1. 光学显微镜

（1）光学显微镜（light microscope，LM） 主要由物镜、聚光镜和目镜组成。光镜的放大倍数等于物镜和目镜放大倍数的乘积，可达 2 000 倍左右。显微镜的分辨率是指能被显微镜清晰区分的两个物点的最小间距，其计算公式是 $\sigma=\lambda/NA$（式中 σ 为最小分辨距离；λ 为光线的波长；NA 为物镜的数值孔径）。光镜的分辨率约为 0.2 μm。

（2）荧光显微镜（fluorescence microscope） 通常由普通光学显微镜再加荧光光源、激发滤片及阻断滤片等附件组成，是利用特定波长的激发光照射被检物产生荧光，然后加以观察。荧光显微镜的光源为高压汞灯、氙灯或金属卤素灯等。荧光显微镜用于显示组织细胞的自发性荧光、诱发性荧光，或经荧光染料染色（或标记）结构的观察。

（3）暗视野显微镜（dark field microscope） 是以胶体粒子的反射和散射现象为基础设计的，利用特殊的暗视野聚光镜（中央有挡光片），使照明光线不直接进入物镜，只允许被标本反射和衍射的光线进入物镜，故视野黑暗，而标本中的小颗粒呈现明亮小点，可见度增加。其分辨率可达 0.004～0.2 μm。暗视野显微镜主要适用于观察反差太小的或微小颗粒结构。如未染色的细菌、酵母及血液中白细胞和血清中分子的布朗运动，细胞内线粒体的运动，以及放射自显影中的银粒等。

（4）相差显微镜（phase contrast microscope） 光的波长决定颜色，振幅决定亮度。相差显微镜的特点是改变光的相位，使相位差（由于物体各部分的厚度和折射率不同，就发生光程差，光程差决定相位差）变为振幅差（明暗差），借增强或减弱光的明暗度而观察标本的微细结构，并具有立体感。相差显微镜主要用于观察活细胞的形态结构及生长变化情况。

（5）倒置显微镜（inverted microscope） 其特点是光源在上方，物镜在下方，增大了载物台放置标本的高度，可放置较大标本，对活细胞进行连续观察。也可进行细胞内注射、细胞切割或核移植等多种实验的操作和观察。此种显微镜常与相差显微镜结合，称倒置相差显微镜（inverted phase contrast microscope）。

（6）偏光显微镜（polarizing microscope） 其特点是在系统内安装有产生偏振光和检测偏振光的装置。由于细胞内结构的光学性质不同，其光速和折射率也不同，经过偏振光装置产生明暗不同的影像。用于鉴定微细结构，如肌原纤维上的明暗带以及细胞膜和纺锤体的研究。

（7）激光扫描共聚焦显微镜（laser scanning confocal microscopy，LSCM） 是由激光光源、共聚焦成像扫描系统、电子光学系统和微机图像分析系统四部分组成，还附有外接探测器、彩色显示器和照相装置等，是 20 世纪 80 年代研制成功的一种高光敏度、高分辨率和高度自动化的新型生物学仪器（图 0–4）。激光扫描共聚焦显微镜可以检测、识别组织或细胞内微细结构及其变化，细胞的受体移动，酶活性以及物质转运，Ca^{2+}、pH、膜电位等生理信号，并用激光对细胞及染色体进行切割、分离、筛选等。

2. 电子显微镜

电子显微镜（electron microscope, EM），简称电镜，是 20 世纪 30 年代发明的一项新技术。电镜不同于光镜之处是用电子束代替可见光，用电磁场代替玻璃透镜。电镜的分辨率为 0.1～0.2 nm，可放大几万倍到几十万倍，因此电镜能观察到细胞的更微细结构，称亚显微结

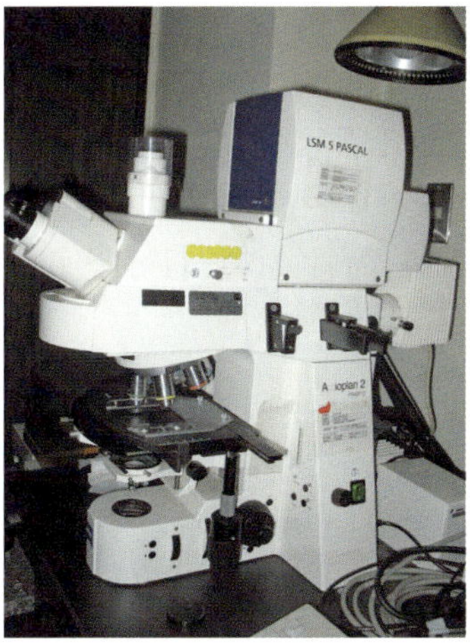

（a）

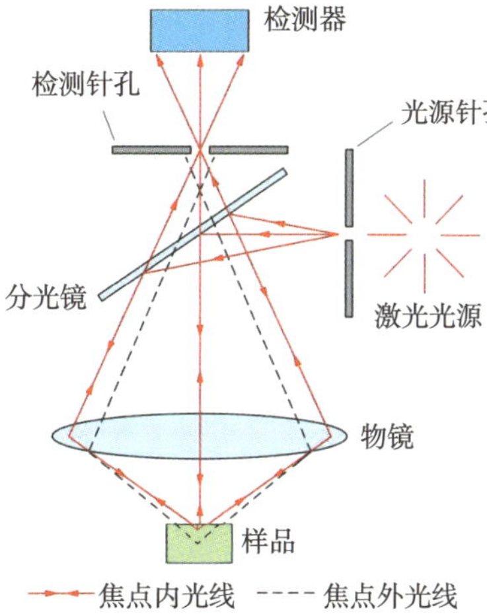

（b）

图 0–4　激光扫描共聚焦显微镜（a）及成像原理示意图（b）

构或超微结构。

（1）**透射电镜**（transmission electron microscope, TEM）　用于透射电子显微镜技术研究的组织需用戊二醛或锇酸固定，树脂包埋，制成 50～80 nm 的超薄切片，再经铅盐等重金属盐（如柠檬酸铅和醋酸铀）染色后，在透射电子显微镜（图 0–5）下观察。被金属所染部位，荧光屏上显得暗，图像较黑，称为电子密度高；反之则称为电子密度低。被检结构和重金属盐相结合的称正染色；被检结构本身不与重金属盐结合，而其周围染上重金属盐的称负染色。一般染色都是正染色。

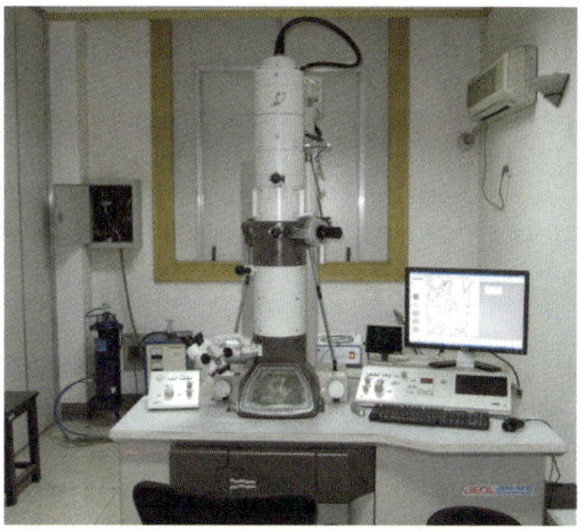

图 0–5　透射电镜

（2）**扫描电镜**（scanning electron microscope, SEM）　扫描电子显微镜要观察的组织不需制成切片，经固定、脱水后，在其表面喷镀薄层碳膜和金属膜，最后电子信号在荧光屏上成像。扫描电镜用于观察细胞、组织和器官表面的立体微细结构，如细胞表面突起、微绒毛、纤毛等。

3. 原子力显微镜

原子力显微镜（atomic force microscope, AFM）是一种利用原子、分子间的相互作用力来观察物体表面微观形貌的新型实验技术，分辨率可达 0.01～0.1 nm。它不同于光镜和电镜，它不用光源或电子束照射样品，也没有透镜，而是通过尖锐探针在样品表面扫描，获得样品表面结构信息。

四、动物组织学与胚胎学的学习方法

（一）学习动物组织学与胚胎学的方法及应注意的几个问题

由于动物组织学与胚胎学是一门以形态结构为主的学科，其中有大量的专业名词和术语，切忌死记硬背这些名词和术语，而是要重视理论学习，同时加强实验课中的观察和分析，提高理解力。处理好下面 4 种关系将使你灵活地掌握知识。

1. 理论与实践的关系

在掌握基本理论的同时，多联系实际，认真观察各种光镜标本、电镜图片和模型等，并重视实验操作，进行综合分析。只有对各种实物标本进行观察比较、分析和思考，才能不断提高对各种结构的识别能力，从而加深对基本理论知识的理解，为后续课程打好坚实的专业基础。

2. 局部与整体的关系

在显微镜下所看到的结构，往往是整个动物体的很小的局部。但是动物体是立体的，在不同方向的切面上可显示出不同的形态，如梭形细胞，当对其正中横切时，其切片图像呈圆形，且有一个圆形胞核；若正中纵切，则其图像呈梭形。如一段肠管因切面不同而表现不同切面（图 0–6）。因此，要求我们在进行观察时，必须树立整体和立体观念，把所看到的图像综合分析，正确理解局部与整体、平面与立体的关系。应在全面观察标本的基础上，再深入观察各个局部的微细结构及其相互关系，只有这样才能获得全面而准确的资料。

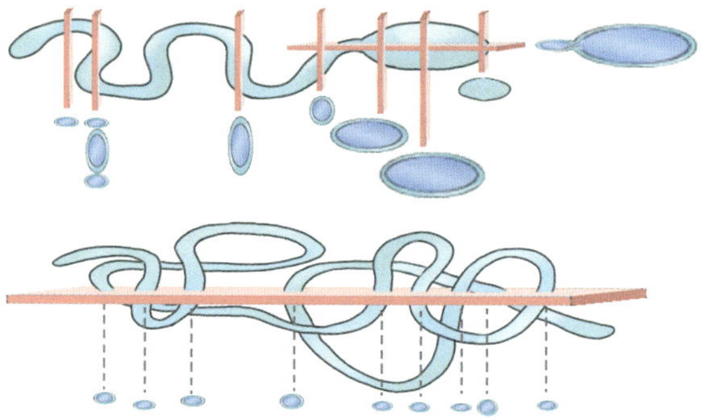

图 0–6　肠管不同切面模式图

3. 形态与机能的关系

形态结构与功能是不可分割的，在掌握各种微细结构的同时，又要联系它与功能的关系。当已经知道某一部分具有某种功能时，就要探讨它的结构基础是什么。例如，巨噬细胞内含有许多溶酶体，所以被吞噬的异物是由溶酶体对其进行消化分解的；又如，当已了解胰腺外分泌部能产生大量蛋白性分泌物时，就要联想到外分泌腺由腺泡和导管组成，腺泡的细胞内一定有丰富的粗面内质网及高尔基复合体。因此，只有把结构与功能密切联系起来，才能学深学活，达到掌握微细结构的目的，并能为学习其他课程打下坚实的形态学基础。

4. 静态与动态的关系

生活的组织和细胞处于不停的动态变化中，其结构的变化主要表现在两个方面：①各种细胞都有其发生发展过程，随着发育，细胞的形态、大小、内部结构和功能也相应地发生一系列变化，如红细胞的发生，需经一系列形态结构变化才能达到成熟，只有了解其发育过程才能深刻理解其结构与功能。在研究胚胎学时更应特别注意不断发展着的动态变化规律。②器官在不同功能状态中，形态结构也随之发生变化，如膀胱处于收缩状态时，体积变小，位于骨盆部，膀胱壁较厚，黏膜的上皮细胞有 5～6 层，细胞瘦高；当膀胱充盈时可大如排球，进入腹腔，此时膀胱壁变薄，黏膜上皮只有 2～3 层细胞，细胞变矮。

5. 传统学习模式与数字化教育相结合

按照党的二十大实施科教兴国战略，深化教育领域综合改革精神，我们在教材和课程建设上，同步开发了数字化资源，包括慕课、多媒体课件、讲义、实验操作视频及自测题等，切实推进教育的数字化。因此，学习者在传统学习模式的基础上，线下与线上数字化学习资源相结合，将事半功倍，提高学习质量。

6. **基础与前沿及临床实践相结合**

按照党的二十大“实施科教兴国战略，强化现代化建设人才支撑”精神，加快实施创新驱动发展战略，坚持面向世界科技前沿、面向人民生命健康。因此，在学习专业基础知识的同时，需要紧跟学科前沿，要知道已有理论和知识也不是一成不变的，我们要与时俱进，深入了解本学科发展动向，具备科学素养和创新精神。此外，需要紧密结合兽医临床实践或日常生活实际，了解各器官组织正常的形态结构功能与临床疾病或组织病理方面的联系，以夯实基础，为后续专业课的学习提供保障。

（二）常用的一些术语

1. 轴、面与方位术语

为了说明畜体各部结构的位置关系，必须了解有关定位用的轴、面与方位术语（图 0–7）。

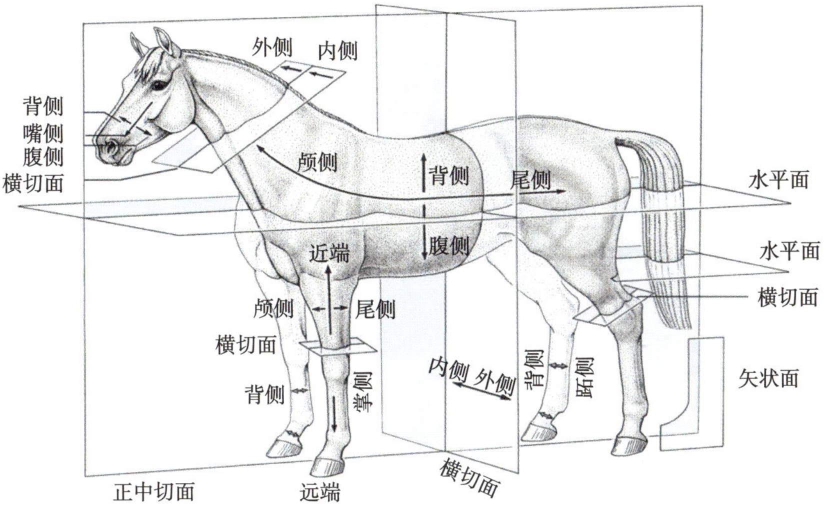

图 0–7　畜体的轴、面与方位术语示意图（König, 2004）

2. 常用的计量单位

肉眼观察器官与组织的常用单位是毫米（mm）；光镜观察组织与细胞的常用单位是微米（μm）；电镜观察细胞与细胞器的单位是纳米（nm）。换算公式如下。

1 m（米）= 1 000 mm（毫米），1 mm = 1 000 μm（微米），1 μm = 1 000 nm（纳米），1 nm = 1 000 pm（皮米）

【思考题】

1. 名词解释：HE 染色、嗜酸性、嗜碱性、异染性、PAS 反应。
2. 简述免疫组织化学技术的原理及常用方法。
3. 简述显微镜的种类及其主要功能。

（中国农业大学　马云飞）

第一章
细　胞

细胞（cell）是包被有生物膜的原生质团，是生命活动的基本单位。原生质（protoplasm）是细胞膜以内的所有生命物质，其中具有特定形态与功能的结构称为细胞器（organelle），无特定结构的原生质部分称为细胞质基质。关于细胞的概念可从以下几方面理解：一切有机体（除病毒外）都由细胞构成，细胞是构成有机体的基本结构单位；细胞具有独立、有序的自控代谢体系，是有机体代谢与功能的基本单位；细胞是有机体生长与发育的基础，有机体的生长与发育是依靠细胞的分裂、增长、分化和凋亡实现的。细胞是遗传的基本单位，细胞具有遗传的全能性。实验证明，对细胞结构完整性的任何破坏，都会阻碍细胞完整生命活动的实现。因此可以说，没有细胞就没有完整的生命，对细胞的认识与理解就成为一切生命科学研究的基础。

根据细胞结构的复杂程度及遗传装置类型等，细胞分为原核细胞（prokaryotic cell）和真核细胞（eukaryotic cell）两大类。原核细胞缺乏由生物膜形成的功能区室，而真核细胞以生物膜的分化为基础分隔出细胞核与细胞质，进而在细胞质中又分化出结构与功能更专一的各种细胞器。哺乳类和鸟类是由真核细胞构成的多细胞生物，其细胞在形态结构和生理功能上发生分化而形成各种类型，细胞间彼此分工协作，共同完成生物体的复杂生命活动。

构成生物机体的所有细胞都有相似的化学组成。组成细胞的基本元素有碳（C）、氢（H）、氧（O）、氮（N）、磷（P）、硫（S）、钙（Ca）、钾（K）、铁（Fe）、钠（Na）、氯（Cl）与镁（Mg）等，这些化学元素构成细胞结构与功能必需的无机和有机化合物，如核苷酸、氨基酸、脂肪酸与单糖等生物小分子，它们又构成生物大分子如核酸、蛋白质、脂质与多糖，并以核蛋白、脂蛋白、糖蛋白与糖脂等复合分子的形式组成细胞的基本结构体系。

第一节　细胞的形态与结构

一、细胞的大小和形态

哺乳动物和鸟类大多数细胞直径为 10～20 μm（范围为 10～100 μm），较小的细胞如小脑颗粒细胞或小淋巴细胞直径仅有 4～8 μm，较大的如鸟类的卵细胞直径可达 2～5 cm。不同物种同类型细胞的体积一般是相近的，如人、象、牛与鼠的肝细胞或肾细胞大小基本相同。因此，生物个体大小、器官的大小主要取决于细胞数量，与细胞的数量成正比，而与细胞的大小无关，这种关系称之为“细胞体积的守恒定律”。

细胞作为生命活动的基本单位，其体积必然要适应其代谢活动的要求，应有一定的限度。支原体是目前发现的最小最简单的细胞，其直径为 0.1～0.3 μm，几乎达到了一个细胞体积的最小极限（不小于 100 nm）。细胞体积与相对表面积成反比关系，细胞体积越大，其相对表面积越小，细胞与周围环境交换物质的效力就越小。有些细胞为了增加表面积，形成很多的细胞突起，如神经细胞。另一方面，无论细胞大小相差多大，但各种细胞核的大小相差不大，一个核内所含的遗传信息量是有一定限度的，能控制细胞质的活动也是有限度的，所以细胞质的体积不能无限增大。因此，数百微米直径的细胞被认为是上限了。卵细胞由于早期胚胎发育的特殊性不受此限制。

多细胞生物体内细胞的形态各异（图 1–1），有球形、柱形、方形、立方形、扁平形、长梭形、星形、多角形、多突起形，以及不定形等。细胞形态主要与其所执行的功能相适应，如神经元有多突起，有利于接受刺激和传导冲动；红细胞为圆盘状，有利于在血管中运动和气体交换；具吸收功能的小肠上皮细胞游离面有大量微绒毛以增大表面积；具舒缩功能的平滑肌细胞呈长梭形或长柱形。

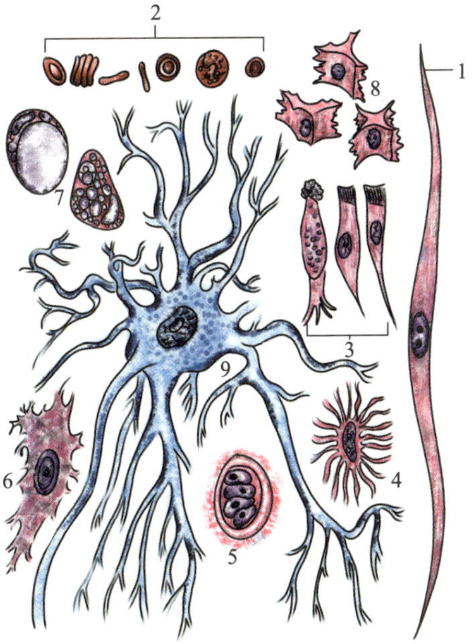

1. 平滑肌细胞　2. 血细胞　3. 上皮细胞
4. 骨细胞　5. 软骨细胞　6. 成纤维细胞
7. 脂肪细胞　8. 腱细胞　9. 神经细胞

图 1–1　细胞的各种形态

二、细胞的结构与功能

细胞形态尽管千差万别，但仍有共同的基本结构。光镜下，细胞均可分为细胞膜、细胞质和细胞核 3 部分。真核细胞以生物膜的进一步分化为基础，使细胞内部构建成许多更为精细的具有专门功能的结构单位（图 1–2），在亚显微水平上可划分为三大基本结构体系：生物膜系统、遗传信息表达系统和细胞骨架系统。

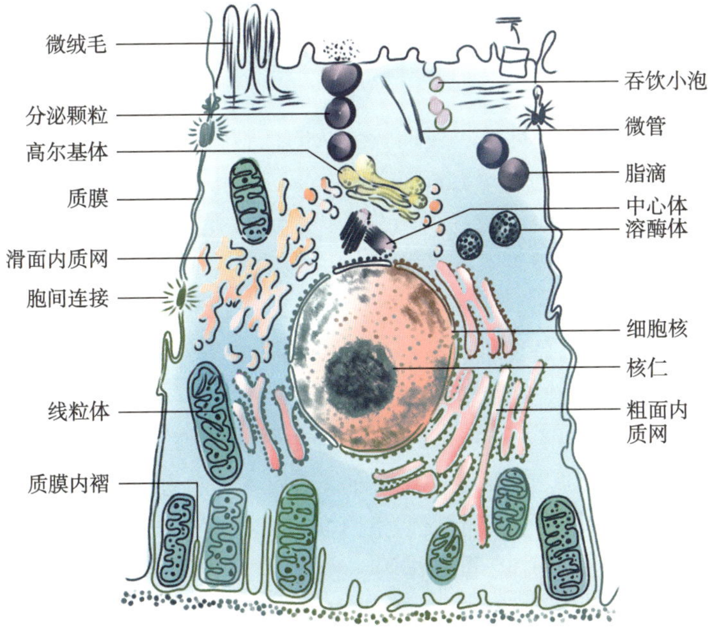

图 1–2　细胞超微结构模式图

生物膜系统：以生物膜系统为基础构成了细胞以及细胞内各种相对独立的细胞器。因此，生物膜系统包括细胞膜和内膜系统。内膜系统包括线粒体、高尔基复合体、溶酶体、过氧化物酶体、内质网等细胞器。内膜系统起源于细胞膜的内陷和内共生（如线粒体）。生物膜为生命的化学反应提供了表面，保证物质的交换与跨膜运输、信息与能量的传递和化学反应的进行。

遗传信息表达系统：又称颗粒纤维结构系统，包括核糖体、细胞核内的核仁、染色质等形成的遗传信息载体与表达系统。执行遗传信息的储存与复制、核酸转录与蛋白质表达功能。

细胞骨架系统：由一系列特异结构蛋白构建起来的贯穿于细胞核、细胞质和细胞膜的一体化的纤维状网架结构，分为细胞质骨架和核骨架，包括核纤层、核基质、核孔复合体、微管、微丝、中间丝，以及中心体、纺锤体、纤毛和鞭毛、细胞外基质和细胞膜骨架等相关结构。细胞骨架对维持细胞的形态结构起着支架作用，并与细胞内大分子的运输、细胞运动、信息传递、基因表达、生物大分子加工以及细胞分裂与分化等重要生命活动均有密切关系。

（一）细胞膜

细胞膜（cell membrane）又称质膜（plasma membrane），是包在细胞表面的界膜，厚度为 6～10 nm。细胞膜不仅是区分细胞内部与周围环境的动态屏障，也是细胞内外物质交换和信息传递的通道。真核细胞内还存在构成多种膜性细胞器的细胞内膜，细胞质膜和细胞内膜统称为生物膜（biomembrane），又称单位膜（unit membrane），其在化学组成、结构和起源等方面具有相似性。

1. 细胞膜的化学组成

细胞膜的化学成分主要是脂类、蛋白质和糖类。此外，还有微量的水、无机盐和金属离子等。脂类约占 50%，蛋白质约占 40%，糖类一般为 2%～10%。不同种类细胞的细胞膜厚度不同，其膜脂、膜蛋白和糖类的含量亦不同。膜脂构成膜的基本骨架，主要包括磷脂、糖脂和胆固醇，以磷脂为主。磷脂分子的主要特征是具有一个极性头和两个非极性的尾（脂肪酸链）。膜蛋白是膜功能的主要体现者，种类多，按其分布位置可分为：镶嵌在膜内的整合蛋白（integral protein），又称内在蛋白；附着在膜表面的外周蛋白（peripheral protein），又称外在蛋白。膜蛋白按功能又分为载体蛋白、受体蛋白、抗原、酶等。糖类主要由葡萄糖、半乳糖、甘露糖、唾液酸等组成低聚寡糖链，以糖脂和糖蛋白的形式存在，其中的糖链仅分布于细胞膜的外表面，形成细胞外被（也称细胞衣）。

2. 细胞膜的结构

细胞膜是一种动态结构，具有流动性和不对称性。目前较公认的细胞膜结构模型为 1972 年 S. J. Singer 和 G. Nicolson 提出的“流动镶嵌模型”（fluid mosaic model），认为细胞膜由流动的脂双层和镶嵌在其中或结合在其表面的蛋白质组成，磷脂分子以疏水性尾部相对，极性头部朝向水相组成细胞膜的基本骨架，膜蛋白分子以不同的方式镶嵌在磷脂双层分子中或结合在其表面，表现出不对称分布（图 1–3）。

膜的流动性不仅是膜的基本特性之一，也是细胞进行生命活动的必要条件。膜的不对称性导致了膜功能的不对称性和方向性，保证了生命活动高度有序地进行。

近年有学者提出脂筏模型（lipid raft model）（Simon, 1988），即生物膜上磷脂、胆固醇等富集形成有序的脂相，如同漂浮在脂双层上的“脂筏”载着各种膜蛋白。一个直径 100 nm 的脂筏推测可载有 600 个蛋白质分子。有些脂筏可与膜下支架蛋白交联。目前发现几种不同类型的脂筏在细胞信号转导、物质跨膜运输等过程中有重要作用。

在细胞质膜下存在约 0.2 μm 厚的溶胶层，其中含有与膜蛋白相连、由纤维状蛋白组成的网架结构，称为膜骨架。膜骨架参与维持细胞膜的形状并协助细胞膜完成多种生理功能。

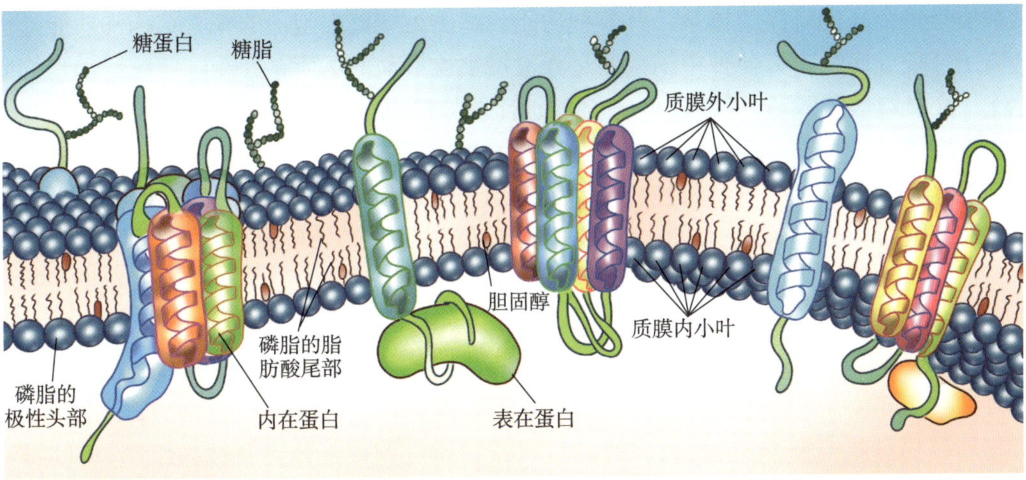

图 1-3　细胞膜结构模式图

3. 细胞膜的功能

（1）构成细胞内外边界。为细胞的生命活动提供相对稳定的内环境。

（2）选择性的物质跨膜运输。活细胞要从其周围环境中不断获取所需的物质，而其自身的代谢产物则要不断地排出细胞外，这些物质流动都要经过细胞膜。细胞膜的物质运输方式有被动运输、主动运输、胞吞作用、胞吐作用等。

（3）介导细胞与细胞、细胞与细胞外基质之间的连接。

（4）参与形成具有不同功能的细胞表面特化结构，如微绒毛、内褶、纤毛、鞭毛等。

（5）参与信息传递。细胞膜上含有激素、药物和神经递质等的受体。信息传递规律是外源性刺激作用于靶细胞膜上相应的受体，通过受体引起细胞内部一系列的生物学效应。此种反应可分为几条途径：环磷酸腺苷信使途径、磷脂酸肌醇信使途径和 Ras 蛋白信使途径（详细过程见细胞生物学）。

（6）参与细胞识别。细胞识别是指细胞对同种和异种细胞的认识，对自己和异己物质的鉴定。细胞膜提供细胞识别位点或酶结合位点，完成细胞内、外信息的跨膜传递或使酶促反应高效而有序地进行。细胞识别也与膜受体密切相关。

（7）参与免疫反应。细胞膜上的部分糖蛋白可以充当膜抗原，如血型抗原、组织相容性抗原等。它们参与移植排斥反应等免疫反应。膜蛋白的异常与某些遗传病、恶性肿瘤，甚至神经退行性疾病相关，很多膜蛋白可作为疾病治疗的药物靶标。

（二）细胞质

细胞质（cytoplasm）由基质、细胞器和内含物组成。

1. 基质

细胞质基质（cytoplasmic matrix）是指细胞质中除细胞器以外呈均质半透明而无定形的胶状物质，是细胞的重要组分，其体积约占细胞质的一半。基质的主要成分包括水、无机盐、氨基酸、糖类、脂类、核苷酸，以及可溶性酶类、蛋白质、脂蛋白、多糖、RNA 等大分子。蛋白质含量占基质总体积的 20%～30%，包括数千种酶类和细胞质骨架结构等。水分子约占 70%，多数以水化物形式与蛋白质和其他大分子结合，少数以游离态存在，起溶剂作用。细胞质基质是一个高度有序的体系，有多种功能。基质为维持细胞器的正常结构和功能提供所需的离子环境或底物，为各种中间代谢过程提供生化活动的场所，并与细胞的运动、物质运输、能量交换与信息传递、蛋白质的修饰和选择性降解等有关。

2. 细胞器

细胞器（organelle）是指细胞质中具有特定形态结构，并执行一定生理功能的有形成分。包括膜性细胞器（线粒体、内质网、高尔基体、溶酶体、过氧化物酶体）和非膜性细胞器（核糖体、中心体、微管、微丝、中间丝、微梁网）。其中微管、微丝、中间丝和微梁网共同构成细胞骨架。

（1）线粒体（mitochondrion） 是一种动态细胞器，在生活细胞中具有多形性和运动性，以杆状和粒状最常见，也有哑铃状、圆形或椭圆形的。其直径 0.5～1.0 μm，长 1.5～3.0 μm，而胰腺外分泌细胞线粒体长达 10～20 μm，人成纤维细胞线粒体可长达 40 μm。不同类型细胞中线粒体数目差别很大，一般动物细胞中有几十、几百、甚至数千个线粒体，但在同一类型的细胞中数目相对稳定。在代谢旺盛的细胞中线粒体数目较多，如心肌、小肠和肝等内脏细胞中线粒体很丰富。根据细胞代谢的需要，线粒体在细胞质中表现出运动、变形、融合与分裂的变化过程。线粒体可以沿微管向功能旺盛的区域迁移。线粒体的增殖是通过已有线粒体的分裂来完成的。关于线粒体的起源，“内共生学说”认为线粒体来源于细菌，即细菌被真核生物吞噬后，在长期的共生过程中演变形成了线粒体。

电镜下，线粒体由 2 层单位膜套叠而成，包括外膜、内膜、膜间隙和基质 4 个功能部分（图 1–4）。外膜表面光滑，成分与质膜相似。内膜向内折叠形成线粒体嵴（cristae），以扩大内膜表面积 5～10 倍，这是线粒体的特征性结构。嵴有板层状或管状两种类型，以板层状常见。嵴为动态结构，嵴之间可以互相连接或融合，并以窄的管状孔与膜间隙保持通信。内、外膜之间的腔隙称为膜间隙，内膜含有很高的蛋白质 / 脂质比（质量比大于 3∶1），形成通透性屏障，能严格地控制分子和离子通过，对建立质子电化学梯度、驱动 ATP 的合成起重要作用。由于内膜的通透性很低，而外膜通透性较高，因此膜间隙的 pH 与细胞质的 pH 相似。内膜和嵴上覆有带柄的球形颗粒，称基粒（elementary particle），又称偶联因子 1（coupling factor 1, F_1），是 ATP 合成酶。基质中含有三羧酸循环、脂肪酸氧化、氨基酸降解等有关的酶

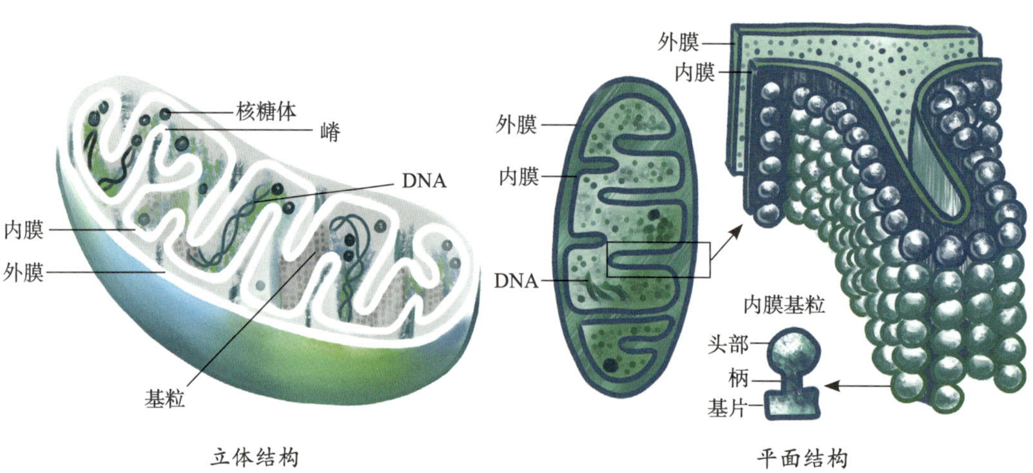

图 1–4　线粒体结构模式图

系，还具有线粒体的遗传系统，包括 DNA、RNA、核糖体、tRNAs 以及转录和翻译所需的各种装置。由于线粒体具有一定的基因表达自主性而被称为半自主细胞器。

线粒体最主要的功能是通过三羧酸循环及氧化磷酸化作用，合成 ATP，为细胞生命活动提供直接能量。线粒体为细胞提供 80%～95% 的能量，故有细胞内“供能站”或“动力工厂”之称。此外，线粒体与细胞中氧自由基生成、细胞信号转导、凋亡与自噬、基因表达、细胞内多种离子的跨膜转运及电解质（如 Ca^{2+}）稳态平衡等的调控有关。

（2）内质网（endoplasmic reticulum, ER） 由封闭的扁平囊状或管状膜系统形成的互相连通的网络结构，甚至与细胞膜和核膜相连，形成连续的网状膜系统。不同类型细胞中内质网的数量、类型与形态差异很大，同一类型细胞在不同发育阶段或不同生理状态下，内质网的结构与功能亦有明显变化，如细胞分裂时内质网经历解体与重建的过程。内质网通常占细胞膜系统的一半左右，占细胞总体积的 10% 以上。内质网为多种酶系提供了大面积的结合位点，是细胞内除核酸以外一系列生物大分子如蛋白质、脂质和糖类合成的基地。

根据结构与功能，内质网分为粗面内质网（rough endoplasmic reticulum, RER）和滑面内质网（smooth endoplasmic reticulum, SER）2 种（图 1–5）。

粗面内质网多呈扁平囊状，排列较整齐，因其膜表面附着有大量核糖体而得名。它是内质网与核糖体共同形成的复合机能体，其主要功能是合成分泌蛋白、多种膜蛋白和酶。因此蛋白质合成和分泌功能旺盛的细胞，如胰腺腺泡细胞、神经细胞、分泌抗体的浆细胞内粗面内质网丰富，而在一些未分化或肿瘤细胞中则较稀少。

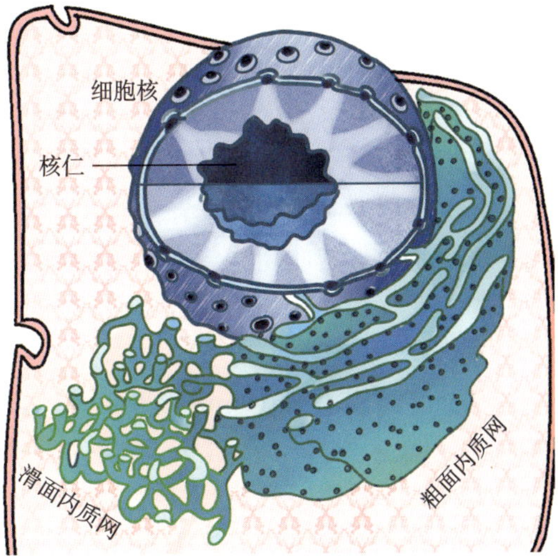

图 1–5 内质网结构模式图

滑面内质网膜上没有核糖体附着，多呈分支小管状或小泡状，是脂质合成的重要场所。细胞中几乎不含有纯的滑面内质网，它们只是作为内质网这一连续结构的一部分，作为出芽的位点将内质网上合成的蛋白质或脂质转移到高尔基体。在某些细胞中，滑面内质网非常发达并具有特殊的功能，如肾上腺皮质细胞、睾丸间质细胞和卵巢黄体细胞的滑面内质网含有合成胆固醇所需的全部酶系，故与类固醇激素合成有关；肝细胞的滑面内质网含有氧化酶系等许多酶系，协助肝细胞的解毒和糖原代谢；肌细胞中的滑面内质网（肌质网）可储存 Ca^{2+}，调控肌纤维收缩。

（3）高尔基体（Golgi body） 又称高尔基器（Golgi apparatus）或高尔基复合体（Golgi complex），是由平行排列的扁平膜囊、大囊泡和小囊泡等 3 种膜状结构形成的动态结构（图 1–6），膜囊直径多在 1 μm 左右，每层膜囊间的距离为 15～30 nm。细胞内通常有多个至数十个高尔基体。高尔基体是一种有极性的细胞器，常位于细胞核附近，有时与内质网或细胞膜相连。高尔基体呈弓形或半球形，在靠近细胞核或内质网的一面，膜囊弯曲成凸面（又称形成面或顺面），朝向细胞膜的一面呈凹面（又称成熟面或反面）。

在超高压电镜下，高尔基体是一个复杂的由许多功能不同的间隔所组成的完整体系，目

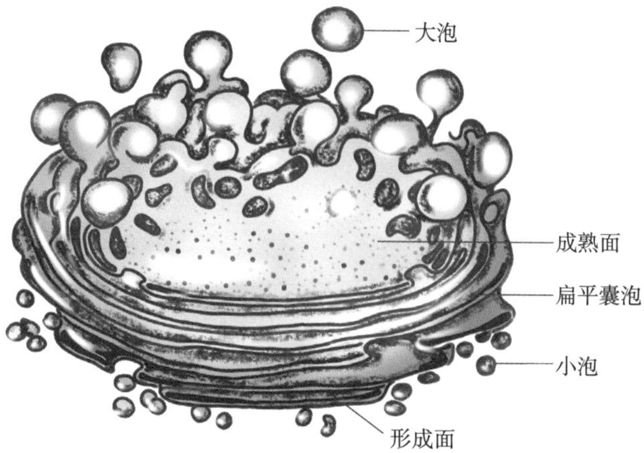

图 1-6　高尔基体结构模式图

前至少分为 4 个间隔结构，即高尔基体顺面膜囊及顺面管网状结构、中间膜囊、高尔基体反面膜囊及反面管网状结构、膜囊周围囊泡。高尔基体顺面管网状结构接受由内质网合成的物质并分类后转入中间膜囊。多数糖基修饰，糖脂的形成以及与高尔基体有关的多糖合成均发生在中间膜囊。成熟面管网结构参与蛋白质的分类与包装。顺面和反面周围都有一些大小不等的囊泡，顺面一侧的囊泡较小，是内质网与高尔基体之间的物质运输小泡。反面一侧的囊泡一般为体积较大的分泌泡或分泌颗粒，将经过高尔基体分类与包装的物质运送到细胞的特定部位。

高尔基体膜含有大约60%的蛋白质和40%的脂类，具有一些和内质网相同的蛋白质成分。来自内质网的蛋白质和脂类从高尔基体形成面逐渐向成熟面转运。一般认为，粗面内质网以出芽形式形成运输膜泡，它们不断地与高尔基体的扁平膜囊融合，使扁平膜囊的膜成分不断得到补充。当高尔基体形成分泌膜泡将分泌物排出时，扁平膜囊的膜又不断地减少。

高尔基体的主要功能是将内质网合成的多种蛋白质进行加工、分类与包装，运送到细胞特定部位或分泌到细胞外。在细胞中，高尔基体相当于物质供应的集散地或大分子物质转运的主要枢纽。其具体功能包括：①参与细胞分泌活动；②蛋白质的糖基化及其修饰；③参与蛋白酶的水解和其他加工过程；④参与细胞内的膜泡运输和蛋白质的分选；⑤参与溶酶体的形成等。

（4）溶酶体（lysosome）　为由单位膜包裹的圆形、卵圆形或不规则囊泡状结构。溶酶体内含有 60 多种酸性水解酶，可分为磷酸酶、核酸酶、蛋白酶、脂酶、糖苷酶和硫酸酯酶等几大类，其中酸性磷酸酶是其标志酶。动物细胞中溶酶体数目可达数百个，在不同类型细胞或同一细胞内溶酶体的形态大小及所含的水解酶种类都有差别。具有吞噬作用的细胞如巨噬细胞等，其溶酶体体积大、数量多。因此，溶酶体是一种异质性细胞器，根据其处于生理功能的不同阶段可分为初级溶酶体（primary lysosome）、次级溶酶体（secondary lysosome）和残余体（residual body）（图 1-7）。

初级溶酶体呈圆球形，直径 0.2 ～ 0.5 μm，由高尔基体分泌脱落形成，是新形成的溶酶体。其内容物均质，无明显颗粒物质，含有多种水解酶而无作用底物，无酶活性。初级溶酶体膜的主要特点是：①有质子泵，将 H^+ 泵入溶酶体，使其 pH 降低（pH 为 5 左右），形成和维持酸性内环境；②膜蛋白高度糖基化，可能有利于防止自身膜蛋白降解；③具有多种载体蛋白，用于将水解的产物向外转运。

次级溶酶体是初级溶酶体与细胞内的自噬泡或异噬泡（胞饮泡或吞噬小体）融合形成的复合体，分别称为自噬溶酶体或异噬溶酶体。次级溶酶体是正在进行消化作用的消化泡，形态不规则，直径可达几个微米，内含水解酶和相应的底物。经过一段时间的消化后，小分子物质可通过膜上的载体蛋白转运到细胞质基质中，供细胞代谢使用。

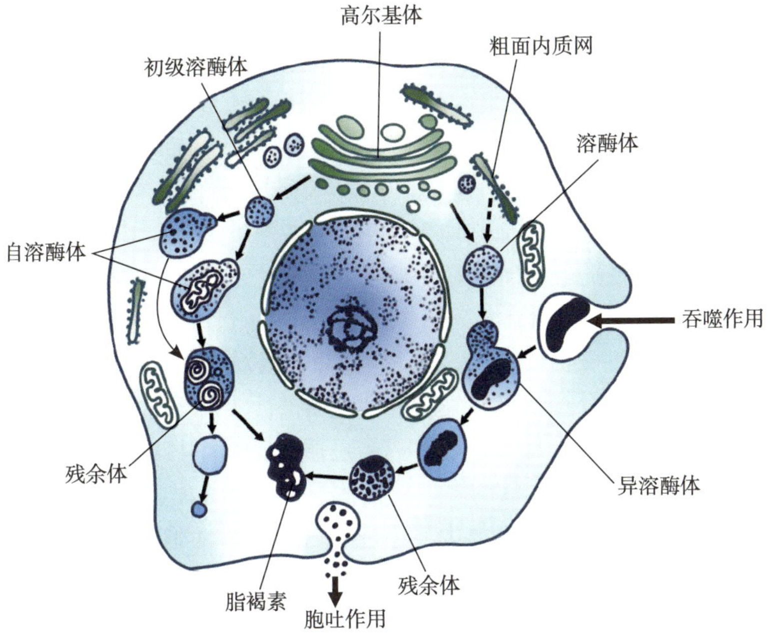

图 1-7 溶酶体系统示意图

残余体为已失去酶活性的溶酶体，其内仅残留未消化的物质，又称后溶酶体。残余体可通过胞吐作用排出细胞，也可留在细胞内逐年增多，如肝细胞中的脂褐素颗粒。

溶酶体的基本功能是参与细胞内的消化作用，对维持细胞的正常代谢活动及防御功能都有重要意义。具体包括：①作为细胞内的“消化器”为细胞提供营养，如降解内吞的血清脂蛋白，获得胆固醇等营养成分，在饥饿时分解细胞内的生物大分子以提供机体所需能量；②参与清除衰老、损伤或死亡的细胞；③清除细胞中无用的生物大分子、衰老的细胞器等；④防御作用，如巨噬细胞可吞入病原体，在溶酶体中将病原体杀死和降解；⑤参与分泌过程的调节，如将甲状腺球蛋白降解成有活性的甲状腺素；⑥形成精子的顶体，精子顶体相当于特化的溶酶体；⑦参与抗原提呈，免疫应答反应中抗原提呈细胞的抗原提呈过程也需要溶酶体参与。

（5）过氧化物酶体（peroxisome） 又称微体（microbody），是由单位膜包裹的圆形或椭圆形小泡，直径 0.15～1.0 μm，通常 0.5 μm。过氧化物酶体是一种异质性细胞器，内含过氧化氢酶（标志酶）和一种至多种依赖黄素的氧化酶。已发现 40 多种氧化酶，其中尿酸氧化酶含量极高，常形成结晶状结构的核心，可作为电镜下识别的主要特征。过氧化物酶体在形态大小及降解生物大分子等方面与溶酶体类似，但在所含酶类、pH、发生及功能等方面又完全不同，如过氧化物酶体的酶（pH 为 7 左右）主要在细胞质基质中合成，经分裂与组装形成子代的过氧化物酶体。

过氧化物酶体的主要功能有：所含多种氧化酶类能降解细胞内生物大分子（参与脂肪、糖原代谢），以满足细胞的需要，将底物氧化，最终生成过氧化氢；而过氧化氢酶能使过氧化氢还原为水和氧气，以防细胞因过氧化氢浓度过高而中毒，同时可将其他底物（如醛、醇、酚等）氧化，如饮进的酒精（乙醇）几乎半数是在过氧化物酶体氧化成乙醛的，肝或肾细胞中的过氧化物酶体可氧化分解血液中的有毒成分，起到解毒作用。此外，过氧化物酶体还参

与脂肪酸的 β- 氧化，向细胞直接提供热能。

（6）核糖体（ribosome） 是核糖核蛋白体的简称，呈不规则的颗粒状，无生物膜包裹，直径为 25 ~ 30 nm，是细胞最基本的不可缺少的结构。其主要成分是核糖体 RNA（rRNA）和蛋白质（r 蛋白），rRNA 在内部，约占 60%，而 r 蛋白位于表面，约占 40%，二者以非共价键结合。有的核糖体附着在内质网的外表面，称为附着核糖体；有的游离于细胞质基质中，称为游离核糖体。核糖体常分布在细胞内蛋白质合成旺盛的区域，每个细胞有几百到数以万计的核糖体，其数量与蛋白质合成程度有关。

生物界有两种基本类型的核糖体：70 S（S 为 Svedberg 沉降系数单位）型核糖体，由 50 S 和 30 S 两个亚基组成，存在于原核细胞及真核细胞的线粒体和叶绿体内；80 S 型核糖体，由 60 S 和 40 S 两个亚基组成，存在于真核细胞的细胞质基质中和内质网上。

核糖体的功能是合成蛋白质。在需要合成蛋白质时，多个核糖体由一个 mRNA（信使核糖核酸）分子串联起来，形成串珠状的多聚核糖体，并按照 mRNA 的指令用氨基酸高效精确地合成蛋白质多肽链（图 1–8）。核糖体大、小亚基常游离于细胞质基质中，只有当小亚基与 mRNA 结合后大亚基才与小亚基结合形成完整的核糖体。肽链合成终止后，大、小亚基解离，又游离于细胞质中。

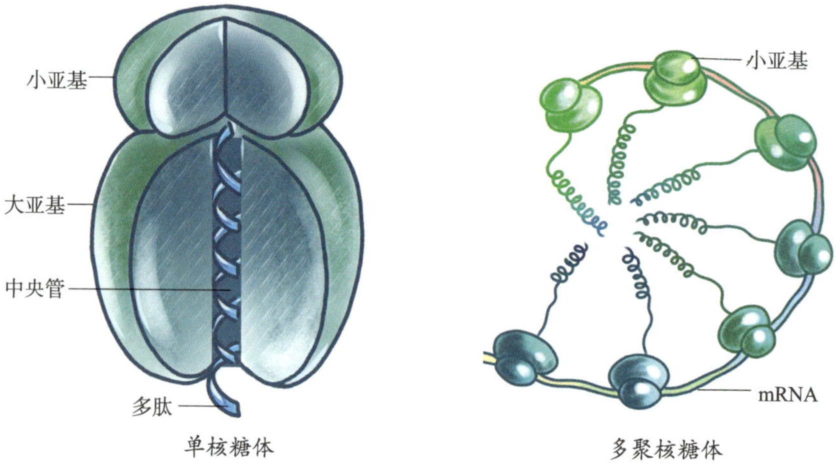

图 1–8　单核糖体和多聚核糖体示意图

（7）中心体（centrosome） 位于细胞中央或细胞核附近，由一对互相垂直的中心粒（centriole）及中心粒周围的无定形致密基质构成（图 1–9）。中心粒呈短的圆筒状，直径 0.2 μm，长 0.4 μm，在横切面上，管壁由 9 组三联微管构成，呈风车状排列。因此，中心体是以微管为主要成分构成的细胞器。

图 1–9　中心体结构示意图
（图示成对的中心粒及周围致密物质）

中心体作为主要的微管组织中心，与纺锤体的形成有关。在细胞周期中，中心体可自我复制。在细胞分裂开始之前，中心粒进行复制；到细胞分裂时，两组新、旧中心粒分开，各自移到细胞的两极，成为纺锤体微管的结构中心，在细胞质分裂结束时，每个子细胞获得一个中心体。在有鞭毛或纤毛的细胞，中心粒参与鞭毛和纤毛的形成。

（8）**细胞骨架**（cytoskeleton） 是指真核细胞中的蛋白质纤维网架结构。主要由微管、微丝和中间丝构成的细胞质骨架体系，即狭义的细胞骨架概念。广义的细胞骨架概念还包括细胞核骨架、细胞膜骨架，细胞外基质等，形成贯穿于细胞核、细胞质及细胞外的一体化网络结构。通常提到的细胞骨架如没有特殊说明仅指细胞质骨架。细胞骨架是一种高度动态的结构体系，它们都是由相应的蛋白质亚基组装而成，在细胞周期的不同时相，具有不同的分布模式，在不同分化状态的细胞中其分布模式及蛋白质组分存在较大差异。

微管（microtubule）是由微管蛋白（tubulin）装配成的中空长管状结构，平均外径为 24 nm，内径为 15 nm，长数微米至数厘米（某些运动神经元）。微管由 13 根原纤丝环列构成，后者由 α、β 微管蛋白二聚体纵向排列而成。微管以 3 种形式存在：①单微管，为单条的微管，如纺锤体微管、神经元突起内的微管等；②二联微管，由 A、B 两个微管构成，见于纤毛和鞭毛的轴丝；③三联微管由 A、B、C 3 个微管组成，见于中心粒、纤毛和鞭毛的基体。微管的功能包括：①维持细胞的形态，定位细胞器的分布空间；②参与细胞的运动，如构成纤毛和鞭毛的基本结构并产生运动；③在细胞有丝分裂时形成纺锤体并使染色体移动；④参与细胞内物质运输，某些大分子或颗粒物质沿着微管轨道在细胞内移动到需要的部位。

微丝（microfilament）又称肌动蛋白丝或肌动蛋白纤维，由 2 条肌动蛋白（actin）链排列成双股螺旋状结构，直径约 7 nm。高等动物细胞内的肌动蛋白分为 3 型，α 型分布于各种肌肉细胞，组成细胞的收缩性结构，β 型和 γ 型普遍存在于所有真核细胞，其中 β- 肌动蛋白（β-actin）的基因表达量常被作为其他基因定量的内参标准。微丝在细胞中可以两种形式存在：一是排列成束状，形成有规则的稳定结构，如肌细胞中的细肌丝；二是呈网络状，它们处于组装和去组装的动态过程中，并通过这种方式实现其功能，如有丝分裂末期形成收缩环，使两个子细胞分离。微丝的功能包括：①参与构成细胞的支架；②参与形成肌原纤维；③形成应力纤维，赋予细胞膜机械强度；④参与细胞及细胞器的运动；⑤伪足伸缩、细胞质分裂。此外，还与胞吞和胞吐作用、微绒毛收缩、信息传导等有关。

中间丝（intermediate filament）又称中间纤维，直径 8～10 nm，介于微管和微丝之间，因而得名。中间丝由长杆状的中间丝蛋白单体装配而成，具有严格的组织特异性。按中间丝蛋白的氨基酸序列、基因结构及组织特异性表达模式，可将中间丝分为 6 种类型：Ⅰ型（酸性）和Ⅱ型（中性和碱性）角蛋白，为上皮细胞特有；Ⅲ型为波形蛋白（间充质细胞和中胚层来源细胞）、结蛋白（肌细胞 Z 线结构）、胶质原纤维酸性蛋白（星形胶质细胞）以及外周蛋白（外周神经系统神经元如施万细胞）；Ⅳ型包括 3 种神经丝蛋白亚基和 α- 介连蛋白（中枢神经系统），为神经细胞提供弹性，使神经纤维易于伸展并防止断裂；Ⅴ型为核纤层蛋白 A/C、B1、B2（细胞核）；Ⅵ型为巢蛋白及微管卷曲蛋白。中间丝具有以下功能：①构成稳定的细胞骨架成分，起支撑作用，增强细胞抗机械压力或剪切力的能力。中间丝向外可与细胞膜联系，并伸展到细胞外基质参与桥粒或半桥粒的形成与维持，向内可与核膜相连，在中间则与微管、微丝及其他细胞器联系，因而中间丝在细胞中形成一个完整发达的网络结构；②运输与传递信息。如细胞质 mRNA 锚定于中间丝，神经原纤维参与神经元的轴突运输。

3. 内含物

内含物（inclusion）是指细胞质中具有一定形态的营养物质或代谢产物，如脂滴、糖原、蛋白质颗粒、分泌颗粒、色素颗粒等。

（三）细胞核

细胞核（nucleus）是遗传信息的储存场所，是细胞遗传和代谢活动的控制中心，在这里进行基因复制、转录和转录初产物的加工。一个细胞通常有一个核，某些高度分化的细胞无核，如哺乳动物成熟红细胞，或有多个核，如骨骼肌细胞有数百个核、肝细胞和心肌细胞可有双核、破骨细胞有数十个核。细胞核的形态通常与细胞的外形相关，如扁平细胞的核为扁圆形，球形、立方形细胞的核为球形（但血液中成熟白细胞核呈分叶状），柱状、梭形细胞的核为椭圆形。细胞核的直径一般为 5～10 μm，大小为细胞体积的 1/4～1/3，幼稚细胞的核较大，成熟细胞的核较小。细胞核一般位于细胞的中央，但某些分化成熟的细胞，常因细胞内特殊结构的存在而被挤到边缘（如骨骼肌细胞、脂肪细胞、浆细胞的核）。细胞核的主要结构包括核被膜、染色质、核仁、核基质与核内骨架等（图 1-10）。

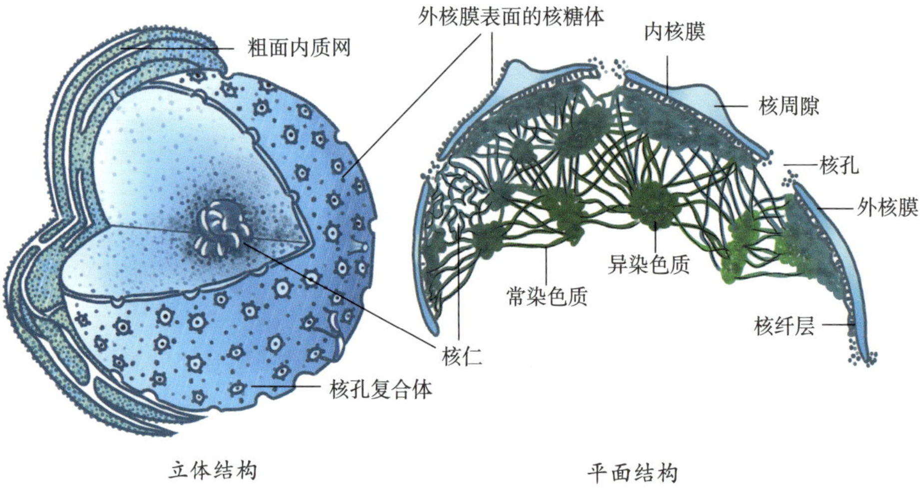

图 1-10　细胞核的模式图

1. 核被膜

核被膜（nuclear envelope）简称核膜（nuclear membrane），包裹在核表面，由内、外 2 层单位膜构成。内、外核膜厚度相同，约为 7.5 nm，两层膜之间有宽度为 20～40 nm 的间隙，称为核周隙（perinuclear space）。外核膜表面附有核糖体，常与粗面内质网相连，使核周隙与内质网腔相通，因此，外核膜可以看成是粗面内质网的一个特化区域。内、外核膜局部相互融合形成环状开口，称为核孔（nuclear pore），直径 80～120 nm。在核孔上镶嵌着由多种蛋白质构成的复杂结构，称为核孔复合体（nuclear pore complex），直径 120～150 nm。核孔复合体主要由胞质环、核质环、辐和中央栓等 4 部分构成（图 1-11）。核孔复合体是核内、外物质运输的双向选择性亲水通道，既介导 RNA、核糖核蛋白的出核转运，又介导蛋白质的入核转运。

核被膜构成了核、质间的天然选择性屏障，使 DNA 的复制和转录与 mRNA 的翻译表达在时空上分隔开来，避免核、质功能活动彼此干扰，使细胞生命活动秩序井然，同时还能保护 DNA 分子免受损伤，此外，染色质定位于核膜上，有利于解旋、复制、凝缩，核被膜还是核内、外物质交换的通道（通过核孔复合体）。

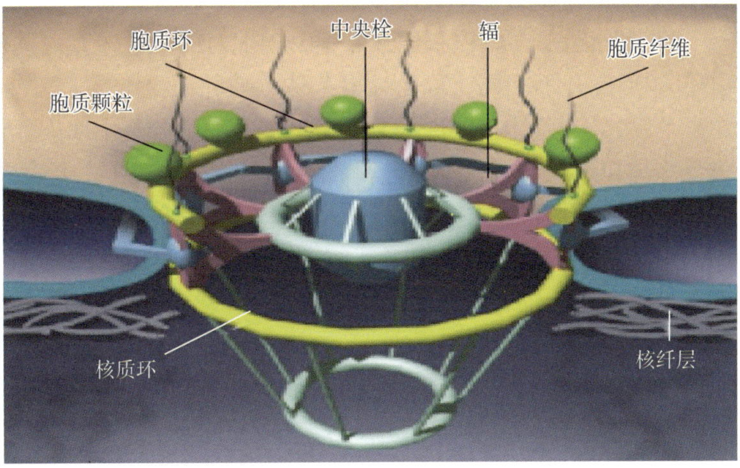

图 1-11 核孔复合体结构模式图（Alberts 等，2002）

2. 染色质与染色体

染色质（chromatin）是指间期细胞核内由 DNA、组蛋白、非组蛋白及少量 RNA 组成的线性复合结构，是细胞间期遗传物质的存在形式。其组分中的 DNA、组蛋白、非组蛋白及 RNA 含量之比约为 1∶1∶0.6∶0.1，其中 DNA 和组蛋白是染色质的稳定成分。染色质分为常染色质和异染色质（图 1-10）。用碱性染料染色时，着色浅淡的部分，称为常染色质，其染色质纤维折叠压缩程度低，处于伸展状态，为活跃转录的部位；着色深的部分称为异染色质，其染色质折叠压缩程度高，处于聚缩状态，不转录不编码，为功能静止的部分。故根据核的染色状态可推测其功能活跃程度。

染色质的基本结构单位为核小体（nucleosome）。每个核小体包含 200 bp 左右的 DNA 链、4 种组蛋白（H2A、H2B、H3、H4）各 2 分子组成的八聚体盘状核心颗粒及一个组蛋白 H1 分子，其中 146 bp 的 DNA 链盘绕组蛋白八聚体 1.75 圈，组蛋白 H1 在八聚体外结合另外 20 bp DNA，锁住核小体 DNA 的进出端，起稳定作用。相邻核小体之间以连接 DNA 相连，典型长度 60 bp，不同物种变化值为 0～80 bp。在组蛋白 H1 的介导下核小体彼此连接形成直径约 10 nm 的核小体串珠结构，此为染色质组装的一级结构。核小体串珠链进一步螺旋盘绕，每圈 6 个核小体，形成一个直径约 30 nm 的螺线管，此为染色质组装的二级结构，即染色质自然结构。

染色体（chromosome）是指细胞在分裂（有丝分裂或减数分裂）过程中，由染色质聚缩包装而成的棒状结构。染色质与染色体是在细胞周期不同阶段的不同存在形式，其包装程度和构象不同，但二者具有基本相同的化学组成。一般而言，某一生物细胞中储存于单倍染色体组中的总遗传信息 DNA，构成该生物的基因组（genome）。

从染色质到染色体，DAN 长度压缩了近万倍，染色体的包装方式至今尚不明确。目前主要有 2 种模型：多级螺旋模型和染色体骨架 - 放射环结构模型。前者强调螺旋化，认为 30 nm 的螺线管进一步螺旋化形成直径 0.4 μm 的圆筒状超螺线管，再螺旋折叠形成染色单体；后者强调环化与折叠，认为 30 nm 的螺线管折叠为环袢，每 18 个环袢呈放射状平面排列结合在非组蛋白形成的染色体骨架上形成微带，约 10^6 个微带沿纵轴构建成染色单体。

染色体的数目因物种而异，同一物种的染色体数目相对稳定。例如：马 64 条，骡 63 条，黄牛 60 条，水牛 68 条，猪 38 条，鸡 78 条，犬 78 条，猫 44 条。配子一般为单倍染色体，用 n 表示。体细胞染色体分别来自雌性和雄性配子，相配对的染色体互称同源染色体。哺乳类和鸟类有一对染色体形态互不相同，称为性染色体，哺乳动物雄性为 XY 染色体，雌性为 XX 染色体；鸟类雄性为 ZZ 染色体，雌性为 ZW 染色体。细胞分裂中期染色体形态稳定，由 2 条相同的姊妹染色单体以着丝粒相连。染色体的结构包括着丝粒（主缢痕）、次缢痕、随体和端粒等（图 1–12）。细胞分裂中期染色体特征的总和称为染色体组型或核型（karyotype），包括染色体的数目、大小和形态特征等方面。将一个染色体组的全部染色体按形状、大小顺序排列起来的图像称为核型模式图，代表该物种的模式特征。核型分析对探讨物种亲缘关系、遗传病机制等具有重要意义。

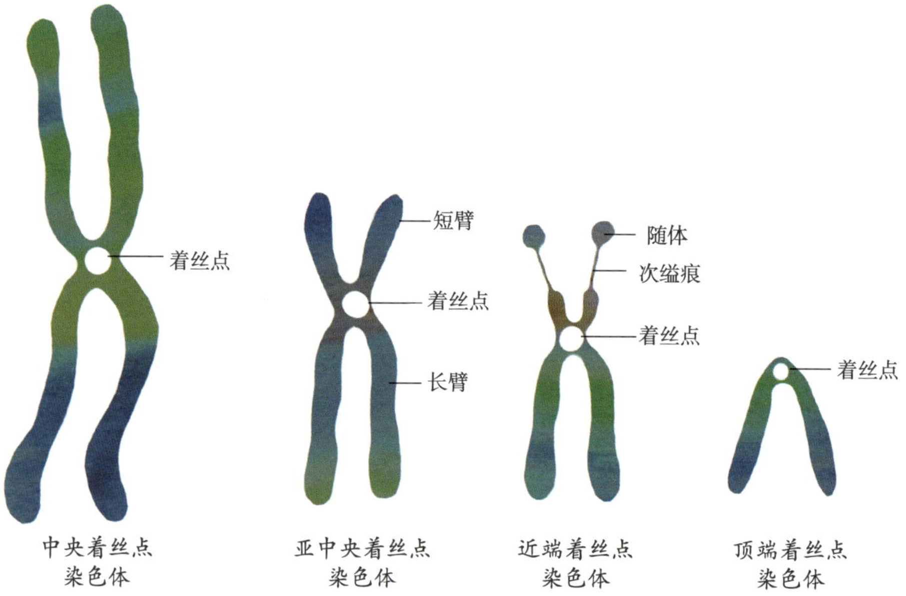

图 1–12　细胞分裂中期染色体形态模式图

基因是染色体上能够决定某一种蛋白质或 RNA 的 DNA 片段，是染色体的基本功能单位。真核细胞单倍染色体组中的全部基因称为基因组（genome）。

3. 核仁

核仁（nucleolus）是真核细胞间期核中无膜包裹的均质性结构，呈球形，染色深。核仁位置不定，数量和大小常随细胞种类及机能状态而改变，通常 1～2 个，也有 3～5 个的，个别细胞无核仁。蛋白质合成旺盛、活跃生长的细胞，核仁大而明显，如胰腺泡细胞、卵母细胞；反之，核仁不明显、小或无，如精子细胞、肌细胞。核仁的化学成分主要是蛋白质、RNA 和少量 DNA。核仁包括以下结构组分：①纤维中心，位于核仁中央的浅染区，是一个或几个低电子密度的圆形结构，主要成分为 RNA 聚合酶和 rDNA；②致密纤维组分，呈环形或半月形，包围在纤维中心周围，电子密度最高，含有新合成 rRNA 及特异性结合蛋白；③颗粒组分，位于核仁周边，由直径 15～20 nm 的核糖体前体颗粒构成。此外，核仁还包括：④核仁相随染色质，又分为核仁内染色质（又称核仁组织者）和核仁周边染色质；⑤核仁基质，为核仁内的无定形物质。

核仁是一个高度动态的结构，在有丝分裂期间表现出周期性的消失与重建。核仁的主要功能是 rRNA 合成、加工和组装核糖体亚单位，还涉及 mRNA 的输出与降解。

4. 核基质与核骨架

核基质（nuclear matrix）即狭义的核骨架（nuclear skeleton），核基质的传统概念是指细胞核内除核仁和染色质外的无定形液体成分，内含水、无机盐、酶类等，故又名核液或核质。但近年来发现，核基质内还含有直径为 3～30 nm 的蛋白质纤维，组成三维网架结构充满整个核内空间，故将核基质称为核骨架。随着研究的深入，又提出广义核骨架的概念，广义的核骨架还包括核纤层、核孔复合体及染色体骨架等。核骨架的成分比较复杂，主要是非组蛋白性质的纤维状蛋白，并含有少量 RNA 和 DNA。细胞核内许多重要的生命活动均与核骨架相关，其可能参与 DNA 复制、RNA 转录、染色质的有序空间排列以及染色体的构建等。

核纤层（nuclear lamina）是位于内层核膜下、由直径为 10 nm 的核纤层蛋白（中间丝蛋白）形成的纤维网络结构，厚度为 30～100 nm，与细胞质中间丝有密切联系。核纤层的功能是构成核的支撑骨架，维持核的形态；在细胞分裂过程中，核纤层发生解聚和重装配，参与染色质和核的组装；核纤层蛋白还具有调节 DNA 修复的作用。

第二节 细胞的生命活动

一、细胞的增殖与分化

（一）细胞增殖

细胞增殖（cell proliferation）是细胞生命活动的重要特征之一，指亲代细胞经历物质准备后分裂产生子代细胞的过程，是种族繁衍、个体发育和机体修复的基础。细胞增殖是通过细胞周期与细胞分裂实现的。细胞分裂包括有丝分裂、减数分裂和无丝分裂 3 种类型。

1. 细胞周期

细胞周期（cell cycle）是指一个细胞从一次分裂结束到下一次分裂结束所经历的过程，又称细胞增殖周期（cell reproductive cycle）或细胞生活周期（cell life cycle）。一个细胞周期即一个细胞的整个生命过程。一般将细胞周期划分为 4 个阶段（图 1-13）：① DNA 合成前期（G_1 期，第一间隙期），上一次有丝分裂结束到 DNA 复制之前，主要是合成 rRNA、蛋白质、脂类和糖类等，为合成 DNA 做准备；② DNA 合成期（S 期），进行 DNA 合成、组蛋白合成、DNA 复制所需酶的合成；③ DNA 合成后期（G_2 期，第二间隙期），DNA 复制完成到有丝分裂开始之前，此期大量合成 ATP、RNA 及细胞分裂相关的蛋白质，为细胞分裂做准备；④分裂期（M 期），从细胞分裂开始到结束，染色质被平均分配给子细胞，实现细胞增殖。

从增殖角度可将高等动物的细胞分为 3 类：①连续分裂细胞，又称周期细胞，如表皮生发层细胞、部分骨髓细胞；②休眠细胞，又称 G_0 期细胞，暂不分裂，但在适当的刺激下可重新进入细胞周期，如淋巴细胞、肝细胞、肾细胞等；③不分裂细胞，又称终端细胞，指不可逆地脱离细胞周期，不再分裂的细胞，如成熟红细胞、骨骼肌细胞等。

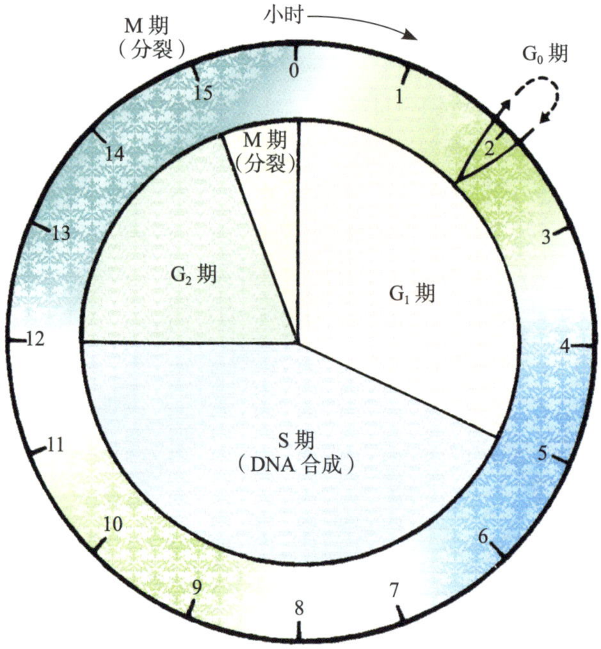

图 1-13 细胞增殖周期

2. 细胞分裂

（1）有丝分裂（mitosis） 是普遍见于高等生物的一种分裂方式。根据细胞形态结构变化，人为地划分为 6 个时期：前期、前中期、中期、后期、末期及胞质分裂。

前期（prophase）：染色质浓缩成染色体，中心体移向两极，分裂极确立，纺锤体开始组装，核仁消失。前中期（premetaphase）：核膜解体，染色体进一步凝缩，变粗变短，纺锤体形成，并捕获染色体，拉动其向赤道面移动。中期（metaphase）：所有染色体排列到赤道板，纺锤体呈典型的纺锤样。后期（anaphase）：中期染色体的两条染色单体相互分离，形成子代染色体，并分别向两极运动。先是动粒微管缩短，拉动染色单体移向两极，后是星体微管延长，两极间距离逐渐拉大。末期（telophase）：染色单体到达两极，并开始去浓缩变成染色质，核仁重新出现，核膜开始重新装配，形成子代细胞核。胞质分裂（cytokinesis）：开始于细胞分裂后期，完成于末期。细胞质分裂开始时，赤道板周围细胞表面下陷形成分裂沟，此处大量肌动蛋白和肌球蛋白环绕细胞，形成收缩环，收缩环逐渐紧缩，亲代细胞的细胞质和细胞器被分配到两个子代细胞中。

（2）减数分裂（meiosis） 又称成熟分裂，是一种特殊类型的有丝分裂，只存在于有性生殖细胞的成熟过程中。它的特点是：细胞内 DNA 仅进行一次复制，随后进行 2 次细胞分裂，结果子细胞中染色体数目减半，形成单倍体配子。两性配子经过受精，形成合子，恢复到体细胞的染色体数目。通常第一次减数分裂分离的是同源染色体，第二次减数分裂分离的是姊妹染色单体。两次分裂分别称为减数分裂Ⅰ和减数分裂Ⅱ，两者间有短暂的分裂间期。减数分裂是生物有性生殖的基础，是生物遗传、进化和多样性的重要基础保证。

（3）无丝分裂（amitosis） 又称直接分裂，表现为细胞伸长、核拉长，从中部缢缩，然后细胞质分裂，一分为二，形成 2 个子细胞，其间不涉及纺锤体形成及染色体变化。如细胞质不分开，将形成双核。无丝分裂是低等生物的主要增殖方式，也见于高等动物某些高度分化的细胞（如肝细胞、肾小管上皮细胞、肾上腺皮质细胞）以及动物的胎膜细胞、间充质等。

（二）细胞分化

细胞分化（cell differentiation）是指多细胞生物在个体发育过程中，细胞在分裂的基础上，彼此之间在形态结构、生理功能等方面产生稳定性差异的过程。细胞分化存在于动物体的整个生命过程中，但在胚胎期表现最为明显。在胚胎发育过程中，一个受精卵通过分裂和分化，逐渐形成许许多多形态结构和生理功能不同的细胞，它们分别构成组织、器官乃至系统，最后成为一个完整的有生命的个体。

细胞分裂和细胞分化是两个既有密切联系，又有本质区别的概念。通过细胞分裂增加细胞的数量，通过细胞分化增加细胞的种类；正常情况下，细胞的不断分裂，通常伴随着细胞的逐步分化；而在细胞分化的不同阶段，细胞分裂的速度和能力是不同的。其一般规律是：细胞分化程度越低，分裂速度越快，分裂能力越大；细胞分化程度越高，分裂速度越慢，分裂能力越小。

二、细胞的衰老与死亡

细胞的衰老与死亡在生物体内不断地发生着，是细胞正常的发育过程，也是机体发育的必然规律。

（一）细胞衰老

细胞衰老（cell aging）是指细胞适应环境变化和维持细胞内环境稳定的能力降低，并以形态结构和生化改变为基础，表现出代谢率降低、生理功能减弱，不可逆地趋向死亡的现象。细胞衰老时，其结构变化主要表现为体积变小、核固缩、染色加深，核质比减小；内质网、线粒体等细胞器减少；色素、脂褐素等沉积于细胞内；其生化改变主要表现为酶活性与含量下降、水分减少、氨基酸和蛋白质合成速率下降等。

（二）细胞死亡

细胞死亡（cell death）是细胞生命现象不可逆的终止。细胞死亡方式主要包括：细胞坏死、细胞凋亡、自噬性细胞死亡、细胞焦亡等。

1. 细胞坏死

细胞坏死（necrosis）是由于某些外界因素如局部贫血、高热、物理性或化学性损伤、生物侵袭等，造成的细胞急速死亡，是一种细胞意外性死亡；坏死也能由精确的细胞信号通路而引起，这种死亡方式被命名为程序性坏死或坏死性凋亡（necroptosis）。程序性坏死不仅具有典型的细胞坏死特征，如细胞膜不完整、细胞内能量代谢危机、释放炎性因子，其还可以被程序性坏死特异性小分子抑制剂 necrostatin-1 特异性阻断。细胞程序性坏死参与机体的多种生理和病理反应，如病毒感染的免疫激活、缺血性坏死损伤以及神经退行性疾病等。

2. 细胞凋亡

细胞凋亡（apoptosis）是细胞自然死亡，也称细胞程序性死亡（programmed cell death, PCD），是细胞衰老过程中其功能逐渐衰退的结果，就像秋天树叶凋谢一样，遵循自身的程序和规律，自己结束其生命。细胞凋亡受基因的调控，细胞凋亡时形成凋亡小体，不引起周围组织炎症反应。细胞凋亡是多细胞生物发育和组织稳态的基本过程，为保证个体发育成熟所必需，为清除不再需要的或有害细胞提供了一个有效的机制。

3. 自噬性细胞死亡

自噬（autophagy）是依赖溶酶体途径对细胞质蛋白和细胞器进行降解的一种过程，有利于细胞内稳态的维持。在饥饿状态下细胞质中可溶性蛋白和部分细胞器被降解成氨基酸等用于供能和生物合成，另外，细胞自噬能够清除变性或错误折叠的蛋白质、衰老或损伤的细胞器等。细胞自噬也能导致细胞死亡，自噬性细胞死亡能实行自我削减，减少死亡细胞的体积，在需要大量细胞死亡的变态过程中发挥功能。近年来许多研究表明，细胞自噬与个体发育、氧化性损伤保护、肿瘤细胞的恶性增殖及神经退行性疾病有关。

4. 细胞焦亡

细胞焦亡（pyroptosis）是一种程序性细胞死亡，特征为细胞胀大、质膜破裂，伴有大量促炎因子释放，形成炎症小体。细胞焦亡广泛参与多种疾病炎性过程中的细胞死亡过程，是机体一种重要的天然免疫反应，在抗击感染中发挥重要作用。

此外，铁死亡（ferroptosis）是一种新型的细胞死亡方式，是铁依赖的脂质过氧化累积介导的细胞死亡；多聚 ADP 核糖聚合酶 -1 依赖性细胞死亡（parthanatos）是多聚 ADP 核糖聚合酶 -1（PARP-1）介导的程序性细胞死亡。

【思考题】

1. 名词解释：细胞器、细胞骨架、染色质、染色体、细胞周期、有丝分裂、减数分裂。
2. 细胞膜的结构特征及其与膜的功能联系是怎样的？
3. 线粒体、内质网、高尔基体、溶酶体、核糖体的结构及功能是什么？
4. 细胞骨架的组成和结构特征是什么？

（中国农业大学　马云飞）

第二章 上皮组织

上皮组织（epithelial tissue）简称上皮，是由大量形态规则的细胞和少量细胞间质构成，细胞排列紧密，排成层、团、索等形态。上皮细胞具有两极性，一极称为游离面，朝向身体表面或空腔器官的腔面，另一极称为基底面，朝向深部的结缔组织。上皮组织内没有血管，而有丰富的神经末梢分布，所需营养依赖结缔组织中的血管透过基膜供给。上皮组织具有保护、分泌、吸收等功能。上皮组织分为被覆上皮、腺上皮、感觉上皮、生殖上皮、肌上皮等类型。前两种上皮在动物体内分布非常广泛，功能也很多样；感觉上皮分布在能感受特定刺激的部位和一些感觉器官内，如味蕾、嗅上皮、听觉感受器及视网膜的感光细胞等；生殖上皮见于睾丸曲细精管的生精上皮和卵巢表面的上皮；肌上皮指的是一些位于腺泡基部的具有收缩功能的细胞。本章重点叙述被覆上皮和腺上皮。

第一节 被覆上皮

一、被覆上皮的类型和结构

大部分上皮覆盖于身体表面和衬贴在有腔器官的腔面，故称被覆上皮。被覆上皮是按照上皮细胞层数和细胞形状进行分类的。单层上皮由一层细胞组成，所有细胞的基底端都附着于基膜上，游离端可伸到上皮表面。复层上皮由多层细胞组成，最深层的细胞附着于基膜上。上皮又根据细胞的形状（单层上皮）或浅层细胞的形状（复层上皮）进一步分类。将细胞的层数和细胞形状两个因素结合在一起，被覆上皮可分为单层上皮和复层上皮，单层被覆上皮包括单层扁平上皮、单层立方上皮、单层柱状上皮和假复层纤毛柱状上皮；复层被覆上皮又分为复层扁平上皮、复层柱状上皮和变移上皮。

1. 单层扁平上皮

单层扁平（鳞状）上皮（simple squamous epithelium）很薄，只由一层扁平细胞组成（图 2-1）。表面观，细胞呈不规则状或多边形，核椭圆形，位于细胞中央，细胞边缘呈锯齿状或波浪状，互相嵌合。侧面观，细胞核呈扁形，细胞质很薄，只有含核的部分略厚。衬贴在心、血管和淋巴

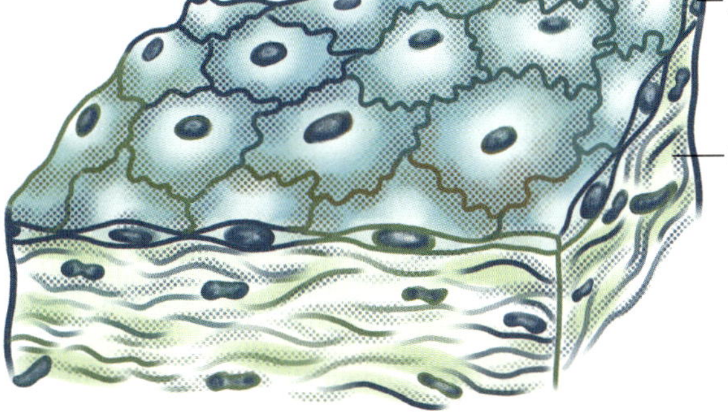

图 2-1 单层扁平上皮模式图

管腔面的单层扁平上皮称内皮（endothelium）。内皮细胞很薄，大多呈梭形，游离面光滑，有利于血液和淋巴液流动及物质透过。分布在胸膜、腹膜和心包膜表面的单层扁平上皮称间皮（mesothelium），细胞游离面湿润光滑，便于内脏运动。

2. **单层立方上皮**

单层立方上皮（simple cuboidal epithelium）由一层立方形细胞组成（图 2-2）。从上皮表面看，每个细胞呈六角形或多角形；由上皮的垂直切面看，细胞呈立方形，细胞核圆形，位于细胞中央。这种上皮见于肾小管等处。

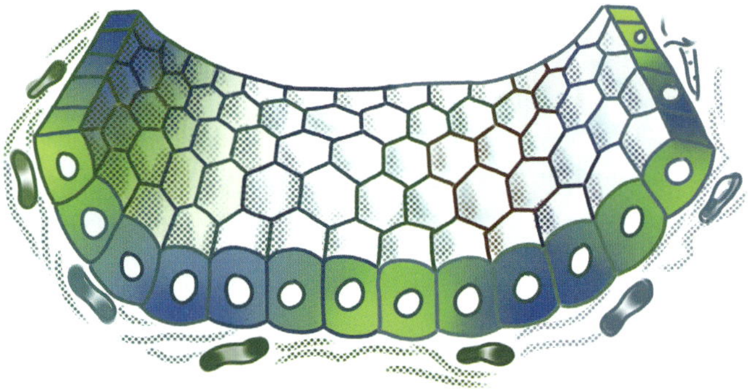

图 2-2　单层立方上皮模式图

3. **单层柱状上皮**

单层柱状上皮（simple columnar epithelium）由一层棱柱状细胞组成。从表面看，细胞呈六角形或多角形；由上皮垂直切面看，细胞呈柱状（图 2-3），细胞核长圆形，多位于细胞近基底部。此种上皮大多有吸收或分泌功能。在小肠和大肠腔面的单层柱状上皮中，柱状细胞间有许多散在的杯状细胞（goblet cell）（图 2-3）。杯状细胞形似高脚酒杯，细胞顶部膨大，充满黏液性分泌颗粒，基底部较细窄。胞核位于基底部，常为较小的三角形或扁圆形，染色质浓密，着色较深。杯状细胞是一种腺细胞，分泌黏液，有滑润上皮表面和保护上皮的作用。

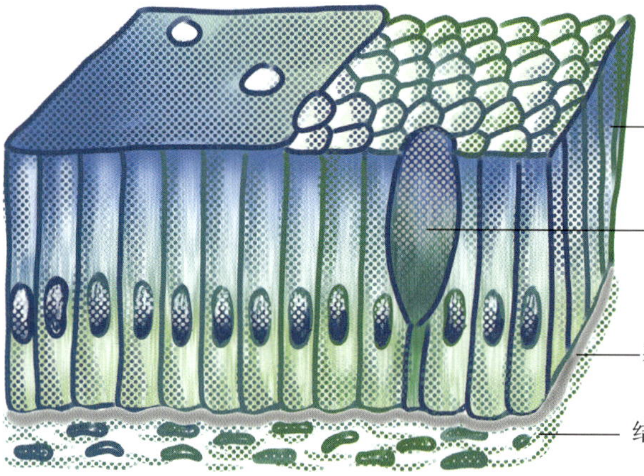

图 2-3　单层柱状上皮模式图

4. **假复层纤毛柱状上皮**

假复层纤毛柱状上皮（pseudostratified ciliated columnar epithelium）由柱状细胞、梭形细

胞和锥体形细胞等几种形状、大小不同的细胞组成。柱状细胞游离面具有纤毛。上皮中也常有杯状细胞。由于几种细胞高矮不等，只有柱状细胞和杯状细胞的顶端伸到上皮游离面，细胞核的位置也深浅不一，故从上皮垂直切面看似复层上皮。但这些高矮不等的细胞基底端都附在同一基膜上，因此实际仍为单层上皮（图 2–4），这种上皮主要分布在呼吸管道的腔面。

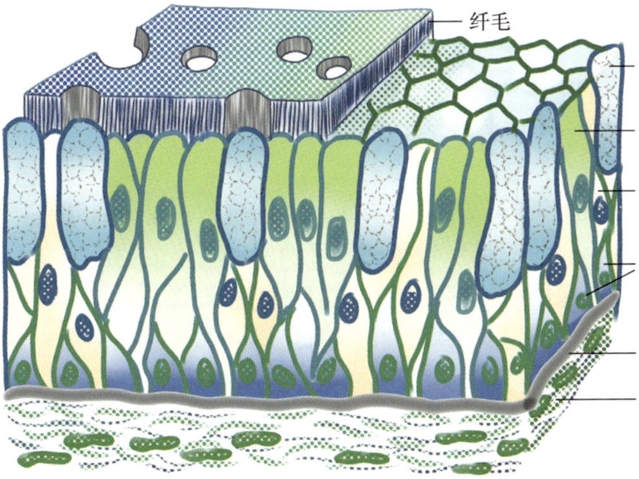

图 2–4　假复层纤毛柱状上皮模式图

5. 复层扁平上皮

复层扁平（鳞状）上皮（stratified squamous epithelium）由多层细胞组成，是最厚的一种上皮（图 2–5）。从上皮的垂直切面看，细胞的形状和厚薄不一。紧靠基膜的一层细胞为立方形或矮柱状，此层以上是数层多边形细胞，再上为梭形细胞，浅层为几层扁平细胞。最表层的扁平细胞已退化，并不断脱落。基底层的细胞较幼稚，具有旺盛的分裂能力，新生的细胞渐向浅层移动，以补充表层脱落的细胞。这种上皮与深部结缔组织的连接面弯曲不平，扩大了两者的连接面。

图 2–5　复层扁平上皮模式图

复层扁平上皮具有很强的机械性保护作用，分布于口腔、食管和阴道等的腔面和皮肤表面，具有耐摩擦和阻止异物侵入等作用。受损伤后，上皮有很强的修复能力。位于皮肤表面的复层扁平上皮，浅层细胞已无细胞核，细胞质中充满角蛋白（一种硬蛋白），是已干硬的死细胞，具有更强的保护作用，这种上皮称角化的复层扁平上皮。衬贴在口腔和食管等腔面的复层扁平上皮，浅层细胞是有核的活细胞，含角蛋白少，称未角化的复层扁平上皮。

6. 复层柱状上皮

复层柱状上皮（stratified columnar epithelium）的深层为一层或几层多边形细胞，浅层为一层排列较整齐的柱状细胞。此种上皮只见于眼睑结膜和男性尿道等处。

7. 变移上皮

变移上皮（transitional epithelium）又称移行上皮，衬贴在排尿管道（肾盏、肾盂、输尿管和膀胱）的腔面。变移上皮的细胞形状和层数可随所在器官的收缩与扩张而发生变化。如膀胱缩小时，上皮变厚，细胞层数较多，此时表层细胞呈大立方形，细胞质丰富，有的细胞含 2 个细胞核；中层细胞为多边形，有些呈倒置的梨形；基底细胞为矮柱状或立方形。当膀胱充尿扩张时，上皮变薄，细胞层数减少，细胞形状也变扁（图 2-6）。

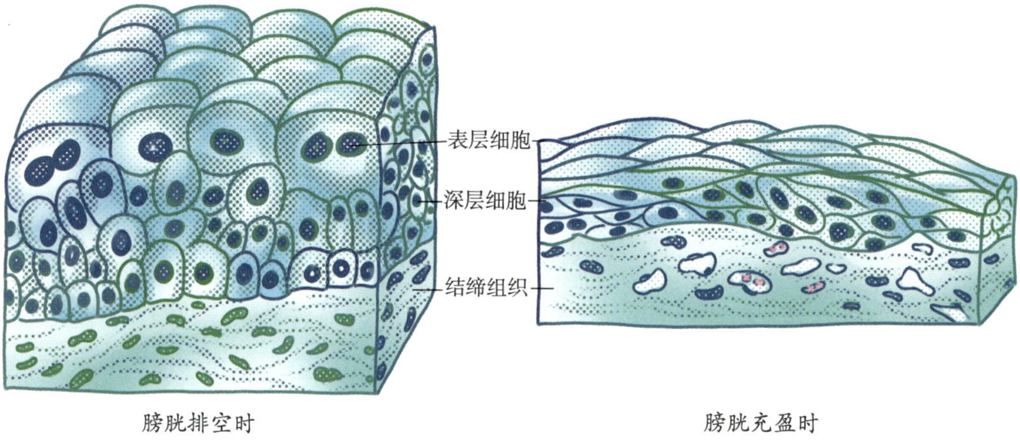

图 2-6　变移上皮模式图

有人认为变移上皮是假复层上皮，所有细胞均向深部伸出长脚状突起，附着于基膜上。

二、上皮组织的特殊结构及功能

上皮组织与其功能相适应，在上皮细胞的各个面常形成不同的特殊结构（图 2-7）。这种结构有的由细胞质和细胞膜构成，有的由细胞膜、细胞质和细胞间质共同构成。

1. 上皮细胞的游离面

（1）细胞衣（cell coat） 又称糖衣，为一薄层绒毛状的复合糖，包括糖蛋白、糖脂及蛋白多糖。上皮细胞的游离面细胞衣尤为显著，细胞基底面及侧面也有类似细胞衣结构，但不甚明显。细胞衣具有黏着、支持、保护、物质交换及识别等功能。

（2）微绒毛（microvillus） 是上皮细胞游离面伸出的细小指状突起，在电镜下才能清楚辨认。有些上皮细胞微绒毛少，长短不等，排列也不整齐。具有活跃吸收功能的上皮细胞有许多较长的微绒毛，且排列整齐，在高倍镜下可见细胞游离面显纵纹状的纹状缘（striated border）或刷状缘（brush border），图 2–8 就是密集排列的长微绒毛的电镜图像，除上皮细胞外，其他组织的细胞表面也常有微绒毛。

电镜下可见微绒毛表面为细胞膜，内为细胞质。微绒毛直径约 0.1 μm，长度因细胞种类或细胞生理状态的不同而有很大差别（图 2–8）。绒毛轴心的细胞质中有许多纵行的微丝（microfilament）。微丝一端附着于微绒毛尖端；另一端下伸到细胞顶部，附着于此部位细胞质中的终末网（terminal web）。微绒毛显著地扩大了细胞的表面积，参与细胞吸收物质的作用。

（3）纤毛（cilium） 是细胞游离面伸出的能摆动的较长的突起，比微绒毛粗且长，在光镜下能看见。一个细胞可有几百根纤毛。纤毛长 5 ～ 10 μm，粗约 0.2 μm，根部有一个致密颗粒，称基体（basal body）。纤毛具有一定方向节律性摆动的能力。许多纤毛的协调摆动像风吹麦浪起伏，把黏附在上皮表面的分泌物和颗粒状物质向一定方向推送。例如，呼吸道大部分的腔面为有纤毛的上皮，由于纤毛的定向摆动，可把被吸入的灰尘和细菌等排出。

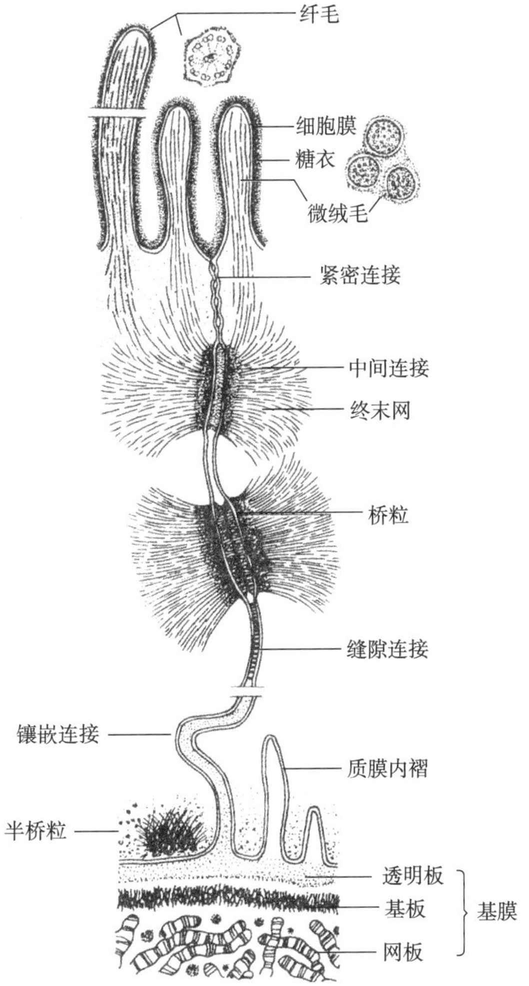

图 2–7 上皮细胞特殊结构电镜模式图（滕可导，2017）

纤毛的内部结构比微绒毛复杂。电镜下可见纤毛表面有细胞膜，内为细胞质，其中有纵向排列的微管。微管的排列有一定规律，中央为 2 条完整的微管。周围为 9 组成对的双联微管。基体的结构与中心粒基本相同，纤毛中的微管与基体的微管相连。

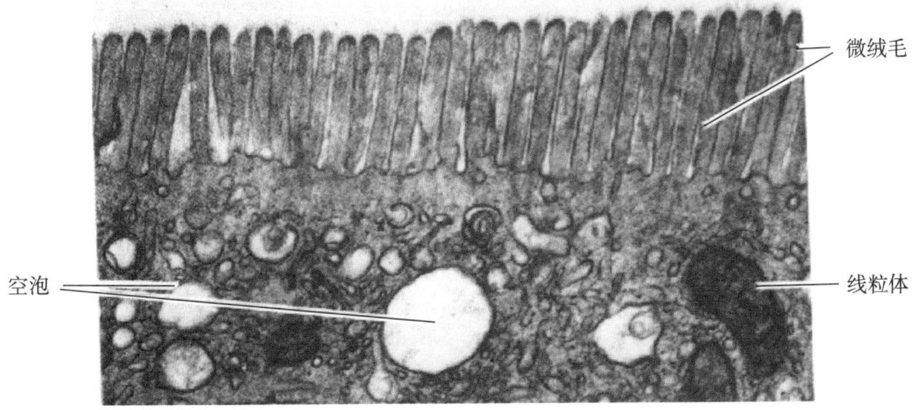

图 2–8 微绒毛电镜图（Krause 和 Cutts, 1981）

微管与纤毛的摆动有关。有人从纤毛的双联微管中分离出一种具有ATP酶活性的蛋白质，称动力蛋白（dynein）。纤毛的运动可能是此种蛋白质分解ATP使微管之间产生滑动所致。

2. 上皮细胞的侧面

在细胞紧密的组织，如上皮组织和其他某些组织，细胞排列密集，细胞间隙很窄，一般宽15～20 nm。细胞间隙中充满相邻细胞的细胞衣，并有少量糖胺多糖和钙离子，有较强的细胞黏着作用。这种黏着物质，在细胞的相邻面间广泛存在。此外，有些细胞的相邻面凹凸不平，互相嵌合，又进一步加强了细胞彼此的结合。细胞间结合更重要的结构，是在细胞相邻面形成特殊构造的细胞连接（cell junction）。上皮细胞间的连接结构发达，而且结构典型。肌细胞之间和神经细胞之间也有较多的细胞连接。结缔组织的细胞较分散，但有些相接触的细胞也有细胞连接。细胞连接由相邻细胞间局部特化的细胞膜、细胞质和细胞间隙组成。

（1）紧密连接（tight junction） 又称闭锁小带（zonula occludens）。这种连接呈点状、斑状或带状，带状的较典型，常见于单层柱状上皮和单层立方上皮，位于相邻细胞间隙的顶端侧面，呈箍状环绕细胞。在紧密连接的连接区、相邻两细胞的胞膜上有呈网格状的脊，这些脊彼此相对并紧贴在一起，细胞间隙消失。无脊的部分，有10～15 nm的间隙（图2-7）。紧密连接除有机械连接作用外，更重要的是封闭细胞顶部的细胞间隙，阻挡细胞外的大分子物质经细胞间隙进入组织内。

（2）中间连接（intermediate junction） 又称黏着小带（zonula adherens）。这种连接多为长短不等的带状，位于紧密连接下方，环绕上皮细胞顶部。相邻细胞之间有15～20 nm的间隙，间隙中有较致密的丝状物连接相邻细胞的膜。在细胞膜的胞质面，附着有薄层致密物质和细丝，细丝参与构成终末网（图2-7）。此种连接在上皮细胞间和心肌细胞间常见。它除有黏着作用外，大概还有保持细胞形状和传递细胞收缩力的作用。

（3）桥粒（desmosome） 又称黏着斑。呈斑状连接，大小不等，位于中间连接的深部，主要存在于上皮细胞间。连接区的细胞间隙宽20～30 nm，其中有低密度的丝状物，间隙中央有一条与细胞膜相平行而致密的中间线，此线由丝状物质交织而成（图2-7）。细胞膜的胞质面有较厚的致密物质构成的附着板，细胞质中有许多直径10 nm的角蛋白丝（张力丝）（tonofilament）附着于板中，并常折成袢状返回细胞质，起固定和支持作用。桥粒是一种很牢固的细胞连接，在易受机械性刺激和摩擦的复层扁平上皮中多见。在某些上皮细胞的基底面，即与深层结缔组织的相邻面，还可见半桥粒（hemidesmosome）。半桥粒为上皮细胞一侧形成桥粒一半的结构，将上皮细胞固着在基膜上。

（4）缝隙连接（gap junction） 又称通信连接（communication junction）。这种连接呈斑状，位于柱状上皮深部。此处细胞间隙很窄，仅2～3 nm，并见相邻两细胞的间隙中有许多间隔大致相等的连接点（图2-9）。冷冻蚀刻复型等方法的研究证明，相邻两细胞的胞膜中有许多分布规律的柱状颗粒，每个颗粒直径7～9 nm，由6个亚单位合并组成，中央有直径约2 nm的管腔。相邻两细胞膜中的颗粒彼此相接，管腔也通连，成为细胞间直接交通的管道。在钙离子和其他因素作用下，管道可开放或闭合。这种连接广泛存于胚胎和成体的多种细胞间，可供细胞相互交换某些小分子物质和离子，借以传递化学信息，调节细胞的分化和增殖。此种连接的电阻低，在心肌细胞之间、平滑肌细胞之间和神经细胞之间，可经此处传递电冲动。

以上4种连接，一般只要有两个或两个以上的连接挨在一起，即可称连接复合体（junctional

complex)。连接结构的存在和数量常随器官不同发育阶段和功能状态及病理变化而改变。如在生精过程中，随着精原细胞的分化，支持细胞间的紧密连接可开放和重建。

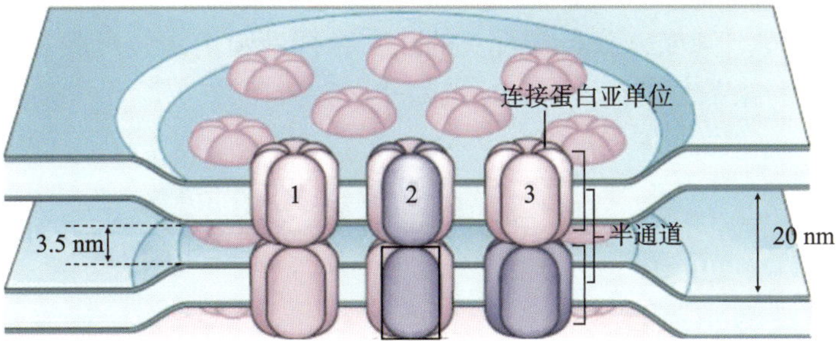

1. 同源连接子 2. 异源连接子相邻细胞形成通道时，各自的连接子对接，因而可能形成同型（1，2）或异型的缝隙连接（3）

图 2-9 缝隙连接的结构模式图（Söhl, 2005）

3. 上皮细胞的基底面

（1）基膜（basement membrane） 又称基底膜。是上皮基底面与深部结缔组织间的薄膜。不同部位上皮的基膜甚至同一基膜的不同区域，其组成成分有所不同。基膜含有Ⅳ型胶原蛋白、层粘连蛋白和硫酸乙酰肝素蛋白多糖，有的部位基膜含纤维粘连蛋白。电镜下可将基膜分为 3 层（图 2-10）：紧贴在上皮细胞基底面的一层为透明层（lamina lucida），为电子致密度低的薄层，厚 10～50 nm；其下面为电子致密度高的均质层，称致密层（lamina densa），二者合称基板，不同部位致密层厚度不等，为 20～300 nm；下层为网板（reticular lamina），位于致密层之下，由网状纤维和基质构成，有时可有少许胶原纤维。基膜厚薄不一，薄者仅由透明板和致密板组成。基膜除有支持和连接作用外，还是半透膜，有利于上皮细胞与深部结缔组织进行物质交换。基膜还能引导上皮细胞移动并影响细胞的分化。

（2）质膜内褶（plasma membrane infolding） 是上皮细胞基底面的细胞膜折向细胞质所形成的许多内褶（图 2-11）。质膜内褶的主要作用是扩大细胞基底部的表面积，有利于水和电解质的迅速转运。由于转运过程中需要消耗能量，故在质膜内褶附近的细胞质内，含有许多纵行排列的线粒体。

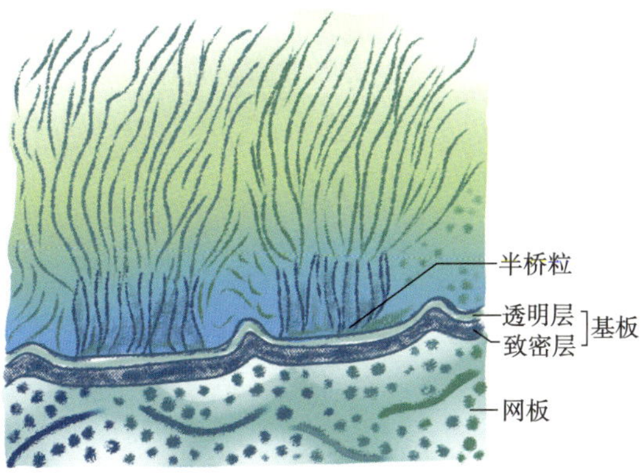

图 2-10 上皮细胞的基底面

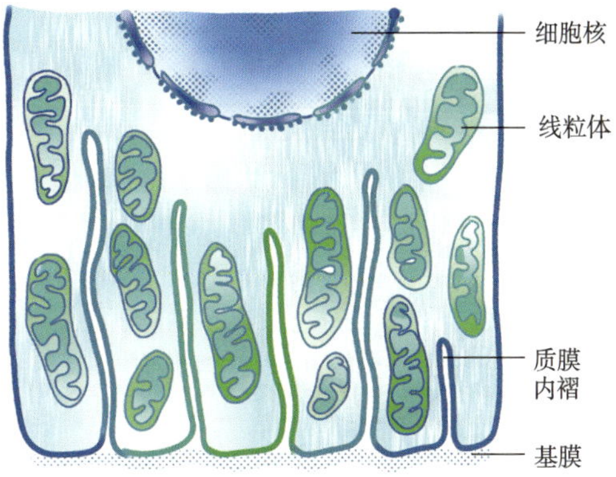

图 2-11 质膜内褶超微结构模式图

三、感觉上皮

感觉上皮是由一些上皮细胞特化形成的，具有接收刺激的机能。如嗅觉上皮、味觉上皮、视觉上皮和听觉上皮。例如，分布在舌头的味蕾、视网膜内皮、鼻腔表皮等均属此类组织。舌轮廓乳头上皮内的味蕾，染色淡，其顶端的开口为味孔。

第二节 腺上皮和腺

一、腺上皮与腺的概念

腺上皮是指动物有机体主要行使分泌功能的上皮，这些上皮称腺上皮（glandular epithelium）。以腺上皮为主要成分组成的器官称腺（gland）。腺细胞的分泌物中含酶、糖蛋白（也称黏蛋白）或激素等，各有特定的作用。

二、腺的发生与分类

在胚胎期，腺上皮起源于内胚层、中胚层或外胚层衍生的原始上皮。这些上皮细胞分裂增殖，形成细胞索，长入深部的结缔组织中，分化成腺。如果形成的腺有导管通到器官腔面或身体表面，分泌物经导管排出，称外分泌腺（exocrine gland），如汗腺、胃腺等；如果形成的腺没有导管，分泌物经血液和淋巴输送，称内分泌腺（endocrine gland），如甲状腺、肾上腺等（图 2-12）。

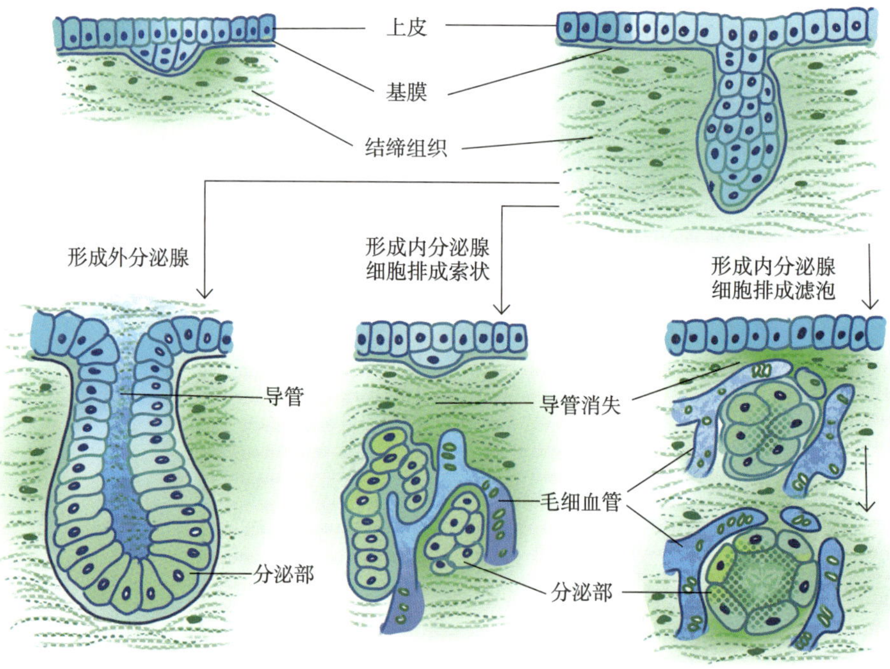

图 2-12　腺的发生与分类模式图

三、外分泌腺的类型与结构

按组成外分泌腺的细胞数目，外分泌腺可分为单细胞腺（unicellular gland）和多细胞腺（multicellular gland）。前述的杯状细胞就是单细胞腺，但人体中大多数腺是多细胞腺。多细胞腺大小不等，一般都由分泌部和导管两部分组成（图 2–13）。

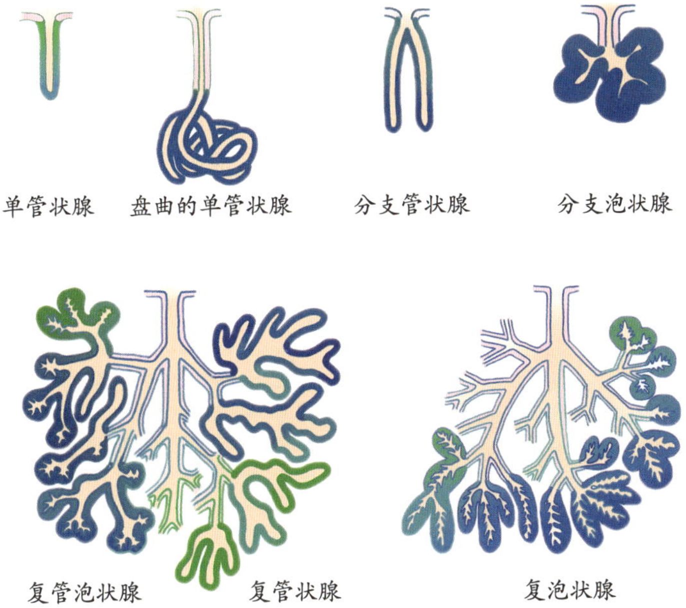

图 2–13　外分泌腺的类型与结构模式图

1. 分泌部

分泌部（secretory portion）的形状为管状、泡状或管泡状。泡状和管泡状的分泌部常称腺泡（acinus）。分泌部一般由一层细胞组成，中央有腔。根据分泌部的形状，腺可分为管状腺（tubular）、泡状腺（acinar gland）和管泡状腺（tubuloacinar gland）（图 2–13）。

组成分泌部的腺细胞结构，因腺的种类和分泌物性质的不同而有显著差别。消化系统和呼吸管道的一些外分泌腺，分泌部由浆液性细胞或黏液性细胞组成；据此，可将这些腺分为以下几种类型：①浆液性腺（serous gland），腺的分泌部都由浆液性细胞组成；②黏液性腺（mucous gland），腺的分泌部都由黏液性细胞组成；③混合性腺（mixed gland），是指由浆液性细胞和黏液性腺泡共同组成的腺，并常有由浆液性细胞和黏液性细胞一起组成的混合性腺泡（mixed acinus）。但需说明的是，这种按浆液性细胞和黏液性细胞对腺的分类，只适用于一部分外分泌腺。还有相当多的腺不能按上述特点分类。

2. 导管

导管（duct）与分泌部直接通连，由单层或复层上皮构成。导管主要是排出分泌物，但有些腺的导管还有吸收水和电解质及排泌作用。导管有无分支也是外分泌腺分类的一个依据。有些腺的一个或几个分泌部通连一条不分支的导管，称单腺（simple gland）；有些腺的导管分成大小不等的几级分支，最小的导管末端通连分泌部，称复腺（compound gland）。通常是把分泌部的形状和导管是否分支两个因素结合一起，将腺进行分类的。

第三节 上皮组织的更新与再生

上皮组织具有较强的再生能力。在生理状态下，有些部位被覆上皮的细胞不断衰老、死亡和脱落，也不断有细胞再生与更新。这在皮肤的复层扁平上皮和胃肠的单层柱状上皮尤为明显。各种上皮的更新速度可随动物的种属、年龄、损伤程度及营养条件而有很大差异，如胃肠道上皮 2～4 d 就可更新一次，表皮细胞 1～2 个月更新一次。上皮细胞死亡脱落后，不断由上皮中存在的幼稚细胞增殖补充，这些幼稚细胞具有分裂能力，这是生理性的更新。由于炎症或创伤等病理原因所致的上皮损伤，由周围未受损伤的上皮细胞增生补充，新生的细胞移到损伤表面，形成新的上皮，这是病理性再生。若损伤严重，面积较大，上皮虽有较强的再生能力，也难以弥补缺损，常由结缔组织填充而形成瘢痕。

【思考题】

1. 试述上皮组织的结构、分类及主要功能。
2. 试述假复层纤毛上皮的结构、分布及功能。
3. 试述复层扁平上皮的结构及功能。
4. 试述变移上皮的结构及功能意义。
5. 外分泌腺的结构特点有哪些？

（沈阳农业大学　石娇）

第三章 结缔组织

结缔组织（connective tissue）是机体内分布最为广泛的一类基本组织，不同类型的结缔组织赋予机体内器官一定的形态，故又称支持组织（supporting tissue），在器官内作为基质支持和连接组成器官的其他组织和细胞，此外还具有多种其他生理功能，如填充、营养、保护、储水、修复和防御等。结缔组织是由细胞和大量的细胞间质构成，在不同类型的结缔组织内，细胞的种类、形态、结构、数量和功能存在差异。细胞间质（extracellular matrix，ECM）由细胞产生，形成复杂的网络结构，占据了结缔组织的大部分细胞外空间，包括纤维和基质（ground substance）。各种结缔组织的细胞外基质由于分子类型、不同组分含量和组装形式的不同，基质有液态、固态和凝胶态 3 种存在形式，如确保其支撑作用的骨组织基质刚硬，软骨组织的基质则具有一定的韧性。因此，根据细胞的组成和数量、纤维、基质的不同，广义的结缔组织包括固有结缔组织、软骨组织、骨组织、血液和淋巴。狭义的结缔组织是指固有结缔组织，即一般所称的结缔组织，又分为疏松结缔组织、致密结缔组织、网状组织和脂肪组织 4 种类型。

与其他组织（上皮组织、肌组织和神经组织）相比较，结缔组织主要具有以下几方面的结构特点：细胞间质丰富，细胞成分较少；细胞种类较多，散在分布于细胞外基质中，因此细胞没有极性；分布广泛，结构和功能多样。结缔组织的细胞间质内含有丰富的血管和神经，细胞通过组织液与血液之间进行物质交换。

结缔组织起源于胚胎时期的间充质（mesenchyme）。间充质是胚胎时期填充在内、外胚层之间的中胚层组织，由间充质细胞和大量无定形的黏液状基质构成，胶原纤维含量少。间充质细胞呈“纺锤形”，有两个或多个细胞质突起，相邻细胞的突起彼此连接成网；细胞质较少，呈弱嗜碱性；细胞核较大，多为卵圆形，染色浅，核仁明显，染色质细密。间充质细胞分化程度低，具有很强的分裂和分化能力，在胚胎发育过程中，可分化为各种结缔组织、血管内皮细胞和平滑肌细胞等。间充质中有些细胞是多能干细胞，在成年机体某些器官的结缔组织中（如牙髓、某些脂肪组织），依然存在类间充质样细胞，可作为干细胞的来源用于治疗修复和器官再生。

第一节 固有结缔组织

固有结缔组织（connective tissue proper）是构成器官的基本成分之一，根据纤维的排列方式和功能，可分为疏松结缔组织、致密结缔组织、脂肪组织和网状组织 4 种类型。另外，在机体的某些器官内还存在介于疏松结缔组织和致密结缔组织之间的过渡类型，如位于消化管和呼吸道固有层的细密结缔组织，纤维细密、细胞种类和数量较多。卵巢皮质和子宫内膜基底层的细胞性结缔组织、脐带以及胎盘绒毛内的黏液组织等。

一、疏松结缔组织

疏松结缔组织（loose connective tissue）的主要形态结构特点是细胞数量较少，但是种类较多；纤维数量较少，排列稀疏；基质比较丰富，细胞和纤维分散分布在大量的基质内，结构疏松，呈海绵状或蜂窝状，故又称为蜂窝组织（areolar tissue）（图 3–1）。疏松结缔组织柔软而且富有较强的弹性和韧性，在机体内广泛分布于器官、组织和细胞之间，如皮下、肠系膜、网膜等处，具有支持、连接、营养、修复、防御和保护等作用。

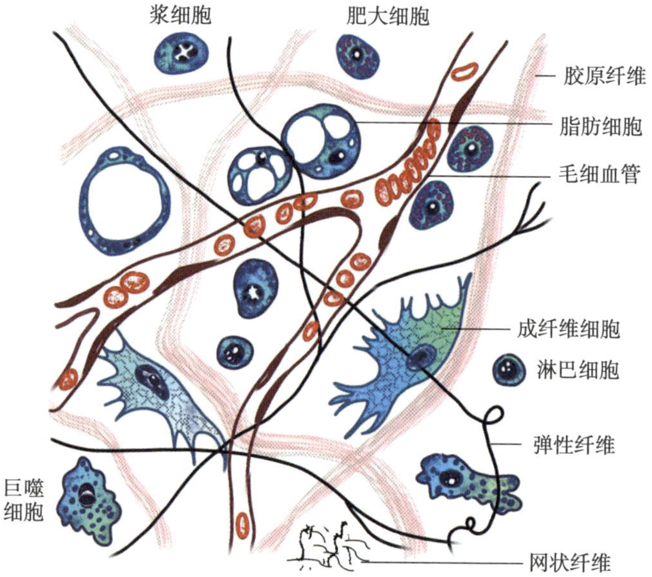

图 3–1　疏松结缔组织结构模式图

（一）基质

疏松结缔组织的基质（ground substance）含量丰富，呈无定形的凝胶状，具有一定的黏性，填充在细胞和纤维之间，其化学成分主要由生物大分子蛋白聚糖、结构性糖蛋白和水构成。

1. 蛋白聚糖

蛋白聚糖（proteoglycan）是由蛋白质分子和大量糖胺多糖（glycosaminoglycan）结合形成的大分子复合物，是构成基质的主要成分。其中糖胺多糖分子的数量远超过蛋白质分子，含糖量可达 90%～95%。糖胺多糖包括透明质酸（hyaluronic acid）、硫酸软骨素（chondroitin sulfate）和硫酸皮肤素（dermatan sulphate）、硫酸角质素（keratin sulfate）、硫酸乙酰肝素（heparan sulfate）和肝素（heparin）4 类，其中以透明质酸含量最多。由于糖胺多糖分子存在大量阴离子，故能结合大量水，糖胺多糖能像海绵一样吸水产生膨压，因此赋予胞外基质很强的抗压能力。透明质酸是一长链的大分子，呈曲折盘绕状态，构成蛋白聚糖复合物的主干。蛋白质包括连接蛋白和核心蛋白。蛋白聚糖以透明质酸为骨架，其他糖胺多糖则与核心蛋白相连，构成蛋白聚糖亚单位，蛋白聚糖亚单位再通过连接蛋白与透明质酸结合在一起，构成曲折盘绕的、具有羽状分支结构的蛋白聚糖的复合体，最终形成有许多微孔隙的立体构型，称为分子筛（图 3–2）。分子筛只允许小于其孔径的物质自由通过，如水、氧和二氧化碳、无机盐、代谢产物、激素和某些营养物质等；而大于其孔径的物质（如细菌、异物等）则不能通过，使基质成为限制细菌扩散的一道局部防御屏障。癌细胞和溶血性链球菌分泌的透明质酸酶能分解透明质酸，破坏基质的分子筛结构，使得基质的屏障作用丧失，致使癌细胞和细菌扩散。

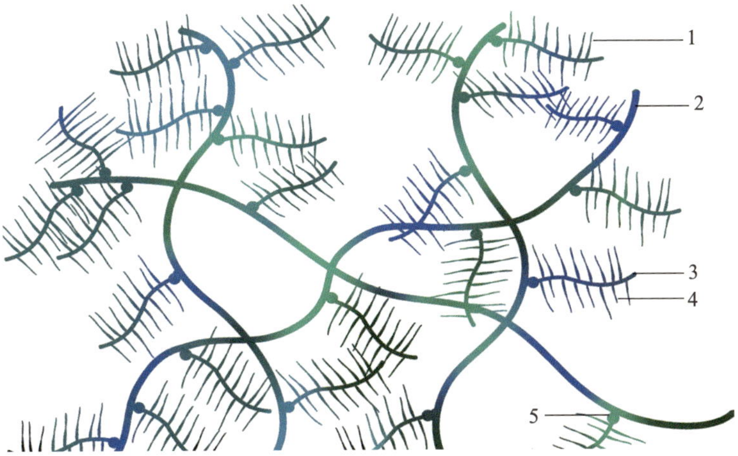

1. 硫酸软骨素　2. 透明质酸　3. 核心蛋白　4. 硫酸角质素　5. 连接蛋白

图 3–2　分子筛结构模式图

2. 糖蛋白

在结缔组织的基质中还有多种非胶原蛋白，其中结构性糖蛋白（glycoprotein）是基质中的一类十分重要的生物大分子，由少量多糖与蛋白质形成，目前公认的有纤维粘连蛋白（fibronectin，FN）、层粘连蛋白（laminin，LN）、软骨粘连蛋白（chondronectin）等。纤维粘连蛋白通过结合细胞表面受体和胶原等胞外基质，形成了连接细胞和胞外基质的分子“桥”，有助于维持细胞的形态。层粘连蛋白也是分子“桥”，能将细胞锚定在基膜上。它们除参与构成分子筛外，还通过连接和介导作用影响细胞的附着、运动、生长和分化等。

组织液（tissue fluid）是由毛细血管动脉端渗出到组织间隙的液体，含有水和一些小分子物质（如氨基酸、葡萄糖和电解质等营养物质以及气体分子）。组织液与细胞进行物质交换后，经毛细血管静脉端回流进入血液或经毛细淋巴管吸收而称为淋巴液。正常情况下，组织液在基质中始终保持动态平衡，不断更新，形成组织和细胞赖以生存的稳定的内环境。一旦组织液形成的动态平衡遭到破坏，基质中的组织液含量就会增多或减少，导致组织水肿或脱水。

（二）纤维

疏松结缔组织中纤维（fiber）数量较少，是由成纤维细胞分泌的蛋白质聚合后形成的。根据其组成成分及结构的不同，有 3 种类型的纤维成分：胶原纤维、弹性纤维和网状纤维，三种纤维有机地结合在一起，包埋在基质中。

1. **胶原纤维**

胶原纤维（collagenous fiber）是疏松结缔组织中数量最多的一种纤维，在新鲜状态下呈白色，有光泽，故又称为白纤维。在疏松结缔组织撕片，并经 HE 染色的标本上，胶原纤维呈嗜酸性，染成浅的粉红色，粗细不等，直径 1～20 μm，波浪形，有分支，成束分布并交织成网。经醛复红－亮绿－橘黄 G 染色，胶原纤维则呈橙色。电镜下，胶原纤维由更细（直径 10～30 nm）的胶原原纤维（collagen fibril）组成。胶原原纤维具有 64 nm 的明暗相间的周期性横纹，其化学成分是胶原蛋白。胶原蛋白主要由成纤维细胞产生。此外，脂肪细胞、软骨细胞、成骨细胞、网状细胞和平滑肌细胞也能产生胶原蛋白。胶原纤维在沸水、弱碱和较强的酸性溶液中易溶解变为明胶，胃蛋白酶可将其消化。胶原纤维的韧性大，抗拉力强，弹性较差。

2. **弹性纤维**

弹性纤维（elastic fiber）在新鲜状态下呈黄色，故又称黄纤维。在 HE 染色的标本上呈红色，但折光性比胶原纤维强，故不易与胶原纤维区分（图 3-3）。弹性纤维也可被地衣红、醛复红等选择性着色，呈紫色或棕褐色，经醛复红－亮绿－橘黄 G 染色，弹性纤维呈紫红色。弹性纤维较细，直径 0.2～1.0 μm，有分支，相互交织排列成网状。电镜下，弹性纤维由均质状的弹性蛋白和微原纤维构成，弹性蛋白位于中央，其周围环绕着微原纤维。弹性蛋白分子能任意卷曲，分子间借共价键连接成网。弹性纤维富有弹性，在外力的作用下弹性蛋白分子能被拉长 2.5 倍，外力消除后又能迅速恢复原状。

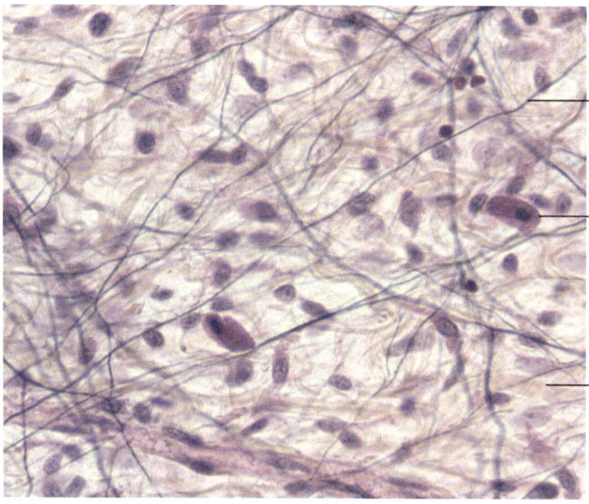

图 3-3　肠系膜铺片（中国农业大学组胚室供图）

疏松结缔组织中的弹性纤维和胶原纤维有机地交织在一起，使疏松结缔组织既有弹性又有韧性，有利于组织和器官保持形态和位置的相对固定，同时又具有一定的可塑性。

3. **网状纤维**

在 HE 染色的标本上，网状纤维（reticular fiber）不易被鉴别。用银染法显示（图 3-4），可见网状纤维呈棕黑色，短而有分支，相互交织形成细密的网状结构，故又称为嗜银纤维（argyrophilic fiber），PAS 反应阳性，这种染色特性是由于网状纤维表面有较多酸性糖蛋白所致。网状纤维是一种很细的纤维，直径 0.2～1.6 μm，其化学成分也是属于胶原蛋白家族，是Ⅲ型胶原蛋白。电镜下，网状纤维也具有 64 nm 周期性横纹。这种类型的纤维在疏松结缔组织中含量较少，主要分布在网状组织以及结缔组织与其他组织交界处，疏松结缔组织内的网状纤维一般沿小血管分布，另外，在一些实质性器官内，如肝、肾、内分泌腺及毛细血管周围，也有网状纤维分布，形成微细的柔软支架。

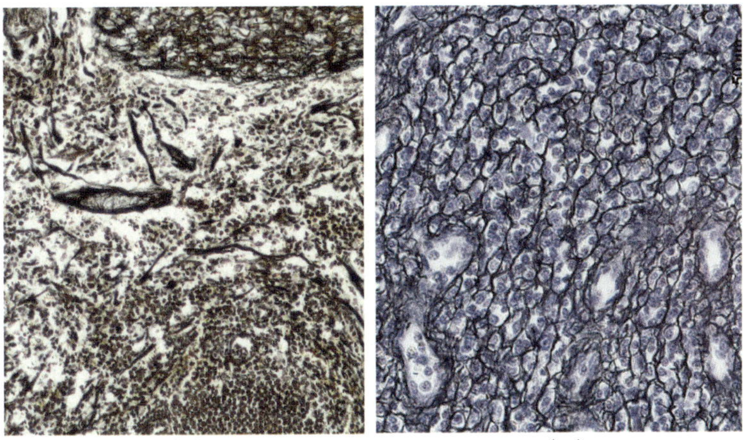

(a)　　(b)

图 3-4　肾上腺皮质（a）和淋巴结（b）中的网状纤维（银染）
（中国农业大学组胚室供图）

（三）细胞

疏松结缔组织内的细胞数量少，细胞种类较多，主要分为2类：一类为相对固定的细胞，包括成纤维细胞、巨噬细胞、肥大细胞、脂肪细胞和未分化的间充质细胞，其中成纤维细胞是最主要的细胞；另一类为可游走的细胞，包括浆细胞和少量由血液迁移来的各种白细胞。

1. 成纤维细胞

成纤维细胞（fibroblast）是疏松结缔组织内数量最多、最常见到的一类细胞，存在两种功能状态：功能旺盛状态和功能静止状态。

合成功能旺盛的细胞称为成纤维细胞，其细胞体积较大，扁平星状，伸出许多不规则的突起；细胞质丰富，呈弱嗜碱性，核周细胞质染色较深，外周及突起着色浅；细胞核较大，呈卵圆形，常染色质丰富，染色浅淡，可见1～2个清晰的核仁（图3-5）。电镜下，成纤维细胞表面有许多微绒毛，细胞质内有丰富的粗面内质网和游离核糖体，高尔基复合体发达，是其具有旺盛的合成和分泌蛋白质功能的结构基础。成纤维细胞能合成和分泌形成胶原蛋白、弹性蛋白，以及蛋白多糖、糖胺聚糖等成分，以形成胶原纤维、弹性纤维、网状纤维和基质。成纤维细胞是多种生长因子作用的靶细胞，能影响细胞的生长和分化。在机体遭受创伤时，受到局部释放的生长因子的作用，成纤维细胞的数量增多，产生纤维和基质的功能增强，加速伤口的愈合，因此被喻为创伤修复的“工程师、建筑者和管理员”，但是也容易形成瘢痕。

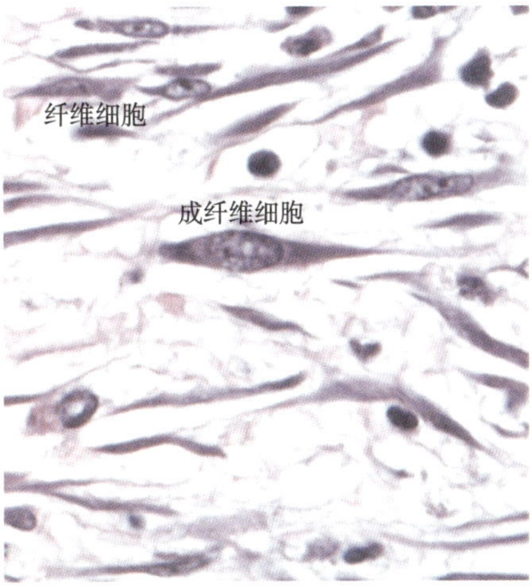

图 3-5　皮肤真皮（HE 染色）
（Mescher，2013）

处于功能静止状态时的成纤维细胞称为纤维细胞（fibrocyte），同功能活跃的成纤维细胞比较，纤维细胞体积较小，突起较少，一般呈长梭形；细胞质较少，呈弱嗜碱性；细胞核较小，核内异染色质丰富，着色较深，核仁不明显（图3-5）。电镜下可见其细胞质内粗面内质网少，高尔基复合体不发达。在一定条件下，如组织受损伤或创伤后修复过程中，静止状态的纤维细胞可转化为功能活跃的成纤维细胞，并向受损伤部位迁移，修复创伤，促进伤口愈合。

2. 巨噬细胞

巨噬细胞（macrophage）广泛分布于机体内几乎所有器官的结缔组织内，具有强大的吞噬功能，定居于疏松结缔组织内的巨噬细胞又称为组织细胞（histiocyte）。巨噬细胞形态多样，其形态随所处器官和功能状态而发生改变。一般情况下呈圆形或椭圆形，当功能活跃时可伸出一些突起而使细胞形态不规则，直径一般为 10～30 μm；细胞质较丰富，多呈嗜酸性，细胞质内常含空泡或颗粒状物质；细胞核较小，呈卵圆形或肾形，染色较深。在光镜下，巨噬细胞与成纤维细胞不易区别。电镜下，巨噬细胞表面有许多皱褶、小泡和伪足，细胞质内含有大量的初级溶酶体、次级溶酶体、吞噬体、吞饮小泡、残余体和发达的高尔基复合体（图 3–6），靠近细胞膜处的细胞质内分布有较多的微丝和微管。

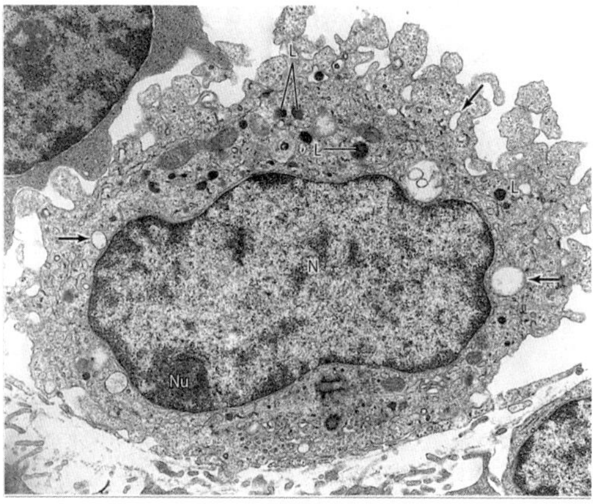

N. 细胞核　Nu. 核仁　L. 次级溶酶体　箭头示空泡

图 3–6　巨噬细胞超微结构（Mescher，2013）

巨噬细胞来源于血液中的单核细胞。当单核细胞穿过血管壁进入结缔组织后，体积增大，细胞质内溶酶体增多，吞噬能力增强，逐渐分化成为巨噬细胞。巨噬细胞在不同的器官和组织内存活的时间不同，一般为 2 个月或更长，在组织损伤后修复早期具有重要作用。巨噬细胞具有极强的变形运动能力，能沿着淋巴细胞分泌的一些细胞因子或细菌产生的某些化学物质浓度梯度进行定向运动，聚集到产生和释放这些化学物质的部位，巨噬细胞的这种特性称为趋化性，这类化学物质称为趋化因子。其主要功能有如下几种。

（1）吞噬作用　胞吞作用可分为吞噬和胞饮作用两种类型，而吞噬作用多发生于巨噬细胞。巨噬细胞具有很强的吞噬功能，能够识别外来的异物和组织自身衰老变性的成分，通过趋化性到达病变部位，能将细菌、异物、衰老或死亡的细胞碎片等摄入细胞内，形成吞噬体，然后与初级溶酶体融合，形成次级溶酶体，异物被消化或降解，不能被完全消化降解的物质则形成残余体。

（2）参与免疫应答　巨噬细胞能够识别侵入机体的病原微生物等抗原物质，通过捕捉、吞噬、加工处理抗原，能将抗原信息传递给淋巴细胞，并激活 B、T 淋巴细胞，引起免疫应答，最终清除抗原物质。另外，巨噬细胞本身也是免疫效应细胞，被活化后可直接杀伤病原体和肿瘤细胞。巨噬细胞还能够通过分泌某些细胞因子参与调节免疫应答。

（3）分泌功能　巨噬细胞能够将溶酶体中的水解酶、溶菌酶等物质释放到细胞外，分解细胞外的物质，如分解细菌壁，进而杀灭细菌。巨噬细胞还能够分泌上百种的生物活性物质，如补体、干扰素、白细胞介素Ⅰ、肿瘤坏死因子、红细胞生成素等，参与或调节机体的防御功能。

3. 浆细胞

浆细胞（plasma cell）体积较大，呈圆形或卵圆形；细胞质丰富，呈强嗜碱性，靠近细胞核旁一侧的细胞质染色浅，形成一个淡染区域，称为核周晕；细胞核一般呈圆形，常偏于细胞一侧，致密、深染的粗块状异染色质与染色浅的常染色质交互排列，沿核膜内侧呈辐射状分布，整个细胞核呈车轮状或钟面状（图 3–7）。电镜下，浆细胞的细胞质内充满大量平行排列的粗面内质网和游离核糖体，细胞核旁的淡染区域内有发达的高尔基复合体和中心粒（图 3–8），故浆细胞具有旺盛的合成蛋白质的功能。

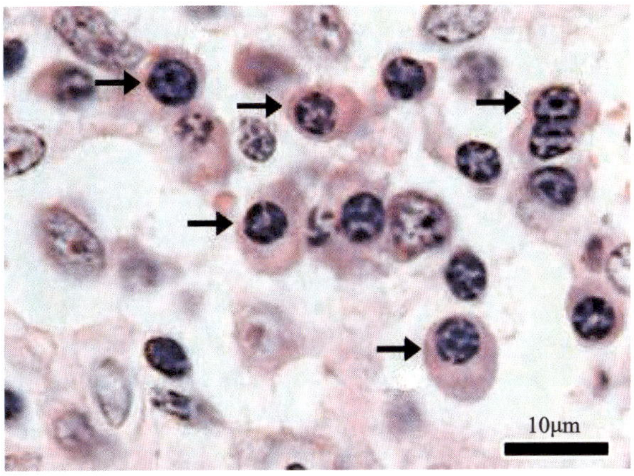

图 3–7 浆细胞（箭头所示）（猪十二指肠黏膜固有层，HE 染色）（胡满供图）

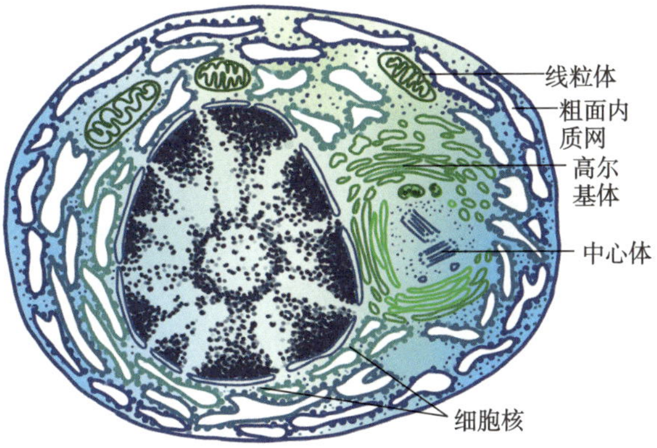

图 3–8 浆细胞超微结构模式图

浆细胞由 B 淋巴细胞受抗原刺激后转化而来，又称为效应 B 细胞，其寿命一般只有 3 d 左右。浆细胞具有合成、储存和分泌抗体的功能，参与体液免疫反应。细胞质内储存有较多抗体时呈嗜酸性。分布于疏松结缔组织内的浆细胞数量一般很少，而在病原微生物或异性蛋白质易于侵入的部位，如消化道和呼吸道的黏膜固有层内以及淋巴组织内则较多。另外，在炎症的组织中，浆细胞一般较常见。

4. 肥大细胞

肥大细胞（mast cell）是疏松结缔组织内较常见的细胞，多分布于小血管周围的结缔组织区域内。肥大细胞体积较大，直径 7～20 μm，呈圆形或椭圆形或不规则状；细胞质内充满粗大的电子致密的、嗜碱性、异质性分泌颗粒，颗粒易溶于水，由于颗粒中富含酸性自由基而具有异染性，甲苯胺蓝染色颗粒呈紫色或红色；细胞核小而圆，位于细胞中央，常被细胞质中的颗粒遮盖。电镜下，肥大细胞表面有微绒毛，细胞质内充满大小不一、圆形或卵圆形的颗粒（图 3–9），颗粒表面包有单位膜。

肥大细胞能够分泌多种生物活性物质，在局部炎症反应、固有免疫和组织修复过程中发挥作用。肥大细胞的细胞质内含有白三烯，颗粒内主要含有组胺、5– 羟色胺、肝素、磷脂、嗜酸性粒细胞和中性粒细胞趋化因子等物质。白三烯、组胺和五羟色胺可引起毛细血管扩张和通透性增强，使小支气管平滑肌收缩，造成大量液体从血管内渗出，形成局部组织水肿，从而引起过敏反应，如哮喘、荨麻疹、过敏性休克等。肝素具有抗凝血作用。嗜酸性粒细胞或中性粒细胞趋化因子可吸引血液中的嗜酸性粒细胞或中性粒细胞向这些部位集结。磷脂是炎症反应时转化为前列腺素、白三烯以及其他重要的脂类介质的前体物。由于白三烯没有储存在颗粒内，故释放速度较组胺等成分迟缓。肥大细胞具有明显的异质性，不同种属、不同部位的肥大细胞存在差异，可分为结缔组织型肥大细胞和黏膜型肥大细胞两个亚型。

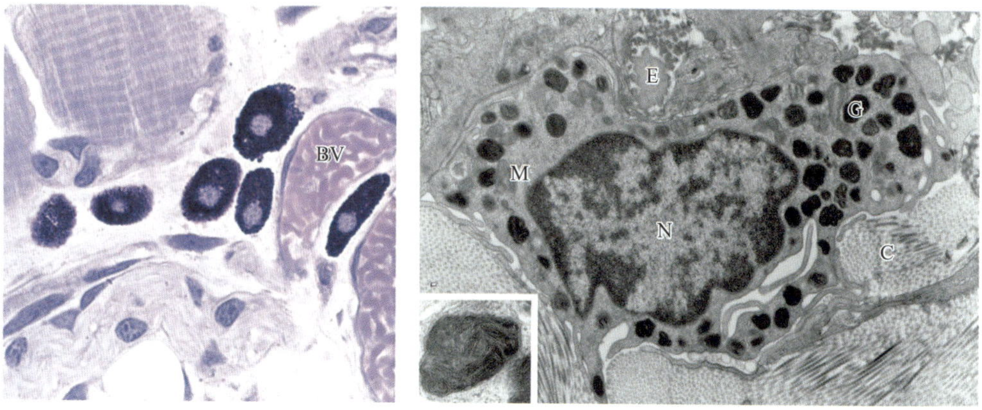

光镜图　　肥大细胞的超微结构

BV. 血管；N. 细胞核　G. 细胞质颗粒　M. 线粒体　E. 细胞外基质中的弹性纤维　C. 胶原纤维束

图 3-9　肥大细胞（Mescher，2013）

肥大细胞是机体内一种重要的效应和调节性免疫细胞，是介导快速过敏和炎症的重要枢纽，能引起和扩大炎症，在人类及动物某些速发变态反应性疾病、寄生虫感染、生殖、免疫、某些非特异性炎症和肿瘤性疾病中发挥重要的作用，特别是与一些变态反应性疾病如荨麻疹、银屑病和系统性红斑狼疮的发生关系密切。肥大细胞被激活后通过脱颗粒或转颗粒作用，可释放大量活性物质，这是机体的一种防御性反应，也是速发型变态反应和炎症等病理反应的基础。另外，肥大细胞与成纤维细胞相互影响，参与组织器官纤维化的形成与多种纤维化疾病的发病过程。

肥大细胞来源于骨髓的造血干细胞，随血液循环迁移到特定的组织并在其微环境因素的影响下，在周围组织中发育成熟。肥大细胞存在于机体几乎所有主要组织和器官中，主要分布于机体直接和外界环境接触的器官，如皮肤、胃肠道、呼吸道、肠系膜、泌尿生殖道黏膜等处，多分布于小血管的周围。

5. 脂肪细胞

脂肪细胞（adipocyte，fat cell）分布于许多器官的结缔组织内，呈单个或成群分布。脂肪细胞体积较大，呈圆形或卵圆形，细胞质内含有大量脂滴，细胞质成分被挤到细胞周围形成薄薄的一层，细胞核扁圆形，位于细胞一侧。在 HE 染色的标本上，脂滴被溶解而成空泡状，锇酸染色脂滴呈黑色，冰冻切片苏丹Ⅲ染色呈红色。电镜下，脂肪细胞胞质内含有大量线粒体、少量游离核糖体和粗面内质网，脂滴无膜包裹。脂肪细胞的主要功能是合成和储存脂肪，参与能量代谢与脂类代谢。

6. 未分化的间充质细胞

在成年机体的结缔组织内，还保留有一些比较原始的、未分化的间充质细胞（undifferentiated mesenchymal cell），即结缔组织的干细胞。未分化的间充质细胞形态与纤维细胞相似，体积较小，常分布在小血管尤其是毛细血管周围。它们仍保持着间充质细胞的多向分化潜能，在炎症和创伤修复时可增殖分化为成纤维细胞、脂肪细胞、血管平滑肌细胞和内皮细胞等。

7. 白细胞

在疏松结缔组织内，还有来自血液的各种白细胞（leukocyte），常见的有淋巴细胞、嗜酸性粒细胞和中性粒细胞。血液中的白细胞受局部释放的趋化因子的作用，通过变形运动离开毛细血管和微静脉，进入结缔组织而成为结缔组织中游走的细胞，行使防御功能，炎症加速该过程，使白细胞的数量明显增加。大多数白细胞在结缔组织中一般存活数小时或数天。

二、致密结缔组织

致密结缔组织（dense connective tissue）是一种以纤维为主要成分的固有结缔组织，纤维粗大，排列紧密；细胞主要是成纤维细胞，细胞和基质少。致密结缔组织的主要功能是支持和连接。绝大多数的致密结缔组织以胶原纤维为主，少量的以弹性纤维为主。根据纤维的性质和排列方式，致密结缔组织可分为规则的致密结缔组织和不规则的致密结缔组织 2 种类型。

1. 规则的致密结缔组织

根据纤维的性质，规则的致密结缔组织（dense regular connective tissue）可分为 2 种。一种是以胶原纤维为主，主要构成肌腱和腱膜。其结构特点为：大量粗大的胶原纤维顺着受力方向紧密平行排列，基质很少，纤维束之间成行排列着少量的成纤维细胞和基质，这种细胞是一种特殊形态的成纤维细胞，细胞体伸出多个薄的翼状突起伸入纤维束间，细胞核扁平，着色较深，又称为腱细胞（图 3–10）。另一种是以弹性纤维为主的致密结缔组织，其间夹有少量的成纤维细胞，如项韧带、草食动物的腹黄膜、弹性动脉的中膜。分布在韧带等部位的弹性纤维常平行排列成束；分布在大动脉等处的弹性纤维多交织成膜状，以缓冲血流压力。

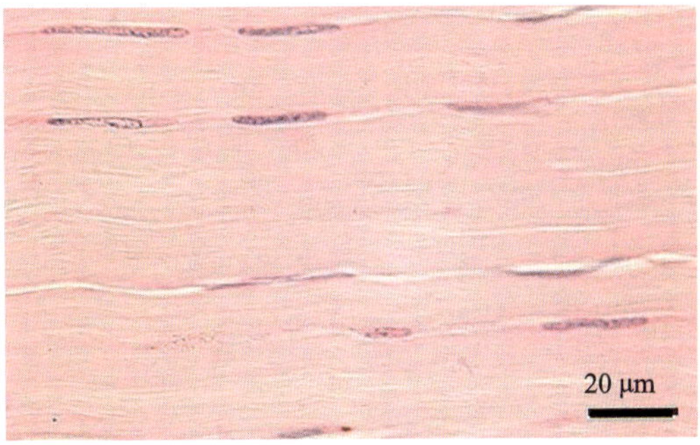

图 3–10 致密结缔组织（猫肌腱，HE 染色）
（胡满供图）

2. 不规则的致密结缔组织

不规则的致密结缔组织（dense irregular connective tissue）的特点是大量粗大的胶原纤维纵横交织，紧密排列在一起，形成致密的板层状，纤维之间有少量的成纤维细胞和基质。不规则的致密结缔组织主要分布在皮肤的真皮、器官的被膜、筋膜、硬脑膜、巩膜等处，抗拉力强。

三、网状组织

网状组织（reticular tissue）由网状细胞、网状纤维和基质构成。网状细胞呈纺锤形或星状，有突起，相邻细胞的突起彼此连接成网状；细胞核较大，圆形或椭圆形，染色质细而疏，着色浅，常见 1～2 个明显的核仁；细胞质较多，电镜下可见细胞质内有发达的粗面内质网。网状纤维由网状细胞产生，粗细不等，其分支相互交错并连接成网，构成网状细胞依附的支架，镀银染色呈黑色。机体内没有单独存在的网状组织，主要分布在骨髓、淋巴结、脾和淋巴组织等组织器官内，作为造血组织和淋巴组织的基本成分，为血细胞的发生和淋巴细胞的发育提供适宜的微环境，故网状组织的基质为组织液或淋巴液（图 3–11）。

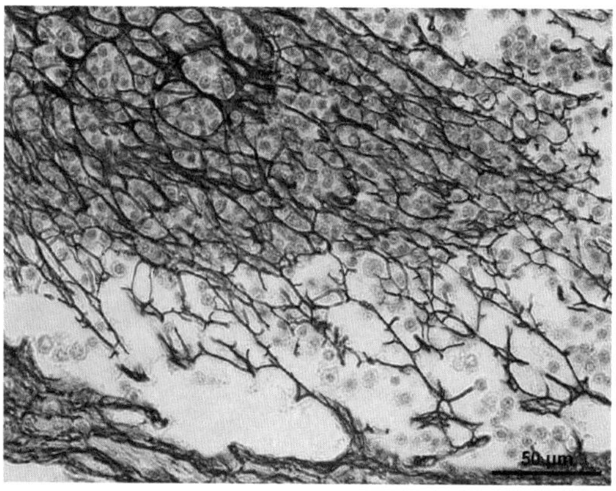

图 3–11　网状组织（兔淋巴结，银染）（中国农业大学组胚室供图）

四、脂肪组织

脂肪组织（adipose tissue）是由大量脂肪细胞为主要成分聚集而成的结缔组织，此外在脂肪组织内还包含有前脂肪细胞、巨噬细胞、成纤维细胞、内皮细胞和平滑肌细胞等。光镜下，许多脂肪细胞聚集在一起，疏松结缔组织将其分隔成许多小叶。脂肪细胞是一种代谢活性旺盛的细胞，受到神经和激素的调节，脂肪细胞能分泌激素和多种重要的物质，因此脂肪组织已由过去单纯作为能量储存的器官而成为一个具有多种内分泌、自分泌和旁分泌功能的内分泌器官，它们能分泌 50 余种生物活性分子，如肿瘤坏死因子 α（TNF–α）、瘦素（leptin）、脂联素（adiponectin）、抵抗素（resistin）、内脂素（visfatin）等，统称为脂肪因子（adipokines）。但至今，对一些脂肪因子的生理功能尚不十分清楚。另外，脂肪组织由于其独特的物理性质，对于机体具有重要的保温作用，填充在其他组织之间起到缓冲作用和使器官保持在原位。皮下脂肪层有助于塑造机体表面形状和减震。哺乳动物体内根据脂肪组织不同的颜色、形态结构和功能，脂肪组织可划分为白（黄）色脂肪组织、棕色脂肪组织 2 种类型。

1. 白色脂肪组织

白色脂肪组织（white adipose tissue, WAT）是普遍分布的一种类型，遍布全身。新鲜时脂肪组织的颜色与饮食有关，表现为白色或微黄色，故亦称为黄色脂肪组织（yellow adipose tissue），这种颜色的变化主要决定于脂滴内类胡萝卜素的含量。单个的脂肪细胞呈圆形或椭圆形，当多个脂肪细胞原位聚集在一起时呈多边形；体积大，直径一般为 50 ～ 150 μm，其细胞质内大多只含一个大的脂滴，几乎充满整个细胞，故又称单泡脂肪细胞（unilocular adipose cell）。在常规组织学制片技术制作的标本中，脂肪细胞胞质中的脂滴由于被二甲苯或其他溶剂溶解，使脂肪细胞成空泡状，扁平的细胞核和少量细胞质被挤到细胞的一侧，整个细胞外观呈指环状（图 3–12）。白色脂肪细胞的细胞质内含有线粒体、小的高尔基复合体、粗面内质网的扁平囊和游离的核糖体。电镜研究显示，在大多数白色脂肪细胞尤其是未成熟的细胞内，除了含有一个大的脂滴外，还含有微小的脂滴，波形蛋白构成的中间纤维加强了脂滴和细胞质界面的相互作用。不同于其他结缔组织细胞，脂肪细胞周围有一层薄的Ⅳ型胶原构成的板层结构围绕。

在成年机体内，脂肪组织中最主要的是白色脂肪组织，遍布全身，在皮下、网膜、系膜、肾和肾上腺周围、子宫周围等处最多，是机体的长期的“能量储存库”，以大脂滴中甘油三酯的形式储存能量，具有产生热量、维持体温、保护和支持脏器等作用，并能调节和影响机体的许多生理和病理过程。白色脂肪可分泌大量的激素及细胞因子（脂肪因子）影响其他组织进而调节整体的能量平衡。若白色脂肪过多，激素和细胞因子的分泌增多，可使代谢平衡紊乱，并引起一些相关病症，如胰岛素抵抗症和Ⅱ型糖尿病。

2. 棕色脂肪组织

棕色脂肪组织（brown adipose tissue, BAT）新鲜时为棕色，脂肪细胞多呈圆形或多边形，体积一般较白色脂肪组织的细胞小，细胞核呈圆形或椭圆形，多在中央，细胞质内含有丰富的分散分布的小脂滴，故又称多泡脂肪细胞（multilocular adipose cell）。该组织中还含有丰富的血管和神经，棕色脂肪细胞多聚集在大的毛细血管周围（图 3–13）。此外，细胞质内还含有大量的线粒体和丰富的糖原颗粒。棕色脂肪组织的颜色主要是由于脂滴中含有丰富的线粒体和脂肪组织中分布有大量的毛细血管。棕色脂肪组织占新生儿初生质量的 2% ～ 5%，主要分布在背部、颈部和肩部；儿童期和青少年期则逐渐减少；成年时棕色脂肪组织很少，主要分布在肾、肾上腺、主动脉、纵隔的周围。在啮齿动物的腋部、颈部也有棕色脂肪组织分布，冬眠动物含有大量的棕色脂肪组织，大多数家畜幼年时亦有棕色脂肪，猪没有棕色脂肪。

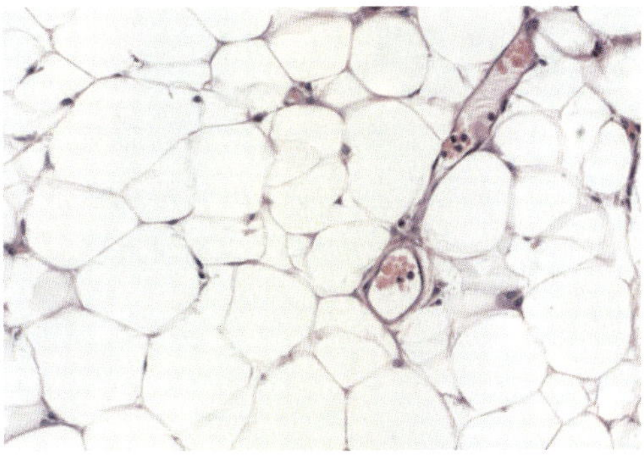

典型的白色脂肪细胞

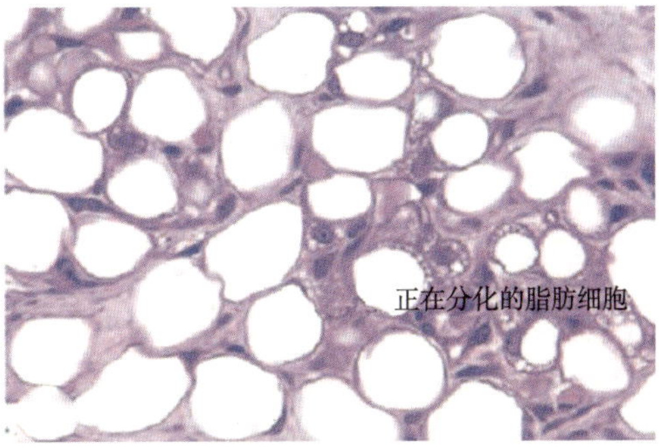

幼龄动物的白色脂肪组织

图 3–12　白色脂肪组织（Mescher，2013）

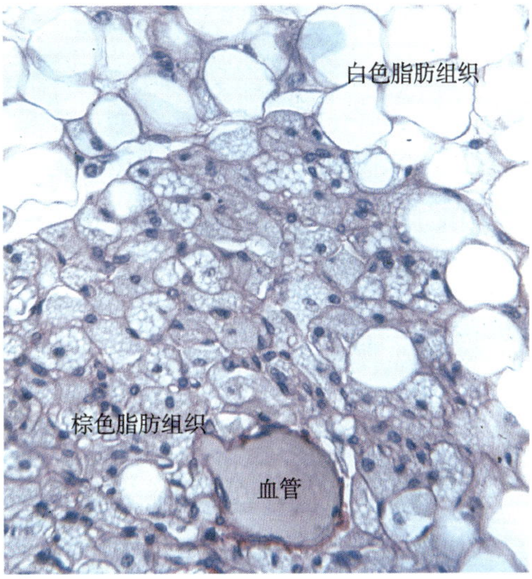

图 3–13　棕色脂肪组织（PT 染色）（Mescher，2013）

棕色脂肪组织的主要功能是通过非寒战产热方式为机体提供热量，通过燃烧脂肪将化学能转化为热能维持体温，通过产热或消耗葡萄糖、清除血液中的甘油三酯消耗能量进而预防肥胖。此外，棕色脂肪细胞也可分泌激素和细胞因子，如抵抗素，可增强胰岛素耐受性。

米色脂肪（beige adipocytes）是在哺乳动物中新发现的一种产热脂肪组织，散在于白色脂肪细胞之间，在机体的糖、脂代谢中起到了重要作用。研究发现，机体受到冷刺激之后，白色脂肪可转化成米色脂肪，它与棕色脂肪组织不同，更接近于白色脂肪细胞谱系。米色脂肪与棕色脂肪的功能类似，都可以产热。由于棕色脂肪在机体中含量很少，但米色脂肪可以由白色脂肪诱导转化而成，因而它为治疗某些代谢性疾病，如肥胖症、糖尿病，提供了新的思路。

【思考题】

1. 试述疏松结缔组织的细胞种类、结构特点及主要功能。
2. 试述致密结缔组织的结构组成特点及类型。
3. 脂肪组织有哪些结构组成特点、类型及主要功能?

（河北农业大学　胡满、崔亚利）

第二节 血液和淋巴

一、血液

血液是流动在心脏和血管内的不透明红色液体，有一定的黏滞性，由液体成分（血浆）和有型成分（血细胞）构成。血细胞包括红细胞，白细胞，血小板。血浆约占血液的55%，是水、糖、脂肪、蛋白质、钾盐和钙盐的混合物。血细胞组成血液的另外45%。血液分静脉血和动脉血。动脉血含氧较多，含二氧化碳较少，呈鲜红色。静脉血中含二氧化碳较多，呈暗红色。

（一）血浆

血浆相当于结缔组织的细胞间质，为浅黄色半透明液体，其中除含有大量水分以外，还有无机盐、纤维蛋白原、白蛋白、球蛋白、酶、激素、各种营养物质、代谢产物等。这些物质无一定的形态，但具有重要的生理功能。

1 L 血浆中含有 900～910 g 水（90%～91%），65～85 g 蛋白质（6.5%～8.5%）和 20 g 低分子物质（2%）。血浆蛋白主要有白蛋白、球蛋白和纤维蛋白原。低分子物质中有多种电解质和小分子有机化合物，如代谢产物和其他某些激素等。血浆中电解质含量与组织液基本相同。

（二）血细胞

在机体的生命过程中，血细胞不断地新陈代谢。血细胞分为3类：红细胞、白细胞、血小板。红细胞的平均寿命约120 d，白细胞和血小板的生存期限一般不超过10 d。淋巴细胞的生存期长短不等，从几个小时直到几年。

血细胞的数量、形态结构在正常情况下是相对稳定的，当机体患某些疾病时可发生明显改变，故血液检查是诊断疾病的重要依据之一。红细胞、颗粒白细胞及血小板由红骨髓产生，无粒白细胞则由淋巴结和脾脏产生。

1. 红细胞

红细胞（erythrocyte，red blood cell）直径 7～8.5 μm，呈双凹圆盘状，中央较薄（1.0 μm），周缘较厚（2.0 μm），故在血涂片标本中呈中央染色较浅、周缘较深（图3-14）。在扫描电镜下，可清楚地显示红细胞这种形态特点（图3-15）。红细胞的这种形态使它具有较大的表面积（约

140 μm^2），从而能最大限度地适应其功能（携带 O_2 和部分 CO_2）。新鲜单个红细胞为黄绿色，大量红细胞使血液呈猩红色，而且多个红细胞常叠连一起呈串钱状，称红细胞缗线。

红细胞有一定的弹性和可塑性，细胞通过毛细血管时可改变形状。红细胞正常形态的保持需 ATP 供给能量，由于红细胞缺乏线粒体，ATP 只由无氧糖酵解产生；一旦缺乏 ATP 供能，则导致细胞膜结构改变，细胞的形态也随之由圆盘状变为棘球状，这种形态改变一般是可逆的。可随着 ATP 的供能状态的改善而恢复。

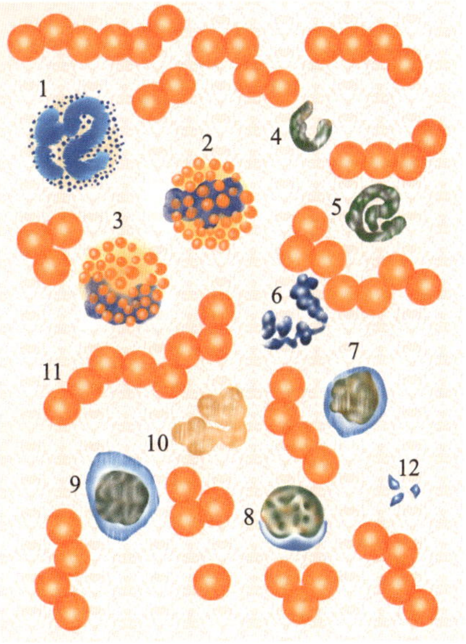

1. 嗜碱性粒细胞　2，3. 嗜酸性粒细胞　4. 幼稚型中性粒细胞　5. 杆状核型中性粒细胞　6. 分叶核型中性粒细胞　7，8，9. 小、中、大淋巴细胞　10. 单核细胞　11. 红细胞　12. 血小板

图 3–14　马血涂片细胞模式图

成熟红细胞无细胞核，也无细胞器，细胞质内充满血红蛋白（hemoglobin, Hb）。血红蛋白是含铁的蛋白质，约占红细胞质量的 33%。它具有结合与运输 O_2 和 CO_2 的功能，当血液流经肺时，肺内的 O_2 分压高（102 mmHg），CO_2 分压低（40 mmHg），血红蛋白（氧分压 40 mmHg, 二氧化碳分压 46 mmHg）即放出 CO_2 而与 O_2 结合；当血液流经其他器官的组织时，由于该处的 CO_2 分压高（46 mmHg）而 O_2 分压低（40 mmHg），于是红细胞即放出 O_2 并结合 CO_2。由于血红蛋白具有这种性质，所以红细胞能供给全身组织和细胞所需的 O_2，带走所产生的部分 CO_2。

红细胞的数量除因动物种类而不同外，还因个体、性别、年龄及生活环境而改变。

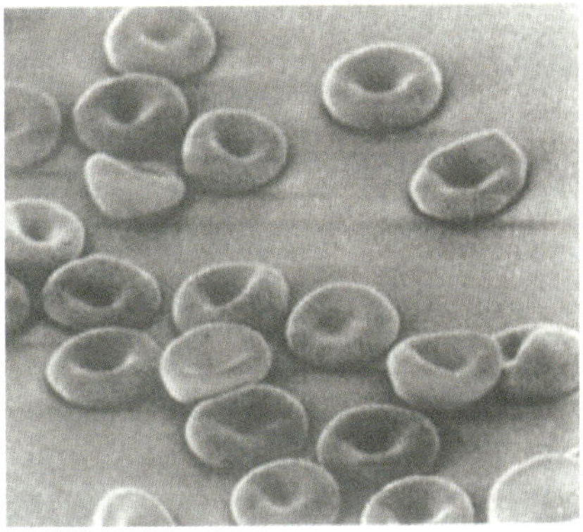

图 3–15　红细胞扫描电镜结构图

红细胞的渗透压与血浆相等，使出入红细胞的水分维持平衡。当血浆渗透压降低时，过量水分进入细胞，细胞膨胀成球形，甚至破裂，血红蛋白逸出，称为溶血（hemolysis）；溶血后残留的红细胞膜囊称为血影（ghost）。反之，若血浆的渗透压升高，可使红细胞内的水分析出过多，致使红细胞皱缩。凡能损害红细胞的因素，如脂溶剂、蛇毒、溶血性细菌等均能引起溶血。

红细胞的细胞膜，除具有一般细胞膜的共性外，还有其特殊性，如红细胞膜上有 ABO 血型抗原。

外周血中除大量成熟红细胞以外，还有少量未完全成熟的红细胞，称为网织红细胞（reticulocyte）。网织红细胞含有少量核糖核酸（RNA），用煌焦油蓝染色时成网状故称网织红细胞。网织红细胞的直径略大于成熟红细胞，在常规染色的血涂片中不能与成熟红细胞区分。核糖体的存在，表明网织红细胞仍有一些合成血红蛋白的功能。红细胞完全成熟时，核糖体消失，血红蛋白的含量即不再增加。贫血病人如果造血功能良好，其血液中网织红细胞的百分比值增高。因此，网织红细胞的计数有一定临床意义，它是贫血等某些血液病的诊断、疗效判断和估计预指标之一。

红细胞的平均寿命约 120 d。衰老的红细胞虽无形态上的变化，但其机能活动和理化性质都有变化，如酶活性降低，血红蛋白变性，细胞膜脆性增大，以及表面电荷改变等，因而细胞与氧结合的能力降低且容易破碎。衰老的红细胞多在脾、骨髓和肝等处被巨噬细胞吞噬，同时由红骨髓生成和释放同等数量红细胞进入外周血液，维持红细胞数的相对恒定。

2. 白细胞

白细胞（leukocyte, white blood cell）为无色有核的球形细胞，体积比红细胞大，能做变形运动，细胞表面具有或多或少的微绒毛。白细胞能以变形运动穿过血管进入周围组织，一般具有吞噬、杀菌功能。

光镜下，根据白细胞胞质有无特殊颗粒，可将其分为有粒白细胞和无粒白细胞两大类。有粒白细胞又根据颗粒的嗜色性，分为中性粒细胞、嗜酸性粒细胞和嗜碱性粒细胞。无粒白细胞有单核细胞和淋巴细胞两种。

白细胞的数量因畜、禽的种类不同而异。此外，性别、年龄及健康状况等对其均有一定影响。

（1）中性粒细胞 中性粒细胞（neutrophilic granulocyte）占白细胞总数的 50%～70%，是白细胞中数量最多的一种。细胞呈球形，直径 10～12 μm，核染色质呈团块状。核的形态多样，有的呈腊肠状，称杆状核（图 3-14）；有的呈分叶状，叶间有细丝相连，称分叶核。细胞核一般为 2～5 叶，一般以 2～3 叶者居多。在某些疾病情况下，核 1～2 叶的细胞百分率增多，称为核左移；核 4～5 叶的细胞增多，称为核右移。一般说核分叶越多，表明细胞越近衰老，但这不是绝对的，在有些疾病情况下，新生的中性粒细胞也可出现细胞核为 5 叶或更多叶的。杆状核粒细胞则较幼稚，占粒细胞总数的 5%～10%，在机体受细菌严重感染时，其比例显著增高。

中性粒细胞的细胞质染成粉红色，含有许多细小的淡紫色及淡红色颗粒，颗粒可分为嗜天青颗粒和特殊颗粒 2 种。嗜天青颗粒较少，呈紫色，约占颗粒总数的 20%，光镜下着色略深，体积较大（图 3-14）；电镜下呈圆形或椭圆形（图 3-16），直径 0.6～0.7 μm，电子密度较高，它是一种溶酶体，含有酸性磷酸酶和过氧化物酶等，能消化分解吞噬的异物。特殊颗粒数量多，淡红色，约占颗粒总数的 80%，颗粒较小，直径 0.3～0.4 μm，呈哑铃形或椭圆形，内含碱性磷酸酶、吞噬素、溶菌酶等。吞噬素具有杀菌作用，溶菌酶能溶解细菌表面的糖蛋白。

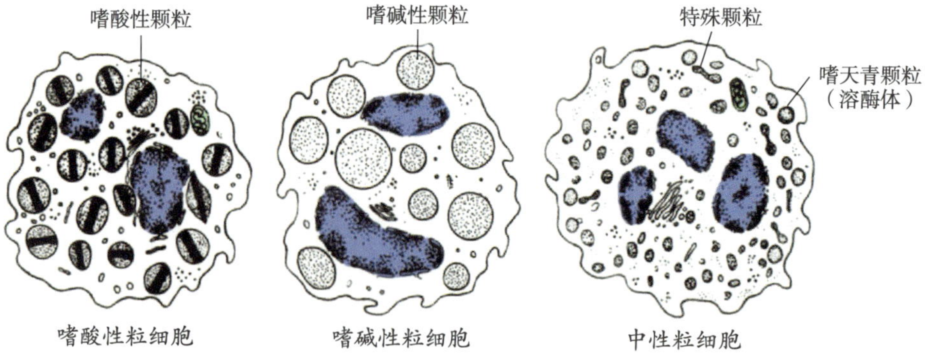

图 3-16 3 种粒细胞超微结构模式图（邹仲之等，2011）

中性粒细胞具有活跃的变形运动和吞噬功能。当机体某一部位受到细菌侵入时，中性粒细胞对细菌产物及受感染组织释放的某些化学物质具有趋化性，能以变形运动穿出毛细血管，聚集到细菌侵入部位，大量吞噬细菌，形成吞噬小体。吞噬小体先后与特殊颗粒及溶酶体融合，细菌即被各种水解酶、氧化酶、溶菌酶及其他具有杀菌作用的蛋白质、多肽等成分杀死并分解消化。由此可见，中性粒细胞在体内起着重要的防御作用。中性粒细胞吞噬细胞后，自身也常坏死，成为脓细胞。中性粒细胞在血液中停留 6～7 h，在组织中存活 1～3 d。

（2）嗜酸性粒细胞 嗜酸性粒细胞（acidophil granulocyte）占白细胞总数的 0.5%～3%。细胞呈球形，直径 10～15 μm，核常为 2 叶，胞质内充满粗大（直径 0.5～1.0 μm）、均匀、略带折光性的嗜酸性颗粒，染成橘红色（图 3–14）。电镜下，颗粒多呈椭圆形，有膜包被，内含颗粒状基质和方形或长方形晶体。颗粒含有酸性磷酸酶、芳基硫酸酯酶、过氧化物酶和组胺酶等，因此它也是一种溶酶体（图 3–16）。

嗜酸性粒细胞也能做变形运动，并具有趋化性。它能吞噬抗原抗体复合物，释放组胺酶灭活组胺，从而减弱过敏反应。嗜酸性粒细胞还能借助抗体与某些寄生虫表面结合，释放颗粒内物质，杀灭寄生虫。故而嗜酸性粒细胞具有抗过敏和抗寄生虫作用。在过敏性疾病或寄生虫病时，血液中嗜酸性粒细胞增多。它在血液中一般仅停留数小时，在组织中可存活 8～12 d。

（3）嗜碱性粒细胞 嗜碱性粒细胞（basoophilic granulocyte）数量最少，占白细胞总数的 0～1%。细胞呈球形，直径 10～12 μm。细胞核分叶或呈 S 形或不规则状，着色较浅。细胞质内含有嗜碱性颗粒，大小不等，分布不均，染成蓝紫色，可覆盖在核上（图 3–14）。颗粒具有异染性，甲苯胺蓝染色呈紫红色。电镜下，嗜碱性颗粒内充满细小微粒，呈均匀状或螺纹状分布（图 3–16）。颗粒内含有肝素和组胺，可被快速释放；而白三烯则存在于细胞基质内，它的释放较前者缓慢。肝素具有抗凝血作用，组胺和白三烯参与过敏反应。嗜碱性粒细胞在组织中可存活 12～15 d。

嗜碱性粒细胞与肥大细胞，在分布、细胞核的形态，以及颗粒的大小与结构上，均有所不同。但两种细胞都含有肝素、组胺和白三烯等成分，故嗜碱性粒细胞的功能与肥大细胞相似，但两者的关系尚待研究。

（4）单核细胞 单核细胞（monocyte）占白细胞总数的 3%～8%。它是白细胞中体积最大的细胞。直径 14～20 μm，呈圆形或椭圆形。细胞核形态多样，呈卵圆形、肾形、马蹄形或不规则形等。核常偏位，染色质颗粒细而松散，故着色较浅。细胞质较多，呈弱嗜碱性，含有许多细小的嗜天青颗粒，使胞质染成深浅不匀的灰蓝色（图 3–14）。颗粒内含有过氧化物酶、酸性磷酸酶、非特异性酯酶和溶菌酶，这些酶不仅与单核细胞的功能有关，而且可作为与淋巴细胞的鉴别点。电镜下，细胞表面有皱褶和微绒毛，细胞质内有许多吞噬泡、线粒体和粗面内质网，颗粒具溶酶体样结构（图 3–17）。

单核细胞具有活跃的变形运动、明显的趋化性和一定的吞噬功能。单核细胞是巨噬细胞的前身，它在血流中停留 1～5 d 后，穿出血管进入组织和体腔，分化为巨噬细胞。单核细胞和巨噬细胞都能消灭侵入机体的细菌，吞噬异物颗粒，消除体内衰老损伤的细胞，并参与免疫，但其功能不及巨噬细胞强。

（5）淋巴细胞 淋巴细胞（lymphocyte）是白细胞中数量最多的一种细胞，占白细胞总数的 20%～30%，圆形或椭圆形，大小不等。直径 6～8 μm 的为小淋巴细胞，直径 9～12 μm

的为中淋巴细胞，直径 13 ～ 20 μm 的为大淋巴细胞。小淋巴细胞数量最多，细胞核圆形，一侧常有小凹陷，染色质致密呈块状，着色深，核占细胞的大部分，细胞质很少，在核周成一窄缘，嗜碱性，染成蔚蓝色，含少量嗜天青颗粒（图 3–14）。中淋巴细胞和大淋巴细胞的核椭圆形，染色质较疏松，故着色较浅，细胞质较多，细胞质内也可见少量嗜天青颗粒。少数大、中淋巴细胞的核呈肾形，细胞质内含有较多的大嗜天青颗粒，称为大颗粒淋巴细胞、电镜下，淋巴细胞的细胞质内主要是大量的游离核糖体，其他细胞器均不发达（图 3–17）。

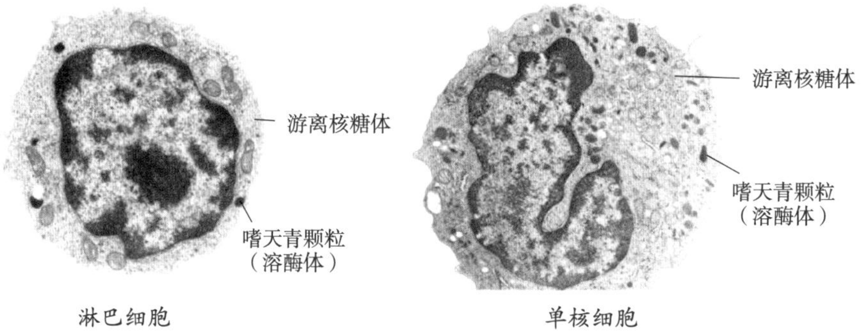

图 3–17 淋巴细胞和单核细胞电镜结构图（高英茂等，2011）

以往曾认为，大、中、小淋巴细胞的分化程度不同，小淋巴细胞为终末细胞。但目前普遍认为，多数小淋巴细胞并非终末细胞。它在抗原刺激下可转变为幼稚的淋巴细胞，进而增殖分化。而且淋巴细胞也并非单一群体，根据它们的发生部位、表面特征、寿命长短和免疫功能的不同，至少可分为 T 细胞、B 细胞、杀伤（K）细胞和自然杀伤（NK）细胞 4 类。

血液中的 T 细胞约占淋巴细胞总数的 75%，它参与细胞免疫，如排斥异体移植物、抗肿瘤等，并具有免疫调节功能。B 细胞占血中淋巴细胞总数的 10%～15%。B 细胞受抗原刺激后增殖分化为浆细胞，产生抗体，参与体液免疫。

3. 血小板

血小板（platelet）是哺乳动物血液中的有形成分之一。它有细胞质膜，没有细胞核结构，一般呈圆形，体积小于红细胞和白细胞。血小板具有特定的形态结构和生化组成，在正常血液中有较恒定的数量，血小板的数量为每立方毫米 10 万～ 30 万个，寿命为 7 ～ 14 d。血小板在止血、伤口愈合、炎症反应、血栓形成及器官移植排斥等生理和病理过程中有重要作用。

血小板只存在于哺乳动物血液中。低等脊椎动物圆口纲有纺锤细胞起凝血作用，鱼纲开始有特定的血栓细胞。两栖、爬行和鸟纲动物血液中都有血栓细胞，血栓细胞是有细胞核的梭形或椭圆形细胞，功能与血小板相似。无脊椎动物没有专一的血栓细胞，如软体动物的变形细胞兼有防御和创伤治愈作用。甲壳动物只有一种血细胞，兼有凝血作用。

血小板为圆盘形，直径 1 ～ 4 μm 到 7 ～ 8 μm 不等，且个体差异很大（5 ～ 12 μm^3）。血小板因能运动和变形，故用一般方法观察时表现为多形态。血小板结构复杂，简言之，由外向内为 3 层结构，即由外膜、单位膜及膜下微丝结构组成的外围为第 1 层；第 2 层为凝胶层，电镜下见到与周围平行的微丝及微管构造；第 3 层为微器官层，有线粒体、致密小体、残核等结构（图 3–18）。

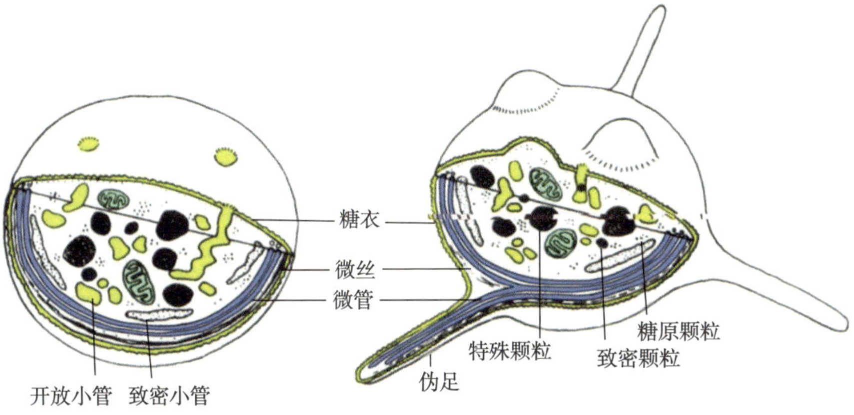

图 3–18 血小板超微结构模式图（邹仲之等，2011）

二、血细胞的发生

各种血细胞都有一定的寿命，红细胞的寿命平均约 120 d，白细胞的寿命为数天、数周或数年。血细胞不断地衰老和死亡，由新生的血细胞不断补充，使外周血循环中血细胞数量和质量保持动态平衡。

血细胞发生是造血干细胞经增殖、分化直至成为各种成熟血细胞的过程。造血干细胞（hemoplietic stem cell）是生成各种血细胞的原始细胞，又称多能干细胞（multipotential stem cell）。造血干细胞在一定的微环境和某些因素的调节下，增殖分化为各类血细胞的祖细胞，称造血祖细胞（hemopoietic progenitor），它也是一种相当原始的具有增殖能力的细胞，但已失去多向分化能力，只能向一个或几个血细胞系定向增殖分化，故也称定向干细胞（committed stem cell）。

三、淋巴

淋巴由淋巴液和淋巴细胞组成。淋巴液（lymph）指在淋巴管内流动的透明无色液体。淋巴液是组织液进入了淋巴管。因此，来自某一组织的淋巴液成分与该组织的组织液非常相近。

除蛋白质之外，淋巴液的成分与血浆相似。淋巴液中的蛋白质以小分子居多，也含纤维蛋白原，故淋巴液在体外能凝固。成分与组织液相同，因是由血液经微血管所渗出来的，所以不含红血球，而且蛋白质为血液的 1/4。

补充资料

鱼类血液特点

鱼类是生活在水中的低等脊椎动物，从身体组成、结构到各部分的功能，都与高等脊椎动物有很大的差别，并表现出适应水中生活的特点。同其他动物一样，鱼类的血液也承担着体内运输、防御、免疫、体液调节及维持内环境相对稳定的功能。众多的研究证明，鱼类的血液与人们所熟悉的哺乳动物的血液相比，在血细胞的组成、结构、大小、数量、分化水平、血浆的化学成分等方面都有较大的不同。

1. 血浆

鱼类血浆的成分包括水、无机成分和有机成分。水分在鱼类血液中占80%以上，无机成分包括钠、钾、钙、镁、磷和氯化物等，有机成分包括血糖、蛋白质、非蛋白质含氮化合物、血脂、胆固醇等。血清中的非蛋白质含氮化合物，有尿素、肌酸、肌酐、氨基酸、多肽等各种形式。

2. 血细胞的组成

鱼类的血细胞包括红细胞和白细胞，白细胞又有淋巴细胞、单核细胞、中性粒细胞、嗜碱性粒细胞、嗜酸性粒细胞和血栓细胞。也有人认为，并不是所有的鱼类都有嗜酸性粒细胞和嗜碱性粒细胞，它们的有无随鱼种而异。与哺乳动物血细胞组成相比，鱼类血细胞组成的最大特点在于它不含与哺乳动物一样的血小板，而是含有功能类似于血小板的血栓细胞。虽然血栓细胞与血小板一样可参与凝血过程，但二者的形态和来源却迥然不同：血小板无核，是由骨髓的巨核细胞分离出来的细胞质小块；而血栓细胞是具细胞核的细胞，有卵圆形、梭形、杆状等多种形态，它的来源目前还没有定论，在鱼类的造血器官中，也还没有找到其发育的证据。鱼类外周血液中颗粒细胞的种类、数量及其形态结构存在明显的种间差异，所有硬骨鱼类都有中性粒细胞，大多数鱼类具有嗜酸性粒细胞，仅少数鱼类才有嗜碱性粒细胞。

3. 血细胞的结构、大小与数量

鱼类的红细胞同哺乳动物的红细胞在结构、大小、数量上都有差别。鱼类的红细胞是有核的椭圆形细胞，而哺乳动物的红细胞是无核的双凹圆盘状，这是鱼类与哺乳动物在血细胞结构方面最显著的差异。鱼类的红细胞大小随不同的鱼种有所不同，如虹鳟红细胞长径在11～18 μm（平均约16 μm），短径在8～11 μm（平均约9 μm），鲫鱼红细胞长径9～16 μm（平均约14 μm），短径6～9 μm（平均约7 μm），但总的来说，其直径与哺乳动物的红细胞（平均直径：犬7 μm，兔6.18 μm，小鼠5.17 μm）相比要大得多，可见前者体积显著大于后者。在鱼类红细胞数量上，存在着种间差异、季节差异、性别差异以及不同生理状态下的差异等，所有鱼类红细胞数变动范围约为14万～360万/mm^3，且在300万/mm^3以上的只有少数鱼类如金枪鱼，与哺乳动物（平均：犬680万/mm^3，兔560万/mm^3，小鼠900万/mm^3）相比，红细胞数量少得多。

鱼类白细胞数量随鱼种不同有相当大的变动，即使同一种鱼，由于测定者不同，所得的值也会出现很大的差异，如鲤鱼的白细胞就可以有7 000～40 000/mm^3这么大的变动范围。鱼类白细胞数，不仅有雌雄差异，而且有明显的季节波动。鱼类白细胞数量还受很多因子的影响，如温度上升、运动及疾病，都可引起白细胞数量的增多。白细胞分为3种类型：淋巴细胞，中性粒细胞和单核细胞。鱼类外周血白细胞中，处于晚幼期的中性粒细胞很多，处于发育阶段早期的中性中幼粒细胞也可见，而代表成熟型的杆状核中性粒细胞较少，成熟后的分叶核中性粒细胞极少。

【思考题】

1. 试述红细胞的结构特点和功能。
2. 试述白细胞的分类、结构特点和功能。
3. 简述血小板形态结构特点和生理功能。

（沈阳农业大学 石娇）

第三节 软骨组织和骨组织

软骨和骨是动物骨骼系统的重要组成部分，其具有构成动物躯体的支架和保护脑、脊髓及内脏器官的作用。它们主要由软骨组织和骨组织构成，是一种高度特化的结缔组织。二者在结构上均是由细胞和呈固态的细胞外基质构成，其差异在于细胞种类、细胞外基质中的无定形物质和纤维成分的不同。本节主要介绍了软骨的分类、软骨组织和骨组织的结构及功能，简单介绍了软骨膜与骨膜的结构与作用，并对骨发生与生长的基本过程进行重点阐述。①软骨主要由软骨组织和软骨膜构成，根据软骨基质内所含纤维的不同，软骨可分为透明软骨、弹性软骨及纤维软骨 3 种类型；②骨主要由骨组织、骨膜和骨髓等构成，骨组织的细胞主要包括骨祖细胞、成骨细胞、骨细胞、骨被覆细胞及破骨细胞 5 种细胞；③骨发生主要有膜内成骨和软骨内成骨 2 种方式。

一、软骨组织的结构

软骨组织（cartilage tissue）由软骨细胞和软骨基质构成。软骨基质（cartilage matrix）是由凝胶状的基质和纤维构成。软骨组织与周围的软骨膜共同构成软骨（cartilage）。软骨内无血管、淋巴管和神经，软骨细胞的营养主要依靠软骨膜血管内的营养物质利用软骨基质的渗透性，从而抵达软骨深部来完成的。软骨是胚胎的支架成分，随着胎儿发育逐渐被骨取代，在成体内，仅散在分布着一些软骨，其作用依所处部位不同而有所差异。

1. 软骨细胞

软骨细胞（chondrocyte）是软骨组织中仅有的细胞类型，其被包埋在软骨基质中，所在的腔隙被称为软骨陷窝（cartilage lacunae）。软骨陷窝周围有一层含有较多硫酸软骨素的基质，称为软骨囊（cartilage capsule），HE 染色呈强嗜碱性。活组织内的软骨细胞充满于软骨陷窝内，但在组织切片上，由于软骨细胞皱缩，软骨细胞与软骨囊之间常出现空隙。在软骨组织的表层，软骨细胞较小，呈扁圆形，单个分布，为幼稚的软骨细胞。从表层向深部，软骨细胞逐渐长大成熟，常成群分布，每群 2～8 个细胞，这些细胞是由一个幼稚软骨细胞分裂增殖而来的，故称同源细胞群（isogenous group），其中每个细胞都有各自的软骨陷窝和软骨囊。一个软骨细胞或同源细胞群及其周围的软骨囊共同构成一个软骨单位（chondron）。成熟软骨细胞呈椭圆形或圆形，细胞核圆或卵圆形，染色浅淡，核仁明显有 1～2 个，细胞质弱嗜碱性（图 3-19）。在电镜下，软骨细胞表面有许多较小突起和皱褶，扩大了细胞表面积，利于软骨细胞与基质的物质交换。其细胞质内粗面内质网和高尔基复合体含量丰富，线粒体较

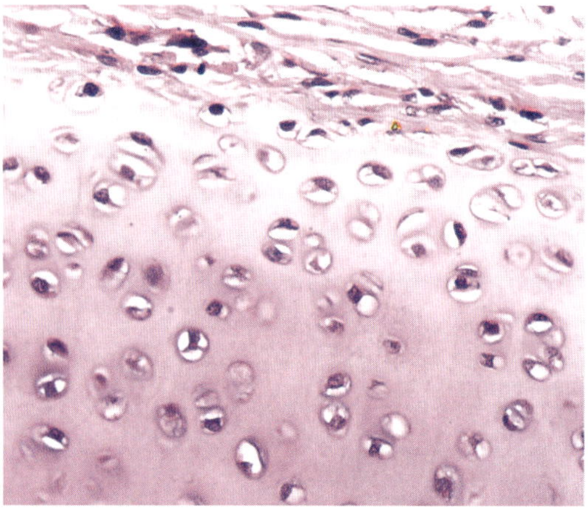

图 3–19　透明软骨（HE 染色）
（中国农业大学组胚室供图）

少而糖原和脂滴较多。软骨细胞可合成和分泌软骨基质和纤维，并主要以糖酵解的方式获得能量。

2. **软骨基质**

软骨基质（cartilage matrix）由无定形基质和包埋在基质内的纤维构成。基质呈固体凝胶状，其主要成分为蛋白多糖和水。其蛋白多糖与疏松结缔组织中的类似，也是由大分子蛋白多糖和透明质酸结合构成分子筛结构，但软骨中的蛋白多糖浓度更高，使软骨基质形成坚固的凝胶。此外，无定形基质中还含有软骨粘连蛋白（chondronectin）和锚定蛋白 C（anchorin C）等，它们对软骨细胞黏附在软骨基质上起重要作用。纤维成分包埋于无定形基质中，包括胶原纤维、弹性纤维等，使软骨具有韧性或弹性。纤维的种类和含量因软骨类型的不同而有明显差异。

二、软骨膜

除关节软骨外，软骨表面均被覆有薄层的致密结缔组织，称为软骨膜（perichondrium）。软骨膜中含有血管、淋巴管和神经，其血管可为软骨提供营养。软骨膜分为 2 层，外层较致密，纤维、成纤维细胞和血管比较多，主要起保护作用；内层较疏松，与软骨紧密相贴，之间无明显界限，纤维少而成纤维细胞和毛细血管较多。内层含有紧贴软骨的骨祖细胞（osteoprogenitor cell），呈梭形，体积小而数量多，可增殖分化为软骨细胞，其功能与软骨生长密切相关。

三、软骨的类型

根据软骨基质中所含纤维种类或比例的不同，可将软骨分为 3 种类型，即透明软骨、弹性软骨和纤维软骨。

1. **透明软骨**

透明软骨（hyaline cartilage）是一种分布较广的软骨类型，成年机体的肋软骨、关节软骨、呼吸管道壁的软骨环等均为透明软骨。哺乳动物胚胎早期暂时的骨架也是透明软骨。新鲜时透明软骨呈乳白色，稍带淡蓝色，半透明状，略具弹性和韧性。透明软骨较脆，但能承受压力，耐受摩擦。其软骨基质（cartilage matrix）由无定形基质和包埋在基质内的胶原原纤维构成。透明软骨的无定形基质中主要含 3 种糖胺聚糖：聚透明质酸（hyaluronan）、硫酸软骨素（chondroitin sulfate）和硫酸角质素（keratan sulfate）。许多硫酸软骨素和硫酸角质素分子结合于核心蛋白形成大分子蛋白聚糖单体，主要是聚集蛋白聚糖（aggrecan）。200 ～ 300 个聚集蛋白聚糖通过连接蛋白结合于聚透明质酸形成蛋白聚糖聚合体，后者通过结合大量的水（约占基质湿重的 75%）并与胶原原纤维结合在一起，形成坚固的凝胶状。这种形成的大分子相互连接的结构复合体赋予了透明软骨特殊的生物力学特性。

透明软骨中的纤维是由Ⅱ型胶原蛋白组成的胶原原纤维，含量约占软骨干重的40%。胶原原纤维直径10～20 nm，周期性横纹不明显，交织形成三维网络，可维持软骨的机械稳定性。由于胶原原纤维较细，且其折光率与基质的折光率相近，故在光镜下难以分辨。此外，在基质中还含有少量其他胶原蛋白，如Ⅵ、Ⅸ、Ⅹ、Ⅺ型胶原，它们主要参与胶原原纤维网络的稳定及增强基质和细胞的相互作用等。

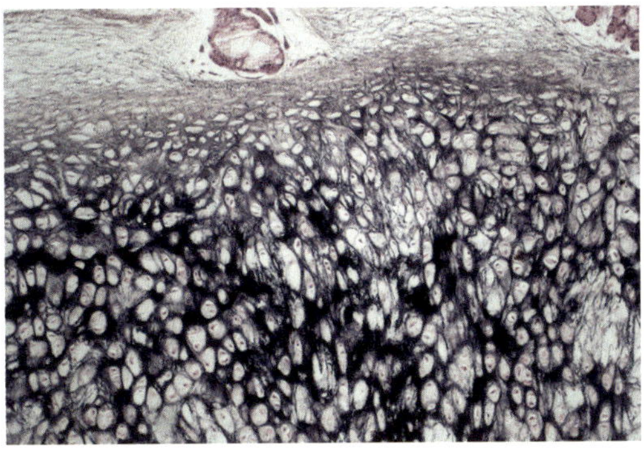

图 3-20　弹性软骨（Weigert's 染色）
（中国农业大学组胚室供图）

2. 弹性软骨

弹性软骨（elastic cartilage）主要分布于耳廓、外耳道、咽鼓管、会厌等处。新鲜时呈不透明的浅黄色。其结构与透明软骨相似，不同的是在其无定形基质中含有大量交织分布的弹性纤维，尤其在软骨中部最为密集，因而弹性软骨具有较强的弹性，挤压后能恢复原状。弹性软骨中的弹性纤维HE染色不能显示，间苯二酚碱性品红染色（Weigert's 染色）呈深蓝或深黑色，地衣红染色呈棕色（图3-20）。

3. 纤维软骨

纤维软骨（fibrous cartilage）分布于椎间盘、关节盘及耻骨联合等部位，呈不透明的乳白色。纤维软骨的结构介于规则致密结缔组织和透明软骨之间，一般无软骨膜。软骨基质中含有大量交叉或平行排列的胶原纤维束，其化学成分主要为Ⅰ型胶原蛋白，也含有不等量的Ⅱ型胶原原纤维，其无定形基质很少，以多功能蛋白聚糖（versican）为主。纤维软骨中的软骨细胞较小而少，常成行分布于胶原纤维束之间，呈弱嗜碱性，Gomori三色染色胶原纤维呈绿色（图3-21）。此种软骨具有很强的韧性，可对抗摩擦和压力。

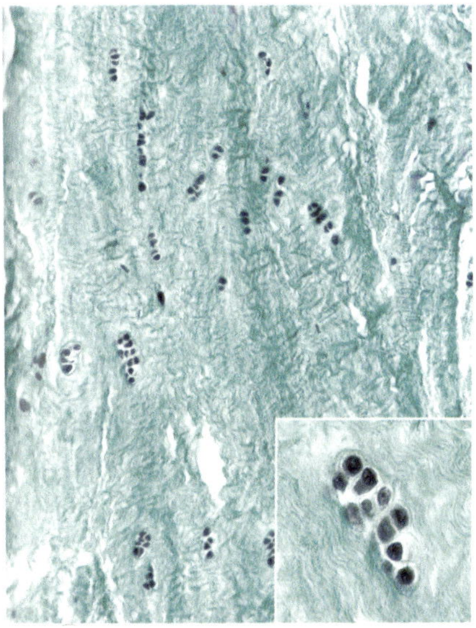

图 3-21　纤维软骨（Gomori 三色染色，插框图为高倍下同源细胞群）
（Ross 等，2011）

四、软骨的发生、生长与修复

软骨由胚胎期的间充质分化而来。软骨发生（chondrogenesis）从哺乳动物胚胎发育的第5周开始，首先在将要形成软骨的部位，间充质细胞聚集成团，称为软骨形成中心（chondrification center），其中央的间充质细胞分化为成软骨细胞，后者通过分泌无定形基质和纤维将细胞分隔开来。当成软骨细胞完全被基质围绕时，即开始分化为软骨细胞。软骨形成中心周围的间充质随即分化为软骨膜。

软骨的继续生长有2种不同的方式。

（1）间质性生长（interstitial growth） 又称软骨内生长（endochondral growth），通过软骨组织内的软骨细胞生长和分裂增殖，不断产生软骨基质和纤维，使软骨从内部向周围逐渐扩大的过程。间质性生长主要见于幼年动物的软骨。

（2）附加性生长（appositional growth） 又称软骨膜下生长（subperichondral growth），由软骨膜内层的骨祖细胞增殖分化为成软骨细胞（chondroblast），成软骨细胞进一步分化为软骨细胞并添加在原有软骨的表面，通过软骨细胞的不断生长并产生细胞外基质和纤维，使软骨增厚的过程。此生长方式主要见于发育中的软骨和成熟的软骨。

因为软骨的再生修复能力较弱，所以软骨发生损伤或部分切除后，一般没有直接的软骨再生，而是形成致密结缔组织瘢痕。有时在一定压力和摩擦等机械力的作用下，损伤处可出现肉芽组织，其中的成纤维细胞可分化为成软骨细胞，并进一步分化为软骨细胞，软骨细胞可通过分泌软骨基质而形成新的软骨，其中以纤维软骨为主。

五、骨组织的结构

骨组织（osseous tissue）是骨的结构主体，它是动物体内除牙齿以外最坚硬的组织，与其他结缔组织一样，骨组织（bone tissue）也是由多种细胞和细胞外基质构成。但骨组织的细胞外基质中有大量矿物质沉积，即发生了矿化（mineralization）。由于骨组织中的矿物质主要是钙，所以矿化又称钙化（calcification）。骨组织矿化的细胞外基质称为骨基质。

1. 骨基质

骨基质（bone matrix）是矿化的骨细胞外基质，简称骨质，是由有机质和无机质两部分构成。无机质是由被称为骨盐（bone mineral）的无机盐构成；有机质包括大量胶原纤维和少量无定形基质。其中胶原纤维主要由 I 型胶原蛋白构成，占有机质的 90%，这种特点使骨组织的切片在染色中呈嗜酸性。胶原蛋白分子内有强大的共价键横向交联，分子间的空隙较大，有利于骨盐沉积。无定形基质呈凝胶状，主要由大分子蛋白聚糖和多种糖蛋白构成，如骨钙蛋白（osteocalcin）、骨粘连蛋白（osteonectin）、骨桥蛋白（osteopontin）、骨涎蛋白（bone sialoprotein）和钙结合蛋白 D9k（calbindin D9k）等，具有黏合纤维的作用，同时也在骨的矿化、钙离子的传递和平衡、细胞与骨质的黏附等方面有作用。骨钙蛋白常作为骨形成的一种标志，可与骨盐结合，参与骨的矿化并调节骨的吸收。其他几种糖蛋白主要与 I 型胶原蛋白和骨盐的结合以及细胞和骨基质的黏合有关，也可调节骨的矿化。此外，骨基质中也含有一些生长因子如骨形态发生蛋白（bone morphogenic protein）等。骨基质中的无机质成分骨盐约占骨组织干重的 65%，主要含有钙、磷和镁等。骨盐主要以羟基磷灰石结晶（hydroxyapatite crystal）的形式存在，其为不溶性中性盐，呈细针状，长 10～20 nm，一般沿胶原原纤维长轴规则排列，也存在于胶原原纤维内胶原分子间的空隙中，这种结构可使骨基质既坚硬又具有韧性。

骨基质在最初形成时，细胞外基质无骨盐沉积，称类骨质（osteoid），后来类骨质经矿化使得无机盐有序地沉积于类骨质上，使类骨质转变为骨质。

骨组织内的骨基质常形成板层状结构，被称为骨板（bone lamella），成层排列的骨板犹如多层木质胶合板。同一骨板内的纤维相互平行，相邻骨板的纤维则相互垂直，在 HE 染色的骨切片上呈不同折光的红色（图 3–22）。骨板内的胶原纤维束可分支，并常从一层伸至其相邻的另一层。这种相互连接的三维结构，可有效地增加骨的强度。骨基质中的小腔隙被称为骨陷窝（bone lacuna），其中含骨细胞。此外，与软骨组织不同，骨组织内含有血管穿行的管道（图 3–22）。

根据骨组织分布的部位不同，其内部结构也有所不同，可分为密质骨和松质骨两类。在长骨骨干、扁骨和短骨的表层，骨板排列规则、相互紧密结合、层数多，构成密质骨（compact bone）。在长骨的骨骺和骨干内表面、扁骨的板障和短骨的中心等处，数层不规则的骨板可形成大量针状或片状骨小梁（bone trabecula），它们交织成为多孔的立体网格样结构，网孔大小不一，肉眼可分辨，被称为松质骨（spongy bone）。

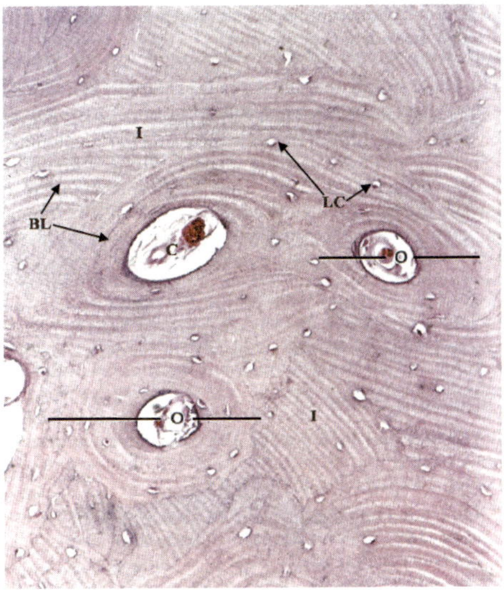

BL. 骨板　C. 中央管　I. 间骨板
LC. 骨陷窝和骨细胞　O. 骨单位
图 3-22　脱钙骨切片结构
（骨基质，HE 染色）（Ross 等，2011）

2. 骨组织的细胞

骨组织的细胞主要包括骨祖细胞、成骨细胞、骨细胞、骨被覆细胞和破骨细胞 5 种，其中前 4 种细胞实际上是骨形成细胞的不同分化和功能状态，而破骨细胞的来源不同，其主要参与骨的吸收。5 种细胞中除骨细胞被包埋于骨基质内，其他细胞均位于骨组织的表面（图 3-23）。

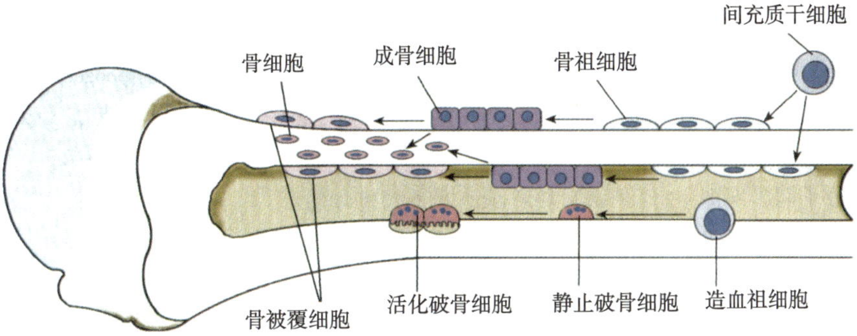

图 3-23　骨组织的细胞示意图（李和等，2015）

（1）骨祖细胞　骨祖细胞（osteoprogenitor cell）是由间充质干细胞分化而来，位于骨组织的表面和骨膜内侧。细胞较小，呈梭形，细胞质弱嗜碱性，仅含少量核糖体和线粒体；细胞核染色淡，椭圆形或扁平形。骨祖细胞着色浅，在切片中不易分辨。当骨组织生长、改建或骨折愈合时，骨祖细胞在骨形态发生蛋白等因子的刺激下能不断分裂分化为成骨细胞。

（2）成骨细胞　成骨细胞（osteoblast）位于骨组织表面，常单层排列，胞体较大，立方形或矮柱状（图 3-24）。分泌活跃的细胞可见其底部和侧面出现突起，相邻的成骨细胞和与之邻近的骨细胞之间常以此突起相连，连接处主要是缝隙连接，用于协调众多细胞的功能活动。成骨细胞的细胞核位于远离骨组织的细胞一端，大而圆，染色浅，核仁明显；细胞质呈嗜碱性，碱性磷酸酶强阳性。电镜下可见胞质内含有大量粗面内质网、丰富的游离核糖体和发达的高尔基复合体。

成骨细胞具有分泌功能，可合成和分泌胶原纤维和骨基质有机成分，形成未矿化的类骨质。同时，成骨细胞还可以细胞膜出芽的方式向类骨质中释放一些膜包小泡，称为基质小泡（matrix vesicle）。基质小泡直径为 50～200 nm，其膜上有钙结合蛋白、碱性磷酸酶、焦磷酸酶和 ATP 酶等，并含有酸性磷脂，小泡内含有细小的钙盐结晶。在类骨质矿化的起始过程中基质小泡可发挥重要的作用。基质小泡膜上的钙结合蛋白可把钙离子运送到小泡内，而碱性磷酸酶和焦磷酸酶可使基质小泡内磷酸根浓度升高，通过钙离子和磷酸根的结合先形成无定形磷酸钙，再进一步转变为羟基磷灰石结晶。随后，基质小泡破裂，将结晶释放到类骨质中，成为羟基磷灰石结晶的晶核，使骨盐沉积范围逐渐扩大、融合，最终完成类骨质的矿化。此外，成骨细胞还可分泌一些生长因子和细胞因子，如骨形态发生蛋白、成纤维细胞生长因子、胰岛素样生长因子、破骨细胞刺激因子等，用于调节骨组织的形成、吸收和代谢，促进骨组织的矿化。成骨细胞产生类骨质后自身被包埋其中，随着分泌能力逐渐减弱，其细胞体不断变小，突起逐渐延长，最终转变为骨细胞。

（3）骨细胞　骨细胞（osteocyte）是一种骨内数量最多的多突起细胞，它们单个分散于骨板之间或骨板之内。骨细胞的细胞体位于骨陷窝内，突起位于骨陷窝发出的骨小管（bone canaliculus）内（图 3-24）。骨细胞的结构和功能与其成熟度有关。未成熟的骨细胞位于类骨质中，其形态结构与成骨细胞相似，也具有产生类骨质的能力，随着类骨质的矿化，骨细胞逐渐成熟。成熟的骨细胞较小，呈扁椭圆形，有许多细长突起，细胞质弱嗜碱性或嗜酸性，细胞器相对较少。相邻骨细胞的突起形成缝隙连接，以传递细胞间的信息和沟通细胞间的代谢活动。相邻骨陷窝通过骨小管彼此连通，骨陷窝和骨小管内均含组织液，可营养骨细胞并输送代谢产物。骨细胞有一定成骨的作用，可参与调节钙和磷的平衡，对骨基质的维持有重要作用，而骨细胞的死亡则会引起骨基质的溶解吸收。骨细胞及其突起的总面积很大，有利于其与骨基质相接触，对骨陷窝组织液中的钙与血钙的交换及维持血钙的恒定有重要作用。

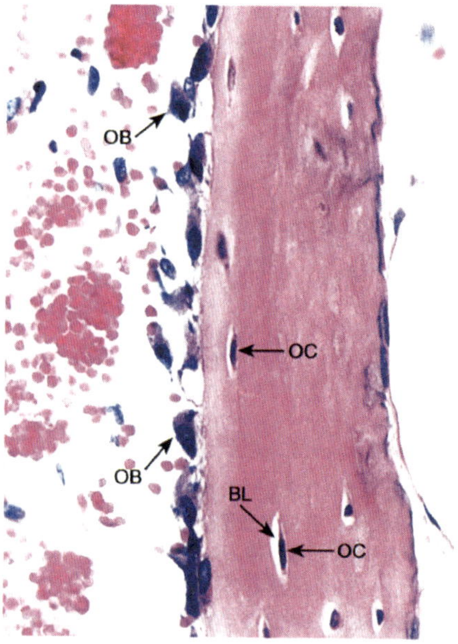

BL. 骨陷窝　OB. 成骨细胞　OC. 骨细胞

图 3-24　成骨细胞和骨细胞（HE 染色）
（李和等，2015）

（4）骨被覆细胞　骨被覆细胞（bone lining cell）是一种扁平的上皮样细胞，在不出现骨基质沉积和吸收的静止骨表面形成连续的一层细胞。骨被覆细胞的细胞质和细胞器较少，细胞有突起，相邻细胞的突起之间及其与邻近的骨细胞突起之间以缝隙连接的方式相联系。骨被覆细胞是停止成骨后存留在骨表面的静止成骨细胞，也有人认为它是一种特殊的骨祖细胞，在适当的刺激下能转变或分化为功能活跃的成骨细胞。骨被覆细胞还能吸引破骨细胞贴附于骨表面，从而参与正常的破骨过程。除此之外，这类细胞还具有分隔骨细胞周液和骨髓腔内组织液的作用，以便维持骨细胞周液中的钙离子浓度。

（5）破骨细胞　破骨细胞（osteoclast）是一种巨大的多核细胞，由单核细胞融合而成，数量较少，细胞直径 30～100 μm，含 2～50 个细胞核，常位于骨组织表面被吸收形成的小凹陷内，这些小凹陷称为吸收凹（resorption bay）或豪希普陷窝（Howship's lacuna）。破骨细胞来源于骨髓，在单核细胞集落刺激因子、肿瘤坏死因子和白细胞介素等的作用下，单个核的粒细胞单核细胞系造血祖细胞可进一步发育、分化，并融合形成破骨细胞。光镜下，破骨细胞的细胞质呈泡沫状，多为嗜酸性，细胞器丰富，尤以溶酶体和线粒体居多（图 3–25）。功能活跃的破骨细胞具有明显的极性，电镜下可见紧贴骨基质一侧有许多大小和长短不一的指状细胞质突起（图 3–26），构成光镜下的皱褶缘（ruffled border），呈浅色带，可扩大细胞的表面积。皱褶缘细胞膜上含有酸性磷酸酶和 ATP 酶。环绕于皱褶缘的细胞质略微隆起，像一堵环行围堤包围皱褶缘，故称封闭区（sealing zone），因电镜下该区呈现低电子密度，故也称亮区（clear zone）（图 3–26）。亮区细胞膜平整，同时破骨细胞还含有细胞－细胞外基质黏附分子，如整合素（integrin），故亮区易于与骨基质紧密贴附。

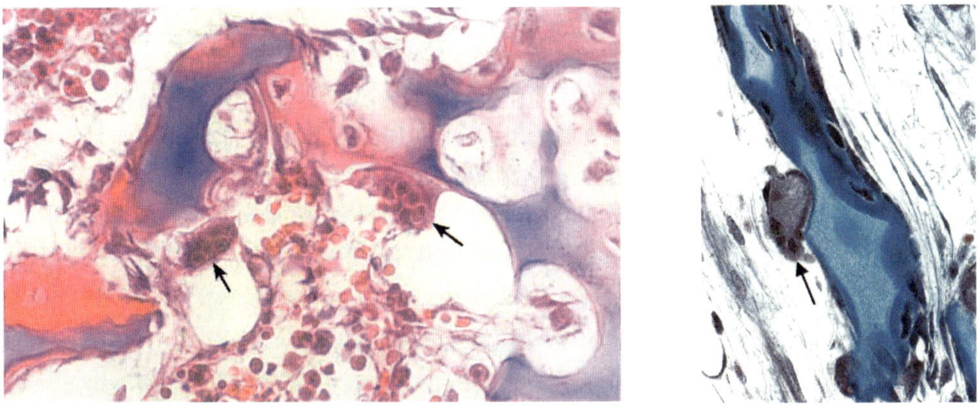

HE 染色　　Mallory 染色

图 3–25　破骨细胞光镜像（箭头示破骨细胞）（李和等，2015；Ross 等，2011）

破骨细胞主要起到溶解和吸收骨基质的作用。当细胞功能活跃时，亮区紧贴骨基质表面，使皱褶缘区成为封闭的溶骨微环境。破骨细胞随即向此区释放有机酸如柠檬酸和乳酸（pH 4～5）等，以及多种蛋白水解酶如组织蛋白酶（cathepsin）和基质金属蛋白酶（matrix metalloproteinase）等。其中有机酸可使骨盐溶解，蛋白酶使 I 型胶原蛋白和其他基质蛋白降解。另外，在皱褶缘深面的破骨细胞细胞质中还有许多吞噬泡和吞饮泡（图 3–26），内含细小的骨盐晶体和解体的有机成分，它们在细胞内将进一步降解，溶解的骨盐和降解的有机质经皱褶缘吸收，在溶酶体内进行消化。与此同时，破骨细胞还可通过产生氧自由基来增强其溶骨作用。当溶骨作用完成后，破骨细胞随即发生凋亡而消失。破骨细胞和成骨细胞在骨组织内相辅相成，共同参与骨的生长与重建。

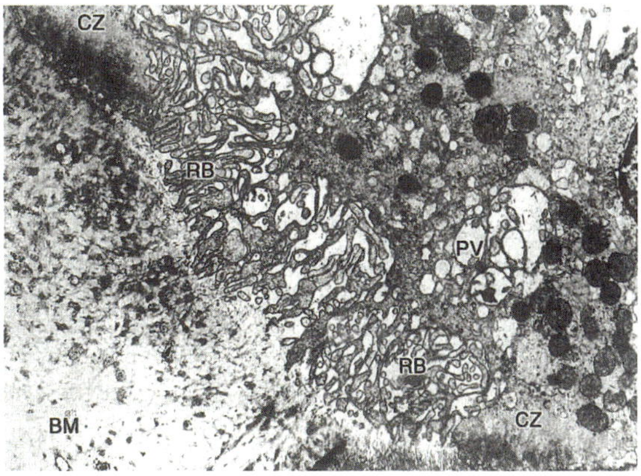

BM. 骨基质　CZ. 亮区　PV. 吞饮泡　RB. 褶皱缘

图 3–26　破骨细胞电镜像（李和等，2015）

六、骨的结构

骨是由骨组织、骨膜和骨髓等构成的坚硬器官，在机体中不但有支持和保护功能，而且对机体活动起到杠杆的平衡作用，所含骨髓是血细胞发生的重要部位。由于骨中含大量钙、磷等矿物质，故骨还是机体的钙、磷储存库。骨的内部结构符合生物力学原理，并可进行适应性的更新和改建。骨有多种类型，包括长骨、短骨、扁骨和不规则骨等，虽然它们基本结构相似，但其中以长骨的结构最为复杂。现就以长骨为例来说明骨的结构。长骨由密质骨、松质骨、骨膜、关节软骨、骨髓、血管和神经等构成。

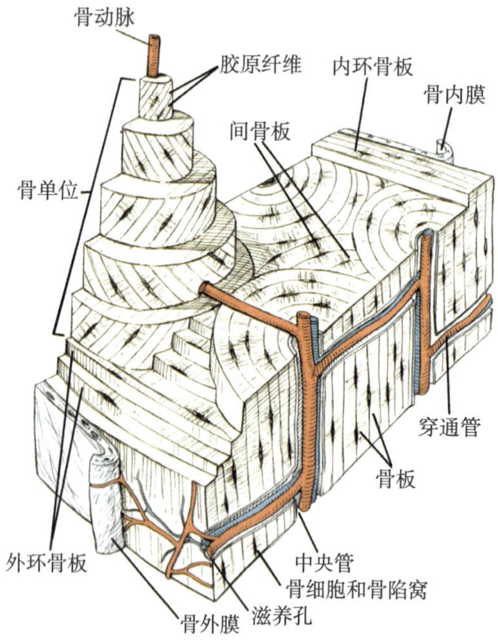

图 3–27　长骨骨干立体结构模式图
（Ross 等，2011）

1. 密质骨

密质骨（compact bone）又称骨密质，其中的骨板排列十分规律，按骨板的排列方式不同可分为环骨板、骨单位和间骨板。密质骨在骨干的内外表层形成环骨板，在中层形成骨单位和间骨板。骨干中有与骨干长轴几乎垂直走行的穿通管（perforating canal），又称福尔克曼管（Volkmann's canal），内含血管、神经和少量疏松结缔组织，结缔组织中含有较多骨祖细胞。穿通管在骨外表面的开口即为滋养孔（nutrient foramina）（图 3–27）。

（1）环骨板　环骨板（circumferential lamellae）是环绕在骨干外表面和内表面排列的骨板，分别称为外环骨板和内环骨板。外环骨板较厚，由十多层或数层骨板组成，较整齐地环绕骨干平行排列。内环骨板较薄，仅由几层骨板组成，排列不如外环骨板规则，与骨髓腔面一致（图 3–27）。穿通管横向穿越外环骨板和内环骨板，其与纵向走行的中央管相通，它们都是小血管和神经的通道，并含有组织液。环骨板最浅层骨陷窝发出的骨小管伸向表面，终止于骨和骨膜交界处，末端开放。

（2）骨单位　骨单位（osteon）又称哈弗斯系统（Haversian system），是密质骨的主要结构和功能单位，位于内、外环骨板之间，数量最多。骨单位呈圆筒状，长 0.6 ～ 2.5 mm，直径 30 ～ 70 μm，由多层同心圆排列的骨板构成。其长轴与骨干长轴平行，可分支相连。骨单位中轴为纵行的中央管（central canal），又称哈弗斯管（Haversian canal），内有血管、神经纤维和结缔组织，均来自与其相通的穿通管（图 3–27）；中央管周围为 4 ～ 20 层同心圆排列的骨单位骨板（osteon lamella），又称哈弗斯骨板（Haversian lamella），故骨单位粗细不一。其骨板间有骨陷窝和骨小管存在，内含骨细胞及其突起。骨单位骨板内的胶原纤维围绕中央管呈螺旋走行，相邻两层骨板的胶原纤维相互垂直（图 3–27）。骨单位表面有一明显的黏合线（cement line），本质是含骨盐较多而胶原纤维很少的部分骨基质，在骨横断面的骨磨片上呈折光较强的轮廓线（图 3–28），其是骨单位间的分隔线。骨单位内的骨小管相互连通，最内层的骨小管开口于中央管，构成血管系统与骨细胞之间进行营养物质和气体交换的通路，因此，同一骨单位内的骨细胞都接受来自其中央管的营养供应。由于骨单位最外层的骨小管在黏合线以内发生返折，故一般不与其相邻骨单位的骨小管相通。

（3）间骨板 间骨板（interstitial lamella）是骨生长和改建过程中骨单位骨板或环骨板未被吸收的残留部分，是位于骨单位之间或骨单位与环骨板之间的骨板。间骨板呈扇形或不规则形，其中无血管通道（图3–27，图3–28），有黏合线分隔。有时骨单位外层的骨小管可穿过黏合线与间骨板内的骨小管相连通，形成一条中央管与间骨板之间的物质交换通道。

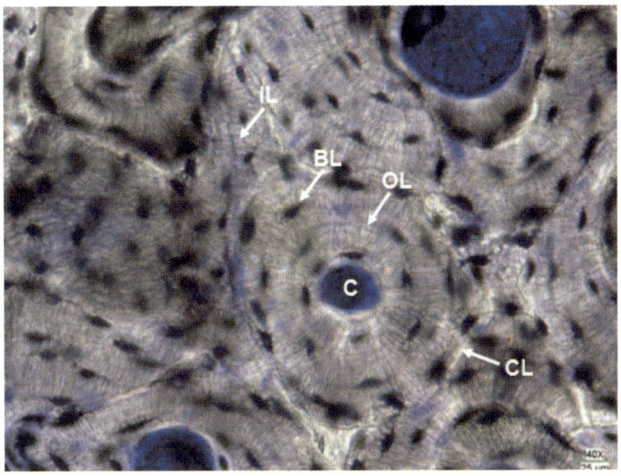

C. 中央管 OL. 骨单位骨板 IL. 间骨板
BL. 骨陷窝 CL. 黏合线
图 3–28 长骨骨干横截磨片结构（硫堇染色）
（中国农业大学组胚室供图）

2. 松质骨

松质骨（spongy bone）又称骨松质，主要分布于长骨两端的骨骺和骨干的内侧面，由大量针状或片状的骨小梁（bone trabecula）构成。骨小梁相互连接构成类似海绵状的多孔隙网架结构，其中形成的网孔即为骨髓腔，其内充满红骨髓（图 3–29）。骨小梁大多粗细不一，直径为 0.1 ～ 0.4 mm，由数层平行排列的骨板和骨细胞构成，其按照承受力的作用方向有规律地排列。

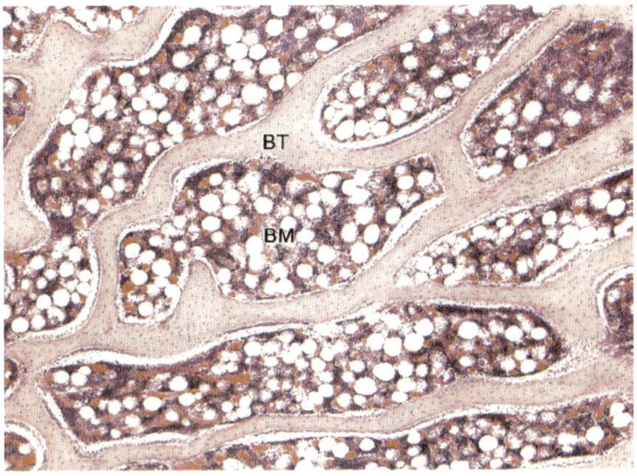

BM. 红骨髓 BT. 骨小梁
图 3–29 松质骨切片结构（HE 染色）
（李和等，2015）

3. 骨膜

除关节面以外，骨的内、外表面均覆盖着一层致密结缔组织构成的骨膜，骨的外表面覆以骨外膜（periosteum）；在骨髓腔面、穿通管和中央管的内表面、骨小梁的表面均覆以骨内膜（endosteum）。骨外膜又可分为内、外两层，外层由致密结缔组织组成，纤维较厚，粗大密集，交织成网，其中有些纤维束穿入骨质，称穿通纤维（perforating fiber），主要起固定骨外膜和韧带的作用；内层由薄层疏松结缔组织构成，纤维少，富含血管、神经和骨祖细胞。骨内膜（endosteum）较薄，纤维细而少，由单层扁平的骨祖细胞和少量结缔组织构成，并且与穿通管内的结缔组织相连（图3–27）。骨膜主要起到保护和营养骨组织的作用，并为骨的生长或修复提供新的成骨细胞。骨膜中的骨祖细胞具有成骨和成软骨的双重潜能。

4. 骨髓

骨髓（bone marrow）充满于骨髓腔及骨骺骨小梁的网孔内，是一种柔软的网状组织，分为红骨髓和黄骨髓两类。胚胎时期骨髓腔内全部为红骨髓（red bone marrow），执行造血功能。随着动物年龄的增长，成年后，红骨髓主要存在于扁骨、长骨骨骺及不规则骨内，而骨髓腔内的红骨髓逐渐被脂肪组织所代替，成为黄骨髓。黄骨髓一般情况下不再造血，但仍保持造血潜能。病理情况下，可部分或全部恢复造血功能。

七、骨的发生与生长

骨是由胚胎时期的间充质发生而来，骨发生（osteogenesis）有 2 种方式：即膜内成骨和软骨内成骨，但骨组织发生的基本过程是一致的。骨的发育经历了不断生长和改建的复杂过程，主要包括骨组织的形成和骨组织的吸收两个方面，二者同时存在，又相辅相成。通过成骨细胞和破骨细胞的相互调控，保证了骨组织的发生与个体的生长发育相适应。骨组织的形成首先是由骨祖细胞增殖分化为成骨细胞，随后成骨细胞分泌类骨质，并把自身包埋其中，成为骨细胞；最后类骨质矿化成骨基质，形成骨组织。骨组织形成的同时，原有骨组织的某些部位又可被吸收，即骨组织被侵蚀溶解。骨组织的吸收主要是破骨细胞的作用，破骨细胞贴附于骨组织的吸收部位，通过分泌酸和多种水解酶，溶解骨盐和降解有机质。动物出生后，骨仍继续生长发育，直到成年后才停止加长和加粗，但骨的内部改建可持续终身，改建速度随年龄增长而逐渐减慢。

1. 膜内成骨

膜内成骨（intramembranous ossification）是在间充质分化形成的胚胎性结缔组织膜内成骨的过程。颅骨内的一些扁骨如额骨、顶骨等和不规则骨均以膜内成骨的方式骨化。膜内成骨是在将要形成骨的部位，间充质细胞相互聚集并分裂、增殖，形成富含血管的原始结缔组织膜，膜内部分间充质细胞首先分化为骨祖细胞，再分化为成骨细胞，后者在此成骨，形成最早的骨组织，该部位称骨化中心（ossification center）。随后，骨化中心向四周扩展，逐渐形成许多呈放射状排列的针状原始骨小梁，骨小梁连接成网，构成原始松质骨，其外层的间充质分化为骨膜。此后，骨膜内层的成骨细胞在松质骨的表面不断造骨，通过进一步生长并改建形成密质骨。

2. 软骨内成骨

软骨内成骨（endochondral ossification）是由间充质先分化成为软骨，然后软骨逐渐被骨组织所取代的成骨过程。该成骨方式是在软骨雏形发育的基础上逐步形成的，比膜内成骨过程复杂。胚胎时期大多数骨，如四肢骨、躯干骨及颅底骨等都是以软骨内成骨的方式发生的。现以长骨的发生为例，来叙述软骨内成骨过程（图 3-30）。

（1）软骨雏形形成　胚胎发生早期，在将要形成长骨的部位，中胚层的间充质细胞逐渐聚集，随后分化为骨祖细胞，进而分化为软骨细胞。软骨细胞产生软骨基质将自身包埋其中，形成透明软骨，其外形与将要形成的长骨相似，故称为软骨雏形（cartilage model）。软骨雏形周围的间充质则分化为软骨膜。

（2）骨领形成　软骨雏形形成后，在其中段周围部，血管长入软骨膜，软骨膜内层的骨祖细胞增殖并分化为成骨细胞，最终以膜内成骨的方式首先在软骨表面产生一圈类骨质包绕软骨，随后类骨质矿化为骨基质，形成薄层原始松质骨，犹如领圈包绕软骨雏形中段，故称为骨领（bone collar）。骨领形成后，其表面的软骨膜即改称骨外膜。骨领不断增厚加长，从软骨中段向骨的两端延伸，逐渐形成了骨干。

（3）初级骨化中心和骨髓腔形成　在骨领形成的同时，软骨细胞停止分裂，体积增大，并分泌碱性磷酸酶，其周围的软骨基质矿化，软骨细胞随之凋亡。在软骨雏形的中段，骨外膜中的血管连同结缔组织一起穿过骨领，进入凋亡退化的软骨区，破骨细胞、成骨细胞、骨祖细胞和间充质细胞随血管进入；破骨细胞通过溶解吸收矿化的软骨基质，消化分解退化的软骨，形成许多与软骨雏形长轴一致的不规则隧道；随后，由骨祖细胞分化而来的成骨细胞贴附于残存的软骨基质表面成骨，形成以矿化的软骨基质为中轴、表面附以骨组织的条索状结构，称过渡型骨小梁（transitional bone trabecula），出现过渡型骨小梁的部位即为初级骨化中心（primary ossification center）。初级骨化中心的腔隙为原始骨髓腔，间充质细胞在此分化为网状细胞，形成网状组织。之后造血干细胞进入并增殖分化形成骨髓。在此过程中，软骨雏形两端的软骨不断增生，邻接骨髓腔处又不断骨化，从而使骨不断加长。

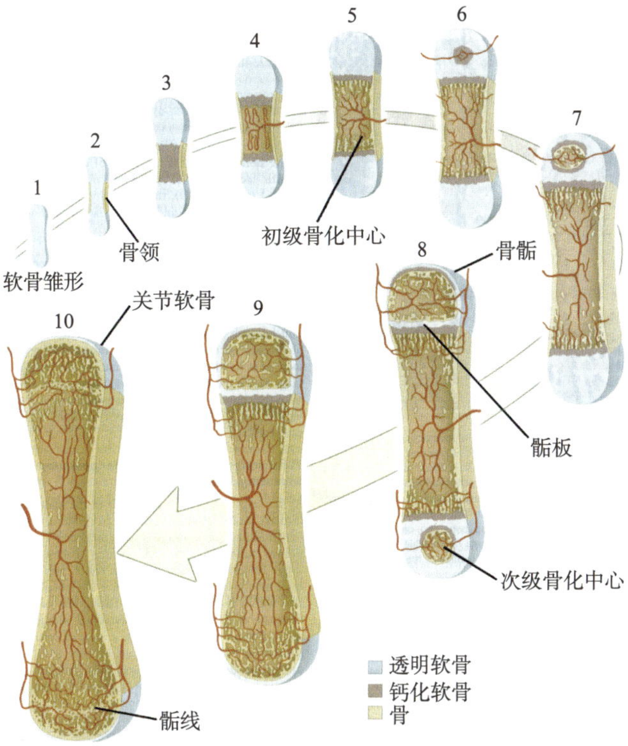

图 3–30 软骨内成骨示意图（Ross 等，2011）

（4）次级骨化中心的出现与骨骺的形成 在动物出生前后，长骨两端骨骺部的软骨中央部分也出现骨化中心，称为次级骨化中心（secondary ossification center）。其形成过程与初级骨化中心相似，所不同的是骨化从中央向四周呈辐射状进行，最后大部分软骨被原始松质骨取代，使骨干两端变成骨骺。骨骺通过改建，内部变为松质骨，表面变为薄层密质骨，关节面始终保留薄层透明软骨，即关节软骨。骨骺与骨干之间也保留一定厚度的软骨层，称骺板（epiphyseal plate）或生长板（growth plate）。骺板是长骨进一步生长的结构基础。出生后，骺板保持一定的厚度，使软骨的增生、退化及成骨在速率上保持平衡。成年后，骺板增生减缓并最终停止，导致软骨完全被骨组织取代，在长骨的骨干和骨骺之间留下线性痕迹，称骺线（epiphyseal line）。此后，骨不再生长。

3. 骨的生长与改建

在骨的发生过程中和发生后，骨仍可依靠骺板的生长发育而不断生长，主要表现为加长和增粗两个方面。由于骨细胞不具有分裂增殖能力，因此骨不能从其内部生长。骨的生长属

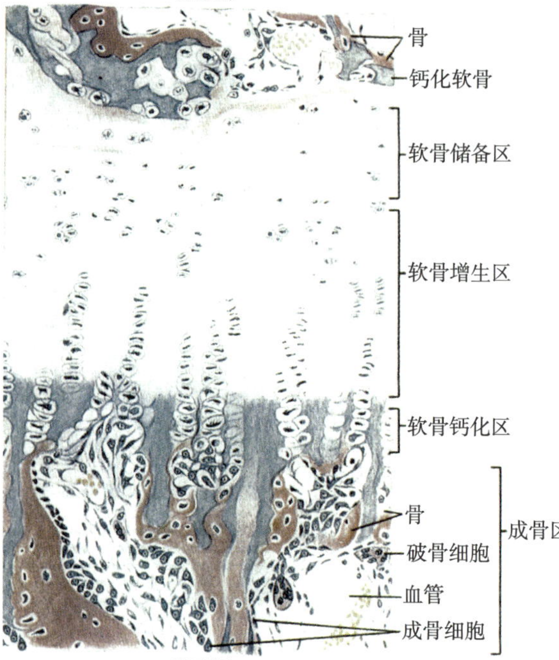

图 3-31　长骨的加长过程，示骺板的 4 个分区
（Ross 等，2011）

于一种外加生长，即依靠骨细胞向骨组织表面添加新骨，使骨从表面向外扩大。骨改建（bone remodeling）是局部陈旧骨的吸收及被新骨所取代的过程，骨改建的生理意义在于其在发育期可通过改变骨的外形和内部结构，以适应机体的发育和器官的功能；在成年期，骨改建可防止骨老化，增加骨密度，预防骨组织微损伤的累积，从而保持骨的生物力学特性。

（1）长骨的加长　骨的长度的增加是通过骺板内的软骨细胞的增殖、分化和凋亡，后被骨组织替换，从骨骺侧向骨干侧不断成骨来实现的。这种替换过程与初级骨化中心的形成过程类似，但变化的顺序性和区域性更明显。从骨骺端到骨干的骨髓腔，骺板依次可分为 4 个区（图 3-31）。

①软骨储备区（zone of reserve cartilage）：主要指位于骨骺部的软骨，软骨细胞较小，均为幼稚的软骨细胞，呈圆形或椭圆形，散在分布。软骨基质呈弱嗜碱性。

②软骨增生区（zone of proliferating cartilage）：位于软骨储备区的内侧，软骨细胞较大，为圆形或扁平形，软骨细胞增殖活跃，形成单行排列的同源细胞群，同源细胞群成串并列纵行为软骨细胞柱。

③软骨钙化区（zone of calcified cartilage）：位于软骨增生区的内侧，更靠近骨干中心。该区软骨细胞成熟肥大，变圆，并逐渐凋亡，细胞呈空泡状，核固缩。软骨基质矿化，呈强嗜碱性。

④成骨区（zone of ossification）：成骨细胞在矿化的软骨基质表面成骨，在骺板残留的矿化的软骨基质表面，可见大量的成骨细胞，并不断形成骨组织，构成条索状的过渡型骨小梁。在长骨的纵切面上，其像钟乳石样悬挂在软骨钙化区的底部，骨小梁之间为初级骨髓腔。此外，在矿化的软骨基质和骨小梁的表面，也有破骨细胞分布，破骨细胞不断吸收矿化的骨组织，从而使骨髓腔向长骨两端扩展。

（2）长骨的增粗　骨外膜中的骨祖细胞可不断分化为成骨细胞，通过向骨领表面添加新的骨小梁，骨干表面增添新的骨组织，使骨领逐渐增厚，骨干变粗。而在骨干的内表面，破骨细胞吸收骨小梁，使骨髓腔横向扩大。骨干外表面新骨形成的速度要略快于骨干内部的吸收速度，这样在骨干增粗的同时也保持骨组织有适当厚度。此外，骨单位的相继形成和外环骨板的增厚，也是骨干增粗的因素。

（3）长骨外形的改建　在骨生长过程中，骨还进行一系列的改建活动，骨的外形和内部结构也在不断发生变化。骨的改建是终身不断进行的，这使骨与整个机体的发育和生理功能相适应，也使得骨组织具有十分明显的年龄性变化。长骨的骨骺和干骺端（metaphysis）呈圆锥形，比骨干粗大。在改建过程中，干骺端外膜的破骨细胞进行骨吸收，而骨内膜面成骨细胞功能活跃，最终使干骺端近骨干一侧变细，成为新一段骨干。新增骨干的两端又形成新的干骺端，如此持续不断进行改建，直到长骨不再加长（图 3-32）。

（4）骨干密质骨的改建 骨干密质骨的形成依赖于骨领的改建。骨领最初为原始松质骨，后由于骨小梁增粗及骨小梁间的网孔缩小而变致密形成密质骨。动物出生后不久，骨单位便开始形成。其首先是由破骨细胞分解吸收陈旧骨组织而形成一条管道，血管及骨祖细胞等进入管内，随后骨祖细胞分化为成骨细胞，后者贴附于管道的表面，从外向内形成同心圆排列的骨单位骨板，原先的管道缩小，成为中央管。此后旧的骨单位逐渐被分解吸收，新一代骨单位不断形成，旧骨单位的残余部分即形成间骨板。旧骨单位被新一代骨单位替换的过程被称为骨单位改建。虽然成年后骨干不再增粗，但其内部的骨单位改建仍持续进行。此外，由骨内膜和骨外膜内的成骨细胞所形成的环骨板也处在不断改建的过程中。

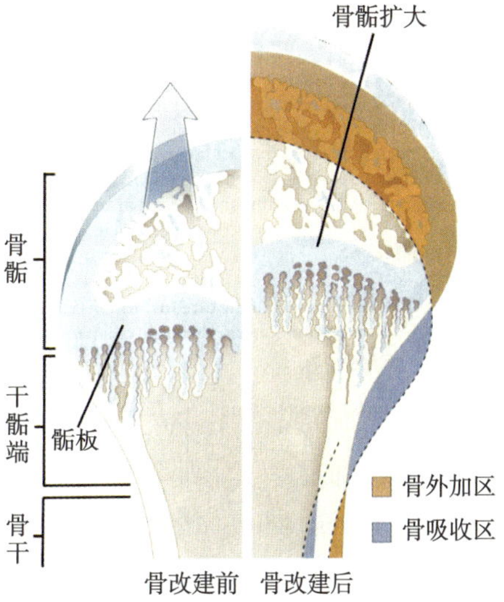

图 3-32 长骨外形改建示意图
（Ross 等，2011）

【思考题】

1. 名词解释：软骨囊、软骨陷窝、同源细胞群、骨单位、骨膜、骨板、密质骨、松质骨、骨陷窝。
2. 简述软骨组织的结构特点、分类及分布。
3. 骨组织的细胞成分有哪些？各有何功能？
4. 简述骨组织发生的基本过程。
5. 试述长骨的结构及其功能。

（湖南农业大学 张虹亮）

第四章 肌组织

肌组织（muscle tissue）由肌细胞和其间少量的结缔组织、血管、淋巴管和神经构成。肌细胞呈长纤维状，又称肌纤维（muscle fiber）。肌细胞的细胞膜称肌膜（sarcolemma），细胞质称肌浆（sarcoplasm），滑面内质网称肌浆网（肌质网）。肌浆内含有大量与细胞长轴平行排列的肌丝，肌丝主要由肌动蛋白和肌球蛋白等与收缩活动有关的蛋白质构成，是肌纤维收缩的物质结构基础。肌丝集合成光学显微镜下可见的肌原纤维。

根据肌细胞的结构和分布，肌组织可分为骨骼肌、心肌和平滑肌。骨骼肌和心肌细胞都有明暗相间的横纹，属横纹肌；平滑肌细胞无横纹，主要分布于内脏和血管壁。

3 种肌组织均起源于胚胎时期的间充质。首先由间充质细胞分化为成肌细胞，成肌细胞进一步发育为成熟的肌细胞。来自不同部位的间充质最终形成不同类型的肌组织。

第一节 骨骼肌

骨骼肌（skeletal muscle）大多数通过肌腱附着在骨骼上，但也有少数不附着在骨骼上，如分布于食管和肛门等处的骨骼肌。骨骼肌细胞受脑脊神经支配，其收缩受意识支配，属于随意肌。

一、骨骼肌纤维结构

（一）骨骼肌纤维的光镜结构

骨骼肌纤维（skeletal muscle fiber）即骨骼肌细胞（skeletal muscle cell），为长柱状多核细胞，长短不一，短者数毫米，长者可超过 40 mm。细胞核呈长卵圆形，数量较多，一条肌纤维内含有几十个甚至几百个细胞核，位于近细胞膜处。肌浆内含有许多与细胞长轴平行排列的细丝状结构，称肌原纤维（myofibril）。肌原纤维直径 1～2 μm，每一条肌原纤维都有相间排列的明带（又称 I 带）及暗带（又称 A 带）。明带染色较浅，而暗带染色较深。各条肌原纤维的明带相互对齐，排列在同一平面上，各条肌原纤维的暗带也相互对齐，排列在与明带相邻的平面上，致使骨骼肌纤维的纵切面上出现明暗相间的横纹，骨骼肌纤维的横切面呈圆形或不规则形，肌原纤维呈点状（图 4–1）。

油镜下观察，暗带中央有一条较明亮的窄带称 H 带，H 带的中央有一条深色的线称 M 线；明带中间有一条较暗的线称为 Z 线。相邻两条 Z 线之间的一段肌原纤维称作一个肌节（sarcomere），由 1/2 I 带 ＋ A 带 ＋ 1/2 I 带构成，它是骨骼肌纤维结构和功能的基本单位（图 4–2）。

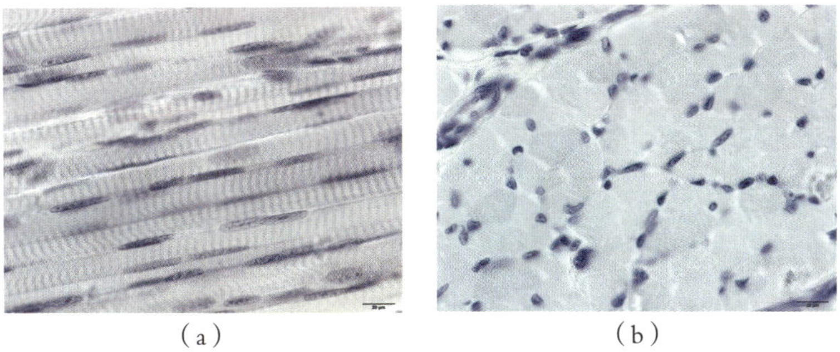

图 4-1　骨骼肌纤维纵切（a）横切（b）图（刘华珍供图）

肌浆内还含有肌红蛋白、糖原颗粒和丰富的线粒体，是骨骼肌纤维运动的能量来源。肌纤维中，肌原纤维多而肌红蛋白等含量少，称为白肌纤维；相反，肌原纤维少而肌红蛋白等含量多，称为红肌纤维。白肌纤维收缩力强，收缩较快，但持续时间较短，又称为快肌；红肌纤维收缩力较弱，收缩较慢，但较持久，又称为慢肌。通常一块肌肉中两种肌纤维都有，但其比例随不同肌肉而异，以此可作为挑选运动潜能的参考依据之一。

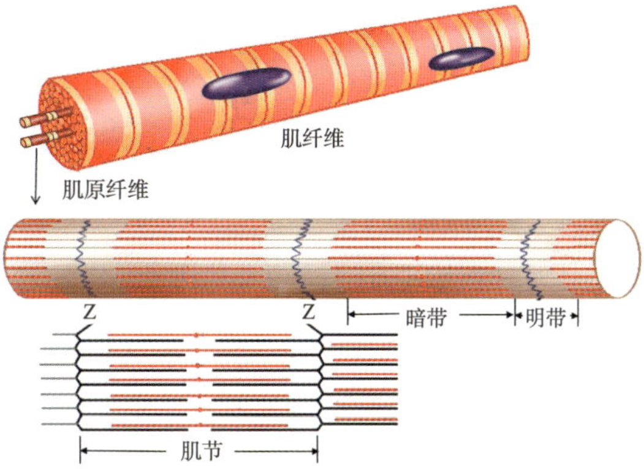

图 4-2　骨骼肌肌原纤维结构模式图

肌膜外有基膜附着。在肌膜与基膜之间有一种扁平有突起的细胞，称肌卫星细胞（muscle satellite cell）。肌卫星细胞是储留在骨骼肌组织中的生肌干细胞，当肌纤维受损伤后，此种细胞可分化形成肌纤维。

（二）骨骼肌纤维的超微结构

1. 肌原纤维

电镜下，每条肌原纤维由数千条平行排列的肌丝组成。肌丝有粗肌丝和细肌丝 2 种。粗肌丝（thick filament）直径约 15 nm，长约 1.5 μm，位于 A 带内。粗肌丝中央借 M 线固定，两端游离。细肌丝（thin filament）直径约 5 nm，长约 1 μm，它的一端固定在 Z 线上，另一端经过 I 带，伸到 A 带的粗肌丝之间，止于 H 带的边缘。A 带内，粗肌丝与细肌丝相互平行排列，在一条粗肌丝周围有 6 条细肌丝（图 4-3）。

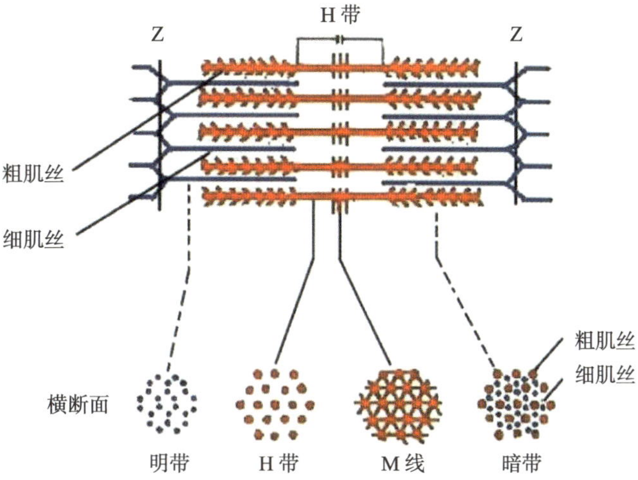

图 4-3　骨骼肌纤维超微结构模式图（成令忠等，2003）

（1）粗肌丝的分子结构　粗肌丝主要由许多肌球蛋白（myosin）分子聚合而成。肌球蛋白分子形如豆芽，分为头和杆两部分，头部形如两个豆瓣，杆部如同豆茎（图 4-4）。在头和

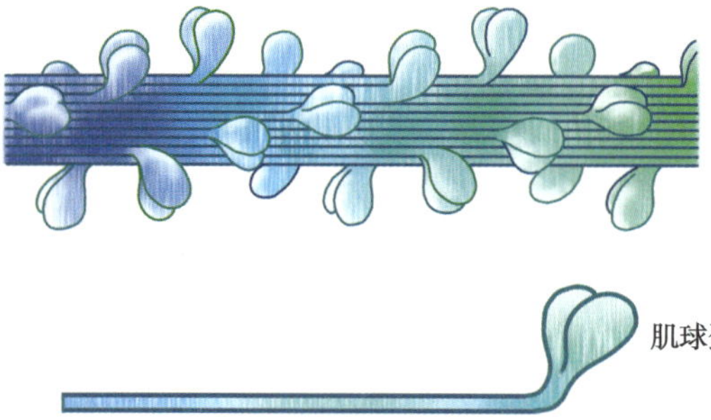

图 4-4　粗肌丝及肌球蛋白分子结构模式图

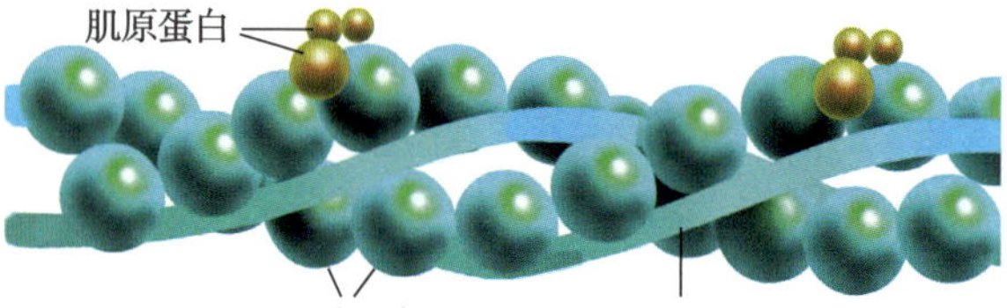

图 4-5　细肌丝结构模式图

杆的连接点及杆上有两处类似关节，可以屈动。在一条粗肌丝中，许多肌球蛋白分子的杆都伸向粗肌丝的中段，头则分别朝向粗肌丝的两端，并突出于粗肌丝表面，形成电镜下所见的横桥。粗肌丝的中段（H 带）仅由肌球蛋白分子的杆构成，故该段无横桥。肌球蛋白分子头部有 ATP 酶活性，能与 ATP 结合，并具有与细肌丝的肌动蛋白相结合的能力。肌球蛋白分子杆在靠近头的部分可以屈伸，是横桥运动时发生弯曲的部位。

（2）细肌丝的分子结构　细肌丝由肌动蛋白（actin）、原肌球蛋白（tropomyosin）和肌原蛋白（troponin）3 种蛋白质分子构成（图 4-5）。肌动蛋白是细肌丝的结构蛋白，原肌球蛋白和肌原蛋白则属调节蛋白，在肌动蛋白与肌球蛋白的相互作用中起调节作用。肌动蛋白分子单体为球形，有能与肌球蛋白头（横桥）相结合的位点。许多球状肌动蛋白单体相连呈串珠状，形成长约 1 μm 的肌动蛋白链。两条肌动蛋白链呈螺旋形缠绕构成细肌丝。原肌球蛋白分子呈丝状，由两条多肽链互相缠绕而成，许多分子首尾相接形成长链。在肌细胞静止时，原肌球蛋白位于双股肌动蛋白链的螺旋沟附近，恰好盖在肌动蛋白单体上能与横桥结合的位点上，可防止肌动蛋白与横桥结合。肌原蛋白是由肌原蛋白 T（TnT）、肌原蛋白 C（TnC）和肌原蛋白 I（TnI）3 个亚单位构成的复合体。TnT 能与原肌球蛋白相结合，TnC 能与 Ca^{2+} 结合，TnI 则是具有抑制作用的亚单位，肌细胞静止时它阻挡着原肌球蛋白的移动，从而使肌动蛋白上能与横桥结合的位点不被暴露。在原肌球蛋白的长链上，每隔 38.5 nm 便有一组肌原蛋白复合体。当肌浆内 Ca^{2+} 浓度升高时，TnC 与 Ca^{2+} 结合，引起肌原蛋白分子构型发生改变，TnI 位移，原肌球蛋白便向两条肌动蛋白链间的沟内移动，从而使肌动蛋白单体上能与横桥相结合的位点暴露出来。位点一经暴露，可立即与横桥结合，在结合的一瞬间，增强了 ATP 酶的活性，加快了 ATP 的分解速度，将 ATP 内的化学能释放出来并转变为机械能，横桥向 M 线方向旋转和划动，把与它结合的细肌丝向 M 线方向拉动。

2. 横小管

横小管（transverse tubule）是肌细胞膜向细胞内凹陷形成的微细小管，又称 T 小管（图 4-6）。横小管的位置因动物种类不同而异，人和哺乳动物的横小管位于 I 带与 A 带交界处。同一水平的横小管分支并吻合，环绕在每条肌原纤维的周围。横小管开口于肌细胞表面，因此在肌膜上，每隔一小段距离就有一圈小孔，细胞外的液体和离子可经这些小孔进入横小管内。横小管可将肌膜的兴奋迅速传到细胞内部，引起与横小管相邻的肌浆网释放 Ca^{2+}。

3. 肌浆网

肌浆网（sarcoplasmic reticulum）是肌细胞内的滑面内质网，在两条相邻的横小管之间，包绕在肌原纤维的周围。肌浆网由交织的纵行小管和终池构成，整个网的管腔互相连通，但不与细胞外相通。紧靠横小管两侧的肌浆网分别膨大称终池（terminal cisterna），终池之间则是相互吻合的纵行小管网。终池的腔面镶嵌着一种蛋白质，称稳钙素，可与肌浆网内的 Ca^{2+} 结合，起储存 Ca^{2+} 的作用。每条横小管与其两侧的终池共同构成三联体（triad）（图 4–6）。当横小管膜兴奋时，可引起终池内储存的 Ca^{2+} 释放到肌浆。

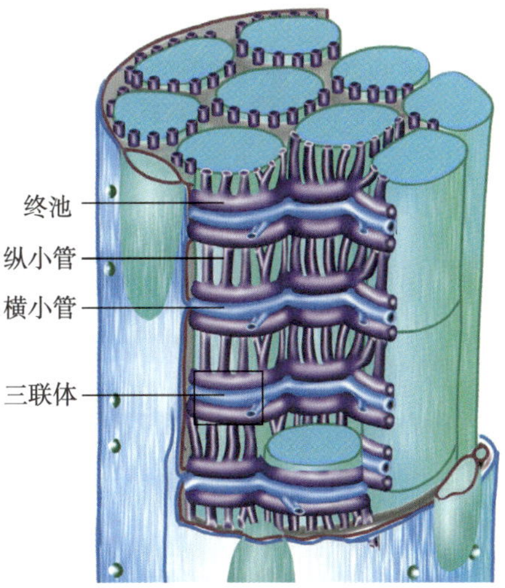

图 4–6　横小管和纵小管结构模式图

4. 线粒体和能源物质

在肌原纤维之间有大量线粒体，还有大量糖原颗粒和少量脂滴。糖原和脂肪是肌细胞内储备的能源物质。线粒体产生 ATP，供给肌细胞收缩运动时所需要的大量能量。肌浆内含有肌细胞所特有的肌红蛋白（myoglobin），它和血红蛋白一样，有结合并释放氧的作用，可为线粒体提供在产生 ATP 过程中所需的氧。

二、骨骼肌纤维的收缩机理

目前认为，骨骼肌纤维收缩的机制是肌丝滑动原理，即固定在 Z 线上的细肌丝向 M 线方向滑动，引起肌节变短，由此引起整个肌细胞的收缩变短。其过程大致如下：①运动神经纤维末梢释放神经递质引起肌膜兴奋；②肌膜的兴奋经横小管迅速传向终池；③终池释放 Ca^{2+} 到肌浆；④ TnC 与 Ca^{2+} 结合后，肌原蛋白分子构型发生改变，TnI 位移，原肌球蛋白得以向两条肌动蛋白链之间的沟内移动；⑤肌动蛋白与横桥结合的位点暴露，并迅速与横桥结合；⑥肌球蛋白头部 ATP 酶被激活，分解 ATP 并释放能量；⑦横桥向 M 线方向旋转和划动，将肌动蛋白（细肌丝）向 M 线方向拉动。结果是 A 带长度不变，I 带变短，由于细肌丝在粗肌丝之间向 M 线滑动，肌节变短，肌纤维收缩；⑧收缩完毕，肌浆内 Ca^{2+} 被泵入肌浆网内，肌浆内 Ca^{2+} 浓度降低，肌原蛋白恢复原来的构型，原肌球蛋白恢复原位又掩盖在肌动蛋白的结合位点上。

三、肌器官的结构

许多骨骼肌细胞被结缔组织结合在一起构成一块肌肉——骨骼肌。包在整块肌肉表面的致密结缔组织称肌外膜（epimysium），在解剖学中称深筋膜。肌外膜的结缔组织以及血管和神经的分支伸入肌内，包围许多肌细胞，形成大小不等的肌束，肌束周围的结缔组织称肌束膜（perimysium）。肌束内，肌细胞的周围有薄层疏松结缔组织，含丰富的毛细血管和神经纤维，称肌内膜（endomysium）（图 4–7）。肌内膜与肌细胞膜（肌膜）之间有基膜。体内除少数肌肉外，大多数肌肉内的肌细胞都比整块肌肉短，故一块肌肉内的肌细胞是纵向相连的。相邻肌细胞连接处，肌细胞的末端变细，两个肌细胞较细的部分略有重叠，借周围的肌内膜彼此连接。

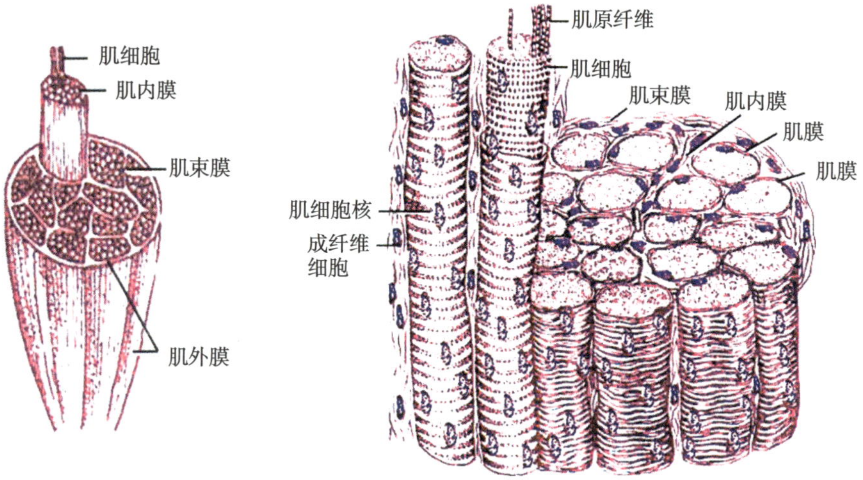

图 4–7　骨骼肌结构模式图（成令忠等，2003）

第二节　心肌

心肌（cardiac muscle）分布于心脏和邻近心脏的大血管根部。心肌细胞也有横纹，但其肌原纤维和横纹都不如骨骼肌纤维明显。心肌细胞受自主神经支配，不受意识控制，属于不随意肌。心肌细胞具有自动节律性，在无神经支配的情况下仍可出现自发的节律性收缩。

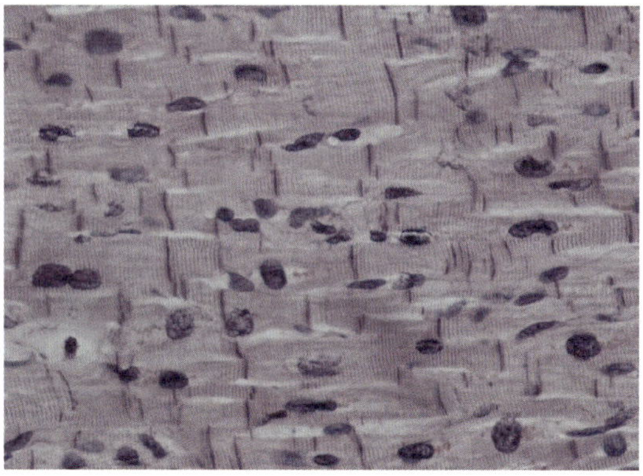

图 4–8　心肌纤维纵切示闰盘
（中国农业大学组胚室供图）

一、心肌纤维的光镜结构

心肌细胞（cardiac muscle cell）也称心肌纤维（cardiac muscle fiber），呈短圆柱状，长 80～150 μm，横径 10～30 μm，多数有分支，借分支连接成网。心肌细胞间的连接结构称闰盘（intercalated disc），用铁苏木精染色时呈蓝色横行阶梯状线纹（图 4–8）。每个心肌细胞有一个椭圆形的核，位于细胞中央，偶见双核。细胞核的两端，肌浆较多，其中含有线粒体、糖原颗粒及少量脂滴和脂褐素颗粒等。脂褐素颗粒是溶酶体的残余体。

二、心肌纤维的超微结构

电镜下，心肌细胞与骨骼肌细胞一样，也有粗肌丝与细肌丝，并有规律地形成肌节。在肌丝之间有肌浆网、横小管和线粒体等结构。与骨骼肌细胞相比较，心肌细胞的超微结构有下列特点：①肌原纤维不如骨骼肌那样规则和明显，这是由于肌浆网、横小管和线粒体等膜性细胞器把肌丝分隔成粗细不等的肌丝束，而且一条肌丝束内的肌丝又常跨入相邻的肌丝束，故不形成分隔明显的肌原纤维；②横小管较粗，位于 Z 线水平；③肌浆网的纵行小管较稀疏，终池较小，也较少，往往只在横小管的一侧有终池，两者形成二联体，三联体较少见。心肌纤维肌浆网不发达，故储存 Ca^{2+} 的能力低于骨骼肌纤维，大部分 Ca^{2+} 存在于细胞膜的外表面和横小管的腔面，与膜上带负电荷的糖萼以及磷脂的阴离子结合。肌膜和横小管膜的兴奋导致细胞外 Ca^{2+} 内流和终池内 Ca^{2+} 的释放。兴奋过后，一部分 Ca^{2+} 被泵入肌浆网腔内，大部分经肌膜和横小管膜转移到细胞外表面和横小管腔内储存。在骨骼肌，若除去细胞外 Ca^{2+}，对肌细胞收缩的影响很小；但在心肌，若除去细胞外 Ca^{2+}，心肌的收缩能力便很快下降；④心肌细胞间的连接结构形成闰盘，它位于 Z 线水平位置，闰盘处的心肌细胞末端呈阶梯状，在阶梯的横位部分，相邻两细胞的末端都伸出许多峰状短突，交错相嵌，增大了相邻细胞间的接触面，并以中间连接和桥粒的方式相连，桥粒加强了细胞间连接的牢固性；在阶梯的纵位部分，两细胞的侧面以缝隙连接的方式相连，便于细胞间化学信息的交流和电冲动的传导，细胞膜的动作电位可经缝隙连接直接传到相邻的细胞膜，使心房肌或心室肌分别形成功能上的整体，分别出现同步收缩；⑤心房肌细胞除收缩功能外，还有内分泌功能，可分泌心房利钠尿多肽或称心房肽，具有排钠、利尿和扩张血管降低血压的作用。

第三节 平滑肌

平滑肌（smooth muscle）广泛分布于血管壁和许多内脏器官，故又称内脏肌（visceral muscle）。此外，皮肤的立毛肌、眼的睫状肌等也都是平滑肌。平滑肌受自主神经支配，不受意识控制，属不随意肌。

一、平滑肌纤维的结构

1. 平滑肌纤维的光镜结构

平滑肌细胞（smooth muscle cell）或称平滑肌纤维（smooth muscle fiber），呈梭形，无横纹，有一个长椭圆形或杆状的细胞核位于细胞中央，细胞收缩时，核扭曲呈螺旋形（图 4–9）。平滑肌细胞大小不一，短的约 20 μm，长的可达 500 μm（妊娠子宫），细胞最粗处直径 5 ～ 20 μm。绝大部分平滑肌细胞是成束或成层分布，且同一束或同一层内的肌细胞按同一方向排列，细胞较细的两端往往与相邻细胞较粗的中段相毗邻。

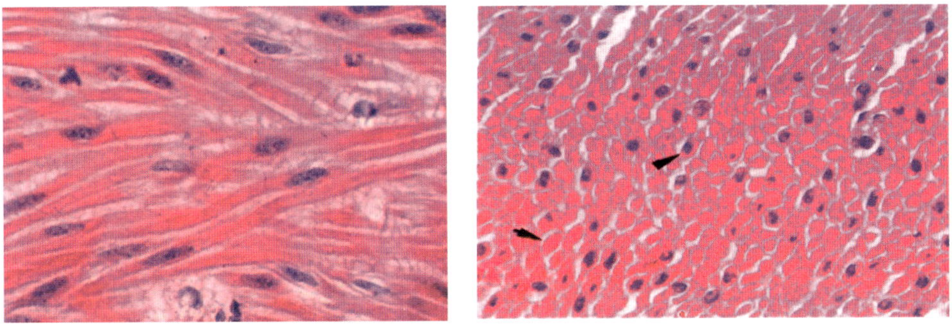

图 4–9 平滑肌纤维纵切（左）与横切（右）图（HE 染色）（刘华珍供图）

2. 平滑肌纤维的超微结构

电镜下，平滑肌细胞肌浆内充满肌丝和中间丝，细胞核两端的肌浆内主要含线粒体、少量粗面内质网、小型高尔基复合体以及游离核糖体等。肌膜内陷形成许多小凹，小凹沿细胞长轴略呈螺旋形，成行排列在细胞表面。平滑肌细胞无横小管。小凹相当于心肌的横小管，与 Ca^{2+} 的储存和释放有关。肌浆网较少，分布于近小凹处或肌丝之间。平滑肌细胞的细胞骨架较发达，由密斑、密体和中间丝构成（图 4–10）。密斑和密体都是电子密度高的小体。密斑呈扁薄斑块状，靠在细胞膜内面，沿肌细胞长轴排列在小凹行列之间。密体为梭形小体，在细胞质内沿细胞长轴分布，但与周围的密体不在同一平面上。中间丝斜行或纵行，附着于密体或密斑上，构成强力的菱形细胞骨架网，在细胞内起支持和传导收缩力的作用。细肌丝的一端也插入密体中，所以密体是细肌丝和中间丝的共同附着点，大致相当于横纹肌的 Z 盘。

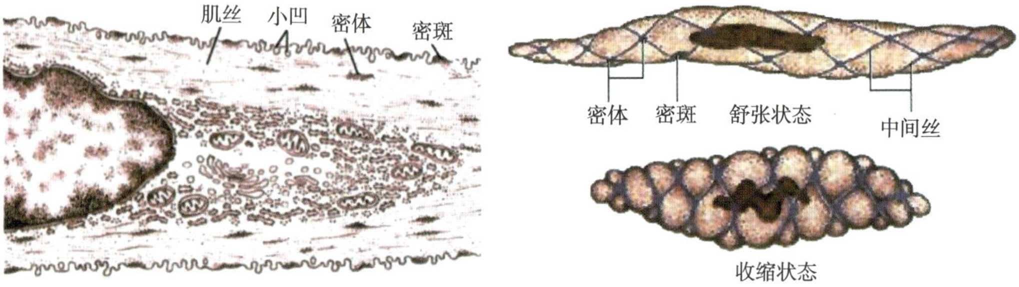

图 4–10　平滑肌纤维超微结构模式图（成令忠等，2003）

平滑肌有粗肌丝和细肌丝，但不形成肌节。细肌丝集成小束，围绕在粗肌丝的周围，细肌丝与粗肌丝的比率为（12 ～ 30）：1。粗肌丝直径 8 ～ 16 nm，长 0.5 ～ 2.2 μm。在一条粗肌丝中，两个肌球蛋白分子以杆的尾部相绞形成二聚体，但该二聚体不是与粗肌丝的长轴平行排列，而是与粗肌丝的长轴相交形成 5° ～ 20° 角，致使粗肌丝的两端出现斜坡样部分，该部分表面无横桥。除斜坡样部分外，整条粗肌丝表面都有横桥，所以平滑肌的粗肌丝不具有像横纹肌那样的 H 带。粗肌丝表面有 16 行纵行排列的横桥，同一行横桥向同一方向划动，但相邻两行横桥的划动方向相对。16 行横桥可向相对的方向牵拉周围的 16 条细肌丝，因粗肌丝和细肌丝的重叠范围大，故肌细胞缩短的程度大，产生的收缩力强。

细肌丝直径 4 ～ 7 nm，长度约 4.6 μm，一端插入密体或密斑，另一端游离。细肌丝的主体由平滑肌肌动蛋白构成。调节蛋白主要包括原肌球蛋白、钙调蛋白和钙桥蛋白，但无肌原蛋白。钙调蛋白的功能与 TnC 相同，当肌浆内 Ca^{2+} 浓度升高时，它能与 Ca^{2+} 结合生成 Ca^{2+}– 钙调蛋白复合物。钙桥蛋白可根据细胞内 Ca^{2+} 浓度，交替地与肌动蛋白或与 Ca^{2+}– 钙调蛋白复合物结合，对肌动蛋白分子上能与横桥结合的位点起遮盖或暴露作用。肌浆内 Ca^{2+} 浓度降低时，钙桥蛋白与肌动蛋白结合，遮盖肌动蛋白的横桥结合位点。肌浆内 Ca^{2+} 浓度升高时，肌浆内生成 Ca^{2+}– 钙调蛋白复合物，钙桥蛋白即脱离肌动蛋白，转向与 Ca^{2+}– 钙调蛋白复合物结合（两者的亲和力较高），导致肌动蛋白上能与横桥结合的位点暴露。肌动蛋白迅即与横桥结合，同时横桥上 ATP 酶的活性增强，分解 ATP 产生能量，粗肌丝与细肌丝之间发生滑行。因细肌丝的一端与密斑或密体相连，收缩力可直接传到密斑或经密体和中间丝传到密斑，使细胞收缩变短。

二、平滑肌纤维的收缩机理

目前，认为平滑肌细胞也是以“肌丝滑动学说”进行收缩，其大致过程为：①激素与肌膜上的相应受体结合或肌膜的去极化，导致膜上的 Ca^{2+} 通道开放，Ca^{2+} 内流，同时肌浆网和线粒体也将储存的 Ca^{2+} 释放入肌浆；② Ca^{2+} 与钙调蛋白结合，形成 Ca^{2+}– 钙调蛋白复合物；③ Ca^{2+}– 钙调蛋白复合物与钙桥蛋白结合，暴露了肌动蛋白上能与横桥相结合的位点，肌动蛋白与横桥结合；④肌球蛋白 ATP 酶的活性增强，分解 ATP 产生能量，粗肌丝与细肌丝之间发生滑行，细胞收缩。肌细胞收缩后，肌浆内 Ca^{2+} 浓度下降，肌球蛋白头与细肌丝分离，细胞舒张。

三、平滑肌的生理特性与分类

平滑肌广泛分布于动物体消化道、呼吸道以及血管和泌尿、生殖等系统。它和骨骼肌不同，不是每条肌纤维的两端都通过肌腱与骨骼相连，平滑肌细胞互相连接，形成管状结构或中空器官，在功能上可以通过缩短和产生张力使器官发生运动和变形，如胃和肠。也可产生连续收缩或紧张性收缩，使器官对抗所加负荷而保持原有的形状，如动脉血管等。此外，也不能像在骨骼肌和心肌那样，把分布在不同器官的平滑肌看作具有相同功能特性和调节机制的组织，如有些器官的平滑肌具有和心脏一样的自动节律性，有些则像骨骼肌那样，只有在支配它的神经纤维有神经冲动到来时才出现收缩，而在这两个极端之间，还存在着各种过渡形式，这些因素都使平滑肌的分类困难。

尽管体内各器官所含平滑肌在功能特性上差别很大，但一般可分为两大类：一类称为多单位平滑肌，其中所含各平滑肌细胞在活动时各自独立，类似骨骼肌细胞，如竖毛肌、虹膜肌以及大血管平滑肌等，它们各细胞的活动受外来神经支配或受扩散到各细胞的激素的影响。另一类称为单位平滑肌，类似心肌组织，其中各细胞通过细胞间的电偶联而可以进行同步性活动，这类平滑肌大都具有自律性，在没有外来神经支配时也可进行正常的收缩活动（由于起搏细胞的自律性和内在神经丛的作用），以胃、肠、子宫、输尿管平滑肌为代表。还有一些平滑肌兼有两方面的特点，很难归入哪一类，如小动脉和小静脉平滑肌一般认为属于多单位平滑肌，但又有自律性；膀胱平滑肌没有自律性，但在遇到牵拉时可作为一个整体起反应，故也列入单位平滑肌。

【思考题】

1. 名词解释：三联体、闰盘、肌节、终池、横小管。
2. 试述骨骼肌、心肌和平滑肌的光镜结构特点。
3. 试述肌原纤维和肌节的组织结构。
4. 试述骨骼肌的收缩原理。

（华中农业大学　刘华珍）

第五章 神经组织

神经组织（nervous tissue）由神经细胞（nerve cell）和神经胶质细胞（neuroglia）组成，是神经系统的主要组成成分。神经细胞亦称为神经元（neurons），是神经系统的结构和功能单位，具有接受刺激和传导冲动的功能，有些神经元还具有内分泌功能。神经胶质细胞，分布于神经元之间，无传导冲动的功能，对神经元起支持、营养、绝缘和防御等作用。

第一节 神经元

一、神经元的结构

神经元合成、包装和运输化学物质（如神经递质、神经调质等），并通过释放分泌产物将兴奋传递给其他神经元或组织，是神经系统的结构和功能单位。神经元具有多种形态且大小不一，呈现细长且多突起的细胞形态，均由胞体（soma）和突起（neurite）组成（图 5-1）。

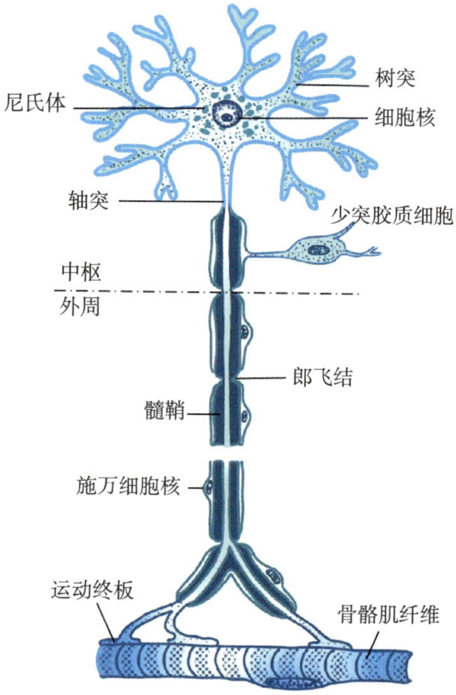

图 5-1　神经元结构模式图

1. 胞体

胞体是神经元的营养和代谢、神经递质合成以及信息整合等生理活动的执行中心。神经元因其分布区域和执行功能的不同，胞体形态多样且大小不一。胞体形态有梨形、星形、锥形、球形和梭形等，如感觉神经元的胞体多为梭形和圆形，运动神经元的胞体多为星形和锥形。胞体直径大小为 5～150 μm。胞体大小与神经元总体积成正比。神经元的胞体由细胞膜、细胞核和细胞质组成。

（1）细胞膜（cell membrane） 神经元的细胞膜为可兴奋膜，能接受刺激、处理信息并产生和传导神经冲动。这一特性是由膜上的蛋白质所决定的，膜蛋白可形成离子通道，常见的有 Na^+ 通道、Cl^- 通道和 Ca^{2+} 通道等。当神经递质与膜蛋白特异性结合后使特定的离子通道打开，使细胞膜内外的电位差变化发生，从而生成神经冲动。在同一神经元上不同部位的细胞膜构造有可能是不同的，可使该神经元的不同部位行使不同的功能。电镜下，神经元的细胞膜是由 3 层结构所构成的单位膜，分别为内、外的暗层和中间的亮层，内暗层比外暗层厚。

（2）细胞核（nucleus） 细胞核多为 1 个，呈圆形或卵圆形，直径为 3～18 μm，细胞核大小与神经元大小成正比。细胞核多位于胞体的中央，但也有位于胞体的一侧（如胸核的神经元）。其形态特征为核仁大、核膜清晰。若观察到核偏移现象时，则表明此神经元可能受到损伤并处于病理状态。常染色质较多，主要集中于核中央，染色较浅，呈空泡状；而异染色质较少，多分布于细胞核边缘。

（3）细胞质（cytoplasm） 神经元的细胞质也称为核周质（perikaryon），除具有内质网、高尔基复合体、线粒体和溶酶体等一般的细胞器以外，还含有神经元所特有的尼氏体、神经原纤维、神经递质和神经调质，并且尼氏体和神经原纤维特别发达。此外，神经元的细胞质内还含有一些内含物。神经元的细胞质可合成许多蛋白质，包括细胞骨架蛋白、膜蛋白、酶蛋白及神经肽等。

①尼氏体（Nissl body）：在光镜下，尼氏体呈强嗜碱性，并呈细颗粒或斑块状均匀分布在胞体并延续到树突，而轴丘和轴突内无尼氏体分布（图 5-2）。在大型运动神经元，尼氏体大而多，形如虎皮花纹；若在小神经元，则为细颗粒状，如神经节内神经元。在电镜下，尼氏体由密集平行排列的粗面内质网和游离的多聚核糖体构成。在功能上，尼氏体可合成神经递质所需酶蛋白，并更新胞体所需的结构蛋白。当神经细胞发生病变时，尼氏体会崩解为细粉尘状颗粒，并逐渐向外扩展，最终溶解消失。此时胞体因尼氏体消失，会发生肿胀，着色浅，由多极形态变成圆形，细胞核由胞体中央移位至轴突起始部对侧的胞体边缘。若病变为可逆性，去除病因时神经元可恢复正常，否则神经元将会萎缩或坏死。因此，尼氏体的数量和形态结构可作为评判神经元健康状态的一个重要指标。

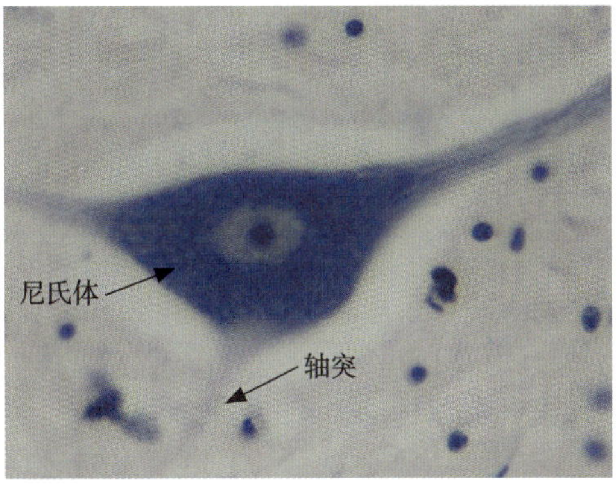

图 5-2 尼氏体（中国农业大学组胚室供图）

②神经原纤维（neurofibril）：用 Cajal 银染法可见细胞质中存在棕黑色的细纤维并相互交织成网，呈束状向突起延伸，可达神经末梢（图 5-3）。用 HE 染色法则无法识别神经原纤维。在电镜下，可观察到神经原纤维由 3 种细的丝状成分构成，分别为微丝、神经丝（neurofilaments）和神经微管（neurotubules）。神经丝为中间丝的一种，直径约为 10 nm，呈细长管状结构，管壁厚约为 3 nm，中间透明为管腔，多聚成束。其参与离子运输，是代谢产物的流动通路。而神经微管呈圆形细管，直径约为 25 nm，管壁厚约为 5 nm，与神经丝并排成束。神经原纤维是神经元细胞骨架的重要组成部分，起支持神经元形态和运输细胞内物质的作用。此外，神

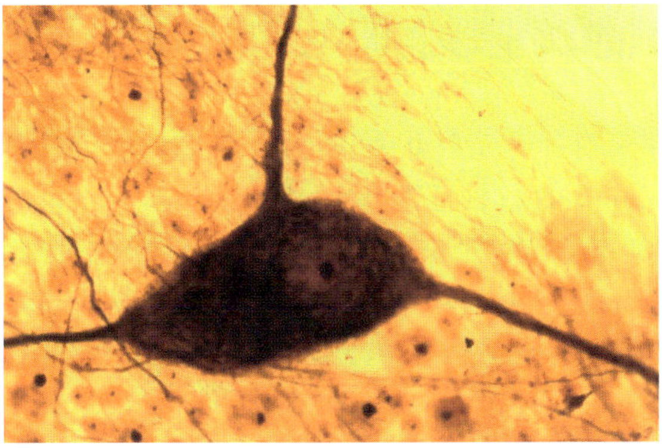
图 5-3 神经原纤维（银染）
（中国农业大学组胚室供图）

经丝广泛分布于神经元的细胞质和突起内，具有收缩作用，可改变神经元的形态以适应其生理活动。当神经原纤维增粗扭曲形成缠结时，为神经元趋于死亡的标志之一，多见于较大的神经元，如海马、额叶皮质和杏仁核的锥体细胞。

③神经递质（neurotransmitter）：由神经元分泌并在神经末梢释放的特殊化学物质，充当“信使”的角色作用于支配的神经元或效应器细胞膜上的受体，具有信息传递的功能。常见的神经递质有乙酰胆碱、儿茶酚胺和多肽类神经活性物质等。神经递质储存在突触前神经元的突触小泡内，当神经冲动抵达时，小泡内的神经递质能释放入突触间隙。神经递质通过突触间隙作用于突触后膜的特异性受体，从而完成信息传递。

④神经调质（neuromodulator）：由神经元分泌的另一种特殊化学物质，其本身不具有神经递质传递信息的功能。神经调质与受体结合后调节突触前或突触后电位，但不直接引起突触后生理活动，而是通过调节突触后细胞对神经递质的反应，影响信息的传递效率，增强或者减弱神经递质在突触前的释放及突触后细胞的兴奋性。

⑤脂褐素：神经元细胞质的内含物主要为呈棕黄色的脂褐素，该物质会随着年龄的增长而增加。经电镜和组织化学证实为次级溶酶体形成的残余体，其内容物为溶酶体消化时残留的物质，多为异物、脂滴或退变的细胞器。当脂褐素在神经元的细胞质内积累过多时，会使神经元代谢减缓、活性下降，从而影响神经系统的生理功能。

2. 突起

突起由胞体出发，是神经元胞体的延伸部分，可根据其结构和功能分为树突和轴突。一个典型的神经元有一个轴突和多个树突。

（1）树突（dendrite） 一个神经元有一个或多个树突，呈放射状，树突较粗且短。树突自胞体发出后起始部分较粗，经反复分支而变细，形如树枝状。树突表面不光滑，可发出形态不一的棘状小突起，称之为树突棘（dendritic spine），是形成突触的部位。胞体上大量的树突和树突棘可增大其接受刺激的表面积，与其他神经元形成更多的突触连接。树突所含细胞器与细胞体相似，含尼氏体、线粒体、游离核糖体等多种细胞器，但无高尔基复合体。树突的数量和长度因神经元的种类不同而有所差别。树突具有接受刺激并将冲动传入细胞体的功能。

在过去很长的一段时间里，树突棘被认为是静态的结构。最近研究发现，树突棘的结构为动态的。延时成像技术显示，成熟的树突棘可以在几秒或几分钟之内改变其 30% 的长度、宽度或形状。此外，在高频刺激下，还可以引起树突和树突棘的分支。树突棘的数目或形状的变化与突触的可塑性有关。突触可塑性与学习记忆功能关系密切，已被公认是学习记忆活动的细胞水平的生物学基础。

（2）轴突（axon） 除个别神经元外，几乎所有神经元只有一条轴突。从胞体发出轴突的细胞质部位多呈圆锥形突出，称为轴丘（axon hillock）。轴丘染色浅，内无尼氏体分布，此为光镜下区分树突和轴突的方法。轴突通常比树突细长，粗细均一，表面光滑，分支较少。轴突长短不一，短则数微米，长则可达 1 m 以上。轴突末端多呈纤细分支称轴突终末，与其他神经元或效应细胞相接触。轴突内含有许多与轴突长轴平行的神经原纤维和细长的线粒体，但不含有高尔基复合体和尼氏体，因而不能合成蛋白质。轴突的主要功能是将神经冲动由胞体传至其他神经元或效应细胞。

轴突表面包裹的膜称之为轴膜（axolemma），其细胞质称之为轴质（axoplasm）。轴质包含微管、神经丝、线粒体和滑面内质网，无粗面内质网，不易被苏木精、伊红及其他常规组织学方法染色。轴突的起始段，即轴丘到开始包绕髓鞘的部分叫作初节（initial segment），是动作电位产生的重要部位。电镜下，该部位的轴膜下有电子密度较高的致密层，因而容易引起神经冲动，所产生的神经冲动沿轴膜向终末传递。轴突具有再生传导的能力，即神经冲动从初节开始传到轴突末端，其信号强度不会被减弱。

在神经元细胞中，为完成正常的生理活动而进行的胞体与轴突之间的物质交流，称为轴突运输（axonal transport）。轴突运输可分为顺向运输和逆向运输两种。在顺向运输中，不同物质所运输的速度有所不同，其中突触小泡、神经递质所需酶以及轴膜所需蛋白经长管状的滑面内质网和沿微管表面流向轴突末端为快速运输；胞体新合成轴质的基质蛋白、微丝、微管和神经丝等结构蛋白流向轴突末端为慢速运输。逆向运输则是将轴突末端代谢产物和轴突末端通过入胞作用摄取的蛋白质、神经营养因子以及一些小分子物质等由轴突末端运向胞体，运输方向与轴质流动相反。这种运输主要是由多泡体实现。多泡体是一个大泡内含许多小泡，小泡内分别含有代谢产物或摄入的神经营养因子。代谢产物被逆向运输至胞体后，经溶酶体的作用，可分解消化更新。若感染某些细菌毒素（破伤风毒素）或病毒（狂犬病毒），也会以逆向运输快速进入神经元胞体而致病。

轴突变性可能与老年动物记忆的生理和行为缺陷有关。传统观点认为，随着动物正常老化而导致的记忆功能和行为障碍的下降被归因于大脑某些区域神经元的丧失。最新研究表明，老化不会导致大脑中神经元的显著丢失，而是大脑某区域神经元的轴突退化所导致的。

二、神经元的分类

神经元的分类有多种方法，常以神经元突起的数目、功能以及所释放的神经递质进行分类。

1. 根据神经元突起的数目分类

可分为多极神经元、双极神经元、假单极神经元（图 5–4）。

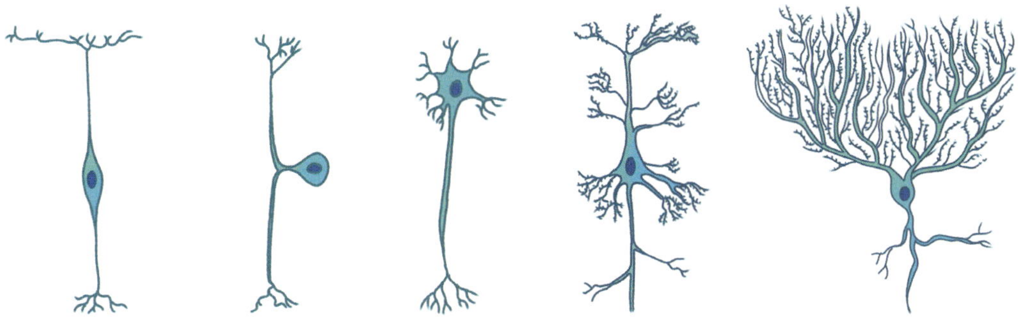

图 5–4　神经元的几种主要类型

（1）多极神经元　仅有一条轴突和多条树突，此类神经元数量最多，如脊髓前角运动神经元和大脑皮质的锥体细胞等。在神经活动中，胞体较小的多极神经元比大胞体的多级神经元更敏感，其仅需较少的突触活动就能触发神经元的动作电位。多极神经元又可根据轴突的分支情况和长短分为以下 2 种类型神经元。

①高尔基Ⅰ型神经元（Golgi type Ⅰ neuron）：此类神经元胞体大且轴突长，侧支在行径途中发出，如脊髓前角运动神经元。

②高尔基Ⅱ型神经元（Golgi type Ⅱ neuron）：此类神经元胞体小且轴突短，侧支在胞体附近发出，如脊髓后角的小神经元。

（2）**双极神经元**　胞体两端各伸出一个突起：一个为轴突，伸向神经中枢；一个为树突，分布至周围。见于耳蜗神经节、听神经的前庭神经节、嗅觉感受器和视网膜内。

（3）**假单极神经元**　在胞体仅发出一个突起，但随后呈T形分为两支，其中一支突起形态细长，伸向周围组织，称之为周围突（peripheral process），其功能与树突类似，能感受刺激并将信号传向胞体；另一分支伸向中枢，称之为中枢突（central process），能将神经冲动传给另一个神经元，与轴突功能类似。脑、脊神经节中的初级感觉神经元属于此类。

有研究结果显示，假单极神经元起源于双极细胞，在发育过程中才变成假单极神经元。此外，假单极感觉神经元独特的结构会导致细胞体内自发放电的产生，从而影响正常动物神经信号的传入。更重要的是，在神经损伤之后，起源于脊髓神经节的神经元异常放电会增强，这可能是神经病理性疼痛和慢性疼痛的主要因素。

2. 根据神经元的功能分类

可分为感觉神经元、运动神经元、联合神经元。

（1）**感觉神经元**（sensory neuron）　亦称为传入神经元（afferent neuron），位于脑脊神经节内，形态上常表现为假单极神经元。可感受刺激并将信息由感受器传入中枢神经系统。该类神经元可分2种类型：一部分仅发生信息传递，而不能引起感觉，如膝反射；另一部分由轴突进行传递，将感受器所接收到的信息传递到大脑，刺激脑部某些区域而引起感觉。

（2）**运动神经元**（motor neuron）　亦称为传出神经元（efferent neuron），位于中枢神经系统的灰质和植物性神经节内，形态上多为多极神经元。可将中枢神经系统发出的信息传到肌肉和内分泌腺，从而支配效应器官活动的神经元。

（3）**联合神经元**（associated neuron）　亦称为中间神经元（interneuron），在传入（感觉）神经元和传出（运动）神经元之间起联络作用。为多极神经元，是动物神经系统内数量最多的神经元，用于构造中枢神经系统的复杂网络。

3. 根据神经元释放的神经递质或神经调质的化学性质分类

可分为胆碱能神经元、胺能神经元、氨基酸能神经元以及肽能神经元。

（1）**胆碱能神经元**（cholinergic neuron）　该类神经元以合成乙酰胆碱（ACh）并以乙酰胆碱为递质，如脊髓前角运动神经元等。相关研究表明，胆碱能神经元可能参与调节学习和记忆等高级神经活动。

（2）**胺能神经元**（aminergic neuron）　该类神经元释放单胺类神经递质，如多巴胺、组胺、去甲肾上腺素等，该类神经元主要存在于交感神经节内。

（3）**氨基酸能神经元**（aminoacidergic neuron）　该类神经元释放γ-氨基丁酸、甘氨酸和谷氨酸等。根据其在中枢神经系统分布的部位不同，释放的氨基酸递质有所不同，如在小脑皮质的颗粒细胞主要释放谷氨酸，而在脊髓则主要释放甘氨酸。

（4）**肽能神经元**（peptidergic neuron）　该类神经元能释放P物质、脑啡肽等肽类物质，如下丘脑和肌间神经丛内的一些神经元。这类神经元所释放的物质总称为神经肽（neuropeptide）。有些神经肽既可作为神经递质又可作为神经激素发挥作用。有观点认为神经肽不直接引起效应细胞的改变，仅对神经递质的效应起调节作用，又可作为神经调质。

第二节 突触

一、突触的概念与分类

1. 突触的概念

一个神经元的冲动传到另一个神经元或传到效应器间相互接触的特殊结构称为突触（synapse）。突触是神经元之间在功能上发生联系的部位，也是信息传递的关键部位。神经系统中任何反射活动，都需经过突触传递才能完成。显微镜下，一个神经元的轴突末梢经过多次分支，最后每一支的终末膨大呈杯状或球状，称为突触小体。突触小体可以与多个神经元的胞体或树突相接触，形成突触。电镜下突触是由突触前膜、突触间隙和突触后膜 3 部分构成。

一个神经元对另一个神经元活动的影响取决于它们之间所形成的突触数量以及突触的位置，如海马一个神经元的轴突在 200 mm 的范围内就会形成多达 50 000 个突触，靠近初节的突触比位于树突的突触对神经元的活动影响更大。一个神经元可以同时接受来自多个神经元的突触传递；此外，一个神经元也可经自身的突触传递去影响多个神经元的活动。

2. 突触的分类

（1）根据突触形成的部位分类 神经元的树突、胞体和轴突均可作为突触的形成部位。常见以下几种类型（图 5–5）。

①轴突 – 胞体型突触：一个神经元的轴突与其相邻神经元的胞体相接触。

②轴突 – 树突型突触：一个神经元的轴突与其相邻神经元的树突相接触。

③轴突 – 轴突型突触：一个神经元的轴突与其相邻神经元的轴突末梢或轴丘相接触。

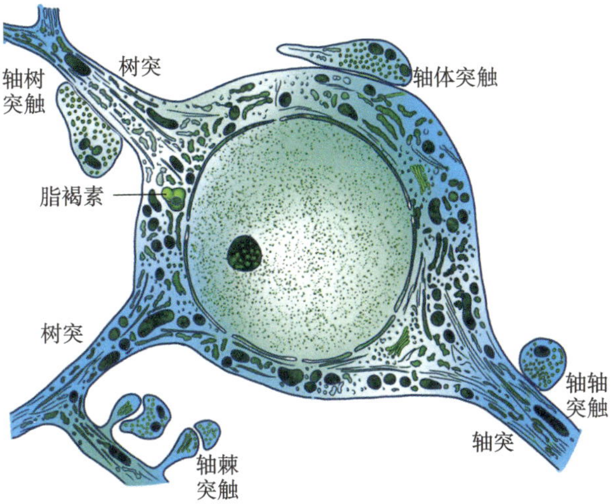

图 5–5 突触的几种主要类型

除上述 3 种主要突触形式外，在电镜中发现低等动物或无脊椎动物的神经元之间的任一部位都可以相互接触而形成突触，如树突 – 树突型突触、树突 – 胞体型突触等。

（2）根据突触对下一神经元活动的影响分类 可将突触分为兴奋性突触和抑制性突触 2 种类型。

①兴奋性突触（excitatory synapse）：该类突触的突触小体释放出兴奋性递质（如谷氨酸、乙酰胆碱和组胺等物质）与突触后膜受体结合后，会使突触后膜去极化，从而产生神经兴奋信号的传导。

②抑制性突触（inhibitory synapse）：该类突触的神经递质或动作电位传递到突触前膜时，释放抑制性递质（如 γ– 氨基丁酸、甘氨酸）或以电信号的方式传递到突触后神经元，会使其

兴奋性突触后电位的去极化减少，抑制了动作电位的发生。

一个神经元通常有许多突触，其中有些是兴奋性的，有些是抑制性的。如果兴奋性突触活动总和超过抑制性突触活动总和，并达到能使该神经元的轴突起始段发生动作电位，出现神经冲动时，则该神经元呈现兴奋，反之，则表现为抑制。

（3）根据神经冲动通过突触的方式分类 可将突触分为化学性突触和电突触。这是突触最常用的分类方式。

①化学性突触：在哺乳动物进行突触传递的几乎都是化学突触。突触前神经元借助化学信号，即神经递质，作为传递信息的媒介将信息转送到突触后神经元。

②电突触：电突触主要见于鱼类和两栖类。突触前神经元借助于电信号传递信息到突触后神经元。

二、化学性突触的结构及信息传递

1. 化学突触的结构

以神经元末梢释放特殊化学物质（神经递质）作为传递信息媒介的突触称为化学性突触。哺乳动物的神经系统主要以化学性突触进行信息传递。化学突触的结构由突触前膜、突触间隙和突触后膜组成（图 5-6）。

（1）突触前成分（presynaptic element） 突触前成分通常指神经元轴突终末呈球状膨大部分。终末轴膜增厚形成突触前膜（presynaptic membrane），为 6～7 nm。当轴突末梢与另一神经元的胞体或树突接触，呈球状或扣环状，称之为突触扣结（synaptic button）（图 5-7）。突触前膜成分的神经终末内含有许多微丝和微管、线粒体、滑面内质网以及一些突触小泡（synaptic vesicle）等。突触小泡直径在 20～70 nm，主要分布于突触前膜附近，是突触前成分的特征性结构，小泡内含有高浓度的神经活性物质，称为神经递质。不同类型突触内的突触小泡因其所含神经递质不同，所以形态和大小均有不同，常见突触小泡类型有如下几种。

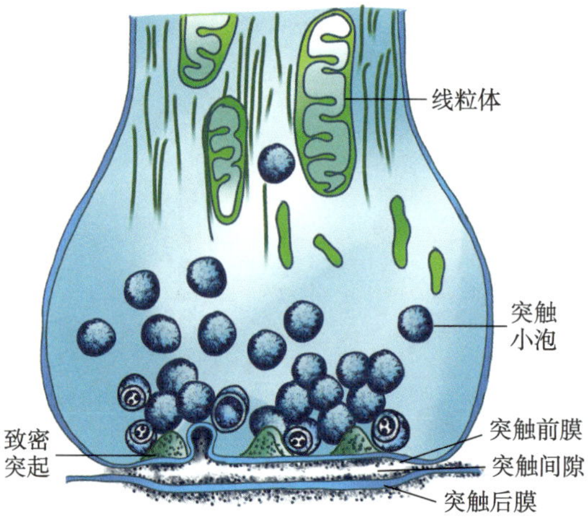

图 5-6 突触超微结构模式图

①球形小泡（spherical vesicle）：直径约 40 nm，泡液清亮，内含兴奋性活性物质，如乙酰胆碱等。

②颗粒小泡（granular vesicle）：按其颗粒大小可分 2 种类型。小颗粒小泡直径 30～60 nm，内含胺类神经递质，如肾上腺素；大颗粒小泡直径 80～200 nm，内含肽类神经递质，如 5- 羟色胺。

③扁平小泡（flat vesicle）：呈扁平圆形，直径约 50 nm，内含抑制性神经递质，如 γ- 氨基丁酸等。

（2）突触间隙（synaptic cleft） 指位于突触前膜和突触后膜之间的狭窄间隙，与一般细胞间隙的宽度大致相同，宽 20～30 nm，其中含有糖胺多糖（如唾液酸）和糖蛋白等，这些活性物质与神经递质结合，并促进递质由前膜向后膜移动，可消除多余的递质使其不向外扩散。

（3）突触后成分（postsynaptic element） 指与突触前膜相对应的突触后神经元胞体膜或树突膜部分，称之为突触后膜（postsynaptic membrane）。因突触后膜的深面多存有电子密度较高的致密层，所以比突触前膜厚，为20～50 nm。在突触后膜的结构上具有化学门控的离子通道和受体。当神经递质与突触后膜上的相应受体结合，引起与受体偶联的化学门控通道开放，使相应的离子经通道进入突触后部，使突触后膜内、外两侧的离子分布状况发生改变，呈现兴奋性（即膜的去极化）或抑制性（即膜的超极化）变化，从而影响突触后神经元（或效应细胞）的活动。根据突触前膜和突触后膜的胞质面致密物质厚度不同，可将突触分为Ⅰ型突触和Ⅱ型突触。

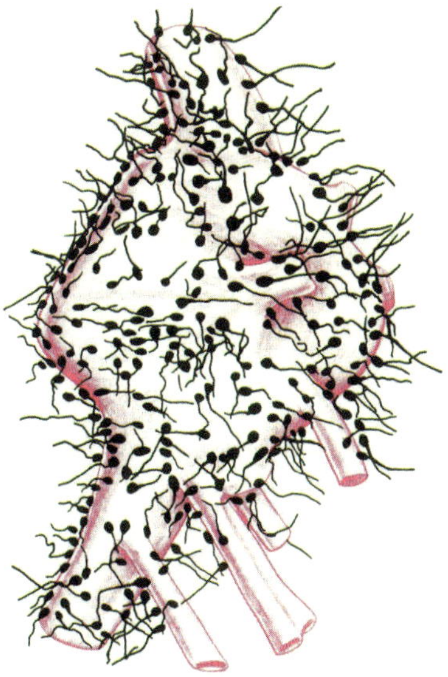

图 5–7 突触扣结示意图
（成令忠等，2003）

①Ⅰ型突触（type Ⅰ synapse）：突触后膜胞质面致密物质比突触前膜厚，因而前后膜的厚度不对称，故称之为不对称突触（asymmetric synapse），其突触小泡呈球形，突触间隙较宽（20～50 nm）。通常情况下，Ⅰ型突触是一种兴奋性突触，多分布于轴－树突触。

②Ⅱ型突触（type Ⅱ synapse）：突触前膜和突触后膜致密物质较少，厚度较为一致，故称之为对称性突触（symmetrical synapse），其突触小泡呈扁平形，突触间隙也较窄（10～20 nm）。通常情况下，Ⅱ型突触为抑制性突触，主要分布于轴－体突触。

2. 化学突触的信息传递

化学突触的信息传递是神经系统中神经元之间通信的最基本形式。化学性突触的传导是单方向传导，即神经冲动只能由一个神经元的轴突传导给另一个神经元的细胞体或树突，而不能向相反的方向传导。由于突触的单向传递，中枢神经系统内冲动的传递就有一定的方向，即由传入神经元传向中间神经元，再传向传出神经元，从而使整个神经系统的活动能够有规律地进行。神经冲动通过化学突触时均呈现一定的时间延搁，即突触延搁。突触延搁指从兴奋传导到突触前末梢到突触后电位出现的时间间隔。哺乳动物中枢突触的突触延搁0.2～0.3 ms，青蛙神经节内的长达2～3 ms。化学突触传递神经冲动因受神经递质代谢的限制易出现疲劳，并易受环境因素以及能影响递质合成、分解、释放和受体功能的药物等的抑制和促进。因此，动物细致的协调活动，特别是那些前面活动需要给后来的活动留下影响的情况，如学习、记忆等，则是由化学突触来实现。化学突触的信息传递过程主要包括：突触前膜递质的释放、突触后膜受体与递质的结合以及神经递质的失活。

（1）突触前膜神经递质的释放 神经递质在胞体内合成并形成突触小泡，经轴突的快速顺向运输到轴突末端。突触小泡在轴突末端储存并等待释放。在同一个神经元中，其突触小体内可存在两种或两种以上不同形态的突触小泡，称为神经递质共存（coexistence of neurotransmitters）。其生理意义可能是同时释放两种递质能引起不同的生理作用，更有利于发挥神经调控作用。当动作电位传递到轴突末梢时，使突触前膜发生去极化，突触前膜的 Ca^{2+} 通道开放，突触间隙的 Ca^{2+} 涌入突触前膜内，在 Ca^{2+}、ATP和微丝、微管的参与下，使突触小泡移向突触前膜。突触小泡与突触前膜融合后开口，以胞吐的方式将内含的神经递质外排到突触间隙。

（2）神经递质与突触后膜受体的结合 神经递质由突触前膜释放后，经过突触间隙达到突触后膜，迅速与突触后膜上的特异性受体相结合，形成递质受体复合体，触发受体改变构型，使后膜上的离子通道打开，使某些特定离子得以沿各自浓度梯度流入或流出，从而改变突触后膜的膜电位，最后产生突触后膜的局部电位。

（3）神经递质的失活 在突触传递中递质一旦释放，无论是否已与其特异性受体结合，便被迅速分解或被重吸收到突触扣内或扩散离开突触间隙，使突触得以为下次传递做好准备，保证突触信息传递的精准调控。其终止的方式主要有 2 种：一种是由突触前膜回收。神经递质可重新包装到突触囊泡内，即可被循环利用，以减少胞体内神经递质的合成；另一种较常见的终止方式是被相关的酶消化，这种方式速度较快。如一分子的乙酰胆碱酶在 1 s 就可分解 25 000 μmol 的乙酰胆碱，在突触间隙中，一次神经冲动所释放的乙酰胆碱在几毫秒内就会被全部分解完。

三、电突触的结构及信息传递

1. 电突触的结构

突触前神经元与突触后神经元之间存在着电紧张偶联（electrotonic coupling），突触前神经元产生的活动电流向突触后神经元流入，使其兴奋性发生变化，这种以电信号为媒介的突触称为电突触。电突触的结构也由突触前膜、突触后膜以及突触间隙所构成，但与化学突触有着明显差异。电突触的两侧突触膜都无明显的增厚现象，两侧的膜是对称的，形成通道，带电离子可通过通道传递电信号。突触膜内侧细胞质中的突触小体内无突触小泡。突触间隙很窄（约为 2 nm），两细胞膜之间以原生质相通，神经冲动可直接通过。常见于腔肠动物、蚯蚓、虾、软体动物等无脊椎动物的神经系统，也存在于高等脊椎动物，如视网膜的水平细胞、大脑皮质的星形细胞、小脑皮质的星形细胞和篮形细胞等。

2. 电突触的信息传递

电突触两侧的膜阻抗较低，突触间隙也为低电阻通道，容易发生电紧张性作用，突触前神经元将电紧张电位快速通过狭窄的突触间隙传递给突触后神经元。电突触传递神经冲动速度快，冲动传递不显现突触延搁。电突触的传递和纤维传导一样是不疲劳的，也不易受环境因素和药物等因素的影响。因此，需要快速并同步活动的神经元之间多为电突触，如支配虾弓身逃避反射的快速定型化活动便是主要借助电突触实现的。

除此之外，有少量的相邻神经元之间可同时显现出电突触和化学性突触的特性，称之为混合性突触（mixed synapse），如鱼脊髓前柱神经元、鸡睫状神经节、鼠外侧前庭核。

第三节 神经胶质细胞

中枢神经系统中除了神经元以外的另一类细胞为神经胶质细胞，简称胶质细胞（glial cell）或神经胶质（neuroglia），其分布在神经元之间，形成网状支架。神经胶质细胞数量是神经元细胞的 10 倍以上，但神经胶质细胞胞体比神经元小。神经胶质细胞也由胞体和突起构成，但突起多而不规则，且无树突和轴突之分。细胞内无神经原纤维和尼氏体，细胞核染色较深。在功能上，神经胶质细胞没有突触，不能感受刺激和传导冲动，但可吸收和调节某些活性物质，并对神经元起支持、营养、分隔和修复等作用。此外，与成熟的神经元不同，神经胶质细胞在成熟的阶段仍保留细胞有丝分裂的能力，神经系统肿瘤疾病的发生可能与之相关。

一、中枢神经系统的神经胶质细胞

中枢神经系统的神经胶质细胞主要为星形胶质细胞、少突胶质细胞、小胶质细胞和室管膜细胞（图 5-8）。

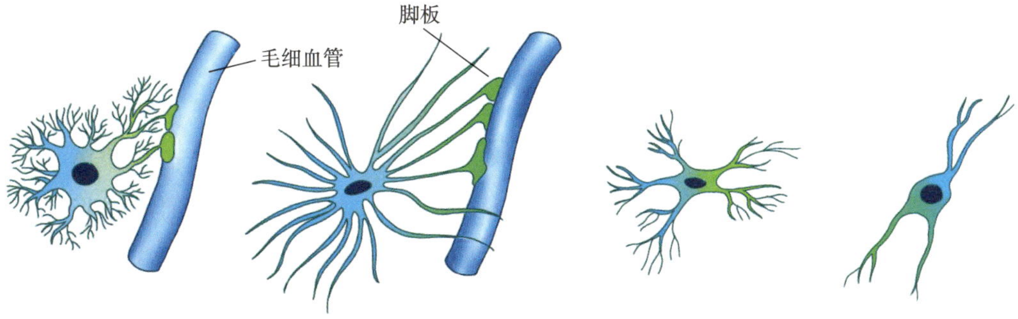

图 5-8　中枢神经系统的神经胶质细胞

1. 星形胶质细胞

星形胶质细胞（astrocyte）是哺乳动物中枢神经系统中分布最广、数量最多、体积最大的神经胶质细胞，胞体直径 3 ～ 5 μm。光镜下细胞核较大且呈圆球或椭圆形常位于中央，染色淡，核仁不明显。细胞质中没有尼氏体，但具有一般的细胞器。电镜下星形胶质细胞的细胞核有缺失，细胞质较清亮，游离核糖核蛋白体和粗面内质网均很少，糖原颗粒丰富，细胞质中含有大量交错排列的原纤维，伸入到细胞突中并与细胞突平行行走，是构成细胞骨架的主要成分。原纤维的超微结构是一种中间丝，称为胶质丝（glial filament），由胶质原纤维酸性蛋白（glial fibrillary acid protein，GFAP）构成。利用细胞免疫法证明 GFAP 仅存在于星形胶质细胞的胞体中，因此可利用 GFAP 的特异性抗体来检测星形胶质细胞。

星形胶质细胞突起的末端常膨大形成脚板（foot plate）或称终足（end foot）。有些脚板贴附在邻近的毛细血管壁上，这些脚板又被称为血管足或血管周足，而靠近脑脊髓表面的脚板则附着在软膜内表面，彼此连接构成胶质界膜（glia limitans），参与构成血脑屏障，调控脑血流量。星形胶质细胞还参与神经递质的新陈代谢，以及维持中枢神经系统中细胞外基质的 K^+ 浓度稳定。在中枢神经系统受损后，星形胶质细胞可形成胶质瘢痕或发生增生和肥大。

根据胶质丝的含量以及胞突的形状不同，星形胶质细胞可分为以下 2 种类型。

（1）纤维性星形胶质细胞（fibrous astrocyte）　主要分布于白质，胞体内神经胶质丝较多，胞体表面光滑，突起细长且直行，分支较少（图 5-9）。

（2）原浆性星形胶质细胞（protoplasmic astrocyte）　主要分布于灰质，胞体内神经胶质丝较少，胞体表面粗糙，突起粗短且弯曲，分支较多（图 5-10）。

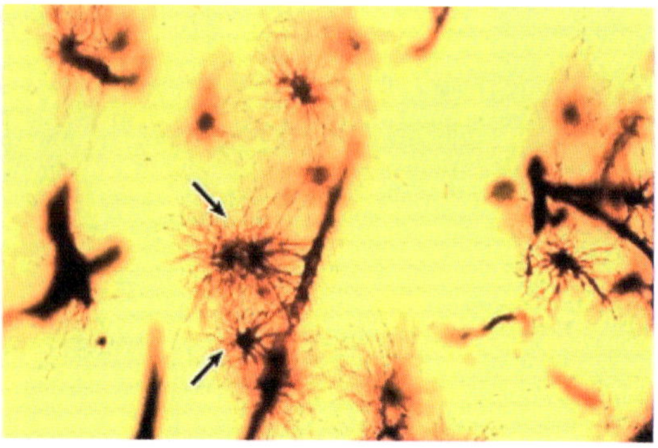

图 5-9 纤维性星形胶质细胞（银染）（成令忠等，2014）

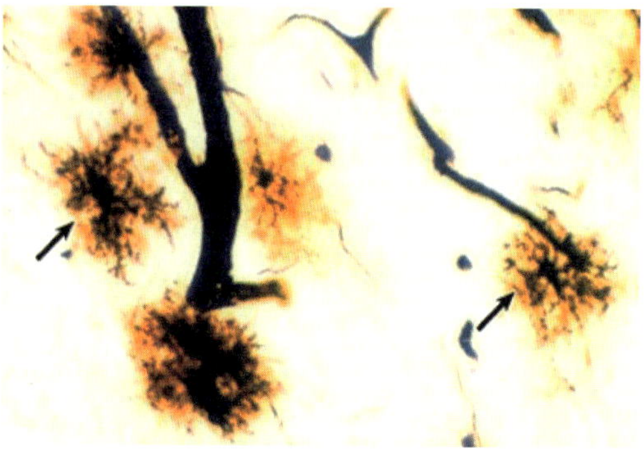

图 5-10 原浆性星形胶质细胞（银染）（成令忠等，2014）

2. 少突胶质细胞

少突胶质细胞（oligoden-drocyte）分布于整个中枢系统，数量较多，胞体比星形胶质细胞小，直径 1～3 μm。光镜下少突胶质细胞细胞核圆而小，色深，异染色质较多。突起短而少且呈串珠状，分支相对较少（图 5-11）。电镜下细胞质较少，但有大量的游离核糖体、高尔基复合体、粗面内质网和线粒体。少突胶质细胞所含的胶质丝和糖原颗粒比星形胶质细胞少，但有较多的微管，因此在电镜下可根据胶质丝和微管的含量来区别星形胶质细胞和少突胶质细胞。根据电镜下少突胶质细胞的不同致密度和胞核异染色质聚集情况的差异，可将少突胶质细胞分为亮型、中间型和暗型。其中亮型少突胶质细胞分裂最活跃，并很快分化为中间型细胞，其数量最少。中间型的少突胶质细胞逐渐成熟而转变成暗型，所以暗型少突胶质细胞数量最多，中间型数量居中。

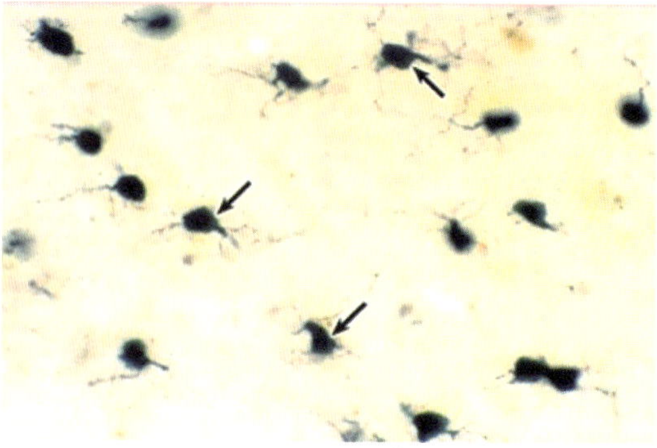

图 5-11 少突胶质细胞（银染）（成令忠等，2014）

少突胶质细胞的主要功能是在中枢神经系统中包绕轴突而形成绝缘的髓鞘结构，协助生物电信号的跳跃式高效传递并维持和保护神经元的正常功能。在灰质中，少突胶质细胞环绕神经元也称为神经细胞周卫星细胞（perineuronal satellite cell）。少突胶质细胞异常不仅会导致中枢神经系统脱髓鞘病变，还会引起神经元损伤或精神类疾病，甚至引发脑肿瘤。

3. 小胶质细胞

小胶质细胞（microglia cell）分布于整个中枢系统，灰质中较多，是中枢神经系统中最小的一种胶质细胞，数量较少，占整个胶质细胞的 5%～10%。光镜下小胶质细胞胞体呈椭圆形或梭形。细胞核呈扁平形、卵圆形、三角形或杆状，染色较深。胞体两端发出数个突起，分支较多而细长，且表面有数量较多的小棘突。电镜下小胶质细胞染色深，核扁平或锯齿状，细胞质内溶酶体较多（图 5-12）。

小胶质细胞是中枢神经系统中唯一长期存在的主要免疫效应细胞，是中枢神经系统中的第一道也是最主要的一道免疫防线。小胶质细胞及其介导的神经炎症在中枢神经系统的损伤、病毒感染及神经退化疾病的转归过程中起着非常重要的作用。当中枢神经系统损伤时，小胶质细胞反应灵敏，被激活后迅速增殖，细胞突起缩短，转变成巨噬细胞，并具备变形运动和吞噬能力，吞噬外来抗原、变形退化的髓鞘及细胞碎片。增加或重新表达 MHC 抗原，激活 T 淋巴细胞。同时爆发性分泌大量细胞因子和细胞毒性物质，清除损坏的神经、斑块及感染性物质。在损伤所致炎症后期，小胶质细胞则以分泌神经营养因子为主，有利于神经元的营养及修复。

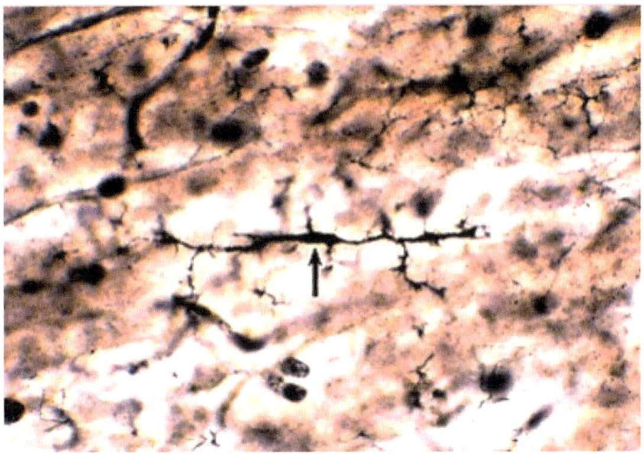

图 5-12 小胶质细胞（银染）（成令忠等，2003）

最新研究显示，小胶质细胞在脑回路发育的过程中起到一个重要的作用就是修剪突触。在中枢神经系统的发育早期，所形成的神经元突触数量超过实际需求量，此时小胶质细胞可修剪去除部分冗余的突触。而在大脑发育成熟的过程中，小胶质细胞则使突触的连接更加精细化，可吞噬突触前端无用的神经突触，有助于大脑皮层结构的成熟，维持大脑的正常生理功能。

4. 室管膜细胞

光镜下室管膜细胞（ependymal cell）呈柱状或立方形，游离面有大量微绒毛，有些细胞表面则有纤毛。分布在脑室、中脑导水管和脊髓的中央管壁上，构成室管膜。

胚胎发育时期，室管膜细胞增殖活跃，从基底部会发出突起延伸至脑部或脊髓的深部，对发育的中枢神经系统起到保护和支持作用，又称为伸长细胞（tanycyte）。经特化后的室管膜细胞可在脑室壁的脉络丛中分泌脑脊液，又称为脉络丛上皮细胞（choroid plexus epithelial cell），该细胞之间有连接复合体构成封闭的细胞间隙，称为血脑脊液屏障，能保护神经组织免受潜在有害物质的侵害。室管膜细胞还可调节脑脊液和神经纤维之间的离子，小分子和水分的运输。此外，在室管膜细胞中发现含有分泌囊泡，有可能释放儿茶酚胺类神经物质。

二、周围神经系统的神经胶质细胞

周围神经系统的神经胶质细胞包括神经膜细胞和卫星细胞。

1. 神经膜细胞

神经膜细胞（neurolemmal cell）又称为鞘细胞（sheath cell）或施万细胞（Schwann cell）。光镜下呈扁平梯形，细胞核呈椭圆形，大部分细胞质和细胞核位于梯形底部。神经膜细胞沿神经元的突起分布，包裹在周围神经纤维的表面，参与构成了周围神经系统中神经纤维的神经膜和髓鞘。神经膜细胞外表面的基膜，能分泌神经营养因子，可保护神经元并促进受损的神经元的存活及其轴突的再生。

2. 卫星细胞

卫星细胞（satellite cell）包裹脑、脊神经节内假单极神经元的胞体及其盘曲的突起，在神经节的表面形成被囊，又称为被囊细胞（capsular cell）。光镜下卫星细胞为扁平形，细胞核呈圆形，色染较深。卫星细胞能产生神经营养因子，对神经节细胞起保护和营养的作用。

第四节 神经纤维

神经元的轴突或长树突与包裹其表面的神经胶质细胞所形成的结构总称为神经纤维（nerve fiber）。根据其有无髓鞘，神经纤维可分为有髓神经纤维（myelinated nerve fiber）和无髓神经纤维（unmyelinated nerve fiber）。

一、有髓神经纤维

1. 周围神经系统的有髓神经纤维

周围神经系统的有髓神经纤维由轴突、髓鞘（myelin sheath）以及神经膜（neurolemma）组成。髓鞘及神经膜呈鞘状包裹在轴突的周围，均由神经膜细胞构成。在有髓神经纤维的发育过程中，与轴突一起生长的神经膜细胞表面凹陷形成纵沟，纵沟将轴索包陷在内，轴突被反复缠绕，形成的同心圆排列的板层状结构称之为髓鞘（myelin sheath）（图 5-13）。髓鞘缠绕在轴突上呈规则的螺旋状排列，为高度特化的多层膜结构。神经膜细胞包卷在髓鞘表面的最外一层细胞膜与基质称为神经膜（neurilemma）。有髓神经纤维除起始部和终末部无髓鞘包裹外，髓鞘呈节段包卷轴突，即一个神经膜细胞包裹一段轴突，呈藕节状，其中所间断的部位，轴膜裸露，其膜电位可发生变化，并称此部位为郎飞结（Ranvier node）。相邻郎飞结之间的一段神经纤维，称为结间体（internode）。神经冲动在有髓神经纤维的传导，是由一个郎飞结呈跳跃式传递到相邻的郎飞结。结间体长或直径大的有髓神经纤维传导速度快。大多数脑脊神经属于有髓神经纤维。

髓鞘的化学成分主要是蛋白质和类脂，称髓磷脂（myelin）。髓磷脂中类脂含量高达约80%，故新鲜的髓鞘呈闪亮的白色。在 HE 染色时，因类脂的溶解，仅见染色较浅的残留的网格状蛋白质。若采用锇酸染色法，可见髓鞘呈黑色，髓磷脂也可被保存下来，并在其纵切面上常见一些漏斗形的斜裂，称为施 - 兰切迹（incisures of Schmidt-Lanterman）。

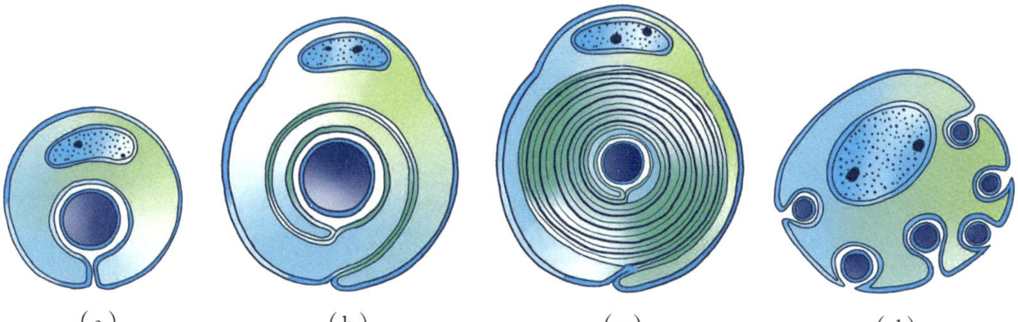

图 5-13　周围神经纤维髓鞘形成模式图（a、b、c）和无髓神经纤维（d）（成令忠等，2003）

在功能上，髓鞘因其含有高浓度类脂而具疏水性，所以不容带离子的水溶液通过而起绝缘作用，避免了神经冲动在传递的过程中相互干扰。同时，有髓神经纤维因髓鞘的存在使动作电位传递时以“跳跃式传导”的机制来进行，加快信息的传递速度。当中枢神经系统发生多发性神经炎和多发性硬化症时，髓鞘功能性退化，出现神经纤维的髓鞘损伤脱落，神经冲动传递异常，裸露的轴突绞缠成结并硬化，并因其周围聚集大量的星形胶质细胞、浆细胞、淋巴细胞等炎性细胞，导致神经信号的中断，并最终失去对肌肉的控制。

2. 中枢神经系统的有髓神经纤维

中枢神经系统的有髓神经纤维结构基本与周围神经系统的有髓神经纤维类似，但不同的是其髓鞘不是由施万细胞构成，而是由少突胶质细胞的突起末端的扁平薄膜包卷轴突而形成（图 5–14）。一个少突胶质细胞有几个到数十个突起，单个少突胶质细胞可同时包裹多达50个条轴突形成髓鞘。其次少突胶质细胞胞体位于神经纤维之间，不贴于神经纤维表面，因此无神经膜，髓鞘内也无施－兰切迹。另外，少突胶质细胞与神经膜细胞并拢排列的方式不同，所以形成中枢有髓神经纤维的一些短段落无髓鞘。

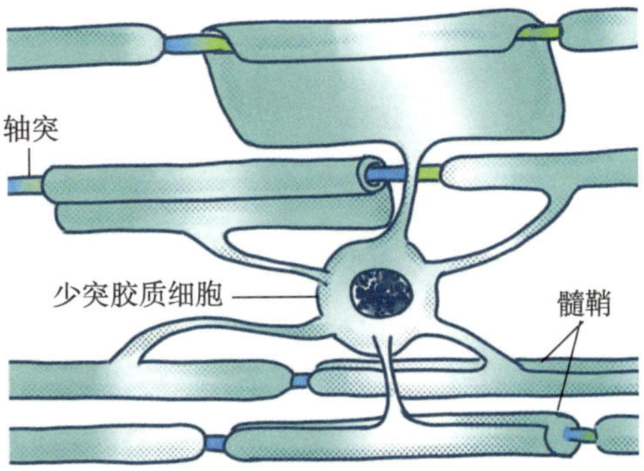

图 5–14　中枢神经纤维髓鞘形成模式图

二、无髓神经纤维

1. 周围神经系统的无髓神经纤维

周围神经系统的无髓神经纤维由较细的轴突和外包的神经膜细胞组成（图 5–13）。在电镜下，多条轴索共同陷于神经膜细胞的凹槽内，神经膜细胞沿轴突连续排列，无髓鞘和郎飞结，动作电位在无髓神经纤维的传导比有髓神经纤维的传导慢。部分感觉神经纤维和植物性神经的节后纤维属于此类。

2. 中枢神经系统的无髓神经纤维

中枢神经系统的无髓神经纤维与周围神经系统的无髓神经纤维相似，由神经元的突起和包裹在其表面的少突胶质细胞组成。多个神经元的突起可同时包埋在一个少突胶质细胞内，但不形成髓鞘，无郎飞结。在某些脑区，星形胶质细胞的突起可将无髓神经纤维分隔成束。

第五节 神经末梢

神经末梢（nerve ending）为周围神经纤维的末端部分，分布于不同器官组织内。按其功能的不同，可分为感觉神经末梢和运动神经末梢两大类。

一、感觉神经末梢

感觉神经末梢（sensory nerve ending）为感觉神经元（假单极神经元）周围突的末端部分，该末端与其他组织共同构成感受器（receptor）。内外环境的各种刺激能通过感受器转化为神经冲动并传向中枢，产生感觉。根据其结构的不同，感觉神经末梢可分为游离神经末梢和有被囊神经末梢两类。

1. 游离神经末梢

游离神经末梢（free nerve ending）指较细的有髓或无髓神经纤维在接近终末时失去神经膜细胞，裸露的轴突末端分成树枝状细枝，分布于体表、浆膜和黏膜内，用于感受冷、热、疼痛和轻触的刺激。如在骨膜、脑膜、肌腱、韧带、毛囊、关节囊和血管外膜等部位，游离

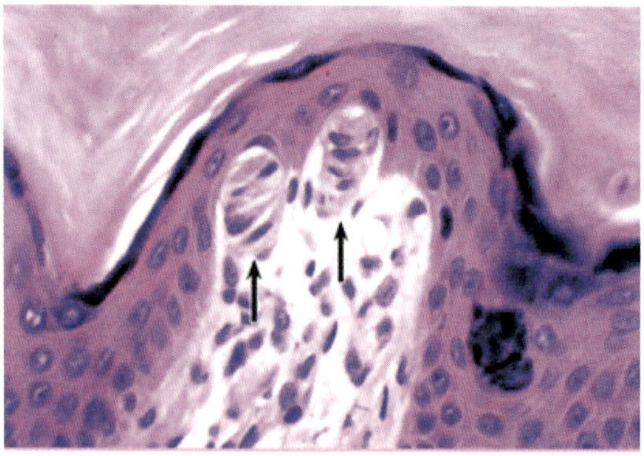

图 5-15 触觉小体（HE 染色）
（成令忠等，2014）

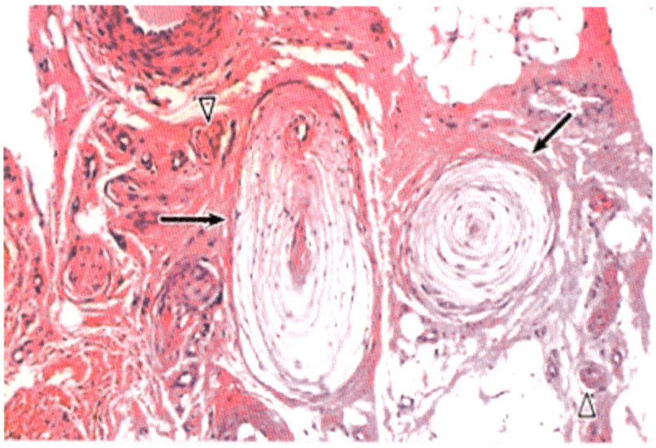

图 5-16 环层小体（HE 染色）
（成令忠等，2014）

神经末梢丰富。

2. 有被囊神经末梢

有被囊神经末梢（encapsulated nerve ending）由感觉神经元的周围终末及包裹在其表面的结缔组织被囊所组成，其种类很多，主要有以下几种。

（1）触觉小体（tactile corpuscle） 亦称梅氏小体（Meissner corpuscle），小体呈椭圆形，直径 30～100 μm，分布于真皮乳头内，如指、趾的底面皮肤居多（图 5-15）。周围有结缔组织形成被囊，其被囊内有众多横列的扁平细胞。有髓神经纤维在被囊处失去髓鞘进入被囊内，并分支盘绕在扁平细胞之间。在功能上，触觉小体主要用于感受触觉和表面压力。触觉小体及其相关传入神经纤维适应迅速，对微小的皮肤变形很敏感。

（2）环层小体（lamellar corpuscle） 亦称为帕奇尼小体（Pacinian corpuscle），多呈椭圆形或圆形，大到肉眼可见（0.5 mm × 1.0 mm）（图 5-16）。主要分布于真皮深层、皮下组织、肠系膜和胰腺的结缔组织等部位。由数十层呈同心圆板层排列的扁平结缔组织细胞和纤维构成，板层内充满胶样物质。环层小体中轴有一均质性的圆柱体，称为内棍（inner bulb），有髓神经纤维失去髓鞘后进入内棍中。在功能上，环层小体主要是感受压力、振动和张力觉等。

（3）肌梭（muscle spindle） 呈细长梭形状，长 2～5 mm，广泛分布于全身骨骼肌内。肌梭表面包裹有结缔组织形成的被囊，内含数条较细的骨骼肌纤维，称为梭内肌纤维（intrafusal muscle fiber）。梭内肌纤维的细胞核沿肌纤维纵轴成串排列或集中于中段而使该处膨大，其肌原纤维较少，肌质较多。进入肌梭的感觉神经纤维主要有 2 种：一种有髓神经纤维较粗，从肌梭中段进入肌梭内并失去髓鞘，在内反复分支，并呈螺旋状或环状缠绕在梭内肌中段有核部位；另一种是较细的有髓神经纤维，在失去髓鞘后呈花枝状，分布在上一种感觉神经纤维末梢两端（图 5-17，图 5-18）。此外，肌梭内还有一种来自脊髓前角的运动神经纤维，其末端形成运动终板，分布于梭内肌纤维的两端。

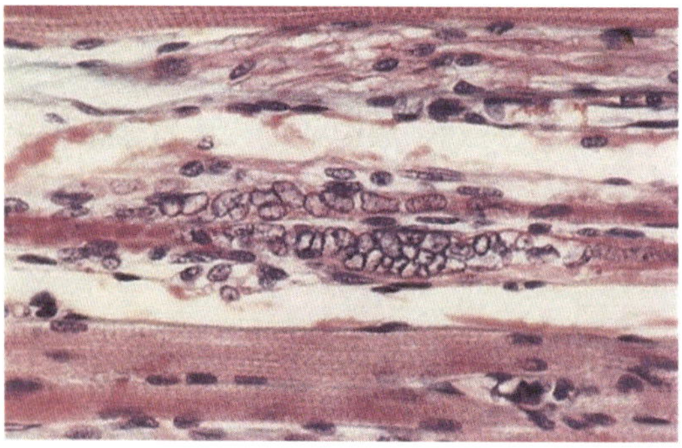

图 5-17 肌梭（HE 染色）（李继承等，2018）

肌梭是一种本体感受器，当肌肉收缩或舒张时，梭内肌纤维被牵拉，刺激神经末梢并产生神经冲动，传向中枢产生感觉。肌梭与肌纤维呈并行排列方式，这种方式对肌梭具有重要意义。当整个肌肉收缩时，肌梭将不会发出冲动信号，除非梭内肌纤维再次收缩。

二、运动神经末梢

运动神经末梢为运动神经元轴突的末端部分，分布到骨骼肌的运动终板以及心肌、平滑肌和腺体的植物性神经末端等，共同构成效应器（effector），可支配肌纤维的收缩及腺体的分泌。根据其分布的不同，运动神经末梢可分为躯体运动神经末梢和内脏运动神经末梢。

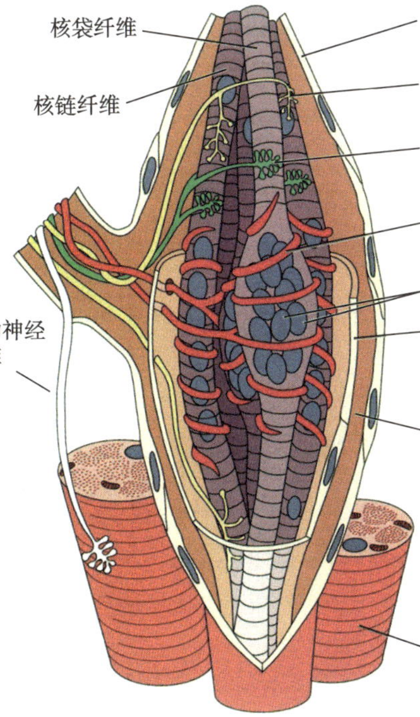

图 5-18　肌梭示意图（成令忠等，2003）

1. 躯体运动神经末梢

躯体运动神经末梢（somatic motor nerve ending）是来自脊髓腹角或脑干的运动神经元的轴突末梢，进入骨骼肌时在肌膜处失去髓鞘，并在骨骼肌内形成爪状细支，其末端再形成小球状膨大，在骨骼肌纤维的表面形成椭圆形的板状隆起，又称为运动终板（motor end plate）。一个运动神经元可以同时支配多条肌纤维，如一个 α 运动神经元支配的肌纤维可达 1 000 根以上，但通常一条肌纤维只能接受一个运动神经元其中一条轴突分支的支配。一个运动单位由一个运动神经元及其所支配的全部骨骼纤维构成，运动单位越小，则调控越精细。不同肌肉的运动单位数量有很大差别，一般是肢体部位肌肉的运动单位数量较多。当周围神经受到损伤或前角运动神经元发生病变时则会发生肌肉萎缩，其各型肌纤维的数量和各运动单位的数量也会发生改变。

电镜下，运动终板处轴突末端球形终末内含较多的线粒体、微丝、微管和球形突触小泡，小泡内含乙酸胆碱。球形终末的轴膜为突触前膜，并嵌入肌膜浅槽内，与之对应的肌膜为突触后膜，突触后膜向肌质内凹陷形成褶皱和深沟，增大其表面积，且膜上有乙酸胆碱 N 型受体。当神经冲动传递到轴突末端时，突触前膜的钙离子通道打开，使钙离子进入轴突末端，突触小泡与前膜融合，向突触间隙释放小泡内的乙酰胆碱，作用于突触后膜上的受体，此时肌膜内外侧的离子发生改变，导致肌膜兴奋并经横小管传至肌纤维处，从而使粗、细肌丝滑动，肌节缩短，最终导致肌纤维收缩。躯体运动神经末梢对于调节肌肉张力，调整姿势和协调运动具有非常重要的作用。

2. 内脏运动神经末梢

内脏运动神经末梢（visceral motor nerve ending）为植物性神经节后纤维的末端部分，主要分布于心肌、腺体、血管以及内脏的平滑肌，用于支配平滑肌的收缩和腺体的分泌。内脏运动神经纤维轴突较细（直径小于 1 μm）且无髓鞘，在靠近末端时反复分支，每一分支常呈串珠状膨大，该部分称为膨体（varicosity），直径 1 ～ 2 μm。一个植物神经元的轴突末端分支可形成达 30 000 个左右的膨体。膨体位于腺细胞之间或附着于肌纤维，并与腺细胞或肌细胞形成突触连接。在电镜下，可观察到膨体内含有大量的线粒体和突触小泡，膨体的轴膜为突触前膜，与其相对应的效应细胞膜为突触后膜，且有特定的神经递质的受体。前后膜之间为突触间隙（15～20 nm）。小泡内含去甲肾上腺素、乙酰胆碱或肽类神经递质。当神经递质传递到末端时，神经递质释放到突触间隙，作用于肌细胞或腺细胞上特定的受体，从而引起肌细胞收缩或腺体分泌。但也有些膨体和效应细胞之间间隔 80 nm 以上，且与膨体相对应的部位无突触后膜的特化结构，因此称这种类型的突触为远距离突触（distant synapse）或非突触性化学传递（non-synaptic chemical transmission），该类型突触以弥散方式产生效应。

第六节 神经组织的溃变与再生

一、神经组织的溃变

当周围神经被损伤或切断后，由损伤部位向远侧的纤维或胞体发生一系列形态及化学性质和代谢机能的改变，到最后的萎缩或消失，这一过程称为溃变（degeneration）。主要分为顺行溃变和逆行溃变两种变化（图 5-19）。

1. 顺行溃变

顺行溃变（anterograde degeneration）亦称为 Waller 变性（Wallerian degeneration），指周围神经纤维的轴突损伤或切断后，由于轴浆运输被阻断，与胞体断离的神经纤维沿轴突传导冲动方向发生的变性、解体等顺序性变化。其过程为：轴突在 12 h 内发生肿胀现象，随后变成肿胀和狭窄交替出现的串珠状；损伤 3～5 d 时，髓鞘也发生相应的变化，此时施万细胞胞质断裂，形成大量脂肪滴，用 Marchi 染色法可观察变性的轴突被神经膜细胞和巨噬细胞吞噬；在第 6～10 天，变性的轴突和髓鞘几乎被吸收完全，轴突的终末也进入变性的状态，最终消失。用镀银的方法可观察到变性的轴突。

顺行溃变一般见于轴突（外周神经）被外伤切断，可以影响整条神经干或几个神经束。除了外伤性切断，任何影响胞体与神经纤维联系的病理过程均可产生这种变化。因此由非机械性损伤所引起的类似病变称为“Wailer 样变性”。如大脑皮层梗死，神经元变性坏死后，可引起相应白质内神经纤维的 Wallerian 变性。

2. 逆行溃变

逆行溃变（retrograde degeneration）指外周神经纤维的轴突损伤或被切断后，引发损伤近侧段的溃变，导致所连接的神经元胞体的萎缩，主要表现为神经元胞体肿胀、细胞核由中心移向边缘、细胞质内尼氏体溶解。若损伤较轻，胞体没有消亡，3 周后神经纤维开始再生，严重时将导致神经元的死亡。尼氏小体溶解的严重与否，可以作为判断损伤神经元能否再生的重要指标。神经元损伤后逆行溃变的程度取决于动物的种属和年龄、轴突损伤的位置和性质等因素，如损伤部位离胞体越近则变性的程度越深。神经细胞发生逆行性变性时，其周围的胶质细胞也会作出相应的反应，如小胶质细胞进行增殖并贴附在变性的胞体表面进行吞噬。

二、神经组织的再生

神经组织受到损伤后，若未造成神经元胞体的死亡，就可通过神经纤维的再生（regeneration）来进行组织修复。神经元胞体约于损伤后第 3 周开始恢复，主要表现为细胞质内的尼氏体重新出现，胞体肿胀消失，细胞核恢复中央位置。恢复中的胞体不断合成新的蛋白质及其他产物输向轴突，使残留的近侧段轴突末端生长出许多新生的轴突支芽，神经纤维再生后与变性前的靶神经元重新连接形成突触结构，恢复生理功能。

1. **周围神经纤维的再生**

周围神经纤维损伤处的远侧段，虽然其轴突和髓鞘发生溃变，但包裹神经纤维的基膜仍保留呈管状。此时神经膜细胞大量增生，一边吞噬解体的轴突和髓鞘，一边在基膜管内排列成细胞索，靠近断口处的神经膜细胞还形成细胞桥把两断端连接起来。轴突的近侧段在损伤 10 h 以后在其断端逐渐膨大，形成生长锥（growth cone），在 24 h 内由神经纤维轴突末端生长锥发出多条细的新芽向远侧伸长。这些新芽越过此神经膜细胞桥后进入远侧段的神经管膜管内。当生长锥发出的新芽进入神经管膜后，神经管膜引导再生纤维的发展，即继续向远侧约为 4 mm/d 的速度进行。在进行的过程中，有部分新芽被逐渐埋入施万细胞质内，被施万细胞胞质缠绕且移至管的中央后继续生长，最后一直延伸到原来轴突的位置，当其中一支沿着神经膜细胞索生长并到达原来神经纤维末梢所在处，重新和轴突后成分结合形成新的突触即可恢复原来的功能（图 5–19）。周围神经纤维再生的整个过程大概需要 3～6 个月。若损伤严重，两断端相距甚远，其间长入大量瘢痕组织，或与远端未能良好互相对接，将影响再生。神经膜细胞在周围神经纤维的再生修复过程中起到诱导、营养及促进轴突生长和成熟等极其重要的作用。

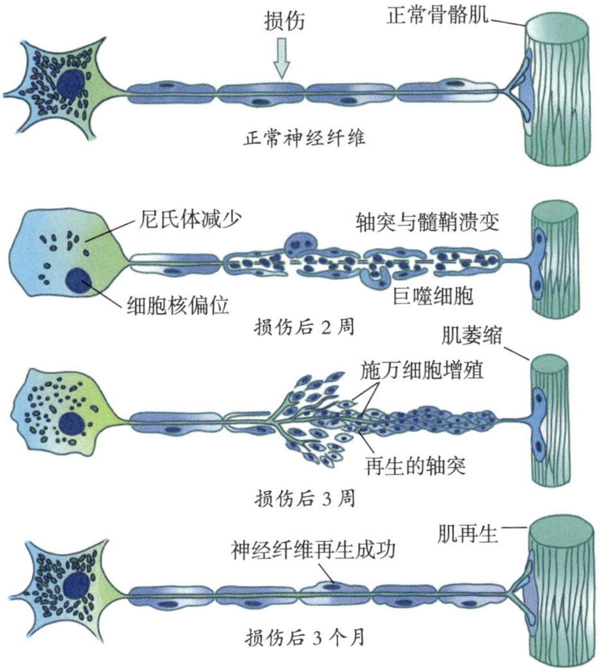

图 5–19 周围神经纤维的溃变与再生模式图

2. **中枢神经纤维的再生**

中枢神经纤维虽然也有再生能力，但其再生过程比周围神经纤维困难许多。主要是由于中枢神经纤维无基膜包裹，也无神经膜细胞。当中枢神经纤维受损伤时，损伤部位的星形胶质细胞增生肥大，在损伤区形成致密的胶质瘢痕，大多数再生轴突支不能越过此胶质瘢痕。即使能越过胶质瘢痕，也没有如同周围神经纤维那样的基膜管和神经膜细胞索引导再生轴突到达目的地。因此，中枢神经纤维的损伤常导致脊髓或脑功能的永久性丧失。

关于中枢神经纤维再生仍是当今研究的重要课题，近年来已发现神经营养因子（neurotrophic factors）作为支持神经元生存和促神经突起生长的可溶性化学物质，能对神经系统的发育和神经再生起重要作用。此外，根据胚胎神经元容易生长及周围神经能再生的特点，把胚胎脑组织、周围神经或周围神经的组分（如基膜或基膜的化学成分）移植到脑内，均可促进中枢神经纤维再生。

【思考题】

1. 名词解释：突起、尼氏体、神经胶质细胞、髓鞘、郎飞结、神经末梢。
2. 试述神经元的形态和结构。
3. 简述化学性突触的结构及其信号传递过程。
4. 简述有髓神经纤维的结构特点。
5. 试述周围神经纤维的再生过程。

（广西大学　李珣）

第六章 神经系统

神经系统（nervous system）主要由神经组织构成，是调节机体生理功能活动起主导作用的系统，支配和调节机体各组织器官活动。神经系统分为中枢神经系统（central nervous system, CNS）和周围神经系统（peripheral nervous system, PNS）两部分。中枢神经系统包括脑和脊髓，周围神经系统包括脑神经、脊神经、植物性神经及其神经节。外周神经分布于全身，把脑和脊髓与全身其他器官联系起来，使中枢神经系统既能感受内外环境的变化，又能调节体内各种功能，以保证机体的完整统一及其对环境的适应。神经系统与内分泌系统和免疫系统三大信息传递系统作为一种多维立体网络调控机构，即神经－免疫－内分泌网络（neuro-immune-endocrine network），互相联系，密切配合，互相制约，从整体水平上维持机体稳态及正常生理功能。

第一节 中枢神经系统

中枢神经系统是神经系统的主要部分，包括位于椎管内的脊髓和位于颅腔内的脑。在中枢神经系统内，大量神经细胞的胞体聚集在一起构成灰质（gray matter），大多数突触位于灰质内。神经细胞的突起聚集在一起构成白质（white matter）。大脑和小脑的灰质位于脑的表层，又称为皮质（cortex），白质位于脑的深层，又称为髓质（medulla）。脊髓的灰质位于内部，白质在灰质的周围。在中枢神经系统内分散分布的一些灰质团块，称为神经核。神经胶质广泛分布于灰质和白质，其突起包绕神经元或贴附于毛细血管壁。

一、脊髓

脊髓（spinal cord）位于椎管内，横切面观察显示灰质位于中央，白质位于灰质的周围，灰质中央有脊髓中央管，管壁腔面衬有室管膜细胞。

1. 灰质

脊髓的灰质位于中央，主要由神经元胞体和树突、星形胶质细胞、小胶质细胞及毛细血管构成，在横切面上呈蝴蝶形或“H”形，分为腹侧角（前角）、背侧角（后角）和外侧角（外侧角主要见于胸、腰段脊髓）3部分，灰质中央的脊髓中央管，来源于胚胎期的神经管，脊髓中央管与脑室相延续，内含脑脊液。灰质内的神经元都是多极神经元。

（1）腹侧角 腹侧角内的神经元大多属于躯体运动神经元，胞体大小不等（图6-1，图6-2），核周质内的尼氏体呈虎斑状。胞体较大的星形神经元多为α神经元，其轴突较粗，分布到骨骼肌（梭外肌），支配骨骼肌的运动；胞体较小的星形神经元多为γ神经元，其轴突较细，支配梭内肌纤维的收缩。这两种运动神经元释放乙酰胆碱。另外，腹侧角内还有一种短轴突的小的神经元称为闰绍细胞（Renshaw cell），其短轴突与 α 运动神经元的胞体形成突触，可能通过释放神经递质甘氨酸，抑制 α 神经元的活动。

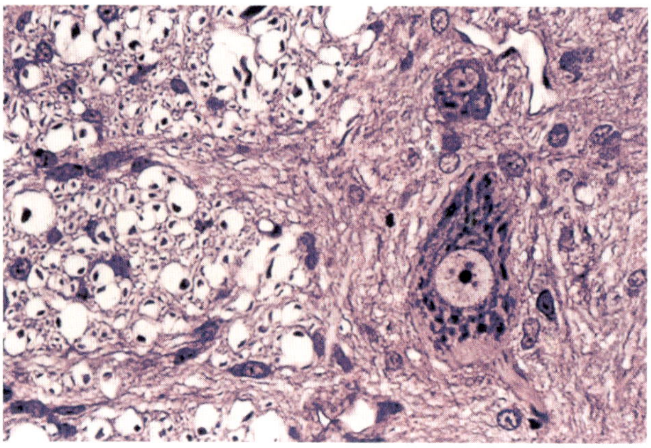

图 6–1　脊髓灰质和白质（HE 染色）（Mescher，2013）

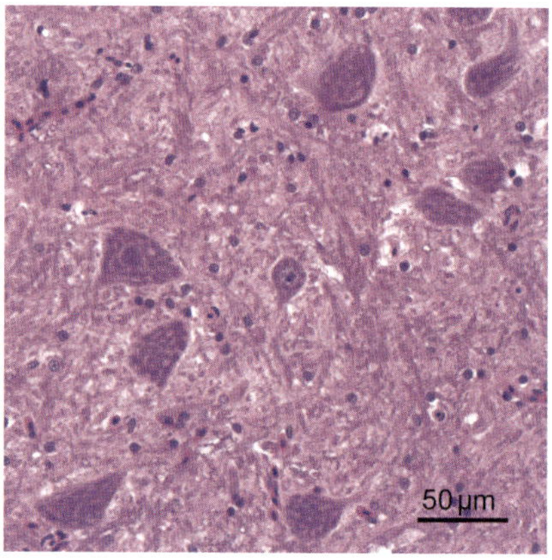

图 6–2　兔脊髓腹角运动神经元（HE 染色）（胡满供图）

（2）背侧角　位于背侧角内的神经元类型较为复杂，细胞体积一般较小。背侧角内的神经元主要接受后根纤维（感觉神经元的中枢突）传入的神经冲动，其轴突在白质内形成各种上行纤维束到脑干、小脑和丘脑，所以这类神经元又称为束细胞（tract cell）。

（3）外侧角　外侧角内的神经元是交感神经的节前运动神经元，胞体中等大小，交感神经的节前神经元位于脊髓胸段至腰段的 1 ～ 3 节。外侧角的神经元属于乙酰胆碱能神经元。

2. 白质

脊髓白质位于灰质周围，包括腹侧索、背侧索和外侧索 3 对索，主要为有髓神经纤维，由来自脊髓灰质的和脑的神经纤维束构成，分为根纤维、固有束和长传导束 3 种。根纤维是构成脊神经腹根和背根的根丝，分别与周围效应器和感受器相联系；灰质附近的白质纤维束较短，由联络脊髓节段间的前、后行纤维组成，仅限于脊髓内，称为固有束；联系于脊髓和与脑之间的纤维束为长传导束，包括从脊髓上行至脑的上行纤维束和从脑下行投射于脊髓灰质的下行纤维束。

二、小脑

小脑（cerebellum）由表层的皮质和深层的髓质构成，髓质中分布有进出小脑的神经纤维及神经核。

1. 小脑皮质

小脑皮质主要由多极神经元、无髓神经纤维、神经胶质构成。根据神经元形态结构的不同，小脑皮质的神经元分为星状细胞、篮状细胞、浦肯野细胞、高尔基细胞和颗粒细胞等 5 种类型。其中浦肯野细胞发出的轴突离开小脑皮层，成为小脑皮层中唯一的传出神经元；其他 4 种均为中间神经元，它们的神经末梢都分布在小脑皮层之内，颗粒细胞是谷氨酸能的兴奋性神经元，其他中间神经元都是 γ– 氨基丁酸能的抑制性神经元。小脑皮质由外向内依次分为分子层、蒲肯野细胞层和颗粒层 3 层（图 6–3，图 6–4）。

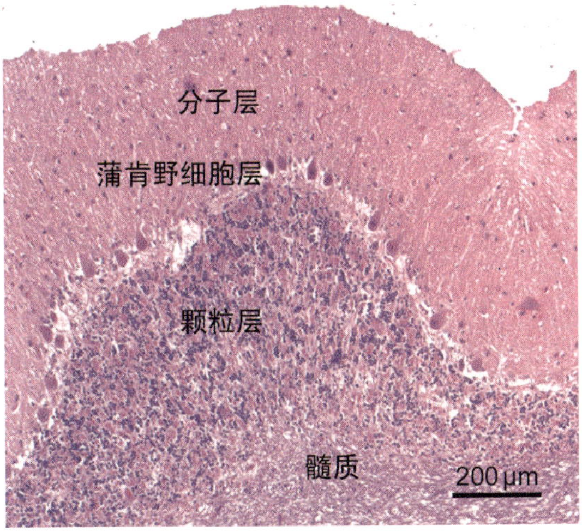

图 6-3 兔小脑皮质与髓质（HE 染色）
（胡满供图）

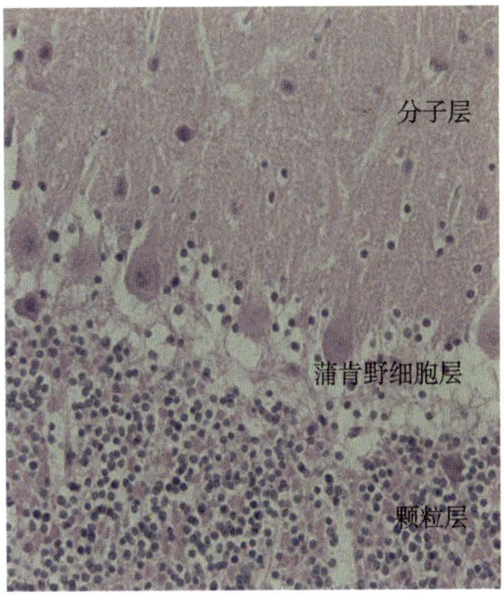

图 6-4 小脑皮质结构（HE 染色）
（中国农业大学组胚室供图）

（1）**分子层（molecular layer）** 分子层位于皮质的浅层，较厚，主要由大量的无髓神经纤维构成，神经元数量较少，主要有两种类型的神经元。一种是小型多突起的星形细胞（stellate cell），分布于分子层的浅层，轴突较短，与浦肯野细胞的树突形成突触。另一种是篮状细胞（basket cell），胞体较大，分布于星形细胞的深层，其轴突较长，伸入浦肯野细胞层中，发出分支呈篮状分支包绕蒲肯野细胞的胞体并与之形成突触。

（2）**蒲肯野细胞层（Purkinje cell layer）** 分子层的深部是蒲肯野细胞层，由一层蒲肯野细胞胞体组成，此种细胞是小脑皮质中体积最大的神经元（图 6-4）。在蒲肯野细胞层内，蒲肯野细胞胞体呈梨形，排列整齐有序，从胞体顶端发出 2～3 条粗的主树突并反复分支后伸向分子层，分支上形成大量的树突棘与平行纤维形成突触，胞体沿水平面也发出许多较短的分支。一条长的轴突自胞体底部发出，向下离开蒲肯野细胞层并穿越颗粒层进入髓质，与小脑深部神经核团的神经元形成突触，并终止于小脑内部的神经核群。每个浦肯野细胞的轴突都有返行的侧支与其他的浦肯野细胞、高尔基细胞及篮状细胞构成突触。

（3）**颗粒层（granular layer）** 颗粒层位于小脑皮质的最深层，由密集分布的颗粒细胞和一些高尔基细胞组成。颗粒细胞的胞体小，直径 5～8 μm，呈球形，核大，核内染色质常凝结成块且贴边分布，细胞质少。自胞体发出 4～5 条较短的树突分布于颗粒层，树突末端分支如爪状。轴突较长，向上穿越蒲肯野细胞层进入分子层后呈“T”形分支，称为平行纤维（parallel fiber）（图 6-5）。平行纤维与蒲肯野细胞及分子层细胞的树突形成突触，一条平行纤维与 400 多个蒲肯野细胞建立突触，是蒲肯野细胞的主要传入纤维。高尔基细胞的胞体较大，梨形，树突多，反复分支，发出的树突大部分伸入分子层与平行纤维接触；高尔基细胞的轴突较短，分支较多，位于颗粒层，与颗粒细胞的爪状树突和苔藓纤维的末端膨大形成复杂的突触群，称小脑小球（cerebellar glomerulus）。

2. 小脑髓质

小脑髓质内的神经纤维有传入纤维和传出纤维，都属于有髓神经纤维，包括蒲肯野细胞的轴突、攀缘纤维和苔藓纤维 3 种纤维（图 6-5）。

小脑皮质的传出纤维都是由蒲肯野细胞轴突形成的，是小脑唯一的传出纤维。蒲肯野细

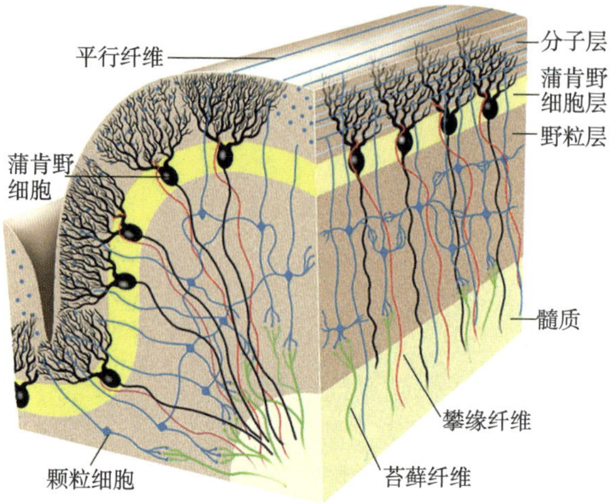

图 6-5　小脑皮质的纤维分布模式图（Bear, 2001）

胞的大部分轴突终止于小脑的中央核，另有少部分终止于前庭神经核。蒲肯野细胞传出的冲动到小脑的中央核和前庭神经核。

攀缘纤维（climbing fiber）为小脑皮质的传入纤维，主要起源于延髓的下橄榄核，较细。该纤维进入小脑皮质后攀附在蒲肯野细胞的树突上与之形成突触，可引起蒲肯野细胞的强烈兴奋。一条攀缘纤维与一个蒲肯野细胞树突所形成的突触可达300多个，故一条攀缘纤维的神经冲动可引起一个蒲肯野细胞强烈兴奋。

苔藓纤维（mossy fiber）是小脑的传入纤维，起源于脊髓和脑干的核群，纤维较粗，进入小脑皮质后纤维末端反复分支呈苔藓状，每一个膨大的末端可与许多（约 20 个）颗粒细胞的树突、高尔基细胞的轴突或近端树突形成复杂的突触群，共同构成小脑小球（cerebellar glomerulus）。一条苔藓纤维的分支可分布于 2 个或更多的小脑叶片，可兴奋 800 多个颗粒细胞。每个颗粒细胞的平行纤维又与 400 多个蒲肯野细胞接触。这样，一条苔藓纤维可引起几十万个蒲肯野细胞兴奋。

攀缘纤维和苔藓纤维把来自小脑外的神经冲动传到小脑皮质，最后都作用于蒲肯野细胞。

三、大脑

1. 大脑皮质

大脑（cerebrum）的表层为皮质，是神经系统的高级中枢，由大量多极神经元、神经胶质和神经纤维构成多种不同的功能区。按照神经元的形态，大脑皮质内主要有 3 种类型的神经元（neurons）：锥体细胞、颗粒细胞、梭形细胞。

（1）锥体细胞（pyramidal cell）　在大脑皮质内，锥体细胞的数量较多，可分大、中、小 3 种类型。胞体形似锥形，由胞体锥体尖端发出一条较粗的主树突，伸向皮质表面，沿途发出许多小分支。由锥体细胞胞体周围还发出一些短而细的树突，水平方向走向四周。轴突自胞体的锥体底部发出，长短不一，短者不越出所在皮质范围，长者离开皮质，进入髓质（白质），组成投射纤维（下行至脑干或脊髓）或联合纤维（到同侧或对侧的另一皮质区）。因而，锥体细胞是大脑皮质的主要投射（传出）神经元。

（2）颗粒细胞（granular cell）　大脑皮质内颗粒细胞的数量最多。颗粒细胞胞体较小，呈颗粒状，形态多样，分为星形细胞（stellate cell）、水平细胞（horizontal cell）和篮状细胞（basket cell）等几种。星形细胞最多，它们的轴突多数很短，终止于附近的锥体细胞或梭形细胞。有些星形细胞的轴突较长，上行走向皮质表面，与锥体细胞顶树突或水平细胞相联系。水平细胞的树突和轴突与皮质表面平行分布，与锥体细胞顶树突联系。所以，颗粒细胞是大脑皮质区的局部（中间）神经元，构成了皮质内信息传递的复杂微环路。

（3）梭形细胞（fusiform cell）　数量较少，大小不一。大梭形细胞也属投射神经元，主要分布在皮质深层，胞体梭形，树突自细胞的上、下两端发出，上端树突多达皮质表面。轴突自下端树突的主干发出，进入髓质，组成投射纤维或联合纤维。

大脑皮质的神经元胞体成层排列，从外及里一般可依次分为以下6层（图6–6，图6–7）。大脑皮质的6层结构在不同的脑区存在差异。

图6–6 大脑皮质分层结构模式图

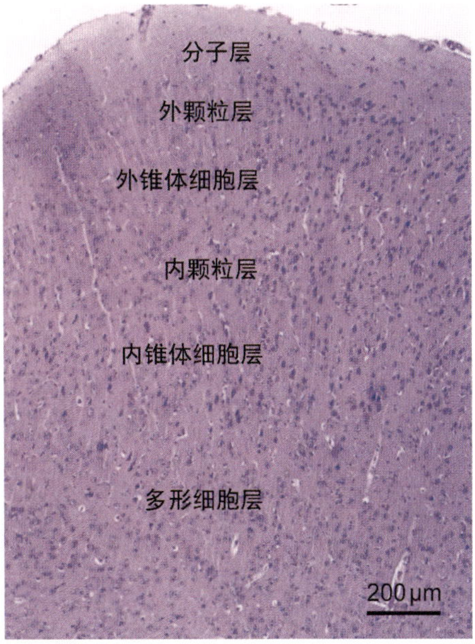

图6–7 兔大脑皮质（HE染色）
（胡满供图）

（1）**分子层**（molecular layer） 位于大脑皮质的最表层，以与皮质表面平行的神经纤维为主，神经元小而少，主要是星形细胞和水平细胞，其轴突和树突均与皮质表面平行，其中水平细胞的轴突较长，发出的分支向皮质表面垂直伸展。

（2）**外颗粒层**（external granular layer） 位于分子层的内侧，主要由许多星形细胞和少量小型锥体细胞构成。顶端树突伸入分子层，基部树突位于本层内；轴突较长，深入白质。

（3）**外锥体细胞层**（external pyramidal layer） 此层较厚，神经元数量较多，由许多典型的中型、小型锥体细胞和一些星形细胞组成。这些细胞的顶端树突穿过外颗粒层深入分子层中；轴突经深层皮质进入白质。

（4）**内颗粒层**（internal granular layer） 内颗粒层的细胞密集，多数是星形细胞。胞体很小，轴突较短，深入皮质各层。

（5）**内锥体细胞层**（internal pyramidal layer） 内锥体细胞层神经元较少，主要由中型和大型锥体细胞组成，另外还分布有一些小的星形细胞。大锥体细胞的树突很长，伸入各层直至分子层，而小锥体细胞的树突较短，分布于本层或深入内颗粒层。这些细胞的轴突下行形成投射纤维。星形细胞的轴突则反向深入皮质表层。

（6）**多形细胞层**（polymorphic layer） 多形细胞层位于皮质最内层，胞体形态多样，以梭形细胞为主，还有锥体细胞和星形细胞。梭形细胞胞体较小，树突较短，分布于本层或内颗粒层；轴突较长，伸入皮层下中枢形成投射纤维或联合纤维。星形细胞的轴突反向深入皮质表层。

2. 大脑皮质的纤维联系

大脑髓质（白质）由有髓神经纤维组成。根据纤维束的经过和联系，分为联络纤维、联合纤维和投射纤维 3 类。皮质下联络纤维分为长、短两种，短的联络纤维仅联络邻近的脑回，长联络纤维常聚合成束联合大脑各叶。联合纤维和投射纤维是大脑的传出纤维，联合纤维主要从第 3、5、6 层的锥体细胞和梭形细胞发出，分布于同侧或对侧的脑皮质区，连接两侧大脑半球的神经纤维即构成胼胝体的纤维；投射纤维主要从第 5 层的锥体细胞和第 6 层大的梭形细胞发出，下行至脑干和脊髓，为皮质与皮质下结构之间的传出纤维，这些纤维绝大部分都通过内囊。皮质的第 2、3、4 层细胞与大脑各层的细胞相互联系，构成复杂的神经微环路，主要完成对信息的分析、整合和储存的功能。机体的高等神经活动与大脑微环路的复杂性密切相关。

四、脊膜与脑膜

颅腔和脊柱保护着中枢神经系统，但是在骨和神经组织之间分布有结缔组织构成的膜，即在脊髓和脑的外面包有结缔组织膜，称为脑脊膜（meninges），其功能是保护、固定、营养脑和脊髓。包在脊髓外面的称为脊膜（图 6–8），包在脑外面的称为脑膜（图 6–9），脊髓膜和脑膜二者互相延续，结构相似，由外向内依次为硬膜、蛛网膜和软膜三层结缔组织膜（图 6–10）。

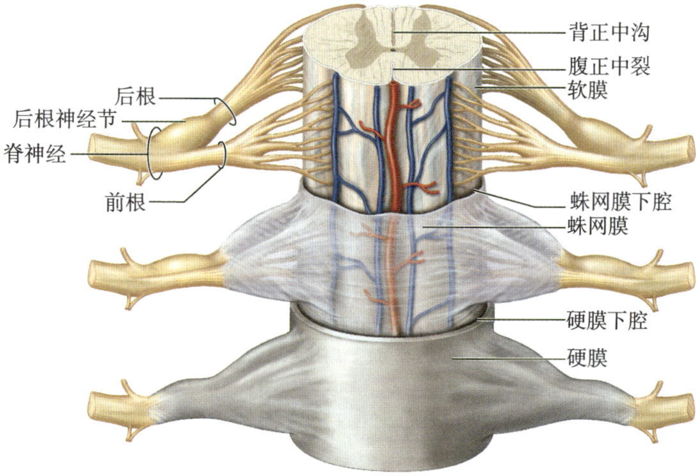

图 6–8 脊髓和脊膜（Mescher，2013）

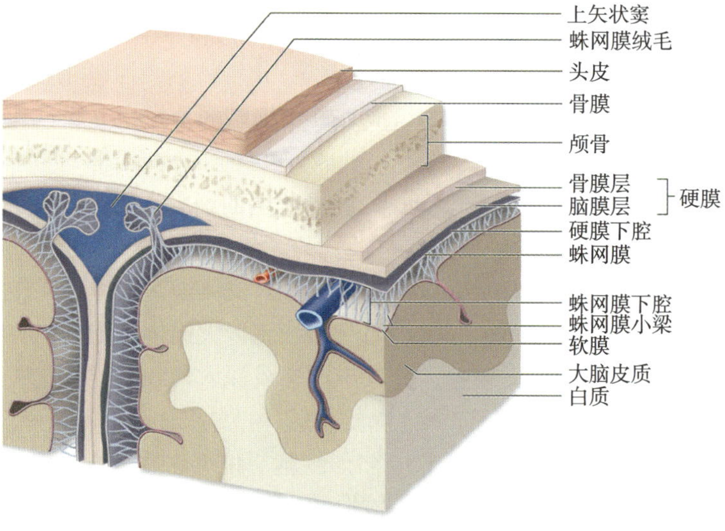

图 6–9 大脑和脑膜（Mescher，2013）

1. 硬膜

硬膜（dura mater）是较厚而坚韧的致密结缔组织，包在蛛网膜外面。硬膜的内表面有一层来源于间充质的单层扁平上皮覆盖。位于脊髓外面的称为脊硬膜，位于脑外面的称为脑硬膜，脑硬膜与颅腔的骨膜相延续并紧密结合。脊硬膜和椎管之间有一较宽的腔隙，称硬膜外腔，内含管壁薄的静脉丛和脂肪，故脊硬膜与椎骨骨膜间有硬膜外腔隔离。但由于脑硬膜与衬于颅腔内壁的骨膜紧密结合而无硬膜外腔。硬膜与脑蛛网膜之间形成狭窄的腔隙，称为硬膜下腔，内含少量液体。

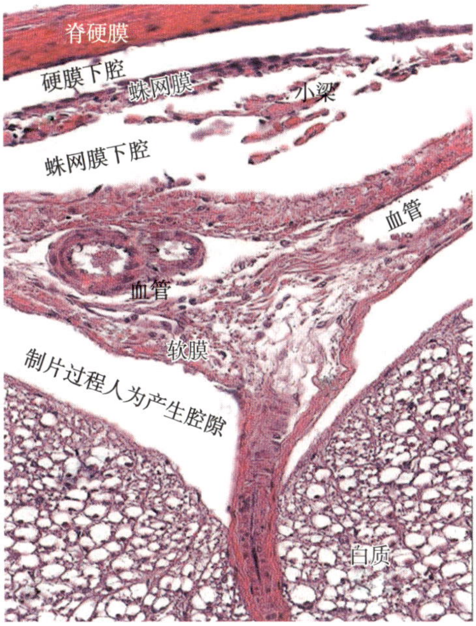

图 6-10　靠近脊髓腹正中裂的脊膜（HE 染色）
（Mescher, 2013）

2. 蛛网膜

蛛网膜（arachnoid）位于软膜外面的薄层疏松结缔组织，由 2 层结构组成。一层为薄层纤细的结缔组织，与硬膜相联系，另一层为薄层结缔组织下面排列疏松的小梁，内含丰富的胶原纤维和弹性纤维，与软膜相连，围绕小梁的是大的、海绵状空腔，位于脊髓的蛛网膜小梁较少。蛛网膜的内、外表面以及小梁的表面均被覆有单层扁平上皮。蛛网膜与深部软膜之间存在较大的腔隙，称为蛛网膜下腔，腔内充满由脉络丛分泌的脑脊液，可缓冲震荡，保护中枢神经系统免受小的损伤以及运输营养物质和代谢产物。脑蛛网膜有绒毛状突起伸入硬脑膜的静脉窦中，称蛛网膜粒，是吸收脑脊液进入血液的功能位置。蛛网膜的结缔组织没有营养性的毛细血管分布，但是有大的血管分布。

3. 软膜

脑脊膜的最内层是软膜（pia mater），紧贴在脑和脊髓表面，由薄层结缔组织构成，富含血管，负责脑和脊髓的血液供应。软膜的外表面被覆有单层扁平上皮。软膜不与神经细胞或神经纤维直接接触，借助表面很薄的一层星形胶质细胞的突起（glia limitans，胶质界膜）紧密地贴附在软膜表面。软膜与星形胶质细胞的末端脚板共同形成物理屏障，把蛛网膜下腔的脑脊液与中枢神经系统分割开。

五、血脑屏障

脑组织内的毛细血管与机体其他部位的毛细血管比较，具有非常明显的结构和功能特点，脑组织内的毛细血管能阻止多种物质进入脑。实验证实，将一种活性染料台盼蓝（trypan blue）注入动物的血液后，机体的很多器官都被染上蓝色，而脑组织并不着色。因此人们认为，血液与脑组织之间在存在着一种限制某些物质进入脑组织的屏障结构，这种结构被命名为血脑屏障（blood brain barrier, BBB）。血脑屏障能将中枢神经系统与外周循环系统相对分隔开来，对于维持中枢神经系统内环境的稳定具有重要的意义。BBB 的组成主要包括 3 部分结构：脑毛细血管连续的内皮细胞、基膜和包绕血管的星形胶质细胞脚板（图 6-11）。脑内毛细血管内皮细胞之间有紧密连接（tight junction, TJ），内皮细胞膜上含有多种类型的转运器，能特异性识别特定的分子并将其转运，穿过血脑屏障。因此，脑内血管内皮细胞可以阻止多

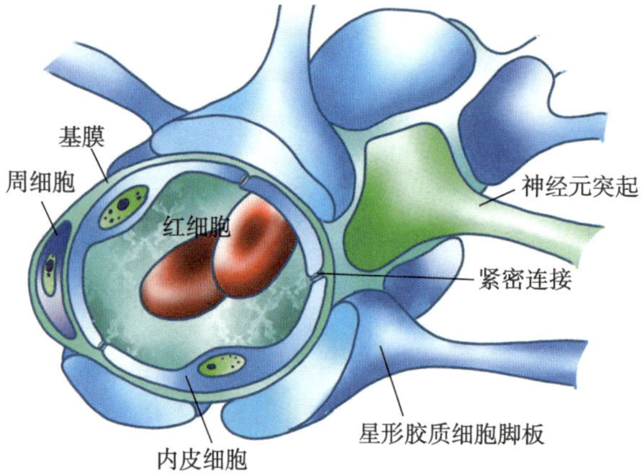

图 6-11　血脑屏障结构模式图

种物质进入脑组织，但是允许营养物质和代谢产物的顺利通过，是血脑屏障主要的结构与功能基础，是保持 BBB 完整性的重要因素。外伤、缺血、缺氧、感染、免疫及理化因素等均可能引起 TJ 结构及功能发生改变，造成 BBB 损害，从而导致 BBB 的通透性升高引起脑水肿。星形胶质细胞突起末端形成的脚板紧密的包裹大部分中枢神经系统毛细血管基膜，能够调节血液中进入脑的分子和离子。

血脑屏障可以保障神经元和神经胶质免受细菌毒素、感染性物质以及其他外源性物质的影响，以维持正常神经功能所需要的组织液稳定的组成和离子平衡，使中枢神经系统的内环境相对稳定。在产生脑脊液的脉络丛不存在 BBB。

第二节 周围神经系统

周围神经系统包括脑神经、脊神经、植物性神经及其神经节。在周围神经系统内，神经元的胞体集中分布于各类神经节（ganglion）内。神经节一般呈卵圆形，外包有结缔组织被膜，其内的神经元称为节细胞（ganglion cell）。包裹节细胞的细胞体的神经胶质细胞是卫星细胞。此外，在神经节内还含有大量神经纤维、少量结缔组织和血管。根据分布部位和功能的不同，神经节可分为脑脊神经节和植物性神经节两大类。

一、脑、脊神经及其神经节

从脑发出的神经称为脑神经，与脊髓相连的神经称为脊神经。脑、脊神经（cerebrospinal nerve）都是由粗细不等的神经纤维组合而成，大多数神经纤维的外面都有髓鞘包裹。包在整条神经表面的结缔组织膜，称为神经外膜。神经外膜的结缔组织分支包于神经纤维束的表面，称为神经束膜。神经束膜的结缔组织分支包绕于每一条神经纤维的表面，称神经内膜。

脑、脊神经节（cerebrospinal ganglion）属于感觉神经节（图 6-12）。脊神经节位于椎管内脊神经的背侧根上，多呈梭形，表面有结缔组织被膜与包裹脊神经的结缔组织膜相沿续。脑神经节连于脑神经干上，形状不一，躯体感觉和内脏感觉纤维的胞体在脑外聚集成的脑神经节，其结构与脊神经节相同。神经节细胞是假单极神经元，大小不等，胞体呈圆形或卵圆形；细胞核大而圆，位于细胞体中央，核仁明显；细胞质内的尼氏体呈细小颗粒状，分散分布。从胞体发出一个突起，突起首先在胞体附近盘曲，然后呈“T”形分支，一支走向中枢（中枢突），另一支（周围突）经脑、脊神经分布到外周组织，其末梢与感觉细胞共同形成感受器。大的节细胞直径 100 ～ 120 μm，主要分布于脊神经节，小的节细胞直径 15 ～ 30 μm，主要分布于脑神经节。节细胞的胞体大多集中在神经节的周缘，并被神经纤维束分隔成群。脑脊神经节内的神经纤维大部分是有髓神经纤维，平行排列。卫星细胞呈扁平状，包裹着节细胞胞体及其盘曲的突起，在“T”形分支处与施万细胞形成的髓鞘相连续。

脑神经节中，与平衡和听、感觉传入相关的神经节（前庭神经节和蜗神经节）由双极神经元胞体聚集成节。

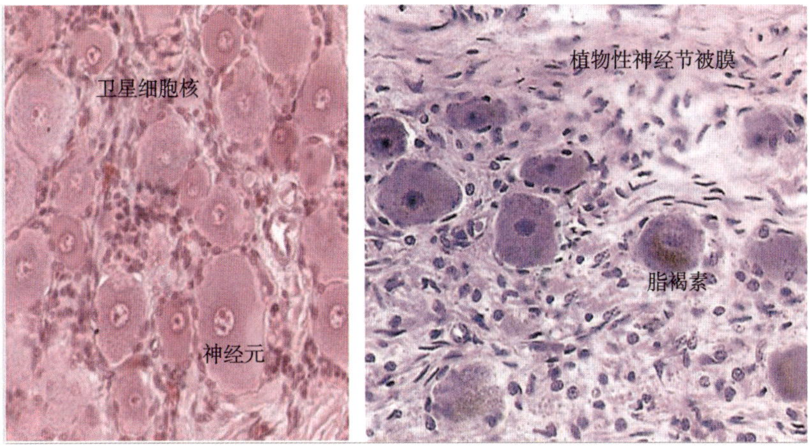

图 6–12　神经节（Mescher，2013）

二、植物性神经及其神经节

植物性神经（vegetative nerve）支配内脏、心血管平滑肌和腺体的活动，又称为自主神经或内脏神经，可分为交感神经和副交感神经。交感神经促进心脏等循环系统的活动，不控制胃等消化系统的活动。副交感神经，对于循环器官起抑制作用，而对于消化系统起促进作用。植物性传出神经从中枢到外周效应器需要经过 2 个神经元的传导，分别是位于脑、脊髓灰质中的节前神经元和位于植物性神经节中的节后神经元。

植物神经节（vegetative ganglion）又称自主神经节，根据功能的不同又分为交感神经节和副交感神经节（图 6–12）。交感神经节位于脊柱两旁或前侧，副交感神经节位于器官附近或器官内部，这两种神经节内的节细胞（节后神经元）属多极运动神经元，其大小形态各异，表面有结缔组织被膜，向内伸展形成神经节的支架。植物神经节节细胞的胞体一般较感觉神经节的细胞小，呈多极或椭圆形，散在分布；细胞核常偏位，部分细胞有双核或多核；细胞质内尼氏体呈细小的颗粒状，均匀分布。包绕节细胞胞体的卫星细胞数量较少，不完全地包裹节细胞胞体。节细胞之间分布有大量的神经纤维，包括节前纤维和节后纤维。节前纤维多为有髓神经纤维，数量较少。节后纤维多为无髓神经纤维，数量较多，离开神经节后，其末梢伸达内脏及心血管，支配平滑肌、心肌和腺上皮细胞的活动，构成内脏运动神经末梢。

交感神经节内常含有 2 种类型的节细胞。一种节细胞体积稍大，数量较多，称为主节细胞，这类细胞多为肾上腺素能神经元。另一种节细胞体积较小，数量也较少，多聚集成群分布，这类细胞释放多巴胺类神经递质，轴突与主节细胞形成突触，属于中间神经元。副交感神经节的节细胞一般属于胆碱能神经元。

【思考题】

1. 小脑皮质分为哪几层？主要由哪几种神经元构成？
2. 构成大脑皮质的神经元主要有哪几种？大脑皮质一般分为哪几层？
3. 血脑屏障的构成及其功能如何？

（河北农业大学　胡满、崔亚利）

第七章 循环系统

循环系统（circulatory system）包括心血管系统和淋巴管系统两部分。心血管系统是分布全身的闭路循环系统，内部流动的是血液。心脏有节律地收缩和舒张，推动血液从动脉流向毛细血管、静脉再回到心脏。淋巴系统内部流动的是淋巴液。淋巴液沿着一系列的淋巴管道向心流动，最终汇入静脉，因此淋巴系统也可认为是静脉系统的辅助部分。

第一节 心血管系统

心血管系统（cardiovascular system）是一个封闭的管道系统，由心脏和血管所组成。心脏是动力器官，血管是运输血液的管道。通过心脏有节律性地收缩与舒张，推动血液在血管中按照一定的方向不停地循环流动，称为血液循环。血液循环是机体生存最重要的生理机能之一。由于血液循环，血液的全部机能才得以实现，并随时调整分配血量，以适应活动着的器官、组织的需要，从而保证了机体内环境的相对恒定和新陈代谢的正常进行。

一、心脏

心脏（heart）是一个圆锥形的中空肌性器官，是心血管系统的动力泵。构成心壁的主要成分为心肌。心肌具有节律性收缩能力，可推动血液在血管中循环流动，使血液充分供应身体各部分的组织和器官。

1. 心壁

心壁由 3 层组成，从内向外依次为心内膜（endocardium）、心肌膜（myocardium）和心外膜（epicardium）（图 7-1）。

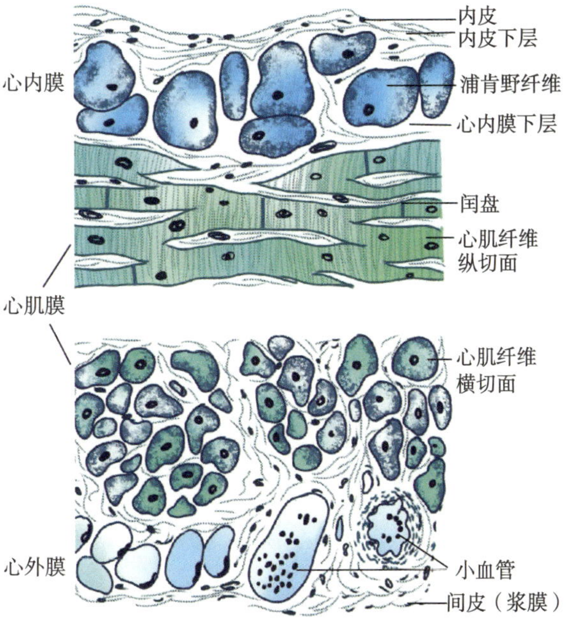

图 7-1 心壁结构模式图

（1）心内膜 从内向外又分为 3 层：①心内皮（cardiac endothelium），为单层扁平上皮，与大血管的内皮相连续；②内皮下层，主要成分为薄层疏松结缔组织，在近室间隔处还含有少许平滑肌；③心内膜下层（subendocardial layer），由疏松结缔组织组成，与心肌膜相连，其中含血管和神经，还分布有负责心脏传导的浦肯野纤维。

（2）心肌膜 心肌膜主要由心肌构成。心房的心肌较薄，分内、外两层，伴有向各个方向排列的肌束。心室的心肌很厚，左心室的心肌最厚。心肌纤维呈螺旋状排列，大致可分为内纵肌、中环肌和外斜肌三层。心肌纤维多集合成束，肌束间含有较多的结缔组织、血管、淋巴管和神经。在心房肌和心室肌之间，有由致密结缔组织组成的支持性结构，构成心脏的支架，称心骨骼（cardiac skeleton）。心房肌和心室肌附着在心骨骼上，相互之间不直接连接，以避免心房肌与心室肌之间发生冲动的传递。

电镜下，心室的肌纤维较粗长，直径 10 ～ 15 μm，长约 100 μm，有分支，横小管较多。心房肌纤维较细短，直径 6 ～ 8 μm，长 20 ～ 30 μm，无分支，横小管很少或无。肌浆网主要在肌膜下形成肌膜下囊池，并和肌膜组合成耦合体；部分心房肌纤维的肌浆中含有电子密度较大的颗粒，颗粒有膜包裹，称心房特殊颗粒（specific atrial granule），内含心房尿钠多肽（atrial natriuretic polypeptide），简称心房肽，具有降血压及抑制醛固酮分泌等作用。

（3）心外膜 心外膜为心包膜的脏层，其结构为浆膜（serous membrane），它的表层是间皮，间皮下面为薄层结缔组织，与心肌膜相连。心外膜中含血管和神经，并常有脂肪组织。心包膜壁层衬贴于心包内面并与心外膜连续，也是浆膜。壁层与脏层之间为心包腔，心包腔内有少量液体，这些液体可润滑心包膜壁层与脏层，减小心脏搏动时产生的摩擦。但当液体含量过多时会压迫心脏。

（4）心瓣膜 心瓣膜（cardiac value）是心内膜突向心腔形成的薄片状结构，与心骨骼的纤维环连接，瓣膜表面被内皮覆盖，内部为致密结缔组织，瓣膜的基部含少量平滑肌。心脏的房室口和动脉口处分别有房室瓣、主动脉瓣和肺动脉瓣。正常生理条件下，主动脉瓣和肺动脉瓣内不含血管，房室瓣中含少量小血管。瓣膜可在心房和心室收缩时适时关闭，阻止血液逆流。疾病侵犯瓣膜时，其内胶原纤维增生，致使瓣膜质地变硬或形状发生改变，有时还会造成瓣膜粘连，使瓣膜不能正常地关闭和开放，影响心脏泵血和血液循环。

2. 心脏的传导系统

心壁内含有由特殊心肌纤维组成的传导系统，此传导系统具有自主性，可产生冲动并将冲动传导到心脏的各个位置，使心房肌和心室肌按一定的节律收缩和舒张。系统包括窦房结、房室结、房室束、左右房室束分支以及分布到心室乳头肌和心室壁的许多细支。窦房结（atrionector）是心脏搏动的起搏点，位于右心房心外膜深部，由具有传导功能的心肌纤维和富含血管的结缔组织组成。房室结（atrioventricular node, AVN）及传导系统的其余部分均分布在心内膜下层，由结缔组织将它们和心肌膜隔开。组成这个系统的心肌纤维聚集成结或束，受交感神经与副交感神经纤维的共同支配。除心肌纤维外，传导系统中还含有丰富的毛细血管。

组成心脏传导系统的心肌纤维类型有以下 3 种。

（1）起搏细胞 起搏细胞（pacemaker cell）简称 P 细胞，也称结细胞（nodal cell），是心肌兴奋的起搏点。分布于窦房结和房室结，窦房结中较多。细胞较小，一般呈梭形或多边形，由致密的结缔组织包裹。细胞质内细胞器较少，散在分布有少量肌丝和吞饮小泡，糖原含量较高。

（2）移行细胞 移行细胞（transitional cell）主要存在于房室束以及窦房结和房室结的周边位置，房室结中含量较多，起传导冲动的作用。位于窦房结的移行细胞，有的与心房的心肌纤维相连，将冲动传到心房，但冲动从窦房结传递到房室结的机制仍有待研究。移行细胞的结构介于起搏细胞和工作心肌纤维之间，细胞呈细长形，比工作心肌纤维细而短，细胞质内含的肌丝较 P 细胞略多。

（3）浦肯野纤维 浦肯野纤维（Purkinje fiber）也称束细胞（bundle cell），组成房室束及其分支（图 7-2）。这种细胞比普通心肌纤维短而宽，在马、羊、猪和水牛等则更为明显。光镜下，因肌浆多、肌原纤维少且位于周边，故较心肌纤维着色淡；细胞中央有 1～2 个核，核仁一般较明显。电镜下，肌浆内有分散的肌丝束，含有丰富的线粒体和糖原，细胞间依靠发达的闰盘相连。浦肯野纤维可快速传导冲动。

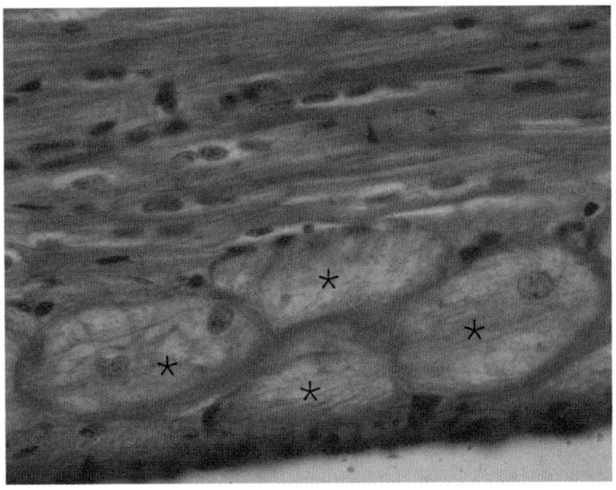

图 7-2 心壁结构（* 示浦肯野纤维）（HE 染色）
（马云飞供图）

3. 心脏的内分泌功能

近年来的研究表明，心肌纤维不仅具有节律性收缩能力，而且还能合成和分泌多种激素。心脏传导系统分布模式图和生物活性物质，如心钠素、脑钠素、内源性类洋地黄素、抗心律失常肽、肾素、血管紧张素、心肌生长因子、醛固酮分泌抑制因子等，对促进心肌细胞生长，增强心肌收缩力等具有重要作用。

（1）心钠素（cardionatrin） 又称心房利钠尿多肽，是一种由 28 个氨基酸残基组成的多肽，存在于许多器官，如心、脑、肺、甲状腺、垂体、生殖器官等，以心脏的含量为最高。心钠素具有强大的利尿利钠效应，同时还有强烈的舒张血管和降低血压的作用，从而改善心律失常和调节心脏功能。

（2）脑钠素（brain natriuretic peptide, BNP） 是一种由 32 个氨基酸残基组成的多肽，最初从猪脑内分离纯化。脑钠素广泛存在于心、脑、脊髓、肺等多种器官，以心脏的含量为最高。脑钠素亦可利钠利尿、扩张血管、调节血压和维护心脏功能。此外，还能抑制血管内皮细胞表达因子，防止血栓形成。

（3）抗心律失常肽（antiarrhythmic peptide） 由 6 个氨基酸残基组成，在体内分布广泛，但以心房含量最高，具有强大的抗心律失常和抗血栓作用。

（4）内源性类洋地黄素（endogenous digitalis-like factor） 简称内洋地黄素，是体内合成和分泌的具有洋地黄样生物活性的物质，存在于心、脑、肝、肺、肾、肌肉、肾上腺、胎盘等多种组织以及脑脊液、血液和尿液中，具有强心、利尿利钠和收缩血管的作用。

4. 心脏的血管、淋巴管和神经

营养心脏的血液由冠状动脉供应。冠状动脉较厚，通常在内部包含成束的纵向平滑肌和上皮样肌肉细胞。血液从冠状动脉中输出，通过密集的毛细血管网络供给心肌、心外膜、心脏骨骼和心脏瓣膜的周边部位。从心脏毛细血管床流出的血液通过小静脉和静脉收集，打开进入右心房。毛细淋巴管在心脏结缔组织中交织成网，小淋巴管与较大的淋巴管相连续。心脏中同时分布有交感神经纤维和副交感神经纤维，以交感神经纤维为主。交感神经对心脏具有兴奋作用。两种神经纤维在心房中分布较多但在心室中较少。神经形成广泛的神经丛，在窦房结和房室结周围特别密集。

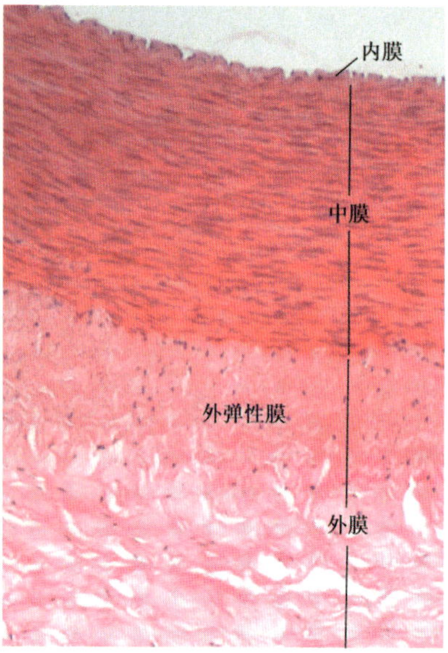

图 7–3　中动脉横断面（HE 染色）
（马云飞供图）

二、动脉

动脉（artery）从心脏发出，不断分支成小动脉，最后止于组织内。其将血液由心脏运送至身体各处，由于内部压力较大，血流速度较快。动脉管壁较厚，弹力纤维较多，管腔断面呈圆形，具有舒缩性和一定的弹性，可随心脏的收缩、血压的高低而明显的搏动。动脉管壁在心室射血时扩张；在心室舒张时回缩，促使血液继续向前流动。一般将动脉分为大、中、小、微 4 级，各级之间无明显界限，而是逐渐移行的。动脉管壁结构相似，均由内膜、中膜和外膜组成。尤其以中动脉最为典型（图 7–3）。

（一）中动脉

除主动脉、肺动脉、颈总动脉、锁骨下动脉和髂总动脉等大动脉外，凡解剖学上有名称的动脉均属中动脉，组织学上凡管径大于 1 mm 的也属于中动脉。中动脉含有丰富的平滑肌，故又称肌性动脉（muscular artery）。

1. 内膜

内膜（tunica intima）较薄，位于腔面，自内而外分为以下 3 层。

（1）血管内皮（vascular endothelium） 是衬于血管腔面的单层扁平上皮。内皮细胞多呈梭形，长轴多与血流方向一致，细胞核居中，核所在部位略隆起，细胞基底面附着于基板上。内皮细胞在动脉分支处可变为圆形。电镜观察，可见内皮细胞腔面有稀疏而大小不一的细胞质突起，表面覆以厚 30 ～ 60 nm 的细胞衣，相邻细胞间有紧密连接和缝隙连接及 10 ～ 20 nm 的间隙。内皮细胞核淡染，以常染色质为主，核仁大而明显。在细胞质内有发达的高尔基复合体、粗面内质网和滑面内质网。

内皮细胞超微结构的主要特点是细胞质中有丰富的吞饮小泡，或称质膜小泡（plasmalemmal vesicle），直径 60 ～ 70 nm。由细胞游离面或基底面的细胞膜内凹，然后与细胞膜脱离，经细胞质移向对面，又与细胞膜融合，将小泡内所含物质放出，以此发挥向血管内外输送物质的作用。

细胞质内成束的微丝和外包单位膜的杆状细胞器，长约 3 μm，直径 0.1 ～ 0.3 μm，内有 6 ～ 26 条直径约 15 nm 的平行细管，称细管小体，又称 W–P 小体，是内皮细胞特有的细胞器，一般认为它是合成和储存与凝血有关的第Ⅷ因子相关抗原（factor Ⅷ related antigen, FⅧ）的结构。

内皮细胞的微丝具有收缩功能，5- 羟色胺、组胺和缓激肽可刺激微丝收缩，改变细胞间隙的宽度和细胞连接的紧密程度，影响和调节血管的通透性。

血管内皮细胞具有复杂的酶系统，能合成与分泌多种生物活性物质，如除上述 FⅧ外，还有组织纤维酶原活性物、前列环素、内皮素（又称内皮细胞收缩因子），以及具有舒张血管作用的内皮细胞舒张因子。内皮细胞表面有血管紧张素转换酶，能使血浆中的血管紧张素Ⅰ变为血管紧张素Ⅱ，使血管收缩。内皮细胞还能降解 5- 羟色胺、组织胺和去甲肾上腺素等。

（2）**内皮下层**（subendothelial layer） 是位于内皮和内弹性膜之间薄层结缔组织，内含少量胶原纤维、弹性纤维，有少许纵平行滑肌。该层随血管变小而变薄。

（3）**内弹性膜**（internal elastic membrane） 由弹性蛋白组成，膜上有许多小孔。在血管横切面上，因血管壁收缩，内弹性膜常呈波浪状。一般以内弹性膜作为动脉内膜与中膜的分界（图 7–4）。

2. 中膜

中膜（tunica media）较厚，位于内膜和外膜之间，由数十层环行排列的平滑肌组成，散布着不同数量的弹性薄层、弹性纤维和胶原纤维。其中弹性纤维具有使扩张的血管回缩作用，胶原纤维起维持张力作用，具有支持功能。肌纤维间有中间连接和缝隙连接。血管平滑肌可与内皮细胞形成肌内皮连接（myoendothelial junction），平滑肌可借助于这种连接，接受血液或内皮细胞的化学信息。在病理状况下，动脉中膜的平滑肌可移入内膜增生并产生结缔组织，使内膜增厚，进而诱发动脉硬化。

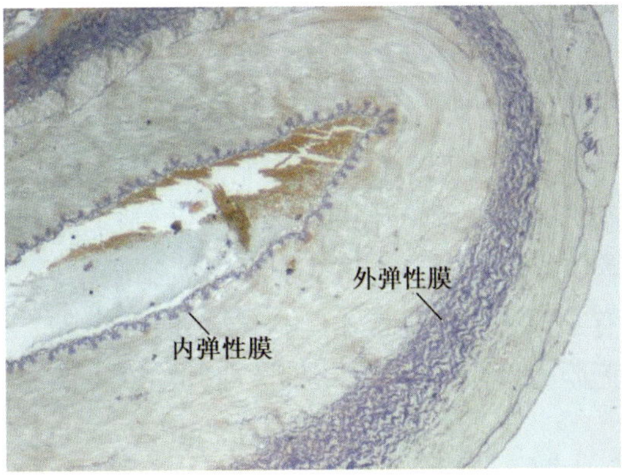

图 7–4　中动脉内弹性膜和外弹性膜
（中国农业大学组胚室供图）

3. 外膜

外膜（tunica adventitia）厚度与中膜相近，由疏松结缔组织组成，内含弹性纤维和胶原纤维、小的营养血管、淋巴管和神经纤维。结缔组织中的成纤维细胞，当血管受损时，具有修复能力。在外膜与中膜交界处，有一层较明显的外弹性膜（图 7–4）。

（二）大动脉

大动脉（large artery）包括主动脉、肺动脉、颈总动脉、锁骨下动脉和髂总动脉等。因其管壁中有多层弹性膜和大量弹性纤维，平滑肌较少，故又称弹性动脉（elastic artery）。大动脉与中动脉是渐变的，其间没有明显界限。内膜比中动脉内膜厚，内弹性膜与中膜的弹性膜相连续；中膜最厚，主要由 40 ～ 70 层有孔的弹性膜构成。在弹性膜之间还有平滑肌及少量胶原纤维和弹性纤维；外膜较薄，由结缔组织构成，其中有营养血管、淋巴管、神经等。外弹性膜与中弹性膜相连，故分界不清。

1. 内膜

内膜由内皮、内皮下层和内弹性膜构成。内皮下层较厚，其中含有胶原纤维、弹性纤维和少量的平滑肌。内弹性膜与中膜的弹性膜相连续，故内膜与中膜的分界不清。大动脉的内膜通常比其他类型动脉的内膜更厚。在大型家养哺乳动物中，内皮下层特别厚。

2. 中膜

中膜主要由同心排列的有孔弹性薄层组成。平滑肌细胞位于相邻的薄层之间，它们通过胶原纤维附着在薄层上。随着与心脏的距离增加，大动脉中膜的平滑肌细胞的数量增加，而弹性组织的量减少。外弹性膜不存在或不清楚。弹性膜由弹性纤维相连，弹性膜之间有环行平滑肌，少量胶原纤维和弹性纤维等。中膜基质的主要成分为硫酸软骨素。

3. 外膜

外膜相对较薄，由结缔组织构成，大部分为胶原纤维，还有少量弹性纤维。没有明显的外弹性膜。外膜中还有较多的营养血管、淋巴管和神经，有时可见少量平滑肌。

与中动脉相比，大动脉的结构有如下特点：①内膜的内皮下层较明显，内弹性模与中膜的弹性膜相连，故两者界限不明显；②中膜较厚，又较多弹性纤维，形成数十层弹性膜，还有少量环行平滑肌纤维和胶原纤维以及含有硫酸软骨素的异染性机制；③外膜比中膜薄，主要组成是胶原纤维，还含有少量弹性纤维。无明显的外弹性膜，故中膜与外膜的界限也不清晰。

（三）小动脉

管径在 1 mm 以下的动脉称为小动脉（small artery），结构与中动脉类似，内膜由内皮、薄层内皮下层、内弹性膜组成。内皮下层由弹性纤维和胶原纤维其构成，微动脉无此层。内弹性膜在微血管中消失，是有孔结构，内皮细胞可穿过内弹性膜与中膜的平滑肌细胞建立直接联系。中膜由 1～3 层平滑肌细胞构成，层数随血管管径缩小而减少，平滑肌纤维中夹杂有胶原纤维。外膜由疏松结缔组织构成，无外弹性膜。小动脉平滑肌的收缩使管径缩小，血流阻力增大，故称外周阻力血管。

（四）微动脉

在动脉末端小动脉逐渐变为微动脉（arteriole），通常又将管径在 0.3 mm 以下的小动脉称为微动脉。管壁由内膜、中膜、外膜构成。无内、外弹性膜，中膜只有 1～2 层平滑肌。微动脉直径在靠近毛细血管处可减小到 30 μm。

4 种动脉的管壁厚度相差很大，但管壁均可分为内膜、中膜和外膜，它们的主要差别表现于中膜的结构。大动脉中膜含大量弹性膜和弹性纤维，因此属于弹性动脉；中动脉和小动脉的中膜主要含平滑肌纤维，属于肌性动脉。大动脉和心脏直接相连，当心脏收缩射血时，大动脉因其弹性而扩张，并蓄积了势能；当心脏舒张时，大动脉以其弹性回缩力而收缩，推动血液继续流动。因此大动脉将心脏的间断射血转变为血管中持续的血流。中动脉中膜平滑肌发达，并在神经的支配下收缩和舒张，可调节分配到身体各部和各器官的血流量。小动脉和微动脉的平滑肌舒缩，一方面能显著地调节组织局部的血流量，另一方面决定了血流的外周阻力和血压。小动脉和微动脉平滑肌的舒缩受到神经和多种体液因子（如心房钠尿肽）的调节。

三、静脉

将血液从毛细血管输送回心脏的管道，称为静脉（vein），终于右心房。血液通过静脉的方向与动脉（artery）相反，静脉血液回流的动力是靠静脉管内的压力差，而不是管壁本身的收缩。机体内不同部位的静脉因为差异显著的局部机械条件，结构变化很大。静脉一般与相应的动脉伴行，管壁结构和动脉一样，包括内膜、中膜、外膜 3 层，3 层膜均较薄。常常根据管径的大小，分为大、中、小静脉以及微静脉。而“小、中、大”静脉在任何动物体内都只具有相对意义，如猫的大静脉小于牛的中静脉，微静脉则是毛细血管床最小静脉的延续。相比于同级的动脉，静脉具有管径粗且不规则、管壁薄而柔软、弹性小（结缔组织多，而平滑肌、弹性纤维少）、管壁 3 层结构分界不清、具有静脉瓣、容血量多等特点。其中，体循环中 65% ～ 70% 的血含于静脉中（门脉系统、肝和脾储存的血除外），肺循环中静脉含血 50% ～ 55%。

1. 微静脉

微静脉（venule）是毛细血管外的另一个物质交换的场所，结构类似于毛细血管，但管径更大。一般将位于毛细血管和小静脉之间，管径 50 ～ 200 μm 的血管称为微静脉。其管腔不规则，管壁薄于微动脉，内膜仅有内皮，中膜无平滑肌或只有少量分散的平滑肌，外膜由富于胶原纤维的结缔组织组成。较大的微静脉管壁又逐渐出现平滑肌。与小静脉一起被称为毛细血管后阻力血管。

2. 小静脉

随着微静脉管腔直径的增加，达到 0.2 ～ 1 mm，就成为小静脉（small vein）。小静脉管壁出现明显的中膜，外膜逐渐增厚，3 层结构明显清晰于微静脉。

3. 中静脉

小静脉汇合成中静脉（medium-sized vein），管径 1 ～ 10 mm。虽具有典型的 3 层结构，但各层都非常薄，环行平滑肌数量少（图 7-5）。内膜由内皮和内皮下层构成，内弹性膜不明显。中膜比相应的中动脉薄得多，环行平滑肌束常被结缔组织隔开，故收缩力弱。外膜厚于中膜，外弹性膜缺失。中静脉的管壁结构反映了其必须承受的运动离心力及重力。

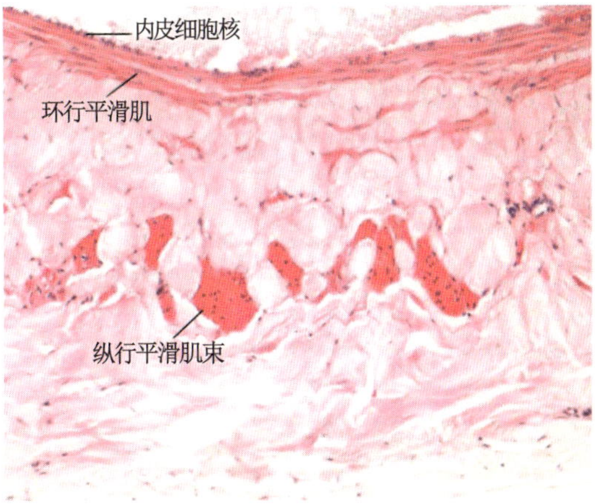

图 7-5 中静脉横切（HE 染色）
（马云飞供图）

4. 大静脉

管径 10 mm 以上的静脉被称为大静脉（large vein），是指前腔静脉、后腔静脉、颈静脉和肝门静脉。内膜与中静脉相似；中膜较薄，有数层疏松排列的环行平滑肌组成；外膜较厚，由结缔组织构成，在近中膜处，有大量纵行的平滑肌束。

5. 静脉瓣

从全身各处的微静脉，到四肢的中小静脉，再到管腔粗大的大静脉，所有类型的静脉都有成对的半月形瓣膜，即静脉瓣（venous valve），瓣膜的自由端朝向心脏，关闭时可防止血液倒流。静脉瓣是静脉血管内层的成对褶皱，结构和内膜基本相同，是由覆盖胶原纤维的内皮组成，中间为致密结缔组织，偶尔存在平滑肌细胞。

四、毛细血管

毛细血管是动物体内分布最广、分支最多、管径最小的血管（图 7-6）。直径 5 ～ 10 μm，管径均匀，一般容许 1 ～ 2 个红细胞通过。毛细血管壁的基本结构由内皮细胞、基膜和周细胞构成，没有中膜，外膜为薄层结缔组织层，与周围组织相延续。一般位于动脉与静脉之间，也有少数位于动脉与动脉（如肾小球）或静脉与静脉（如肝门静脉与肝静脉）之间。

毛细血管相互通连成网称毛细血管网（capillaries form），又称毛细血管床（capillary

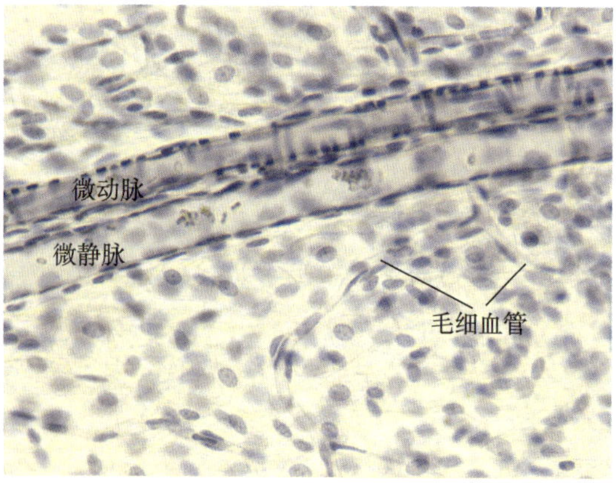

图 7–6　肠系膜铺片
（中国农业大学组胚室供图）

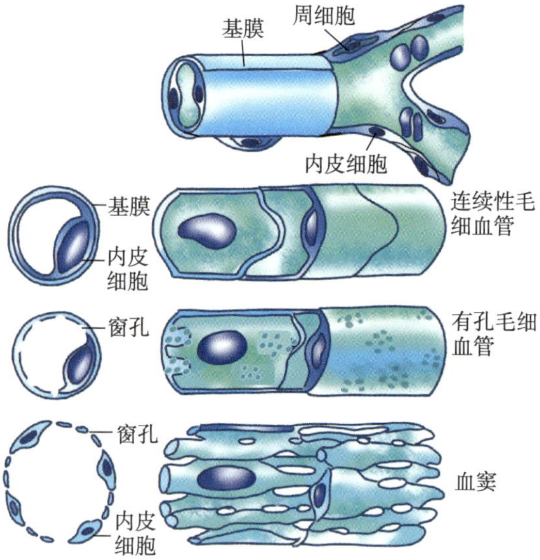

图 7–7　毛细血管分类结构模式图

beds），其密度反映了不同器官中的代谢需求。如毛细血管床在心肌、骨骼肌及胃肠黏膜较为密集，肌腱中较稀松，上皮、牙釉质、软骨、角膜、玻璃体等无毛细血管。纤维软骨关节半月板中存在血管和无血管区。

1. **结构**

毛细血管由内皮、基膜、周细胞（pericyte）构成（图 7–7）。内皮为单层扁平上皮，一般由 2～3 个内皮细胞组成，有的仅由 1 个内皮细胞组成。内皮细胞长轴与血管纵轴平行，细胞核扁平，位于核中央。内皮外为一层很薄的基膜。基膜厚 30～50 nm，可固着和支持内皮，也对大分子物质的透过有限制作用。基膜由内皮分泌而成，在病理情况下显著增厚或呈不均匀状。某些毛细血管内皮与基膜之间有扁平有突起的周细胞。周细胞不仅存在于毛细血管，还广泛分布于全身大血管、微血管管壁中，在全身血管系统中形成了一个连续的网状结构。周细胞来源于中胚层间充质，是未分化的间充质干细胞，可被刺激进行有丝分裂，迁移至血管周围或远离血管。周细胞对于血管的生长成熟有重要作用，当血管内流动特性变化时，可转化为其他细胞类型，特别是成纤维细胞和平滑肌细胞。这也是胚胎发育过程中动脉和静脉发育的方法。

所有血管的生成都以简单的毛细血管样管开始，内皮细胞从原有血管中迁移和增殖形成新的血管。近年研究显示，在可溶性因子的作用下，可引起或抑制某些组织中毛细血管的增殖。

2. **分类**

光镜下各组织结构中的毛细血管结构都较为相似，但电镜下内皮细胞和基膜的结构都有所不同。以管壁精细结构特征来分类，可分为连续毛细血管，有孔毛细血管和窦状毛细血管（图 7–7）。毛细血管结构上的差异可反映其通透性差异。窦状毛细管有着高通透性，连续毛细管通透性最低，有孔毛细血管通透性适中。

（1）连续毛细血管（continuous capillary）　连续毛细血管内皮细胞紧密连接，这些细胞只含有少数线粒体和核糖体、内质网和小高尔基复合体。除一半细胞器外，胞质内还有直径约 70 mm 的吞饮小泡，分布于管腔面和基膜。有的小泡彼此融合，与质膜相连开口于表面，形成所谓的穿内皮小管（transendothelial channel）。各血管中吞饮小泡数量不同，如肌肉毛细血管中数量多，而神经毛细血管中稀少。内皮细胞相互连接处常有小的连续毛细血管在生物体中无处不在，广泛分布于皮肤、肺、肌肉、中枢神经系统等处。

（2）**有孔毛细血管**（fenestrated capillary） 有孔毛细血管直径较大，与实质细胞相隔有连续基底层和少量外膜结缔组织，形状与实质细胞相适应。周细胞较少。有一层连续的内皮细胞，内皮细胞一部分变薄形成 60～80 nm 的圆形小孔，小孔被一层较细胞壁薄的单层隔膜封闭，孔隙通透性较大，有助于物质通过血管壁，故细胞质内吞饮小泡很少。肾毛细血管无隔膜和基膜。分布于胃肠黏膜、肾小球和某些内分泌腺等需要快速渗透的部位。

（3）**窦状毛细血管** 窦状毛细血管（sinusoidal capillary），又称血窦（sinusoid）较其他毛细血管大，直径不均匀，可改变形状来填充周围实质。周细胞极少或无。内皮细胞形态各异，有杆状（如脾）和扁平状（如肝和骨髓）。有较大孔穿过内皮细胞，无基底层或基底层不连续，可使血液和周围实质组织最大限度上进行物质交换。分布于肝、骨髓和某些内分泌腺等。

五、微循环

微脉管系统所进行的微循环（microcirculation），是指微动脉到微静脉间的血液循环，是血液循环最基本机能单位，是心血管系统在组织内真正实施机能的场所。血液流经微循环的通路一般有 3 条（图 7–8）：①微动脉→后微动脉→毛细血管前括约肌→真毛细血管→微静脉；②微动脉→后微动脉→通血毛细血管→微静脉；③微动脉→后微动脉→动静脉吻合支→微静脉。当机体处于静息状态时，大部分毛细血管前括约肌收缩，真毛细血管仅有少量血液通过，微循环大部分血液经直捷通路和动静脉吻合快速流入微静脉；机体处于活跃状态时，大部分血液经过真毛细血管与组织进行物质交换。

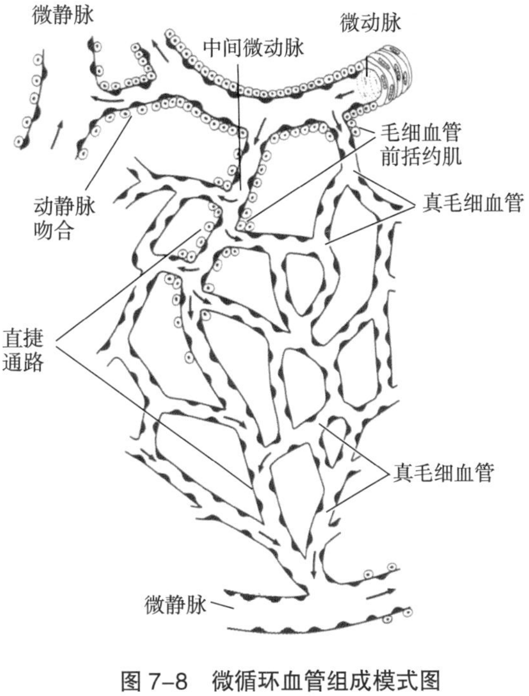

图 7–8 微循环血管组成模式图

1. 微动脉

微动脉（arteriole）直径小于 50 μm 的微动脉称为终末微动脉（terminal arteriole），进一步移行为中间微动脉或称后微动脉。微动脉对于微循环起调节总阀门的作用。

2. 真毛细血管

真毛细血管（true capillary）属迂回通路。真毛细血管是由中间微动脉分出的许多毛细血管，互相交织成网，称毛细血管网，是物质交换的主要场所。起始端有少量环形肌，是微循环调节的“分阀门”。在毛细血管床内，循环血液与间质液进行物质交换，水和水溶性物质在毛细血管动脉端进入间质，组织液在毛细血管静脉端重新进入血管至下游毛细血管后静脉。血浆分子通过跨细胞作用穿梭，包括血管细胞旁扩散、穿细胞通道、胞内小泡介导途径。

3. 直捷通路

直捷通路（thoroughfare channel）又称通血毛细血管。是中间微动脉的延伸部分，可直接与微静脉相连。该通路较直，管壁较厚，管径较真毛细血管粗，经常处于开放状态。血液流速快，故可促进血液迅速回流。骨骼肌中多见。

4. 动静脉吻合

动静脉吻合（arteriovenous anastomosis）属动静脉短路。是由微动脉分出的侧支，血管壁厚，有完整的平滑肌层。动静脉吻合在毛细血管网中形成优先流，可调节局部血流量和体温，分布于指尖、趾端、唇、鼻、生殖器勃起组织等处。

5. 微静脉

微静脉（venule）由毛细血管汇合而成，根据其管径大小和中膜结构特点可分为毛细血管后微静脉（postcapillary venule）、集合微静脉（collecting venule）和肌性微静脉（muscular venule）。结构与毛细血管相似，管径较毛细血管粗，内皮细胞间隙较大，也有物质交换功能。分布于淋巴组织和淋巴器官内的毛细血管后微静脉具有特殊结构和功能，内皮通常为单层立方上皮，是淋巴细胞穿越血管壁的重要部位。

第二节 淋巴管系统

淋巴管系统是循环系统和防御系统的组成部分。起源于生物体结缔组织中相互吻合成毛细淋巴管网络。毛细淋巴管与较大的淋巴管连续，淋巴管通过至少一个淋巴结，通往更大的集合管，集合管可将淋巴液导入静脉系统。人体中除中枢神经系统、软骨、骨髓、胸腺和牙等处没有淋巴管外，其余的组织和器官大多分布有淋巴管。

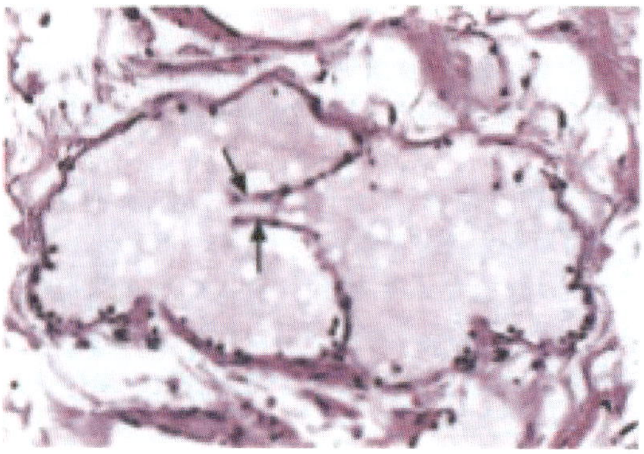

图 7–9　淋巴管的瓣膜（箭头所指处）（HE 染色）（高英茂等，2011）

淋巴管中存在瓣膜（图 7–9），它们由内皮褶皱组成，几乎不含结缔组织。在较大的淋巴管的瓣膜中偶尔可观察到平滑肌纤维。通常情况下，淋巴毛细管与疏松结缔组织相伴存在，在那里它们排出含有脂肪、蛋白质、细胞和颗粒物质的过量间质液。它们不存在于中枢神经系统、眼内的某些结构、骨髓、软骨、脾脏的红髓和肝小叶中。

1. 毛细淋巴管

毛细淋巴管（lymphatic capillary）起始端为盲端，相互吻合并交织成网由内皮和薄层结缔组织构成，其直径通常比毛细血管大，形状可变。在组织切片中通常很难区分毛细淋巴管和毛细血管。通常，在相邻的细胞之间观察到大小可变的间隙。这些间隙是暂时的，它们往往会不断出现或消失。毛细淋巴管周围的基底层不连续或不存在，因此具有良好的通透性。

2. 淋巴管

淋巴管（lymphatic vessel）的结构与静脉相似，但管径大而壁薄。淋巴管与毛细淋巴管的不同之处在于其具有较大的管腔直径和连续的基底层，瓣膜较多。随着管腔直径的增加，出现薄的内皮下结缔组织层。管壁由内皮、少量平滑肌和结缔组织构成。

3. 淋巴导管

淋巴导管（lymphatic duct）结构与大静脉相似，但管壁薄，3 层膜分界不清晰。内膜包括内皮和一层纵向交错的胶原蛋白和弹性纤维，内弹性膜很不明显。中膜含平滑肌细胞，周围有许多弹性纤维和胶原纤维，数量和方向随动物种类和所在部位的不同而有所差异。外膜由胶原纤维、弹性纤维和少量纵行的平滑肌束组成。

【思考题】

1. 试述心壁的组织结构。
2. 什么是微循环？微循环的几种模式及主要功能是什么？
3. 简述毛细血管的结构及其分类，以及各自在生物体中的主要功能。
4. 简述心血管系统的组成。
5. 比较各级动静脉的异同点。

（西北农林科技大学　殷玉鹏）

第八章 被皮系统

被皮系统（integumentary system）由皮肤及其衍生物构成。皮肤被覆于动物的体表，是一天然屏障。皮肤具有阻挡外界异物和病原体入侵，保护内部器官，防止体液中的水分蒸发，排出某些代谢废物，参与合成维生素 D，感受外界刺激，以及调节体温和参与免疫应答等功能。

在动物机体的某些特殊部位，皮肤演变成特殊的结构，如毛、汗腺、皮脂腺、乳腺、蹄、角、喙、尾脂腺等，称为皮肤的衍生物或附属器官。

第一节 皮肤

皮肤（skin）是动物机体最大的器官之一，属膜性结构，由表皮和真皮组成，借皮下组织与深层组织相连。皮肤的厚薄依动物种类、年龄、性别、分布位置而不同，例如，牛的皮肤厚，羊的皮肤薄；枕部、背部和四肢外侧面的皮肤厚，腹部和四肢内侧面的皮肤薄；覆盖体表的大部分是有毛的薄皮肤，而分布于鼻镜、足垫、乳头等处是无毛的厚皮肤。厚薄皮肤在角化程度、耐磨性能、毛和汗腺的数量及类型等方面有较大的不同，但它们的基本结构大体一致，均由表皮、真皮和皮下组织构成（图 8–1）。

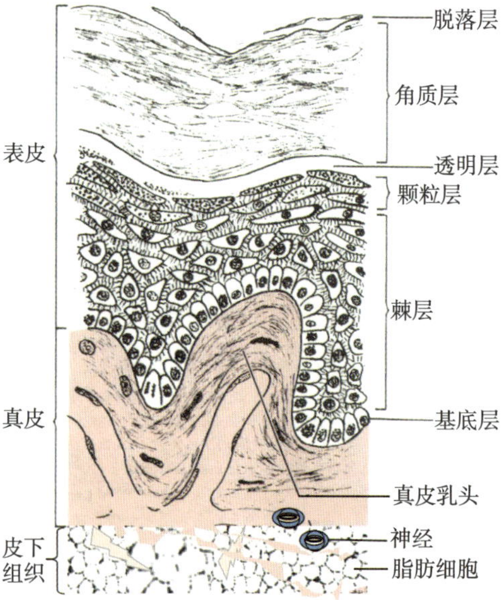

图 8–1　皮肤结构模式图

一、表皮

表皮（epidermis）是皮肤的浅层，由角化的复层扁平上皮组成，厚薄不一。长期受摩擦和压力的部位表皮较厚，角化也明显。表皮中无血管分布，营养物质的供应和代谢废物的排出，是由真皮组织液透过基膜经表皮细胞间隙来完成的。表皮中有丰富的神经末梢，故感觉敏锐。表皮各部薄厚不一致。厚皮（掌、足底）处的表皮分为 5 层（图 8–1，图 8–2），自内向外依次是：基底层、棘细胞层、颗粒层、透明层（无毛皮肤特有）、角质层。基底层和棘细胞层深部的细胞可见有丝分裂像，增生能力很强，它不断地分裂产生新的表皮细胞，补充表层角化脱落的细胞，故这两层合称为生发层（stratum germinativum）。薄皮处的表皮细胞数量相对较少，且该处表皮细胞数量又与皮肤所在的位置有关。薄皮处的皮肤内角质层较薄，一般缺少透明层，颗粒层通常也不明显。

构成表皮的细胞分 2 类，一类是角质形成细胞，占表皮细胞的绝大多数，它们在分化中不断角化并脱落；另一类为非角质形成细胞，数量较少，散在于角质形成细胞之间，包括黑色素细胞、朗格汉斯细胞和梅克尔细胞，它们各有自己的特殊机能，与表皮角化无关。

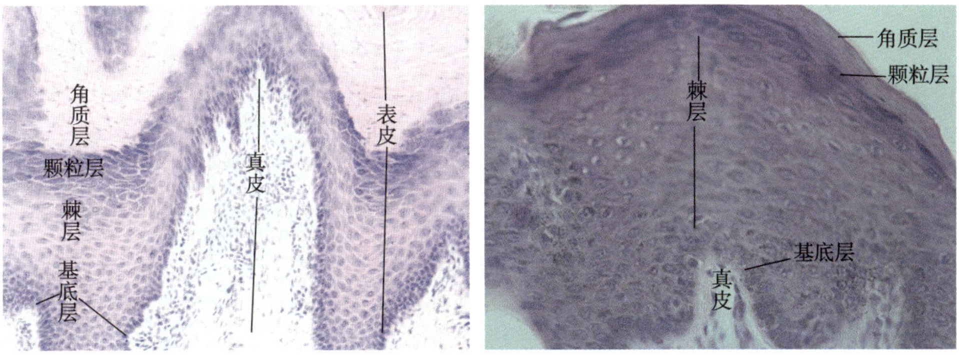

无毛皮肤　　有毛皮肤

图 8–2　皮肤表皮结构（毛景东供图）

1. 角质形成细胞

（1）基底层（stratum basale）　基底层是生发层中最靠近真皮并附于基膜上的一层基底细胞。细胞呈低柱状或立方形，细胞核圆形或卵圆形，细胞质中含丰富的游离核糖体和少量角蛋白丝（又称张力丝），HE 染色切片上呈弱嗜碱性。基底细胞内也含有较多的黑色素颗粒。细胞间有桥粒连接，细胞基底面有半桥粒与基膜相连，起固定及联系作用。基膜凹凸不平，以增加基膜与细胞接触面。

基底细胞是表皮的干细胞，是幼稚细胞，有活跃的增殖能力，能不断分裂增殖，并逐渐向表层推移，分化为其余各层的细胞。在皮肤创伤愈合中具有再生修复作用。

（2）棘细胞层（stratum spinosum）　由基底层细胞分裂而来的多层（4～10 层）棘细胞构成。厚度可变。其浅层细胞呈扁平状；深层细胞较大，呈多角形。细胞核大而圆，位于中央。细胞向外伸出许多细而短的棘状突起，故称棘细胞。这些棘状突起与相邻的细胞棘状突起由桥粒相连。棘细胞内含有较多的核糖体，故也呈弱嗜碱性。在棘细胞内也含有许多黑色素颗粒，随细胞的外移，黑色素颗粒逐渐被分解而消失。电镜下可见细胞质中有许多卵圆形板层颗粒，主要分布于细胞周边，由单位膜包裹，直径为 0.1～0.3 μm，内有平行排列的板层。板层颗粒由高尔基复合体产生，内含糖脂和固醇，以胞吐的方式将糖脂排放分泌于细胞间隙，形成含脂质的膜状物，可阻止外界物质尤其是水透过表皮，还能防止组织液外渗。此外，细胞质中还有许多角蛋白丝（张力丝），常呈束分布，并附于桥粒上，称张力原纤维（tonofibril）。

（3）颗粒层（stratum granulosum）　此层位于棘细胞层的上方，由 2～3 层梭形细胞形成。细胞质中含张力原纤维和不规则的透明角质颗粒，HE 染色呈强嗜碱性。核退化、固缩，丧失分裂增生能力的细胞已开始角化。电镜下透明角质颗粒无单位膜包囊，呈致密均质，细胞质中大量的角蛋白经常穿入透明角质颗粒中。此外，颗粒层细胞质中板层颗粒增多，还出现许多形状不规则、强嗜碱性、富含有组氨酸蛋白质的透明角质颗粒，常分布于细胞膜内侧，并将其内容物排入细胞间隙中，形成类似膜状结构，使细胞间无空隙存在，是阻止某些物质透过皮肤表皮的主要屏障。

（4）透明层（stratumlucidum） 薄，是无毛皮肤极度增厚的部位特有的一层，如肉食动物的指（趾）垫内。位于颗粒层外侧。由 2～3 层界限不清的扁平细胞构成。细胞核与细胞器已退化分解消失，电镜下细胞质内充满透明角质和张力细丝。细胞质强嗜酸性，HE 染色时被伊红着色为红色，呈均质透明状，故称透明层。有毛皮肤缺此层。

（5）角质层（stratumcorneum） 此层在皮肤的最外侧，由已经死亡完全角化的多层扁平的细胞组成。细胞核、细胞器均已消失。细胞轮廓不清，嗜酸性，呈均质红色。细胞质中充满了密集、粗大的嗜酸性角蛋白丝和均质状物质（透明角质颗粒所含），最表层的角质细胞连接松散，逐渐解体成片脱落，形成通常所称的皮屑。

表皮由基底层到角质层的结构变化，反映了角质形成细胞增殖、迁移、逐渐分化为角质细胞，然后脱落的新陈代谢过程。与此伴随的是角蛋白及其他成分合成的量与质的变化。干硬坚固的角质细胞赋予表皮对多种物理和化学刺激有很强的耐受性。角质形成细胞不断脱落和更新。

2. 非角质形成细胞

（1）黑素细胞（melanocyte） 它们是生成黑色素的细胞。来自胚胎期的神经嵴细胞，以后移入皮肤中而成为黑素细胞。这些细胞多分散在表皮基底层细胞间，光镜下胞体圆，核深染，细胞质透明，细胞体积大、多突起（树枝状）伸入基底细胞和棘层细胞之间。电镜下，可见细胞质中富含粗面内质网、高尔基复合体、有特征性的长圆形小体，称黑素体（也称黑素小体）。这种小体由高尔基体形成，有单位膜包裹。黑素体可合成并分泌黑色素。黑色素不断聚集，最后形成黑色素颗粒，并向突起中迁移，最后输送到邻近细胞内。因而使邻近的基底细胞内含有较多的黑色素颗粒。而黑素细胞本身却只含很少的色素颗粒。

黑色素是决定皮肤颜色的主要因素，此外皮肤内的胡萝卜素、真皮毛细血管的多少也决定了皮肤的颜色。黑色素能吸收紫外线，保护深部组织免受损伤。

（2）朗格汉斯细胞（Langerhans cell） 这种细胞来源于骨髓，属单核吞噬细胞系统，主要分散存在于棘细胞层，HE 染色胞质明亮，细胞核不规则，不易辨认，特殊染色可显示出有树枝状突起的细胞形态。电镜下，细胞质中溶酶体较多，其他细胞器少，还有一些由单位膜包裹的颗粒，呈杆状或球拍状，称之为伯贝克颗粒（Birbeck granule）。

朗格汉斯细胞为抗原提呈细胞，其功能主要是捕获和处理入侵皮肤内的病原生物并传递给淋巴细胞，引起免疫应答，参与免疫反应；在监视癌变细胞和排斥移植的异体组织中也起重要作用。

（3）梅克尔细胞（Merkel's cell） 位于基底层，散在于毛囊附近的基底层细胞间，数目很少，呈扁平形，有短的指状突起伸入角质形成细胞之间。于 HE 染色切片不易辨认。基底部胞质含致密核心小泡，基底面与感觉神经末梢形成突触样结构（图 8–3），可能是感受触觉或接受机械刺激的感觉上皮细胞。

二、真皮

真皮（dermis）位于表皮下面，由浅层的致密结缔组织和深层的不规则致密结缔组织构成（图 8–1，图 8–2）。其中的胶原纤维粗大，交织成网，并有许多弹性纤维存在，细胞成分少。因此，皮肤的韧性和弹性较强，皮革就由真皮鞣制而成。真皮内有毛囊、皮脂腺、汗腺、血管、淋巴管和神经分布。真皮可分为浅层的乳头层和深层的网状层。

1. 乳头层

乳头层（papillary layer）位于真皮浅层，紧靠表皮，主要是疏松结缔组织。此层向表皮突出，形成许多乳头状隆起，称为真皮乳头，呈并指状排列于表皮内，起着连接表皮与真皮的作用。乳头层中含有纤细的胶原纤维和弹性纤维，成纤维细胞较多。还富有毛细血管、淋巴管和神经末梢，便于表皮与真皮连接及营养的获得。真皮乳头在无毛或少毛的皮肤中高而细，在多毛的皮肤和表皮薄的皮肤中则不明显或缺失。

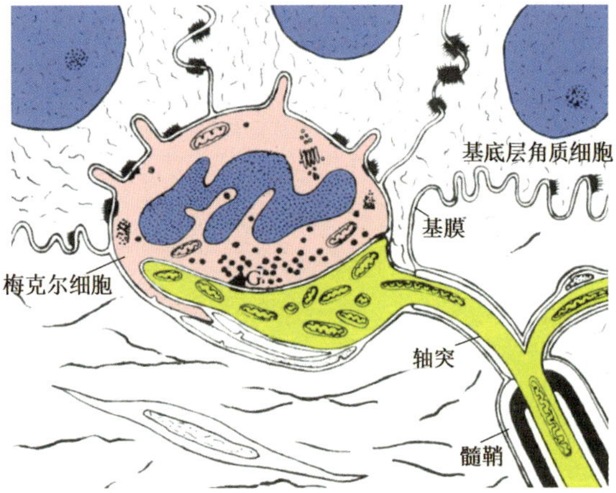

G. 分泌颗粒

图 8-3 梅克尔细胞与神经末梢超微结构模式图
（邹仲之等，2011）

2. 网状层

网状层（reticular layer）是真皮的主要组成部分，与乳头层的界限不清。为较厚的致密结缔组织，由粗大的胶原纤维、丰富的弹性纤维，交织成网，使皮肤具有较大的韧性和弹性。此层内含有较多的血管、淋巴管和神经、毛囊、皮脂腺、汗腺。深层有环层小体。

三、皮下组织

皮下组织（hypodermis）由疏松结缔组织构成。它将皮肤与深部组织连接在一起，并使皮肤有一定的可动性。有人认为此层不属于皮肤的组成成分。皮肤的毛囊和汗腺常延伸到此层，分布到皮肤的血管、神经也从此层通过。皮下组织中脂肪组织（称皮下脂肪）的多少是动物营养状况的标志。猪的皮下脂肪特别发达，形成一层皮下脂肪膜。皮下脂肪，有助于维持体温、储存能量和缓冲机械性压力。

第二节 皮肤衍生物

一、毛

毛（hair）是一种角化的丝状物。动物体内除少数部位如鼻镜、足垫、乳头等外，都有毛生长。毛有保持体温和对抗机械性损害作用，同时毛也具有重要的经济价值。

1. 毛的构造

毛分为毛干、毛根和毛球 3 部分（图 8-4）。

（1）毛干（hair shaft） 露出皮肤外表的部分。由排列规律的角化上皮细胞组成，细胞中充满角蛋白。这些角化上皮细胞排列成中央的髓质和外周的皮质。髓质由数行松散排列的扁平或立方形角化细胞构成，皮质则由数行多边形或梭形角化细胞构成，而且细胞沿着毛的长轴紧密排列。皮质细胞质中有色素颗粒，决定了毛的颜色。毛的最外层为毛小皮，包在皮质之外，由一层扁平角化细胞构成。毛小皮细胞呈覆瓦状排列，游离缘向上，外缘呈锯齿状。

（2）毛囊（hair follicle） 管状鞘，毛囊分为初级毛囊、次级毛囊、复合毛囊。

毛囊分内、外 2 层（图 8–5）。内层紧贴毛根，来源于胚胎期的复层上皮组织，称为上皮根鞘或毛根鞘。外层由致密结缔组织构成，与真皮组织无明显界限，称为结缔组织鞘。结缔组织鞘主要由环行、纵行胶原纤维、弹性纤维及成纤维细胞等构成，并富有血管及神经。毛根鞘属上皮性鞘，可分为内根鞘和外根鞘两部分。内根鞘不包围整个毛根，向上仅到达皮脂腺开口处。内根鞘的细胞从毛乳头周围向上生长，逐渐分化为 3 层结构，自内向外分别是内鞘小皮、赫氏层和亨氏层。外根鞘是表皮生发层的延续，包围整个毛根，在毛根基部变为一层扁平细胞，毛根中部则为复层细胞。

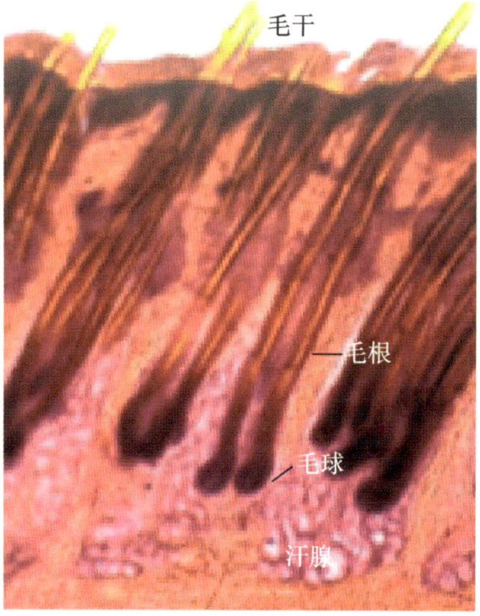

图 8–4　毛的结构（毛景东供图）

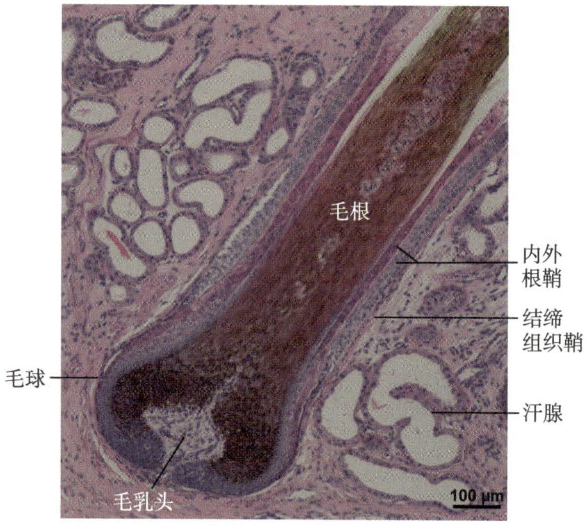

图 8–5　毛乳头及毛囊的结构（马云飞供图）

（3）毛根（hair root） 埋于皮肤内，周围包有毛囊。其髓质细胞角化程度较低。皮质细胞呈多边形，较髓质细胞密实。毛根、上皮根鞘与毛球细胞相连。毛球处的上皮细胞较幼稚，称为毛母细胞。这些细胞分裂旺盛，能分化和发生毛及上皮根鞘，毛的色素由位于毛母细胞间的黑素细胞产生，并将黑素颗粒注入毛的上皮细胞中，从而决定了毛的颜色。

毛根下端与毛囊下部相连，形成膨大的毛球（hair bulb）。毛球是毛和毛囊的生长点。毛球底部内凹，内有真皮的结缔组织、血管和神经纤维伸入，称为毛乳头（hair papilla）。毛乳头对毛的生长起诱导作用，并供给营养。毛和毛囊斜向生长在皮肤内，有一束平滑肌连接毛囊的结缔组织鞘和真皮乳头层，称为竖毛肌（arrector pilli muscle）。竖毛肌受交感神经支配，收缩时使毛竖立，并可帮助皮脂腺排出分泌物。动物毛的竖立是恐惧和准备攻击行为的表现。

窦毛（sinus hair）是一种高度分化的具有感觉功能的特殊毛类，它有一个非常大的毛囊。其结构特点是在结缔组织鞘的内外层间，有一充满血液的环状窦。有骨骼肌细胞抵达窦毛囊的外鞘，并有许多神经纤维进入结缔组织外鞘和内鞘中。从而使窦毛接受一些随意控制，常见的窦毛分布于面部，如猫、鼠等动物的胡须。

2. 毛囊群与窦毛囊

毛囊有初级毛囊、次级毛囊和复合毛囊之分。初级毛囊粗而长，分布在真皮深部，单独存在，通常伴有皮脂腺、汗腺和竖毛肌。次级毛囊较初级毛囊小而短，在真皮内分布浅，有时伴有皮脂腺，但缺少汗腺及竖毛肌。复合毛囊则是在一个毛囊外口内，有数根毛干通出，但每根毛又都有各自独立的毛囊及毛乳头，几个毛囊在皮脂腺开口水平上，汇合成一个共同的毛囊外口。

家畜体表被毛的分布和毛囊类型因动物种类不同而有差异。马、牛的被毛均匀分布，多为初级毛囊（单毛囊）；猪也是单毛囊，但往往由 2～4 个单毛囊汇集成毛囊群，并外包有致密结缔组织；绵羊体表大部分细毛为复合毛囊，它的典型毛囊群由 2～3 个初级毛囊和多个次级毛囊组成；食肉动物的毛囊群常以复合毛囊的形式存在。

3. 毛的生长与更新

毛有一定的生长周期，各部位的生长周期长短不一。生长期的毛囊较长，毛球和毛乳头较大，毛母细胞分裂活动强。由生长期转入终止期，是换毛的开始。此时毛囊逐渐变短，毛球缩小；毛乳头萎缩，血液停止供应，毛母细胞分裂减少或停止分裂并发生角化，毛易脱落。在旧毛开始脱落之前，先在毛囊底端形成新的毛球和毛乳头，开始产生新毛。新毛长入原有毛囊内，将旧毛推出的同时，新毛伸出皮肤表面。

二、皮脂腺

皮脂腺（sebaceous gland）一般位于毛囊与竖毛肌之间，属于分支泡状腺或复泡状腺。在有毛的皮肤，它位于毛囊和竖毛肌之间；在无毛的部分，如鼻尖、唇和生殖孔的周围也有皮脂腺。

皮脂腺由分泌部和导管部构成。导管部很短，由复层扁平上皮构成，大部分开口于毛囊上段（无毛皮肤则开口于皮肤表面）。分泌部由一个或几个大的腺泡构成。腺泡较特殊，由多层细胞构成，几乎无腺腔，周围为较小的基细胞，是一种幼稚型的细胞，细胞质内含有较多的游离核糖体、滑面内质网和高尔基复合体等。在腺泡中央部的细胞为多角形，由于细胞质内所含的脂肪滴大而多，故细胞体积较大而且透明；细胞核较小位于细胞中央，呈固缩状态。皮脂腺属全浆分泌，周围腺细胞小，能不断分裂增殖，逐渐长大并向腺泡中心移动。中心细胞充满脂滴，细胞核溶解，崩解破裂，细胞碎片连同细胞内含的脂类物一起排出，构成皮脂。分泌物排出后，由腺泡的最外一层较小的幼稚细胞（基细胞）不断分裂增殖产生新细胞，来补充因分泌而丧失的细胞。分泌的皮脂可以润滑皮肤和保护毛发。

三、汗腺

汗腺（sweat gland）是盘曲的单管状腺，也由分泌部及导管部构成。分泌部较粗，多位于真皮深层（网状层），有时可直达皮下组织内。在马、猪，猫和绵羊，分泌部卷曲成小球状，而在牛、山羊和犬则迂曲呈波浪形。其腺细胞因其分泌阶段不同而呈扁平、低柱状或矮立方形。在腺上皮细胞和基膜之间有一层梭形的、具有伸缩能力的肌上皮细胞分布，其收缩有助于分泌物的排出。导管部为细长而较直的上皮管道，管壁由 2 层矮立方形细胞构成，细胞小，细胞质嗜碱性。由真皮部上行穿过表皮，开口于毛囊或直接开口于体表。根据汗腺的形态和功能特点，汗腺通常可分为局浆分泌型汗腺（以胞吐方式排出分泌物）或顶浆分泌型汗腺（由细胞膜包裹的分泌物从细胞表面脱落）。近期研究结果表明，这种分类方式可能并不准确，汗腺可能均以局浆分泌方式排除分泌物。在该问题未完全解决之前，仍将使用传统的分类方法。

大多数哺乳动物都有汗腺。汗腺在动物体上，并非均匀地分布，如猫、鼠的汗腺集中在鼻尖及足跖部，兔在唇边、鹿在尾基部等。

顶浆分泌型汗腺在家畜中存在极广，而且家畜的绝大部分皮肤都有顶浆分泌型含腺分布。其分泌部呈松散的波状卷曲，管腔较大，故又称大汗腺。分泌部随汗腺分泌活动时期的不同，腺上皮细胞呈矮立方形或者是低柱状，细胞质内可含有糖原、脂质和色素颗粒，细胞的游离面有细胞质突起，其中充满分泌颗粒和部分胞浆，最后突起与胞体脱离，成为分泌物进入导管管腔。此型汗腺导管一般开口于毛囊。

家畜皮肤中还有局浆分泌型汗腺，在马、驴、黄牛、骆驼中比较发达，分布也较广泛。在其他哺乳类中，此型汗腺常常集中分布在某些部位，主要分布在有蹄类的蹄叉、犬和猫的足枕、猪的腕部、猪和反刍动物的唇部、鹿的四肢和腹部等处。其分泌部由立方形上皮细胞组成，分泌细胞外有肌上皮细胞围绕。导管部由双层立方上皮细胞构成，管较直，直接开口于皮肤表面。

汗腺分泌汗液。汗液主要成分是水，此外还有钠、钾、乳酸盐和尿素。汗液的分泌是散热的方式之一，在高温环境下，汗腺分泌旺盛。此外，汗腺的分泌具有湿润皮肤、调节体温、调节水盐代谢、排泄代谢废物等作用。

很多动物皮肤表面的某些特化区域内也含有大量的腺体。如猪腕腺内存在大量的局浆分泌型汗腺，猪的颏器、绵羊的鼠蹊囊和指间存在大量的顶浆分泌型汗腺，猫的颏下器、肉食动物的尾上腺、绵羊的眶下器和山羊的角腺内还含有许多大型的皮脂腺。

马属动物鼻部的皮肤较薄，上具有细毛、皮脂腺和汗腺，偶尔可见触毛。其他动物鼻镜处的表皮较厚且高度角质化。肉食动物鼻镜表面没有腺体和细毛。猫鼻镜表面的表皮形成许多小的隆起。犬的鼻镜相对平滑，上具有浅沟。猪吻突表面分布有大量局浆分泌型汗腺并生长有细毛。牛的鼻唇镜以及羊的鼻唇镜表面无毛，但有大量浆液型复合管泡状腺分布。

猫和犬的指（趾）垫很厚。犬的指垫平滑，猫的指垫表面因有圆锥状乳头分布而略显粗糙。指垫及指垫下真皮内均分布有相互缠绕的局浆分泌型汗腺。

四、乳腺

乳腺（mammary gland）是哺育幼畜十分重要的皮肤腺，基本结构特征与动物的年龄、性周期有很大关系。乳腺是复管泡状腺，外包结缔组织被膜，深入深层把实质分隔为许多腺小叶，小叶间的结缔组织称为乳腺间质组织。乳腺实质的腺小叶由分泌部和各级导管构成。

妊娠后期和授乳期的乳腺有泌乳功能，称为泌乳期乳腺。生幼畜后，母畜最早分泌的乳汁称初乳，内含初乳小体、脂滴、抗体等。性成熟前及两个泌乳期之间的无分泌功能的乳腺，称为静止期乳腺。

1. 泌乳期乳腺

（1）分泌部 由大量腺泡组成。腺泡形状不规则，为圆球形或多角形。腺泡细胞为单层，形态因分泌周期而有变化。当细胞内聚集着脂滴和蛋白质颗粒等分泌物时，细胞呈高柱状或锥形，顶端呈出芽状突入腺泡腔内，细胞核呈球形位于基底部。此时腺泡腔窄小。随着乳腺细胞将分泌物排出，细胞变成低立方形或扁平状。腺泡腔变大，充满了分泌物（图 8-6）。在腺细胞与基膜之间有梭形的肌上皮细胞，它的收缩有利于腺泡细胞分泌及乳汁内排出。在同一个腺小叶中，因腺泡分泌活动不完全一致，使得腺泡细胞的形状也不尽相同，有的为高柱状或锥形，另一些则为扁平状。腺泡的生长和分泌受催乳素、雌激素、黄体酮等激素的调控。

（2）**导管部** 乳腺的各级导管包括小叶内导管、小叶间导管、输乳管、乳池及乳头管。导管上皮随管径增粗，单层立方上皮过渡到复层扁平上皮。

小叶内导管为单层立方上皮，也有肌上皮细胞存在，其一端与腺泡相连，另一端进入叶间结缔组织，汇入小叶间导管。小叶间导管上皮为单层柱状（图 8–7）。小叶间导管进一步汇合为输乳管，又称总导管。有的动物输乳管在乳头扩大成乳窦或乳池，最后经乳头管通出。输乳管、乳池等大型导管，其管壁上皮为双层矮柱状。乳头管为复层扁平上皮并与皮肤表皮相连续。

乳腺的间质组织由血管、神经、淋巴管及大量结缔组织构成，对腺泡起支持和营养作用。在结缔组织中含有浆细胞和淋巴细胞。

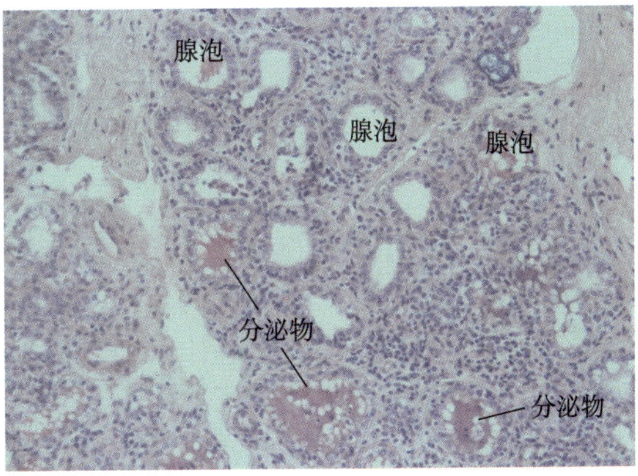

图 8–6 乳腺活动期结构（HE 染色）（毛景东供图）

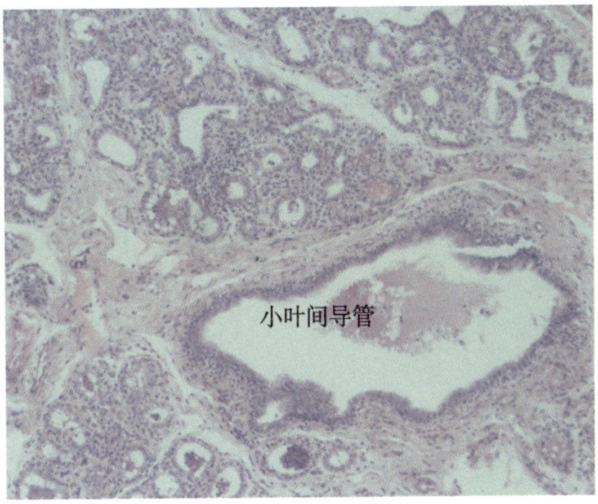

图 8–7 乳腺活动期导管部（HE 染色）（毛景东供图）

2. 静止期乳腺

乳腺性成熟前，乳腺主要是间质组织。此时，乳腺的腺泡很少，导管相对发达。整个乳腺也较小。

断乳后，乳腺停止分泌，储存于腺泡及导管中的乳汁被吸收。腺组织逐渐萎缩，由增生的结缔组织、脂肪组织取代，乳腺组织结构又恢复到静止期状态。

五、其他衍生物

马的附蝉和麦角为表皮增厚所形成的皮肤衍生物。肉食动物的爪、有蹄类动物的蹄以及反刍动物的角也都是高度特化的皮肤衍生物。

补充资料

鸡的被皮系统

1. 表皮

鸡的表皮一般较哺乳动物的薄，由内侧的生发层和外侧的角质层组成。生发层包括基层、由一层或几层多角形细胞构成的中间层和位于角质层下面由扁平状的空泡状细胞构成的薄的过渡层。

2. 真皮

被羽处皮肤的真皮内缺乏乳头层，没有颗粒层。皮下组织内存在单室和多室脂肪细胞。

3. 皮肤衍生物

成年鸡体表的表皮衍生物——羽毛，可划分为3种主要的类型：正羽、绒羽和纤羽。正羽的中央为羽轴，可分为中空的羽根和上方的羽颈，羽片沿羽轴向两侧生长，上具相互勾连羽枝和羽小枝；绒羽软而蓬松，其羽小枝缺乏小钩；纤羽短小，呈毛状。

羽毛位于真皮或皮下斜向生长的管状羽囊内。发育期的羽囊内壁排布有角质层和由结缔组织包裹的表皮生发层。羽囊基部的表皮增厚形成表皮领。表皮领包绕于真皮乳头，决定羽毛的生长。在羽毛的生长过程中，由真皮乳头形成高度血管化的间充质样的羽髓。网状的羽肌附着于羽囊，羽肌由一束或几束平滑肌构成。纤羽的羽囊处没有肌肉分布。

肉垂和鸡冠为皮肤附属物，其真皮内含有广泛分布的浅层窦性毛细血管网和丰富的黏液性结缔组织。肉垂和肉冠因毛细血管的存在而呈现鲜红色。

鸡的趾垫表面覆盖有厚的角质层，皮下组织中含有脂肪组织垫。角质化的鳞、爪以及喙都是鸡的皮肤衍生物。尾脂腺位于尾部背侧基部，分为左、右两叶，属全浆分泌腺，分泌油性分泌物。尾脂腺腺叶内的单管状腺呈毛刷状排列于腺腔内。依据组织学染色特性可将腺管分为皮脂区和糖原区。糖原区是小叶腺腔的延续。尾脂腺小叶经位于尾脂腺峡部的初级导管开口于尾脂腺乳头。

【思考题】

1. 名词解释：毛囊、毛球。
2. 简述表皮的组织学结构。
3. 简述毛及毛囊的组织学结构。
4. 简述皮肤的结构及其功能。

（内蒙古民族大学　毛景东）

第九章 免疫系统

免疫系统又称淋巴系统，既承担机体抵御微生物入侵的功能，如病毒、细菌、真菌、寄生虫及其产生的毒素等；同时又负责清除体内的损伤、衰老和死亡细胞及肿瘤细胞等，维持内环境的稳定。

免疫功能分为 2 种，一种是广泛针对非己物质的天然免疫（innate immunity），又称非特异性免疫（nonspecific immunity）；另一种是针对某种特定抗原的获得性免疫（acquired immunity），又称特异性免疫（specific immunity）。

非特异免疫或天然免疫针对所有非己物质，其特点是：没有特异性，反应速度快，但持续时间相对较短，从几小时到几天，强度不会很高；参与的细胞主要包括识别非己物质并启动非特异免疫的哨兵细胞（sentinel cell）以及被招募参与反应的细胞。哨兵细胞有：巨噬细胞、树突细胞、肥大细胞，这些细胞可通过细胞表面的模式识别受体感受外源微生物或自身的病变细胞，并分泌细胞因子启动和调节炎症反应。参与天然免疫的细胞有中性粒细胞、嗜酸性粒细胞、嗜碱性粒细胞、自然杀伤细胞以及组织中的上皮细胞等。

特异性免疫或获得性免疫针对某一种特定抗原，反应相对较慢，3～7 d，但持续时间长，强度相对高，并可针对抗原的多次刺激而反复产生再次免疫应答，加强特异性的抵抗能力。参与免疫应答的细胞包括抗原提呈细胞（antigen presenting cell, APC）和效应淋巴细胞，并产生两种效应。一种是由效应 B 细胞转化为浆细胞产生抗体，即有抗原针对性的免疫球蛋白，通过抗体在体液中结合抗原的方式引起一系列反应，最终清除外源性抗原，称体液免疫（humoral immunity）。另一种是由效应 T 细胞，又称细胞毒性 T 细胞，分泌细胞因子，直接以细胞与细胞作用的方式清除被感染或病变的细胞，称细胞免疫（cellular immunity）。

特异性免疫功能由淋巴器官、分布于各个系统的器官中的淋巴组织，以及散在分布于全身各处的淋巴细胞、其他白细胞及其分泌的细胞因子和抗体共同完成的针对特异性抗原的免疫应答。淋巴器官的作用是培育淋巴细胞并支持帮助淋巴细胞完成特异性免疫功能。同时淋巴细胞可以通过血液和淋巴循环来实现全身性分布。因此，免疫系统主要由免疫细胞、淋巴组织（免疫组织）和淋巴器官（免疫器官）三部分组成。

第一节 免疫细胞

参与获得性或特异性免疫应答的主要细胞包括抗原提呈细胞、淋巴细胞，以及位于淋巴器官和淋巴组织中的基质细胞。

一、抗原提呈细胞

体内所有的有核细胞都是兼职的抗原提呈细胞，当它们受到胞内寄生微生物的侵袭或细胞出现生理性或病理性异常时，细胞会合成主要组织相容性复合体Ⅰ类分子（major histocompatibility complex Ⅰ, MHC Ⅰ）与内源性抗原结合，形成抗原肽-MHC Ⅰ类分子复合物并提呈给 $CD8^+$T 细胞，后者在多个细胞因子的刺激下，活化 T 淋巴细胞，使其分化、增殖，最终产生抗原特异性的细胞毒性 T 细胞和记忆 T 细胞。

专职抗原提呈细胞，包括树突细胞、巨噬细胞和 B 细胞，以及在一定微环境条件下的淋巴器官中的成纤维细胞、血管内皮细胞及表皮角质细胞等，还能捕获和处理外源性抗原，即入侵体内的微生物，将其降解为多肽，并与抗原提呈细胞表达的抗原提呈受体，即主要组织相容性复合体Ⅱ类分子（major histocompatibility complex Ⅱ, MHC Ⅱ），结合形成抗原肽-MHC Ⅱ类分子复合物，提呈给 $CD4^+$T 细胞，致敏辅助性 T 细胞，后者进一步帮助活化 B 淋巴细胞，促使其分化、增殖，产生抗原特异性的效应 B 淋巴细胞和记忆 B 淋巴细胞。效应 B 淋巴细胞可进一步形成产生抗体的浆细胞。

在专职抗原提呈细胞中，树突细胞是唯一可将抗原肽提呈给未接触过抗原的初始（童贞或处女）T 细胞（naive 或 virgin T cell）的抗原提呈细胞，并使其受到激发、活化形成致敏的辅助性 T 细胞。巨噬细胞和 B 细胞只能将抗原提呈给抗原致敏的辅助性 T 细胞，而不能使其致敏，并且提呈效率较低。另外，作为抗原提呈细胞的 B 细胞主要在二次免疫中起抗原提呈作用。

（一）树突细胞

树突细胞（dendritic cell, DC）因细胞质含有长而纤细的突起而得名。它参与非特异性免疫，是哨兵细胞，分布于除脑、睾丸和部分眼组织以外的全身器官；同时又是获得性免疫的捕获、加工和提呈抗原能力最强的抗原提呈细胞；并且树突细胞还是免疫调节细胞。可分泌多种细胞因子，对天然和获得性两种免疫应答起免疫调节的作用。

树突细胞有淋巴样前体细胞和单核细胞前体细胞两个来源，淋巴样前体细胞形成浆细胞样树突细胞（plasmacytoid DC, PDC），存在于血液和淋巴器官中，仅在猪体内发现，接触病毒后是Ⅰ型干扰素的主要分泌细胞。单核细胞前体细胞可形成骨髓样（组织或间质）树突细胞（myeloid DC, MDC）、滤泡树突细胞（follicular DC, FDC）和朗格汉斯细胞（Langerhans cell）3 个亚群。骨髓样（组织）树突细胞来源于血液单核细胞，分布于心、肺、肾和胃肠道等多种器官的组织中。朗格汉斯细胞，分布于表皮，寿命 18 个月，此细胞可回到淋巴管道中叫作面纱细胞（veiled cell），并可进一步回到次级淋巴器官和淋巴组织的 T 细胞聚集区，转化为交错细胞突（staggered cell）或指状树突细胞（interdigitating cell）。滤泡树突细胞亚群分布于次级淋巴器官或淋巴组织的 B 细胞聚集区（淋巴滤泡）。除树突细胞分化晚期外，各细胞类型之间均可互相转化。

未成熟树突细胞为专职的抗原捕获细胞，受到抗原刺激并将其吞噬，然后被招募进入次级淋巴器官，进一步成熟，便丧失抗原捕获能力，但其抗原提呈能力增强，成为专职的抗原提呈细胞；成熟的树突细胞可分泌趋化因子，招募 T 细胞到达其周围，在互作的过程中将 T 细胞包绕在树突网中，当成熟 DC 提呈的抗原与致敏的辅助 T 细胞表面受体匹配时，辅助 T 细胞与之结合并接受提呈的抗原。并转化为与抗原类型相应的辅助性 T 细胞，促进相应的免疫应答。

病毒感染的细胞或肿瘤细胞等内源性抗原可促进单核细胞前体细胞来源的未成熟树突细胞进一步分化，形成成熟的 DC1 树突细胞，分泌 IL–12、IL–18，激活辅助 T 细胞 1（Th1），最终促进细胞免疫。一些微生物的外源性抗原可促进淋巴样前体细胞来源的未成熟树突细胞进一步分化，形成成熟的 DC2 树突细胞，分泌 IL–1、IL–4，激活辅助 T 细胞 2（Th2），最终促进体液免疫；另外还有一些微生物分子和报警素（alarmins）可促进树突细胞分泌 IL–6、IL–23，激活辅助 T 细胞 17（Th17），促进针对细菌的中性粒细胞的炎症反应。另外，成熟树突细胞是唯一可有效激活从未接触抗原的初始 T 淋巴细胞的抗原提呈细胞，并使之成为致敏的 $CD4^+$辅助性 T 细胞（helper T cell）。

（二）巨噬细胞

巨噬细胞（macrophage）来源于血液中的单核细胞，其作用贯穿炎症反应的全过程，既参与非特异性免疫应答，又参与特异性免疫应答，并可进行免疫调控，控制炎症反应及其转归，是免疫反应的总司令。

同时巨噬细胞在全身的器官内广泛分布，未成熟的巨噬细胞在血液中，称单核细胞（monocyte），占白细胞总数的 5% 左右，进入组织后叫作巨噬细胞，在全身主要器官组织中进一步分化，形成单核巨噬细胞系统（mononuclear phagocytic system, MPS），吞噬血液和器官中的损伤组织和外来异物，单核巨噬细胞系统的分布见表 9–1。

表 9-1　单核巨噬细胞系统

单核巨噬细胞系统来源：单核细胞	功能：吞噬、抗原提呈
结缔组织	组织细胞（巨噬细胞）（histocyte）
肺泡腔	尘细胞（肺泡巨噬细胞）（dust cells 或 alveolar phagocyte）
肺泡隔	隔细胞（septal cell）
肝组织	库普弗细胞（Kupffer's cells）
神经组织	小胶质细胞（microglial cells）
表皮	朗格汉斯细胞（Langerhans cells）
骨	破骨细胞（osteoclast）

巨噬细胞在天然免疫中是探测入侵微生物的哨兵细胞；在中性粒细胞之后几小时进入炎症部位，能反复吞噬抗原，通过氧化和非氧化两种机制破坏外源微生物，根据巨噬细胞是否产生一氧化氮（NO），可将其分为 M1 和 M2 两类，M1 巨噬细胞产生于炎症早期，含有 NO，可高效杀死细菌、真菌、原虫、某些蠕虫等入侵微生物和肿瘤细胞，并产生促炎细胞因子；同时巨噬细胞可分泌多种酶和酶原，直接破坏结缔组织中的胶原纤维、弹性纤维，并间接破坏组织纤维蛋白，软化局部结缔组织基质。M2 巨噬细胞出现于组织开始修复的炎症晚期，不含 NO，产生抑制免疫应答的细胞因子，促进成纤维细胞的活化，减轻炎症并启动损伤组织的愈合。

巨噬细胞同时也是获得性免疫应答的抗原提呈细胞之一。对于异物和损伤、濒死及死亡的微生物和细胞具有较强的吞噬和清除的能力，并可以将抗原提呈给抗原致敏的辅助性 T 细胞，其抗原提呈能力远低于树突细胞。

（三）其他抗原提呈细胞

B 细胞可在主要组织相容性复合体Ⅱ类分子的作用下摄入、加工抗原，并提呈给致敏的辅助性 T 细胞，此抗原提呈功能在二次免疫的效应远远大于初次免疫。

肠道相关淋巴组织表面的上皮相关细胞内有微皱褶细胞（microfold cell），又称 M 细胞，位于黏膜上皮细胞间，可捕获肠道的抗原并提呈给黏膜下的淋巴细胞。

同时辅助 T 细胞可被多种“非专业”抗原提呈细胞激活，如淋巴器官中的成纤维细胞、血管内皮细胞，甚至皮肤角化细胞均可有效捕获、加工、提呈外源性抗原。这些细胞的抗原提呈作用有赖于局部的微环境给予其抗原提呈的能力。

二、淋巴细胞

淋巴细胞是直径为 7～15 μm 的小圆形细胞，核质比大，细胞质很少，细胞核大而圆，嗜碱性强。淋巴细胞具有抗原结合受体，功能不同的淋巴细胞形态无明显差异，据其表面分子不同，可分为 3 个大的亚群：参与天然免疫的淋巴细胞亚群叫作自然杀伤淋巴细胞（natural killer cell, NK）；参与特异性免疫应答的淋巴细胞，它们必须接触到由抗原提呈细胞携带的、并能与其细胞表面特异性受体结合的抗原时，才会启动其免疫应答。主要可产生 2 种效应细胞：一种是 B 淋巴细胞（B lymphocyte），可进一步分化为浆细胞，浆细胞分泌具有抗原特异性的抗体，抗体结合外源性抗原后很容易被其他有吞噬能力的细胞识别、吞噬并清除；另一种效应细胞为 T 淋巴细胞（T lymphocyte），可调节获得性免疫应答，一部分可以杀伤表达内源抗原的细胞，又称细胞毒性 T 细胞，另一部分分泌细胞因子，清除胞内寄生微生物或病变细胞。

哺乳动物 T、B 淋巴细胞分别由胸腺、骨髓和回肠派尔集合淋巴结（部分动物）等中枢（初级）淋巴器官培育为成熟的初始淋巴细胞，每个淋巴细胞具有单一抗原表位，然后到达外周（次级）淋巴器官或淋巴组织，在抗原提呈细胞和辅助性 T 细胞的作用下，受到可与其表面特异性受体匹配的抗原的刺激，活化形成淋巴母细胞，经分化、增殖后产生效应 T、B 淋巴细胞和记忆 T、B 淋巴细胞。T、B 效应淋巴细胞分别可产生细胞因子或抗体，直接参与清除细胞内或细胞外的特异性抗原。记忆淋巴细胞为记忆抗原信息的静息小淋巴细胞。记忆淋巴细胞寿命较长并可不断在体内循环，当受到同样抗原的再次刺激时，能迅速形成大量效应淋巴细胞。在体内进行循环的很大部分为记忆淋巴细胞，且其中 75% 为 T 细胞，少量为 B 细胞（表 9–2）。

表 9-2　T、B 淋巴细胞的对比

特性	B 细胞	T 细胞
发生器官	骨髓、法氏囊、派尔集合淋巴结（部分动物）	胸腺
分布	淋巴结皮质的浅层皮质区	淋巴结皮质的副皮质区
	脾脏白髓的脾小结	脾脏白髓的动脉周围淋巴鞘
参与循环	占血液淋巴细胞的 25%	占血液淋巴细胞的 75%
识别抗原	游离外源蛋白	MHC– 抗原复合物中加工的外源蛋白
子代细胞	浆细胞、记忆性 B 细胞	效应 T 细胞、记忆 T 细胞、辅助 T 细胞
分泌产物	免疫球蛋白（抗体）	细胞因子

(一)T 淋巴细胞

T 淋巴细胞是在胸腺分化发育的功能最复杂的一类淋巴细胞，又称为胸腺依赖淋巴细胞（thymus dependent lymphocyte）。离开胸腺后主要聚集在淋巴结皮质的副皮质区、脾脏白髓的动脉周围淋巴鞘和派尔集合淋巴结的滤泡间区。初始 T 细胞是长寿的静止细胞，不断在血液和淋巴器官间反复循环，受到抗原刺激后其效应细胞为细胞毒性 T 细胞和记忆 T 细胞，主要清除病毒和其他细胞内寄生微生物以及体内的病变或肿瘤细胞。同时还有调节免疫应答的辅助性 T 淋巴细胞和调节性 T 细胞；所有 T 细胞表面有 T 细胞抗原受体（T cell antigen receptor, TCR），又称 CD3 分子，辅助性 T 细胞同时又有 MHC Ⅱ类分子的受体 CD4 分子。细胞毒性 T 细胞和调节性 T 细胞同时又有 MHC Ⅰ类分子的受体 CD8 分子。

1. 细胞毒性 T 细胞

细胞毒性 T 细胞（cytotoxic T lymphocyte, Tc）可以完成细胞免疫，即由细胞介导的免疫应答，能够清除体内的异常细胞和细胞内寄生的病原体。其具体途径如下：第一条途径是细胞毒性 T 细胞被激活后，释放其溶酶体形成的穿孔素和颗粒酶引起体内异常或病毒感染的细胞发生内源性凋亡，而细胞毒性 T 细胞本身无损伤，还可继续攻击其他靶细胞；第二条途径为活化的细胞毒性 T 细胞表达 CD95L 分子，与靶细胞的 CD95 结合导致死亡诱导信号复合物的形成，此途径可同时诱导靶细胞和细胞毒性 T 细胞的凋亡。

在病毒急性感染期，只有当抗原清除后才有可能形成记忆 T 淋巴细胞；而在慢性感染中，细胞毒性 T 细胞会持续存在。另外，记忆 T 淋巴细胞的数量为初次免疫中细胞毒性 T 细胞峰值量的 5%～10%。记忆 T 淋巴细胞的寿命较长，受到 IL–15 的促进和 IL–2 的抑制。记忆性 T 细胞不断在体内参与淋巴细胞的循环。

2. 辅助性 T 细胞

树突细胞和其他抗原提呈细胞捕获和加工的抗原，在次级淋巴器官或内脏器官的淋巴组织中提呈给有相应受体的辅助性 T 细胞（helper T lymphocyte，Th），并将其激活，即为致敏的辅助 T 细胞，后者再将抗原提呈给 T 或 B 淋巴细胞的同时分泌共刺激因子将其激活，促其分化、增殖，形成细胞毒性 T 细胞和反应性 B 细胞及记忆 T、B 淋巴细胞。辅助性 T 细胞在获得性免疫应答中起着核心的桥梁作用，因此会受到细胞间的相互作用和各种细胞因子的严格调控。

辅助性 T 细胞受到抗原和微环境的作用，可转化为辅助性 T 细胞 1（Th1）、辅助性 T 细胞 2（Th2）和辅助性 T 细胞 17（Th17）3 个亚群。B 细胞和分泌 IL–12 和 IL–18 的骨髓样树突细胞 DC1 两种抗原递呈细胞优先触发 Th1，活化的 Th–1 可分泌 IL–2 和 IFN–γ，能增强细胞介导的免疫应答，即可对分枝杆菌和病毒等胞内寄生微生物产生免疫应答。巨噬细胞和分泌 IL–4 和 IL–1 的浆细胞样树突细胞 DC2 这两种抗原递呈细胞优先触发 Th2，活化的 Th2 可分泌 IL–4、IL–5、IL–10、IL–13，这些细胞因子能刺激 B 细胞的增殖和抗体的分泌，可增强对胞外微生物的免疫应答。树突细胞产生的 IL–6、IL–23 和 IFN–β 刺激生成 Th17，分泌 IL–17，可调节中性粒细胞参与的炎症反应，清除细菌和霉菌感染；Th17 还与自身免疫性疾病和慢性炎症性疾病相关。

3. 调节性（抑制性）T 细胞

机体内有一个免疫调节的细胞网络，部分是在胸腺内自然生成的，部分是经细胞因子诱导产生的，具有广泛的抗原识别谱。主要起调节免疫、维持免疫耐受与免疫性之间的平衡的作用。这部分 T 细胞称为调节性（抑制性）T 细胞（regulatory T lymphocyte，Tr）由约 5% 的循环 T 细胞和 10% 的淋巴结 T 细胞组成（犬）。自然 Tr 细胞通过分泌细胞因子或细胞 – 细胞接触发挥作用，可分泌 IL–10 和转化生长因子 β（transforming growth factor β, TGF–β）两种抑制性细胞因子。Tr 细胞可防止 T 细胞在无抗原的情况下不当激活，或抑制受到抗原刺激的辅助性 T 细胞的增殖。

（二）B 淋巴细胞

B 淋巴细胞是在骨髓或腔上囊（禽类）分化发育的淋巴细胞，又称为骨髓依赖淋巴细胞（bone marrow dependent lymphocyte）或囊依赖淋巴细胞（bursa dependent lymphocyte）。哺乳动物的 B 细胞起源于骨髓，在骨髓或回肠派尔集合淋巴结（反刍动物、猪和犬）培育后分布于淋巴结、脾脏和肠道派尔集合淋巴结的淋巴滤泡（淋巴小结）中。B 淋巴细胞表面有特异性的 B 细胞抗原受体（B cell antigen receptor, BCR），但不表达 CD4 和 CD8 分子。

每个静止的 B 细胞都带有 IgM 和 IgD 的 BCR。B 细胞可识别未经加工的抗原，在致敏的辅助性 T 细胞的刺激下可产生更高效的免疫应答。受到抗原刺激的 B 细胞在滤泡的生发中心膨大、反复分裂，可进一步发育为浆细胞并分泌抗体，同时会产生记忆淋巴细胞。记忆 B 淋巴细胞由长寿命小淋巴细胞构成，细胞表面有 IgG 的 BCR。浆细胞分为短寿和长寿 2 种类型，短寿命浆细胞可存活 1～2 周，很快出现于脾和淋巴结；长寿命的浆细胞可存活数月或数年，主要位于骨髓，可能由长寿命并缓慢分裂的记忆 B 淋巴细胞发育而来，只有不断与低亲和力的抗原结合才能保持记忆 B 淋巴细胞的存活。

在生发中心的 B 细胞最初产生 IgM，几天后转为分泌 IgG、IgA 和 IgE 等其他类型的抗体，这种抗原性不变而变化抗体类型的现象，是通过抗体可变区基因不变，而缺失不需要的抗体重链基因来实现的，而这一过程是受到一系列细胞因子调节来完成的。淋巴器官或淋巴组织中的 B 细胞产生的抗体可通过血液和淋巴到达全身组织，与外源微生物的抗原结合，抑制其代谢；并可通过抗体介导，经补体、杀伤细胞和巨噬细胞等来破坏并清除外源入侵微生物。

（三）自然杀伤淋巴细胞和杀伤淋巴细胞

自然杀伤淋巴细胞（natural killer cell，NK）通常比 T、B 淋巴细胞大，直径 12～15 μm，含有明显的胞质颗粒。未致敏但有细胞毒活性，自然杀伤细胞或许与 T 淋巴细胞来源于同一祖细胞，未经胸腺的培育，占血液淋巴细胞的 5%～10%，广泛分布于淋巴器官。NK 细胞表面没有抗原受体，可杀死不表达表面分子结合受体的病态或异常细胞（正常细胞会表达表面分子结合受体）。杀伤细胞在骨髓中发育成熟，占外周血淋巴细胞的 5%～7%。直径 9～12 μm，细胞质内有溶酶体和分泌颗粒；细胞有抗体受体，主要清除与抗体结合的靶细胞或肿瘤细胞。

三、基质细胞

在胸腺和腔上囊这两个初级淋巴器官内，形成淋巴组织支架的基质细胞（stromal cell）为上皮性网状细胞（epithelial reticular cell），而骨髓和次级淋巴器官内形成支架结构的基质细胞为结缔组织的网状细胞（reticular cell），可分泌网状纤维形成淋巴组织的结缔组织网状纤维支架。上皮性网状细胞不产生网状纤维，星形的网状上皮细胞附着于基膜并有分支，相邻上皮细胞的突起以桥粒相连形成网状支架，此细胞可分泌激素类物质或正常组织抗原，帮助培育淋巴细胞。同时可在胸腺皮质内参与形成血管屏障，以保证淋巴细胞在发育过程中避免接触外源抗原，有稳定的内环境。

第二节 淋巴组织

由中枢淋巴器官培育的初始 T、B 淋巴细胞可以迁移至内脏管状器官的壁内，在消化道、呼吸道、泌尿道和生殖道黏膜层和黏膜下层形成大量淋巴组织，叫作黏膜相关淋巴组织。其中包括由 T 淋巴细胞为主形成的弥散淋巴组织（diffused lymphoid tissue），无明显界限；以及由 B 淋巴细胞聚集形成的淋巴小结（lymphatic nodule）。无论是弥散淋巴组织还是淋巴小结，其结构框架均为大量的 T 或 B 淋巴细胞分布于网状组织形成的结缔组织支架上；同时组织内还可见树突细胞、巨噬细胞、浆细胞和肥大细胞等；并有毛细血管和毛细淋巴管分布。

一、弥散淋巴组织

常见于消化道和呼吸道黏膜，T 淋巴细胞呈片状分布，与周围组织无明显界限，除具备上述淋巴组织基本结构特点外，弥散淋巴组织（图 9–1）还有以下结构特点：一是主要为弥散排列的 T 淋巴细胞构成，二是组织内有巨噬细胞、交错细胞突（指状树突细胞），三是组织内有高内皮毛细血管后微静脉，淋巴细胞通过毛细血管立方形内皮细胞胞吞和胞吐的方式进入或离开血管。

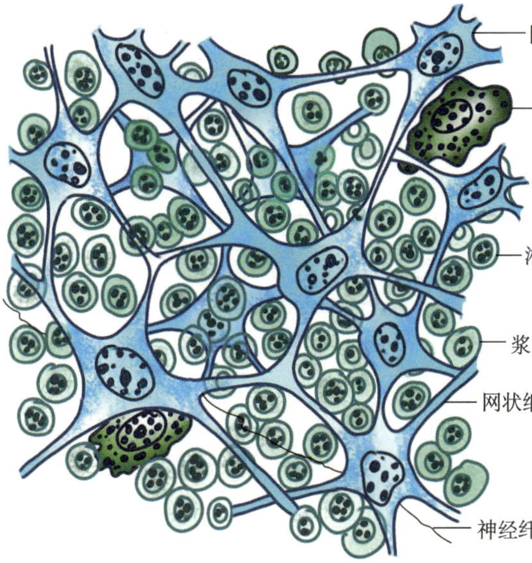

图 9–1 弥散淋巴组织模式图

二、淋巴小结

淋巴小结包括初级淋巴小结（primary lymphatic nodule）和次级淋巴小结（secondary lymphatic nodule）。未受到抗原刺激的初始 B 淋巴细胞形成的圆形均质小细胞团称为初级淋巴小结。初级淋巴小结除具备淋巴组织基本结构特征外，还具备以下特点：主要由初始 B 淋巴细胞形成的圆形或卵圆形均质结节状细胞团，即主要是小的和中型 B 淋巴细胞，还有未成熟的滤泡树突细胞。淋巴小结与周围组织有界限但无被膜。

初级淋巴小结受到抗原刺激后发生 B 淋巴细胞的增殖与分化，在小结的内部形成淡染的生发中心（germinal center），此时称次级淋巴小结（图 9–2）。其结构可分为内部圆形或椭圆形的生发中心、周围包绕一圈偏心分布的帽区或套区的小淋巴细胞。在人肠系膜淋巴结和脾脏白髓淋巴小结的最外面还出现一层边缘区，其他部位的淋巴小结则没有边缘区。生发中心又分为中央的明（或亮）区（light zone）和一侧的暗区（dark zone），生发中心外层的小结帽区（cap）或套区（mantle zone）靠近生发中心明区一侧较厚，在暗区一侧较薄，所以次级淋巴小结的结构具有极性。暗区内有大的 B 淋巴母细胞、分化的滤泡树突细胞 DC2 和辅助性 T 细胞 Th2。明区内主要有中等或小的 B 淋巴母细胞，滤泡树突细胞 DC2 和巨噬细胞等；帽区内主要为小淋巴细胞，包括初始 B 淋巴细胞和记忆淋 B 巴细胞，并可见滤泡树突细胞。

当淋巴结内的 B 细胞对树突细胞提呈的抗原进行应答时，会在生发中心经历细胞突变，如果突变后对抗原的结合更强，则这些 B 淋巴细胞会被刺激而进一步增殖分化；如果突变后与抗原的结合能力降低，则这类 B 淋巴细胞会逐渐凋亡（图 9–3）。

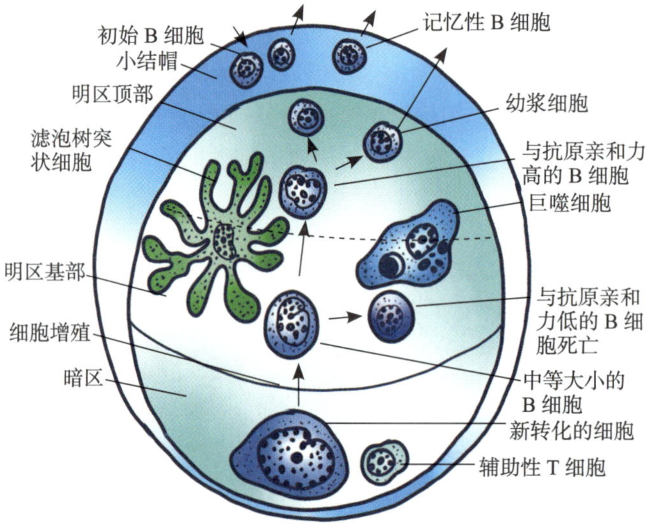

图 9–2　次级淋巴小结结构模式图

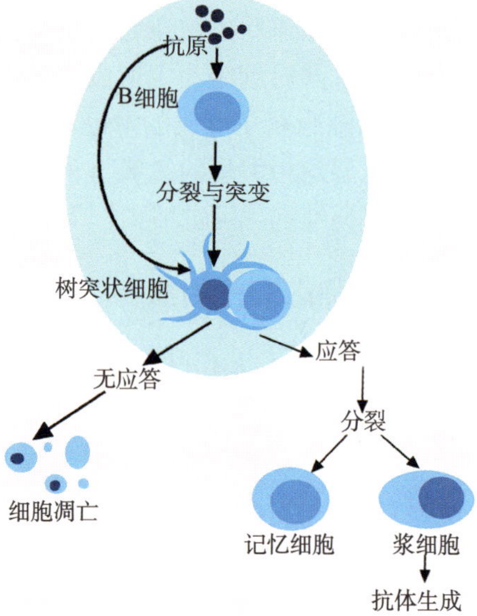

图 9–3　次级淋巴小结功能模式图
（伊恩·蒂萨德，2012）

第三节 初级淋巴器官

特异性免疫应答主要的效应细胞分别为 B 淋巴细胞和 T 淋巴细胞。这两种淋巴细胞均起源于骨髓中的淋巴干细胞，分别在初级淋巴器官（primary lymphoid organs）或中枢淋巴器官中（central lymphoid organs）的特定区域进行分化、发育和增殖，培育过程中清除可识别自身抗原的细胞克隆，并与外源抗原相对隔离，发育为成熟的未接触过外源性抗原的初始淋巴细胞，又叫作成熟的童贞或处女细胞。初级淋巴器官发育早，退化早，从幼年开始发育，到青春期时最发达，随后开始退化，至性成熟时基本消失。所有哺乳动物和禽类的 T 淋巴细胞都在胸腺中分化发育。但培育 B 淋巴细胞的初级淋巴器官具有多样性，人和啮齿类动物的 B 淋巴细胞在骨髓中培育，反刍动物、猪和犬等肉食动物的 B 淋巴细胞在小肠末段的派尔集合淋巴结（回肠黏膜下层的淋巴集结）中培育，禽类的 B 淋巴细胞在消化道末端泄殖腔背侧的腔上囊（法氏囊）培育。

一、胸腺

猪和反刍动物的胸腺（thymus）位于双侧颈静脉沟深部和心脏前部纵隔，由不成对的胸叶和左、右颈叶构成，马和猫的胸腺颈部大小不一，多数较小，同时马胸腺的颈叶过早退化，仅胸叶胸腺存在。犬仅有胸叶胸腺，禽类的胸腺位于颈部两侧皮下，鸡的胸腺在颈两侧各有 7 个小叶。

幼龄动物胸腺的发育很快，猪出生后 9 个月，马出生后 1 年，犬出生后 3 周胸腺体积达到最大，然后逐渐退化，至性成熟时淋巴样结构消失，被脂肪组织取代。骨髓内产生的淋巴细胞迁移到胸腺皮质，分化为成熟的初始 T 淋巴细胞；同时胸腺还有一定的内分泌功能，可刺激外周淋巴器官的发育。

胸腺作为实质性器官，其间质部分包括结缔组织被膜及其深入到实质中的小叶间隔，为疏松结缔组织，将胸腺实质包裹并分隔为胸腺小叶，小叶包括浅层的皮质和深层的髓质（图 9–4）。

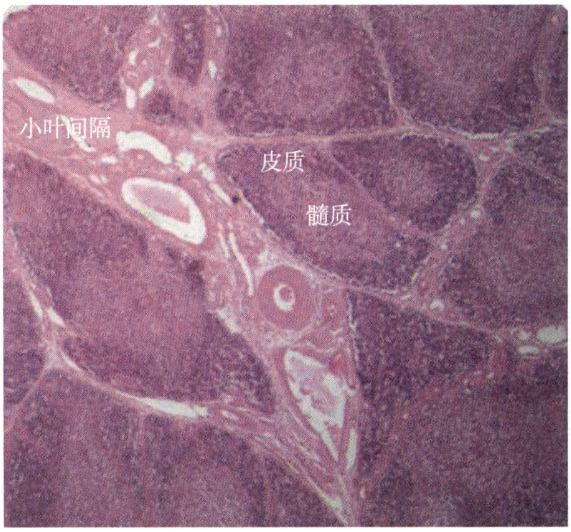

图 9–4　胸腺结构（HE 染色）
（中国农业大学组胚室供图）

1. **胸腺皮质**

胸腺皮质（thymic cortex）基本结构为上皮性网状细胞（epithelial reticular cell）形成网状支架，其间有大量的 T 淋巴细胞、少量巨噬细胞、树突细胞等。

皮质细胞排列较为紧密，HE 染色着色深，主要是大量胸腺内分化发育的 T 淋巴细胞，即胸腺细胞（thymocyte），皮质边缘主要为来源于骨髓的幼稚的 T 淋巴细胞，不断向深层移动，深层是不同发育阶段的胸腺细胞。

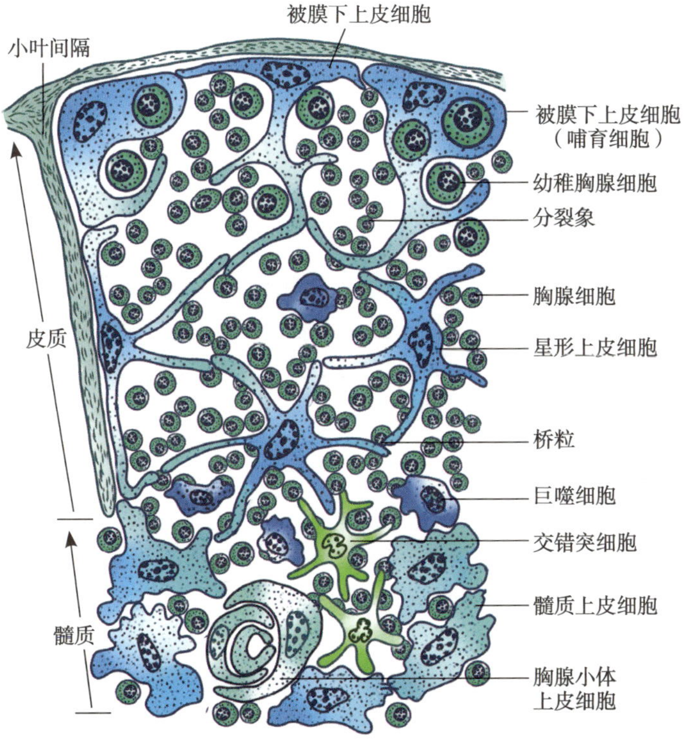

图 9–5　胸腺结构模式图

胸腺细胞在的发育过程中，要经过两个选择：一是在皮质，携带不能与 MHC Ⅱ类分子相结合的受体的胸腺细胞，即不能与任何加工抗原发生反应的胸腺细胞被清除。而与特异的 MHC Ⅱ类分子 – 抗原复合物有中等亲和力的胸腺细胞被刺激增生，称为阳性选择；二是经过阳性选择后，凡携带自身抗原牢固结合受体，即能与自身抗原发生反应的胸腺细胞，会在髓质通过细胞凋亡机制被淘汰，这叫作阴性选择。在啮齿类，淘汰的胸腺细胞占 T 细胞总数的 95%，在牛，淘汰的胸腺细胞占 T 细胞总数的 75%。经过两次选择后存留的胸腺细胞最终成为成熟的初始 T 淋巴细胞，即未接触抗原的成熟 T 细胞，在皮髓交界的高内皮毛细血管后微静脉进入血液循环离开胸腺，定植于次级淋巴器官或外周淋巴组织的 T 细胞聚集区或胸腺依赖区。

胸腺皮质的基质细胞数量较少，由上皮性网状细胞、巨噬细胞和树突细胞等构成。胸腺皮质基质的上皮细胞主要有 2 种。位于皮质边缘的扁平上皮细胞，即被膜下上皮细胞，又称哺育细胞（nurse cell），细胞质丰富，包绕胸腺细胞，分泌胸腺素、胸腺生成素及 β_2 微球蛋白等，可吸引淋巴干细胞进入胸腺皮质的边缘。组织内部的上皮性网状细胞也称为星形上皮细胞，其表面的突起彼此紧密连接，形成网状支架（图 9-5），还可介导胸腺细胞的阳性选择。同时上皮性网状细胞参与形成血 – 胸腺屏障（blood-thymus barrier），可限制外源性抗原物质进入皮质，防止发育中的 T 细胞受到外源性抗原的影响。其结构为：连续性毛细管，即血管内皮细胞间为紧密连接、基膜完整并且周细胞较多；上皮性网状细胞的突起及其基膜围绕血管形成套状结构；以上二者间形成的血管周隙，其中有巨噬细胞（图 9-6）。

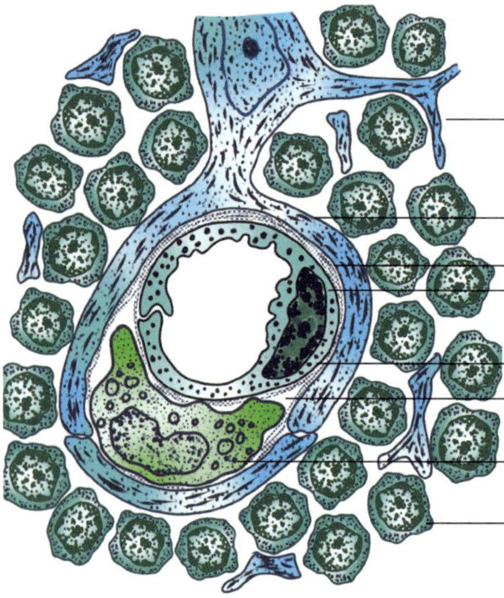

图 9-6　血 – 胸腺屏障模式图

2. **胸腺髓质**

胸腺髓质（thymic medulla）位于组织深层，HE 染色着色较浅的部位，小叶的髓质部彼此相连。髓质胸腺细胞相对皮质内的数量较少，排列松散，染色浅，可参与免疫应答。髓质基质上皮细胞包括 2 种：一种是髓质上皮细胞，相对于皮质网状上皮细胞数量较多，为多边形，细胞间以桥粒相连；另一种是胸腺小体上皮细胞，角质化扁平上皮细胞围成同心圆的胸腺小体（thymus corpuscles）（图 9-7），是胸腺髓质的特征性结构，小体外周的上皮细胞较幼稚，细胞核明显，近小体中心的上皮细胞较成熟，核逐渐退化，小体中心的上皮细胞则已完全角质化，HE 染色呈嗜酸性，有的已破碎呈均质透明状。小体中还常见巨噬细胞、嗜酸性粒细胞和淋巴细胞。同时基质还有交错细胞、巨噬细胞、肥大细胞等，前两类基质细胞可介导胸腺细胞的阴性选择（图 9-5）。

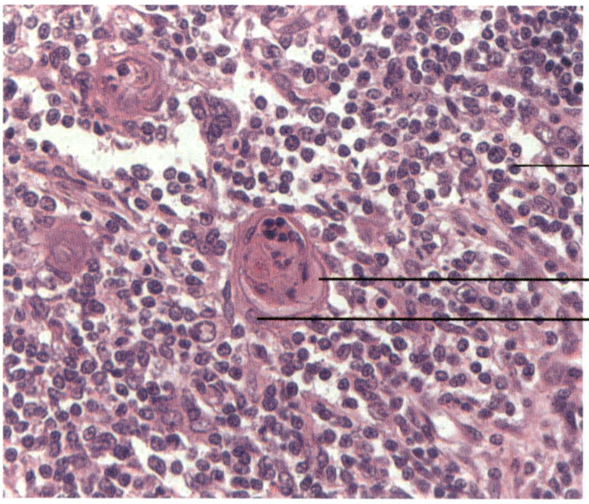

图 9-7　胸腺小体（HE 染色）（中国农业大学组胚室供图）

3. 胸腺的血液循环

小动脉穿越胸腺被膜后沿小叶间隔到达皮髓交界处形成微动脉，进入皮质内的毛细血管为连续性毛细血管，参与形成血－胸腺屏障。髓质的毛细血管常为有孔毛细血管，皮质和髓质的毛细血管在皮、髓交界处形成毛细血管后微静脉，其中部分为高内皮微静脉，是胸腺内成熟的初始 T 淋巴细胞进入血液循环的部位。T 淋巴细胞进入血液后迁入次级淋巴器官的胸腺依赖区或内脏管状器官的黏膜弥散淋巴组织。

二、骨髓

骨髓（bone marrow）位于骨髓腔内，幼年动物骨髓以红骨髓为主，成年后骨干红骨髓逐渐被脂肪组织取代，转化为黄骨髓，转化的顺序是由四肢的远端逐渐向近端转化。长骨骺端、躯干的扁骨和不规则骨的骨松质小梁之间的骨髓为终身红骨髓。

骨髓腔内的骨髓分为造血区和血管区 2 部分。造血区是产生红细胞和白细胞的区域，并且某些动物幼龄时期也是 B 淋巴细胞分化发育的部位，分布于内骨膜附近，即骨髓的外沿。造血区包括网状组织、基质细胞和造血细胞 3 部分。网状组织是由网状细胞和网状纤维构成的网状支架。基质细胞包括巨噬细胞、间充质细胞、成纤维细胞和脂肪细胞等。造血细胞主要有原始、幼稚和成熟等不同发育阶段的红细胞和白细胞。另外，B 淋巴细胞的分化是由外沿淋巴造血中心向中心静脉窦迁移的，B 细胞培育的过程中，携带自身结合抗原牢固结合受体的 B 淋巴细胞通过细胞凋亡而淘汰，剩余的可发育为 B 淋巴母细胞和成熟的初始 B 淋巴细胞，此处的辅助细胞，即基质细胞主要包括网状细胞和巨噬细胞等。

造血区存在骨髓－血屏障（bone marrow-blood barrier, MBB），即造血区的毛细血管即为此区域与血液循环间的屏障，由完整连续的内皮细胞、周细胞及其外表面的外膜细胞和附近的巨噬细胞组成（图 9-8），未见明显的基膜结构。外膜细胞为有分支的成纤维细胞，其分支可深入造血区的细胞间，其细胞膜下有成束的微丝，可调整血管内皮细胞的面积，其覆盖血管内皮细胞外表面的比率即反映此屏障的功能状态。大多数由造血区域进入毛细血管的血细胞都是通过在毛细血管内皮细胞质内形成临时孔道的方式进入血管，通过后孔道立即关闭，而非从内皮细胞之间进入毛细血管。

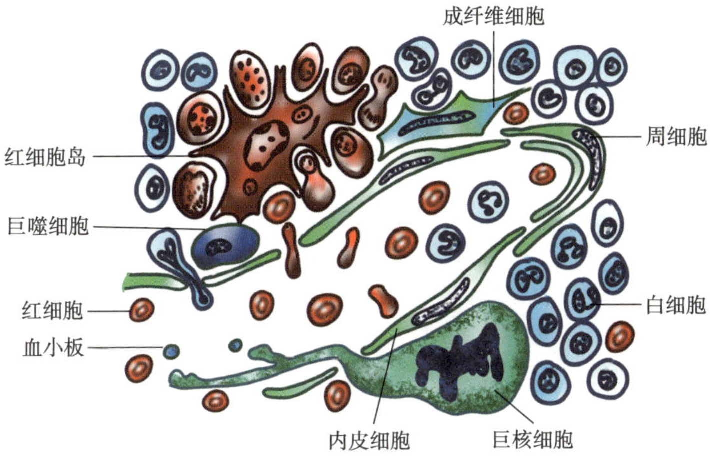

图 9-8 骨髓－血屏障示意图

血管区主要由动脉进入骨髓，分支形成的不规则的窦性腔隙，即由窦性毛细血管构成。此处有捕获抗原的功能，有较多记忆淋巴细胞，是再次免疫应答的主要部位。

三、腔上囊

腔上囊（cloacal bursa），又称法氏囊（bursa of Fabricius），是禽类特有的培育 B 淋巴细胞的初级淋巴器官，位于消化道末端的泄殖腔背侧，发育早，退化早，从出生到青年时期不断增生至最大，长径约 2 cm，性成熟之后退化消失。

腔上囊为圆形盲囊，有短管与泄殖腔的肛道相通。囊壁与消化道的结构一致，由内向外依次为黏膜层、黏膜下层、肌层和浆膜；黏膜层形成 9 ～ 12 条突向内腔的纵行皱襞。黏膜固有层内有密集排列的腔上囊小结，又称淋巴上皮滤泡（lympho-epithelial follicle），有特殊的功能未知神经内分泌树突细胞环绕着每个滤泡。小结间有少量结缔组织和血管。

腔上囊小结顶部邻近腔面的一些上皮为单层柱状上皮或假复层上皮，表面有微绒毛，没有杯状细胞，称为小结相关上皮（follicle associated epithelia, FAE），一般认为小结相关上皮有摄取和转运抗原的能力。腔上囊小结分为位于边缘的皮质和位于中心的髓质。皮、髓交界处有一层完整基膜，上皮细胞附着于基膜深层（内侧），与小结相关上皮细胞相连（图 9-9）；皮质以小淋巴细胞为主，可见浆细胞和巨噬细胞等，深层靠近基膜区域有毛细血管网；髓质内多为大、中型 B 淋巴细胞，可见核分裂相，基质细胞有巨噬细胞和星形的网状上皮细胞支架，在滤泡中心部位以淋巴母细胞和淋巴细胞为主，组织内无毛细血管（图 9-10）。

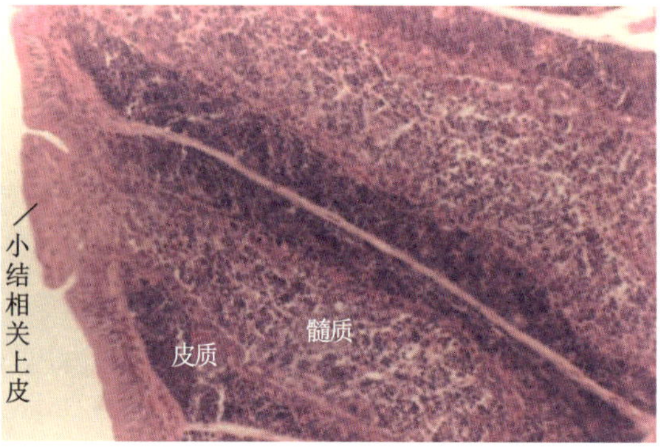

图 9-9　腔上囊小结（HE 染色）（滕可导，2008）

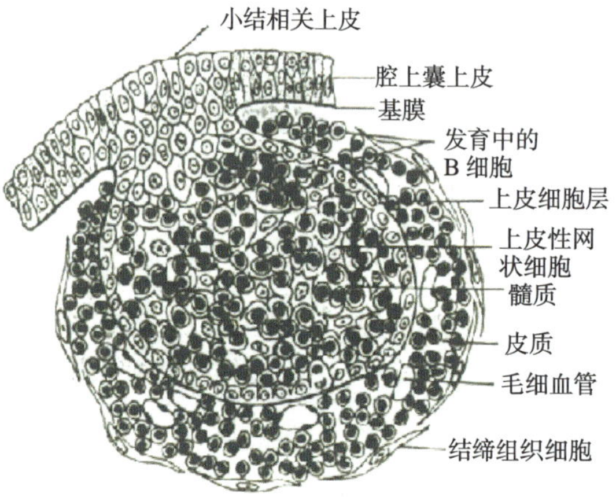

图 9-10　腔上囊小结结构模式图（成令忠等，2003）

来自骨髓的未成熟 B 淋巴细胞迁移到腔上囊，在髓质内快速增生，并经过阳性 – 阴性选择后，90% 以上针对自身抗原产生反应的 B 淋巴细胞凋亡。剩余的 B 淋巴细胞完全成熟后未接触过抗原，叫作初始 B 淋巴细胞，迁入次级淋巴器官的 B 细胞聚集区（淋巴小结）或内脏的淋巴小结内。

同时，腔上囊也有捕获抗原、合成抗体的功能。在腔上囊管开口处上方有一个小的 T 细胞中心。腔上囊可以分泌法氏囊肽（赖氨酸 – 组氨酸 – 甘氨酸三肽），可作用于 B 淋巴细胞而非 T 细胞。

四、派尔集合淋巴结

派尔集合淋巴结（Peyer's patches, PP）是位于肠道壁内的淋巴组织，其结构和功能因动物的种类的不同而变化（图 9-11，图 9-12，图 9-13）。

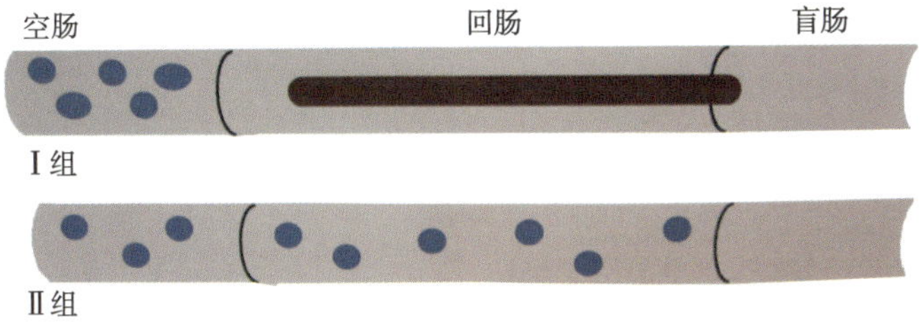

图 9-11 第Ⅰ组和第Ⅱ组动物派尔集合淋巴结排列示意图
（伊恩·蒂萨德，2012）

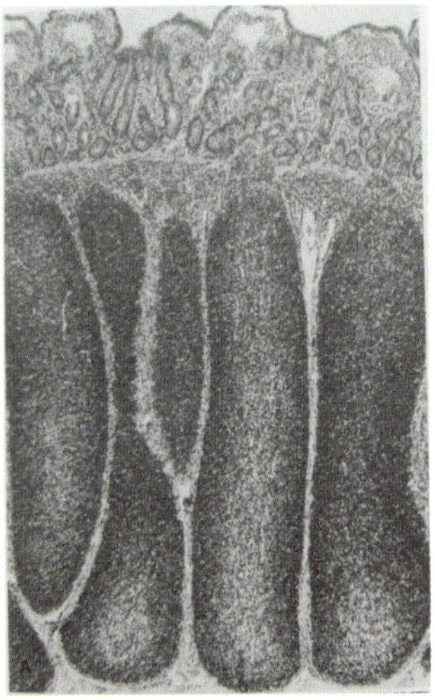

图 9-12 牛的回肠派尔集合淋巴结（伊恩·蒂萨德，2012）

反刍动物、猪和犬等肉食兽等为第Ⅰ组动物，家兔和啮齿动物等为第Ⅱ组动物。第Ⅰ组动物在其空肠末端和回肠黏膜下层存在单个连续的淋巴集结，称为回肠派尔集合淋巴结。其出生即发育，高峰是出生后 2 个月，是与抗原无关的 B 细胞的聚集增生，青年时期反刍动物和猪的回肠派尔集合淋巴结（PP）可长达 2 m。随后大多数 B 细胞凋亡，存活的 B 细胞也进入循环。回肠黏膜下层的派尔集合淋巴结的内部结构为密集的淋巴滤泡，每个淋巴滤泡只含有 B 淋巴细胞，并被结缔组织围绕分隔。犬的回肠 PP 退化较早，猪在不到 1 岁时 PP 退化，绵羊的 PP 在 15 月龄消失。

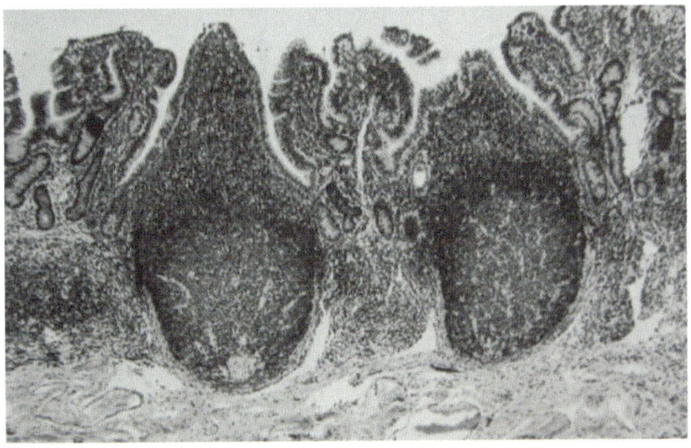

图 9-13 牛的空肠派尔集合淋巴结（伊恩·蒂萨德，2012）

第Ⅰ组动物空肠的派尔集合淋巴结及第Ⅱ组动物空肠和回肠壁内均存在不连续滤泡或淋巴集结，随机散在分布，由 B 细胞淋巴小结和占细胞总数 30% 的小结间 T 细胞组成。出生后 2～4 周才开始发育，其发育依赖正常菌群的刺激，持续终生存在（在第四节进行介绍）。

第四节 次级淋巴器官

次级淋巴器官（secondary lymphoid organs）或外周淋巴器官（peripheral lymphoid organs）主要参与完成特异性免疫或获得性免疫功能，初级淋巴器官形成的成熟的初始 T、B 淋巴细胞，在次级淋巴器官接受抗原刺激后，部分细胞进行增殖并发生免疫应答的主要场所。次级淋巴器官较初级淋巴器官发育晚，但可维持终生存在。主要包括：过滤淋巴液的淋巴结、过滤血液的脾和血淋巴结，黏膜相关淋巴组织，如消化道的扁桃体及部分肠道黏膜层的派尔集合淋巴结（鸡无淋巴结）（表 9-3）。

表 9-3 初级淋巴器官与次级淋巴器官的对比

初级淋巴器官	次级淋巴器官		
淋巴细胞发育部位（淋巴细胞种类）	免疫应答部位	淋巴细胞种类	作用
胸腺（哺乳动物和禽类 T 细胞发育部位）	淋巴结	T、B	过滤淋巴液
骨髓（人、啮齿动物 B 细胞发育部位）	脾	T、B	过滤血液
派尔集合淋巴结（反刍动物、猪、犬 B 细胞发育部位）	扁桃体	T、B	咽部淋巴组织
法氏囊（禽类 B 细胞发育部位）	派尔集合淋巴结	T、B	小肠中、远端淋巴组织

一、淋巴结

淋巴结（lymph node）是重要的次级淋巴器官之一，分布于淋巴通路上，主要作用是在淋巴液汇入血液之前，过滤并清除淋巴液中的抗原。全身浅表淋巴结主要有下颌淋巴结、颈浅淋巴结（肩前淋巴结）、髂下淋巴结（膝上或股前淋巴结）、腹股沟浅淋巴结（阴茎背侧淋巴结或乳房上淋巴结）、腘淋巴结等。深层淋巴结主要位于器官的门部，胸、腹腔大血管周围。

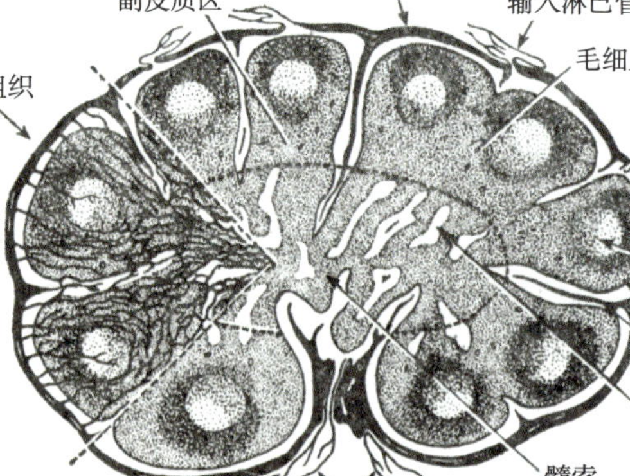

图 9-14 淋巴结整体结构模式图

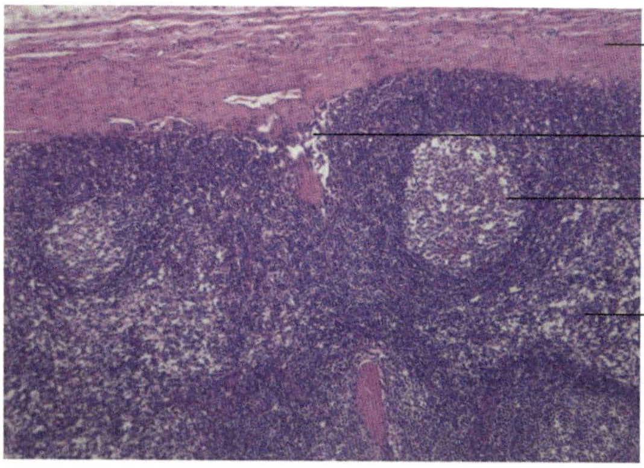

图 9-15 淋巴结皮质（HE 染色）
（中国农业大学组胚室供图）

（一）淋巴结的组织结构

淋巴结的结构由基质和实质两部分构成。基质构成了淋巴结的被膜和结缔组织支架。被膜为薄层结缔组织，连接着数条输入淋巴管（afferent lymphatic vessel）。结缔组织支架主要包括小梁（trabecula）和门部（hilus），小梁由被膜深入到淋巴组织内部，犹如伞的龙骨，是支撑淋巴结的粗大的支架结构。门部是淋巴结一侧凹陷的结构，有输出淋巴管（efferent lymphatic vessel），血管和神经由此进出淋巴结（图 9-14）。

淋巴结实质包括皮质（图 9-15）和髓质，其基本构架是由网状组织作为支架，其间分布着大量淋巴细胞，并有树突细胞、巨噬细胞等。淋巴结边缘的淋巴细胞较为密集，被膜下淋巴细胞形成圆形结节样或滤泡样结构，结间弥散分布着淋巴细胞，这部分称皮质；内部深层可见较多不规则的细胞条索及其间的窦性结构，称髓质，门部即在髓质的一侧。

1. **淋巴结皮质**

淋巴结皮质包括浅层皮质（peripheral cortex）、副皮质区（paracortex zone）和皮质淋巴窦（cortical lymphoid sinus）3 个部分（图 9–15，图 9–16）。浅层皮质是 B 细胞聚集区，即为淋巴小结所在部位，位于被膜的下方较表浅的部位，由未受抗原刺激的初级淋巴小结或受到抗原刺激的次级淋巴小结构成。其结构与淋巴组织中介绍的淋巴小结的结构相同，次级小结的帽区朝向淋巴结的被膜。副皮质区结构特点与弥散淋巴组织相同，位置在淋巴小结间或紧邻淋巴小结的深层。为胸腺依赖区（该区因在胸腺先天缺乏或切除的初生动物中淋巴细胞减少而得名），即为 T 淋巴细胞聚集区，同时有指状树突细胞（交错细胞），组织内有毛细血管后微静脉，为高内皮微静脉（high endothelial venule, HEV），即此处的毛细血管内皮并非单层扁平上皮细胞，而是单层立方上皮细胞，淋巴细胞可通过胞吞和胞吐的方式穿过血管壁，是淋巴细胞从血液进入副皮质区及附近淋巴组织的通道（图 9–17）。皮质淋巴窦包括被膜下淋巴窦（被膜下窦）和小梁周围淋巴窦（小梁周窦）。它们多数为盲管，被膜下淋巴窦与输入淋巴管相连，只有少量小梁周窦与髓窦直接相通。淋巴窦内壁衬有一层扁平内皮细胞，有基膜；同时皮质淋巴窦内皮与皮质界面有一层扁平网状细胞（图 9–16）。窦腔形状不规则，窦内有星形的网状细胞在窦腔内形成网络，减缓淋巴液的流动速度，同时网格内由大量巨噬细胞、面纱细胞等，可吞噬淋巴液中的抗原并提呈给皮质内的淋巴细胞。

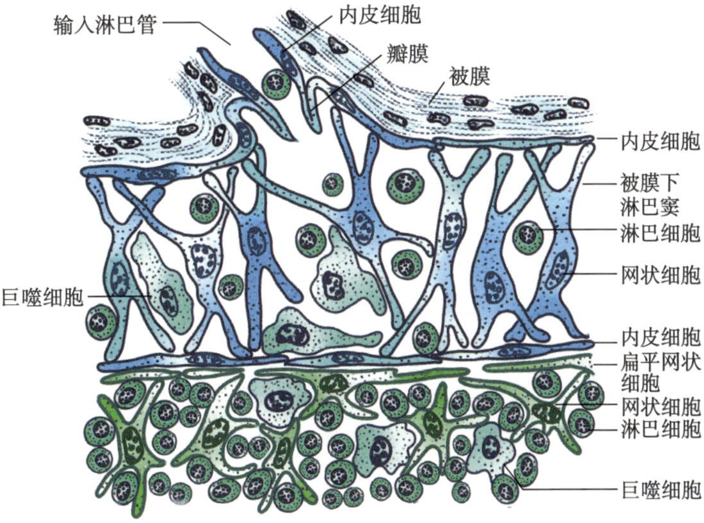

图 9–16 淋巴结被膜下淋巴窦结构模式图

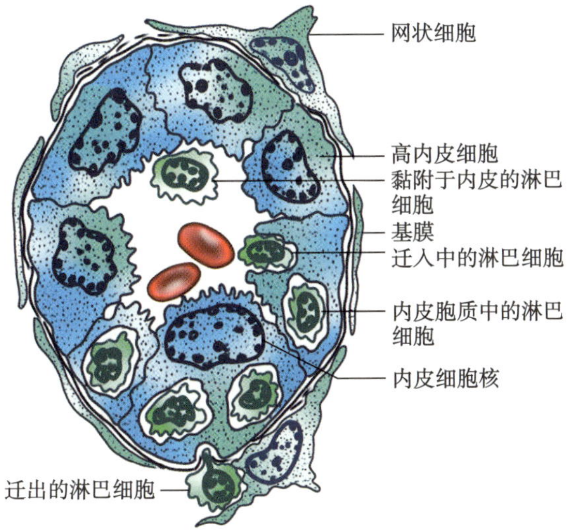

图 9–17 高内皮微静脉模式图

2. **淋巴结髓质**

淋巴结髓质主要包括小梁（trabecula）、髓索（medullary cord）和髓窦（medullary sinus）3 部分结构（图 9–18，图 9–19）。小梁为致密结缔组织构成。髓索的淋巴组织排列成不规则的条索状，主要包括形成网状纤维支架的网状细胞，提呈抗原的巨噬细胞，以及 T 细胞、B 细胞、浆细胞、肥大细胞等。髓索内毛细血管丰富，并有毛细血管后微静脉，覆有扁平内皮

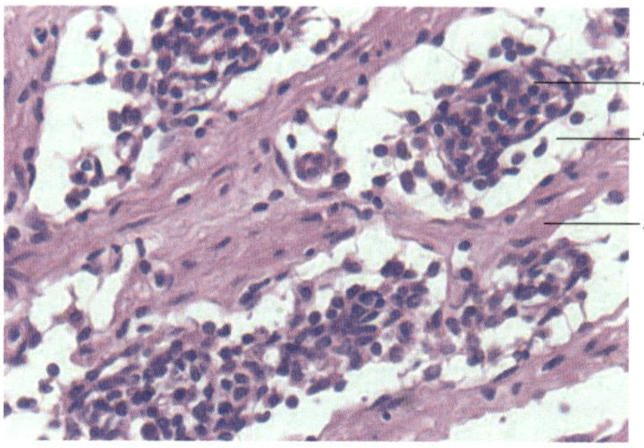

图 9-18　淋巴结髓质（HE 染色）
（中国农业大学组胚室供图）

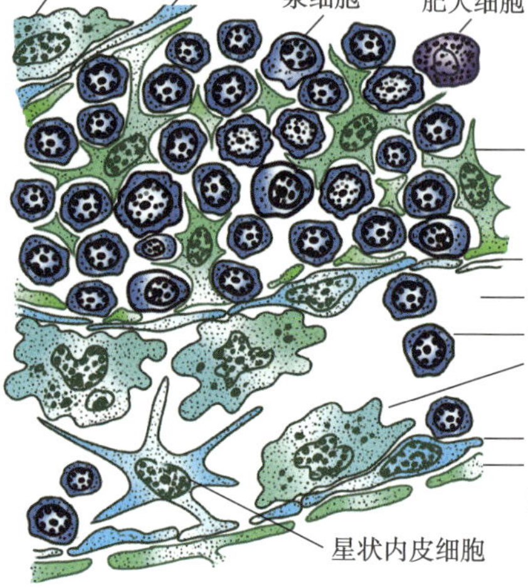

图 9-19　淋巴结髓质结构模式图

细胞，血液中淋巴细胞由此进出髓窦。髓窦即髓质淋巴窦，与皮质淋巴窦相似，窦腔更宽大，有较多的巨噬细胞，髓窦最终汇合为输出淋巴管，由门部离开淋巴结。

（二）淋巴结的结构与特异性免疫功能的关系

淋巴结的作用是在淋巴通道上过滤淋巴液并通过免疫应答清除其中的抗原。初级淋巴器官形成的初始 T、B 淋巴细胞在淋巴结内可被提呈的抗原致敏，经过一系列的分化、增殖等发育过程，最终成为 T、B 效应细胞和记忆细胞。

初级淋巴器官形成的成熟初始 T、B 淋巴细胞在血管黏附因子和趋化因子的作用下经血管在淋巴结副皮质区的毛细血管后微静脉进入淋巴结皮质，T 淋巴细胞由皮质内的指状树突细胞（交错细胞）招募进入副皮质区；B 淋巴细胞由皮质内的滤泡树突细胞分泌的趋化因子募集在它的周围，即 B 细胞进入初级淋巴小结。

未成熟的树突细胞一旦受到抗原刺激可被激活，在趋化因子的作用下进入淋巴结皮质成为成熟的抗原提呈细胞；同时，可溶性抗原也可通过输入淋巴管到达淋巴结皮质，位于皮质的抗原提呈细胞可捕获抗原；以上来源的抗原提呈细胞在副皮质区将抗原提呈给辅助性 T 细胞，Th1 进一步激活 T 细胞，使其分化、增殖，表现为副皮质区增大，最终产生大量效应 T 细胞和记忆 T 细胞。同时，Th2 向淋巴小结的边缘移动，将抗原提呈给初级淋巴小结的 B 细胞并将其激活，产生效应 B 细胞迁移到髓质的髓索，形成浆细胞并分泌抗体；所以可见抗体会先在髓质生成，数日后才在皮质淋巴小结内出现生发中心的现象，即在淋巴小结内部产生大量 B 淋巴母细胞，不断分化、增生，形成生发中心，最终形成较多记忆 B 细胞和效应 B 细胞，记忆 B 细胞多分布于小结帽，由此次级淋巴小结形成；同时记忆 T、B 细胞也可经由输出淋巴管和毛细血管后微静脉分别进入淋巴和血液，参与淋巴细胞在全身的循环。

（三）淋巴结中的淋巴通路及血液循环

淋巴结被膜上有多个输入淋巴管进入皮质淋巴窦的被膜下淋巴窦和小梁周围淋巴窦，多数淋巴窦为盲管，其中的淋巴液要经过皮质淋巴组织的过滤，最终到达髓质的髓窦内，髓窦汇合为输出淋巴管从淋巴结门部离开，少量小梁周窦与髓窦直接相通。输出淋巴管最终汇入淋巴导管，注入静脉。

给淋巴结供血的小动脉从门部进入淋巴结的组织内部，并分出若干微动脉，继而在组织中形成毛细血管，毛细血管随后汇成毛细血管后微静脉。其中在副皮质区和髓索的毛细血管后微静脉，淋巴细胞通过血管内皮胞吞和胞吐的方式，可从血管进入淋巴组织，或从淋巴组织进入血管。微静脉然后汇合成小静脉从门部离开淋巴结（图 9-20）。淋巴结中的毛细血管后微静脉的存在实现了淋巴细胞在血液循环和淋巴通路间的游走。

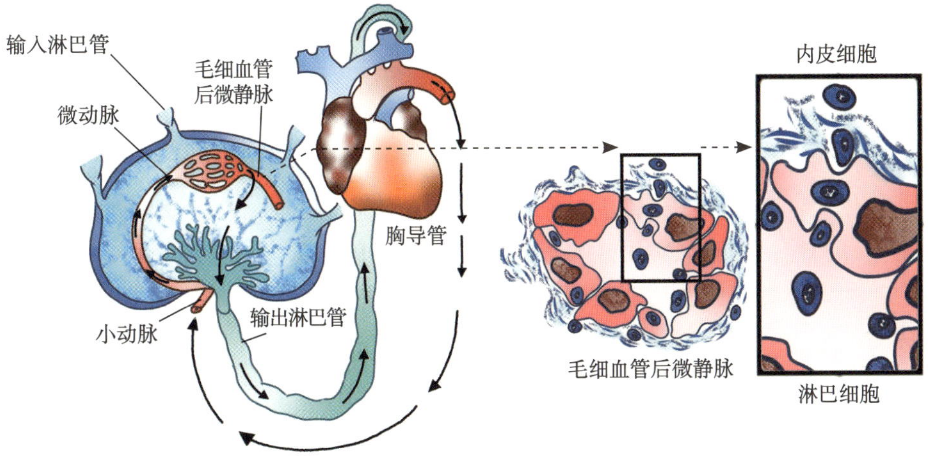

图 9-20　淋巴结的淋巴通路及血液循环示意图

（四）猪淋巴结的结构特点

猪淋巴结的皮质位于淋巴结中央，髓质在周围。输入淋巴管从不明显的门部进入中央皮质内部，形成淋巴窦；窦的周围为淋巴小结，其外侧为副皮质区和髓质，髓质内有大量致密的细胞团，使细胞很难通过。多条输出淋巴管可从被膜任何一处穿出（图 9-21）。

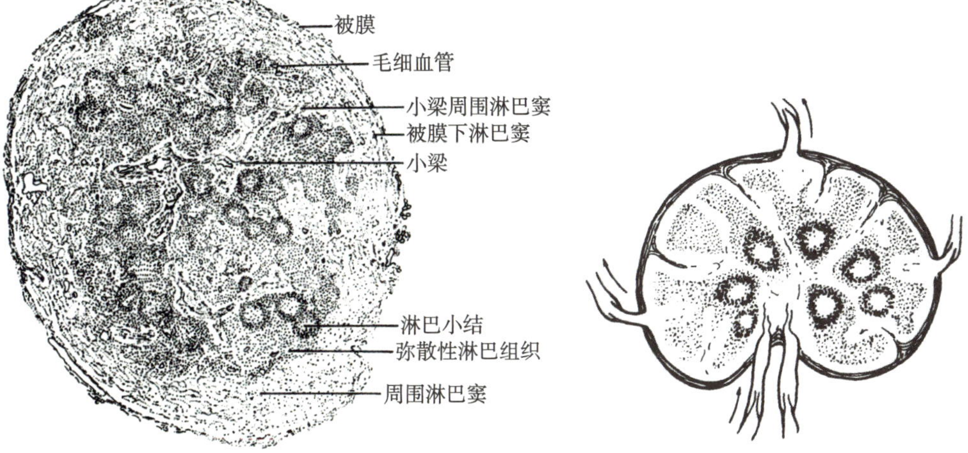

仔猪淋巴结显示淋巴小结和淋巴窦　　输入输出淋巴管

图 9-21　猪淋巴结模式图（沈霞芬，2009）

血液中循环的淋巴细胞多数是T淋巴细胞，猪血液中的T淋巴细胞经淋巴结副皮质区的毛细血管后微静脉进入淋巴组织，然后再经过同样路径直接回到血液中。而其他哺乳动物血液中的T淋巴细胞可以经毛细血管后微静进入淋巴结，但多数淋巴细胞可从输出淋巴管离开淋巴结，最终经淋巴导管导入静脉而回流血液。

二、脾

哺乳动物的脾（spleen）都位于胃的左侧，多数动物的脾是一个长而扁的器官，一个面朝向腹壁，叫作壁面；一个面朝向胃，叫作脏面，脾门位于脏面。动物的脾脏形态多样，马的呈镰刀状，猪的呈舌形，肉食动物的呈靴状，小反刍动物的呈叶状，牛的呈宽带状。禽类的脾为圆形，紫红色，位于腺胃旁。

脾是重要的次级淋巴器官之一，其作用是多方面的，首先它位于血液循环通路上，过滤并通过免疫应答清除血液中的外源微生物，此功能在脾脏白髓内完成。同时红髓有检测红细胞活性的作用，衰老和病理性的红细胞在此被巨噬细胞吞噬消灭，即灭血的作用，同时完成铁的再循环利用；脾脏红髓内还可以储存红细胞，脾索内可储存血小板等，即有储血的作用，马、羊和犬脾脏的储血功能较强；胚胎时期或机体大量缺血的情况下，脾脏红髓参与髓外造血功能。

（一）脾的组织结构

1. 被膜与小梁

脾脏被覆厚的被膜，分为内、外两层，外层为一层间皮细胞，内层为富含弹性纤维和平滑肌的致密结缔组织。被膜和脾门的结缔组织深入淋巴组织内部形成小梁，结构与被膜内层结构一致，构成脾脏组织内粗大的支架。脾脏通过间质内大量的平滑肌的收缩来调节脾的储血量（图9-22）。

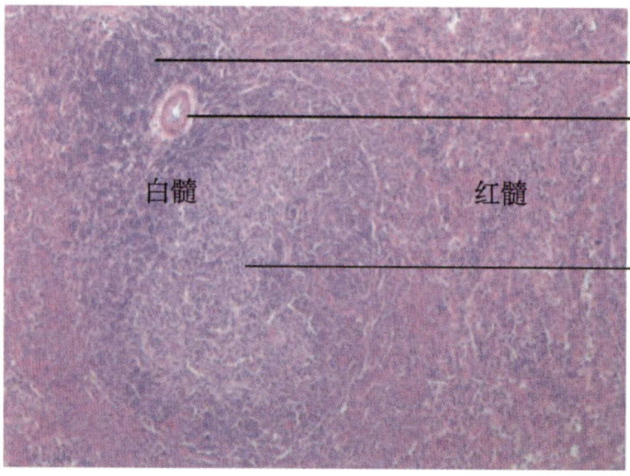

图9-22　脾脏结构（HE染色）
（中国农业大学组胚室供图）

2. 白髓

脾实质由不含血液成分的白髓（white pulp）和富含血液成分的红髓（red pulp），以及二者间的边缘区构成。白髓在脾脏切面上肉眼可见，呈白色小点状，是被红髓包围的岛状淋巴细胞团。分为T淋巴细胞聚集区，叫作动脉周围淋巴鞘（periarterial lymphatic sheath, PALS）；B淋巴细胞聚集区，叫作脾小结（splenic corpuscle）。其组织实质仍然为网状细胞分泌的网状纤维支架内分布大量T、B淋巴细胞，并可见树突细胞和巨噬细胞等，在红髓内有大量红细胞（图9-22）。

（1）动脉周围淋巴组织鞘　为弥散淋巴组织围绕中央动脉（中央动脉是小梁动脉的分支）形成的，主要是T细胞集中并有少量巨噬细胞及交错突细胞。此处没有毛细血管后微静脉，而是中央动脉有一条伴行的小淋巴管，是鞘内T细胞迁入迁出的通道。

（2）脾小结　是B淋巴细胞集中的淋巴小结，初级淋巴小结受到抗原刺激后形成次级淋巴小结，包括明区、暗区、帽区（套区）及外周的边缘区，帽区偏向红髓。中央动脉的分支小结微动脉从脾小结偏心的位置穿过。

马、猪和犬的动脉周围淋巴鞘和脾小结都很发达，反刍动物和猫白髓的脾小结较多，动脉周围淋巴鞘不发达。

（3）边缘区（marginal zone） 是红、白髓交界的狭窄区域。该区有 T、B 细胞及较多的巨噬细胞，树突细胞等抗原提呈细胞，是初级淋巴器官来的初始 T、B 淋巴细胞致敏的场所。同时中央动脉分支的末端在此膨大，形成边缘窦（marginal sinus），血液中的淋巴细胞及抗原可自此经边缘区进入白髓（起到与高内皮的毛细血管后微静脉同样的作用），T 淋巴细胞由此进入动脉周围淋巴鞘；B 淋巴细胞由此进入脾小结。同时白髓内脾小结形成的效应 B 细胞，以及浆细胞也要通过边缘区进入红髓的脾索，并向脾窦中释放抗体。

3. **红髓**

脾的红髓分布于被膜下、小梁周围及白髓边缘区外侧，包括脾索和脾血窦（图 9-23）。

（1）脾索（splenic cord） 为彼此吻合成网状的不规则条索状结构，比脾窦结构宽，不但含有较多 B 细胞、浆细胞，也可见树突细胞和巨噬细胞等，同时含有大量血细胞。

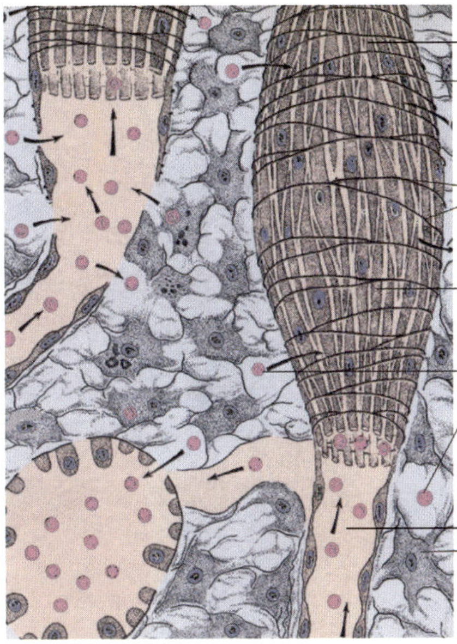

图 9-23 脾红髓结构模式图（高英茂等，2011）

中央动脉出白髓后进入红髓的脾索内称髓动脉，其分支的末端形成丛状的笔毛微动脉（penicillar arteriole），多数微动脉末端的动脉毛细血管可扩大为喇叭状，开口于脾索，因而大量血液直接注入脾索，血液中的红细胞和白细胞可由此穿过脾血窦的壁进入脾血窦，叫作开放循环。此处的巨噬细胞的主要作用是吞噬衰老的和病变的不能穿过窦壁的红细胞及颗粒等，抗原递呈能力不如白髓的巨噬细胞显著。而少数微动脉的末端毛细血管直接注入脾血窦，叫作封闭循环。还有些动物笔毛动脉末端形成鞘毛细血管，其周围被巨噬细胞鞘包围，形成的椭球体（ellipsoid），有过滤并递呈血液中的抗原，最终引起白髓免疫应答的作用。猪、犬和猫的椭球体发达；马和牛的椭球体不明显，这些动物血液中异物颗粒的捕获可以在边缘区、也可在椭球体中进行。而大鼠、小鼠、豚鼠和家兔等动物的红髓没有椭球体，它们血液中异物颗粒的捕获主要在边缘区进行。

（2）脾血窦（splenic sinus） 简称脾窦，为窦性毛细血管网，窦壁细胞即血管内皮细胞，为长杆状，栅栏状排列，细胞间有 0.2 ～ 0.5 μm 宽的间隙，基膜不完整。窦腔内有巨噬细胞。从笔毛动脉末端毛细血管释放到脾索中的红细胞要穿过脾窦内皮细胞间的缝隙进入脾窦。衰老或病理状态的红细胞的细胞膜弹性差，卡在窦壁外或窦壁中或细胞破裂，可被两侧的巨噬细胞吞噬并代谢掉，其中的铁元素可循环再利用。同时脾血窦还有储存血液的作用。在机体大量失血时，也可见红髓内形成髓外造血的红细胞血岛和生成血小板的巨核细胞。马、猪、犬和兔的脾窦发达，而反刍动物和猫的脾血窦不发达。

（二）脾的血液循环通路

脾动脉由脾门进入脾脏并走在小梁内，称小梁动脉（trabecular artery）。小梁动脉的分支离开小梁进入脾白髓，称中央动脉。中央动脉周围包裹着弥散淋巴组织鞘，中央动脉有微动脉分支进入动脉周围淋巴鞘旁的脾小结，称小结微动脉（nodular artery）（图 9–24）。同时也有分支到达白髓边缘的边缘区，形成扩张的边缘窦（marginal sinus），血液内的白细胞和抗原由此进入白髓。中央动脉的分支进入红髓，叫作髓微动脉（pulp arteriole），它的末端形成簇状分布的笔毛微动脉（penicillar arteriole），多数末端的形成动脉毛细血管（terminal arteriolar capillary）直接开口于脾索，叫作开放循环（open circulation ），起到过滤血液检测红细胞活性的作用；有些动物笔毛微动脉的部分末端形成鞘毛细血管（sheathed capillary），起到过滤血液中的抗原并进行抗原提呈的作用；还有少量末端毛细血管注入脾血窦，叫作封闭循环（closed circulation）。脾窦为窦性毛细血管，汇合形成髓微静脉（pulp venule），继而进入小梁，叫作小梁静脉（trabecular vein），由小梁到达脾门汇合为脾静脉离开脾脏。

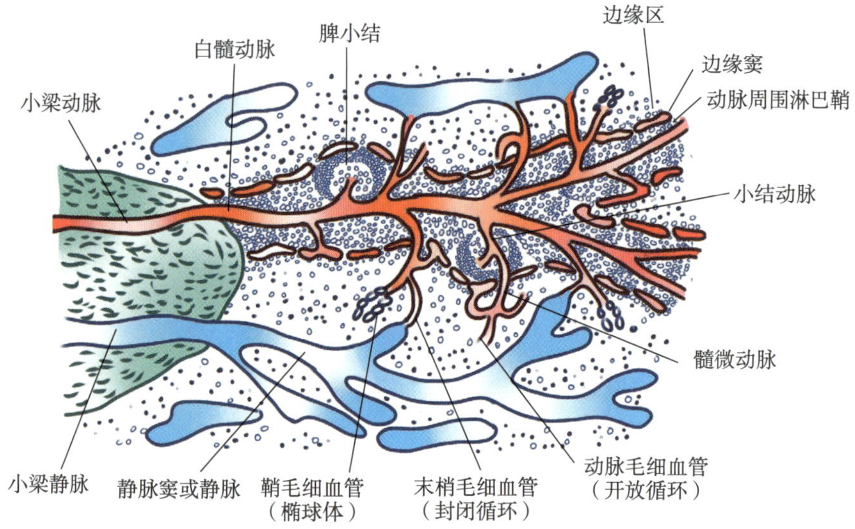

图 9–24　脾血液通路模式图

（三）脾的免疫应答

大部分进入脾的血液经过一系列的动脉最终流入边缘窦，此处既可进行天然免疫，又可进行获得性免疫。在边缘区的抗原提呈细胞，或脾索椭球体中的抗原提呈细胞均可捕获抗原，并将抗原提呈给白髓动脉周围淋巴鞘的辅助 T 细胞，动脉周围淋巴鞘随即增生变宽，产生细胞免疫；辅助 T 细胞也可激发脾小结的 B 细胞分化、增殖，产生效应 B 细胞从滤泡经过边缘区迁移到红髓的脾索，转化为浆细胞并向脾窦释放抗体，进而进入血液中进行体液免疫。与此同时可见次级淋巴小结形成。脾脏的 B 淋巴细胞数量比淋巴结多，因此在体液免疫中起重要作用。初次免疫应答的抗体主要在脾和淋巴结产生，并由于脾脏在血液通路上，血流速度快，因此在初次免疫应答中脾脏产生抗体的速度最快。并且大量记忆 B 细胞可从脾脏离开迁移到骨髓，因此，再次受到抗原刺激时，骨髓可以迅速产生大量的抗体。

三、血淋巴结

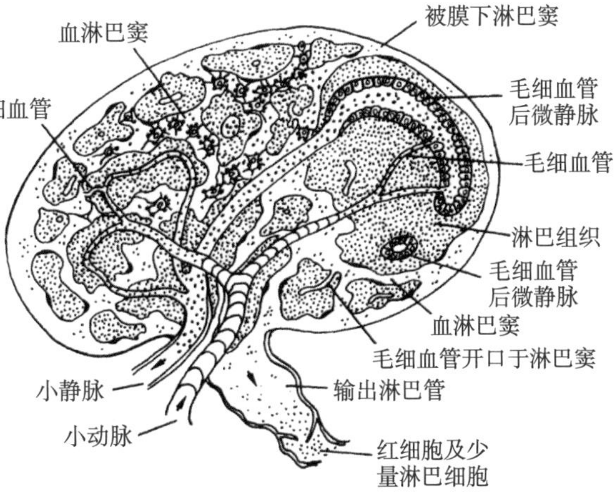

图 9-25 大鼠血淋巴结模式图（成令忠等，2003）

反刍动物和啮齿动物有血淋巴结（haemolymph node），一般数量很少，仅位于肾、脾和胸腺附近。外观呈红色，结构介于淋巴结和脾之间，更类似于淋巴结。主要特征是淋巴窦内含大量红细胞，髓索中的毛细血管与淋巴窦相通，所以其窦腔内既有血液又有淋巴。血淋巴结的作用主要是过滤血液，并参与免疫应答。同时，在反刍动物还有一种淋巴结其窦腔内充满血液，叫作血结，其本质是一样的。

血淋巴结的基质不发达，有输入、输出淋巴管。皮质的淋巴组织构成与淋巴结一致，但不发达，淋巴小结少，副皮质区不明显，有毛细血管后微静脉。而淋巴组织内的血管丰富；髓质和部分皮质内有大量血淋巴窦（图 9-25），相互连接，窦内有红细胞和白细胞及抗原递呈细胞，但缺少嗜中性粒细胞。门部的输出淋巴管红细胞很少。

四、扁桃体

扁桃体（tonsil）位于咽部，咽是消化道、呼吸道与外界相通的共同通道和重要门户，扁桃体在此形成了一道重要防线。扁桃体是消化道黏膜相关淋巴组织中肉眼可见的结构之一。有些扁桃体为黏膜上的椭圆形区域，内有较多隐窝结构，如马和牛的腭扁桃体。有些扁桃体表面相对光滑，如猫和犬的腭扁桃体。位于口咽的扁桃体表面覆盖着复层扁平上皮；位于鼻咽的扁桃体表面覆盖着假复层柱状纤毛上皮。

扁桃体上皮向下凹陷形成数十个隐窝，有些隐窝有分支，隐窝深层上皮内往往不同程度地浸润淋巴细胞（辅助性 T 淋巴占比较大）、浆细胞，并有微皱褶细胞、巨噬细胞和朗格汉斯细胞等。局部淋巴组织与上皮界限不清。上皮周围的固有层内有大量的淋巴小结和弥散淋巴组织，淋巴小结常见生发中心，弥散淋巴组织中有高内皮的毛细血管后微静脉；其支架为网状组织，含有淋巴细胞、浆细胞等。扁桃体无输入淋巴管，但深部组织中有毛细淋巴管丛，并汇合为扁桃体输出淋巴管。扁桃体的淋巴组织周围有明显的结缔组织被膜包裹。

五、肠道相关淋巴组织

动物的胃肠道是间接与外界相通的最长的管状内脏器官，每日有大量食物在消化道消化、吸收；易受到外源微生物侵袭；因此黏膜相关的淋巴组织持续与抗原接触，形成一道防御屏障。在小肠、大肠的黏膜层及黏膜下层分布的大量淋巴小结或淋巴集结，称肠道相关淋巴组织（gut-associated lymphatic tissue）。有些淋巴组织肉眼可见，有些存在于黏膜层，只能在显微镜下观察。前面介绍的反刍动物、猪，犬等肉食动物有 2 种不同的派尔集合淋巴结，其回肠的派尔集合淋巴结是初级淋巴器官，而空肠的派尔集合淋巴结或单个的淋巴结，以及家兔和啮齿动物的空肠和回肠壁内均存在的派尔集合淋巴结均属黏膜相关的淋巴组织，属外

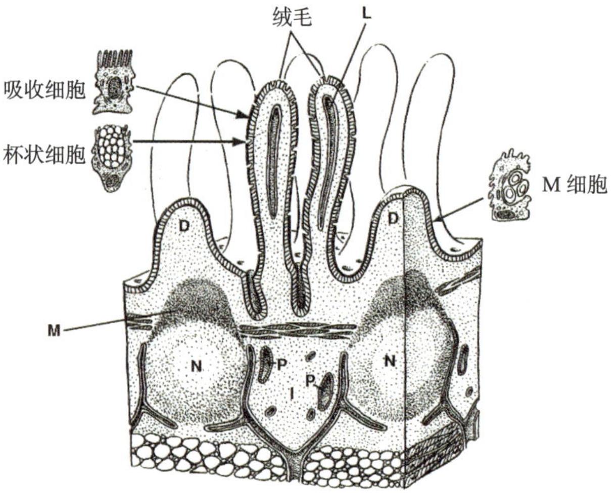

N. 黏膜下层淋巴小结　M. 帽区　D. 拱顶区
I. 小结间区域　P. 毛细血管后微静脉
L. 小肠绒毛固有层内的毛细淋巴管

图 9-26　小肠淋巴集结简图（Eurell，2006）

周淋巴组织。

派尔集合淋巴结表面覆盖着小结相关上皮（follicle associated epithelium, FAE），上皮细胞中缺少杯状细胞，但含有 M 细胞，即肠腔面有微皱褶的细胞（图 9-26）。它包裹着淋巴细胞群，有时围绕巨噬细胞和树突细胞。M 细胞在滤泡相关上皮中所占比例因动物种类不同而不同，人和小鼠约占 10%，家兔为 50%，猪和犊牛回肠末端为 100%。M 细胞是抗原提呈细胞，可捕捉抗原提呈给周围淋巴细胞，也可转运 IgA、小颗粒物质及微生物，甚至有些病原可利用 M 细胞进入机体。

小肠黏膜下具有高增殖活性的淋巴小结，在淋巴小结上方的帽区有丰富的小淋巴细胞，覆盖在淋巴小结上面的为拱顶区域，小结间富含 T 细胞的区域，内有毛细血管后微静脉经过，并经此结构实现淋巴细胞再循环。

第五节　淋巴细胞再循环

组织液可经 2 条途径回到血液，一部分组织液可进入毛细血管经静脉回流血液；另一部分组织液可进入通透性比较大的毛细淋巴管，形成淋巴液，流经一系列淋巴管道最后进入左颈静脉或前腔静脉，所以淋巴循环通路是血液循环的单程辅助回流系统；组织中某些大分子物质只能经淋巴管道回流进入血液循环，如肠道内脂肪的分解产物形成的乳糜颗粒即从小肠绒毛的中央乳糜管（即毛细淋巴管）经淋巴管道回流到血液（图 9-27）。除此以外，全身大部分淋巴液都是无色透明的，内有少量淋巴细胞和单核细胞。

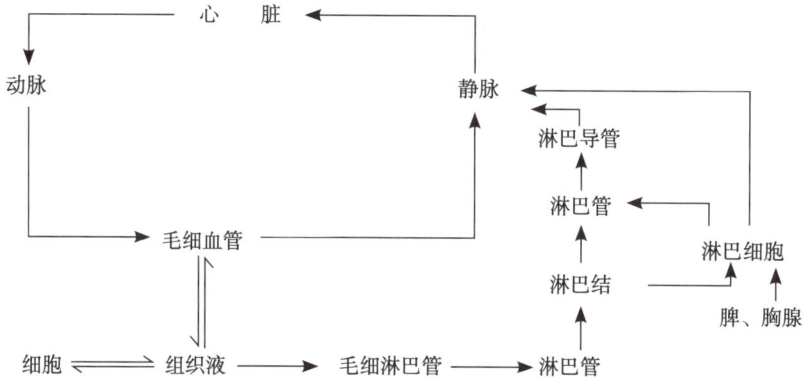

图 9-27　淋巴回流与血液循环关系示意图

外周淋巴器官和淋巴组织中的淋巴细胞可以经淋巴管道流入血液，并随血液在全身循环。流经淋巴器官或淋巴组织后又可以通过弥散淋巴组织中的高内皮微静脉（或称毛细血管后微静脉）重新由血液进入到淋巴组织中，并进入淋巴通道。如此淋巴细胞在各淋巴器官、淋巴组织以及血液和淋巴液间可以反复游走，称为淋巴细胞再循环（lymphocyte recirculation）（图 9-28）。

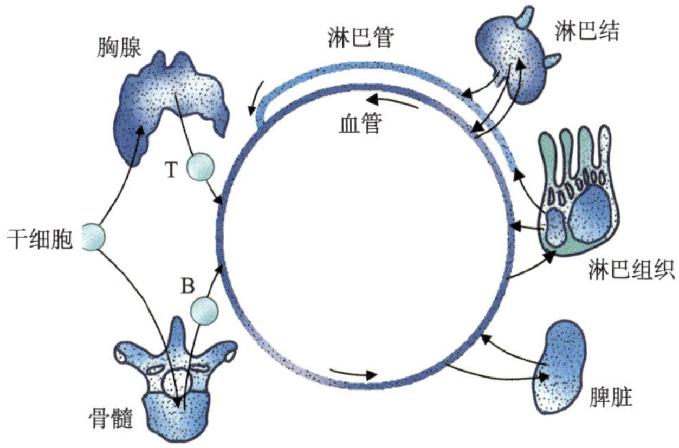

图 9-28　淋巴细胞再循环模式图

除效应 T 细胞、幼浆细胞和 NK 细胞外，大部分淋巴细胞均参与再循环。最频繁的是记忆 T、B 淋巴细胞，且记忆 T 淋巴细胞占比较大。淋巴细胞再循环有利于识别抗原；促进免疫细胞之间的合作；协调全身散在分布的淋巴器官和淋巴组织成为相互关联的有机动性的统一整体。

【思考题】

1. 名词解释：弥散淋巴组织、淋巴小结、单核巨噬细胞系统、派尔集合淋巴结、血-胸腺屏障、胸腺小体、骨髓-血屏障、毛细血管后微静脉、淋巴细胞再循环。
2. 简述树突细胞的分类，T 淋巴细胞的分类。
3. 试述初级淋巴器官的血液循环特点及与功能的关系。
4. 比较体液免疫与细胞免疫在组织结构方面的异同。
5. 比较次级免疫器官结构及与功能的相关性。
6. 简述主要的消化道黏膜相关淋巴组织及其结构特点。
7. 比较初级淋巴器官与次级淋巴器官结构的特点。

（中国农业大学　匡宇）

第十章
内分泌系统

内分泌细胞的主要分泌方式是内分泌，分泌的活性物质称为激素（hormone），可以直接进入血液、组织液和淋巴而周流全身，调节机体的各种生理活动，称体液调节（humoral regulation）。体液调节受到神经系统的控制，称为神经体液调节。神经、内分泌和免疫系统相互作用，使机体成为一个生理活动上统一的整体。通常某种激素仅作用于一些特定的目标，这些目标称为该激素的靶细胞（target cell）、靶组织或靶器官（target organ）。

第一节 甲状腺

结缔组织被膜较薄，覆盖于甲状腺的表面，还分出小梁进入腺体内部将实质分为若干大小、形态不一的小叶。每个小叶有许多形态不一的滤泡，滤泡之间为富含毛细血管的结缔组织和散在的滤泡旁细胞（图 10–1）。

一、滤泡

滤泡为直径 20 ～ 500 μm 的圆形、卵圆形或不规则腺泡，滤泡（follicle）壁为单层腺上皮，细胞立方形，界限清晰，具有位于中央的圆形核，基底面外包完整的基膜和少量网状纤维。滤泡腔内嗜酸性的分泌物称为胶体，主要成分为甲状腺球蛋白（thyroglobulin）。滤泡上皮（follicular epithelial cell）的形态和胶体的含量与甲状腺的功能状态有关：甲状腺分泌功能活跃时，胶体被上皮细胞重吸收而变少，呈边缘不整齐的空泡样，上皮细胞变高呈低柱状；甲状腺分泌功能低下时，胶体增多使得边缘变光滑，上皮细胞变矮呈扁平形。有时不同形态的上皮细胞会在同一个滤泡同时出现（图 10–1）。

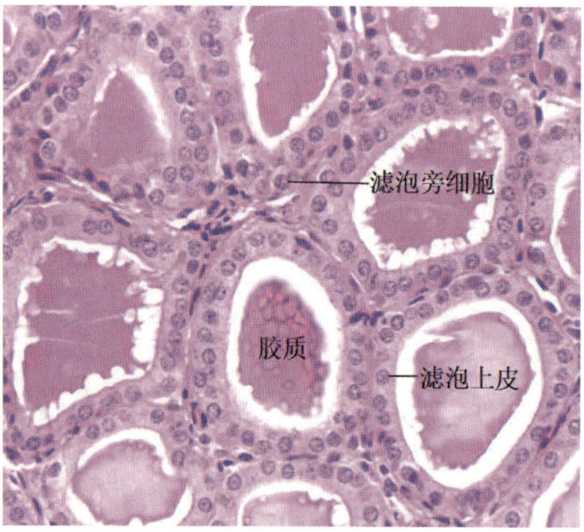

图 10–1 甲状腺滤泡及滤泡旁细胞（HE 染色）
（中国农业大学组胚室供图）

电镜下，微绒毛附于上皮细胞顶端，电子密度中等的较小分泌颗粒和从滤泡腔摄入的低电子密度较大胶质小泡分布于顶部胞质，发达的高尔基复合体位于核上区，丰富的粗面内质网、较多的线粒体和溶酶体散在于胞质内。

甲状腺滤泡经过氨基酸摄取、甲状腺球蛋白合成、胞吐、储存、碘化、重吸收、水解和产物释放等一系列过程（图 10–2）形成甲状腺素（thyroxine），即滤泡上皮从基膜外毛细血管的血液中摄取氨基酸（主要为酪氨酸），在粗面内质网合成甲状腺球蛋白前体，至高尔基复合体加糖并浓缩成分泌颗粒，经胞吐排至滤泡腔；同时，滤泡上皮还摄取碘离子并使之在过氧化物酶的作用下活化，活化的碘离子进入滤泡腔内在微绒毛上与甲状腺球蛋白结合，形成碘化甲状腺球蛋白，以胶体方式储存于滤泡腔内；在促甲状腺激素的刺激下，滤泡上皮以胞吞方式摄入碘化甲状腺球蛋白形成胞质小泡；上皮细胞内的溶酶体与胞质小泡融合，其中的蛋白水解酶分解碘化甲状腺球蛋白，形成甲状腺素，即大量的四碘甲状腺原氨酸（T_4）和少量的三碘甲状腺原氨酸（T_3）；T_4 和 T_3 经上皮底部的基膜渗透至周围的毛细血管。

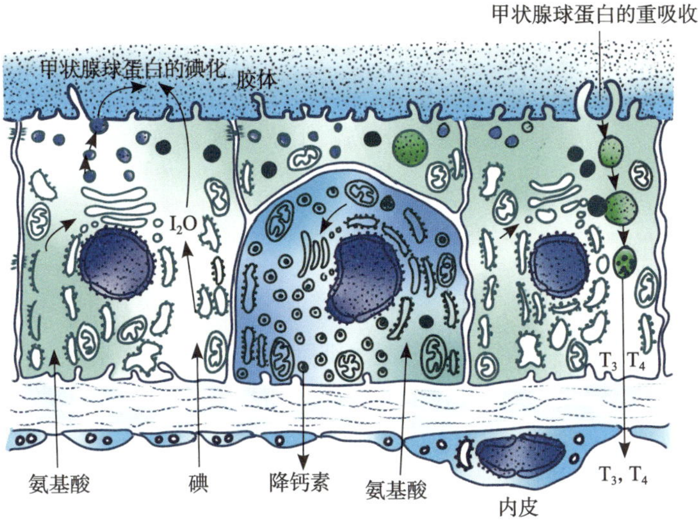

图 10–2 甲状腺素及降钙素的合成和分泌过程示意图

甲状腺素有多种靶细胞，可以增强机体的新陈代谢，提高神经系统的兴奋性，促进动物的生长发育。

二、滤泡旁细胞

滤泡旁细胞又称亮细胞（clear cell）、C 细胞或泡间细胞。单个位于滤泡上皮细胞与基膜之间、滤泡上皮细胞之间或滤泡之间的结缔组织内，体积较大，卵圆形或多边形，HE 染色时细胞质着色较浅（图 10–1），镀银染色时胞质有黑色嗜银颗粒。电镜下，滤泡壁上的滤泡旁细胞（parafollicular cell）附着于基板上，顶部被滤泡上皮细胞覆盖；内部富含粗面内质网、高尔基复合体及分泌颗粒（直径约 200 nm）。分泌颗粒内主要含有降钙素（calcitonin）（一种多肽），可以以胞吐方式被释放到滤泡旁细胞周围的毛细血管。降钙素可促进成骨细胞的活动，抑制破骨细胞的作用，增强骨盐的沉积；同时抑制胃肠道和肾小管对钙磷的吸收。二者协同，使血液中钙和磷的浓度降低。

第二节 甲状旁腺

表面被覆薄的结缔组织被膜，实质内的腺细胞有主细胞（chief cell）和嗜酸性细胞两种，排列成团或索状，间质除了牛和猪的较多外均比较少（图 10–3）。

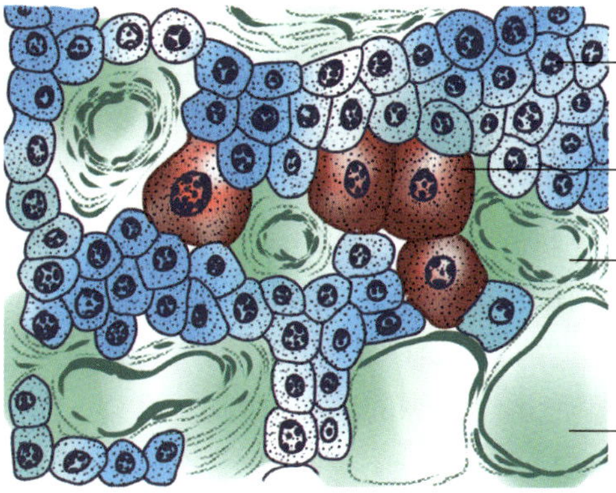

图 10–3　甲状旁腺的组织结构

一、主细胞

主细胞数量多，体积小，圆形或多边形，具有位于中央的球形细胞核，HE染色时细胞质浅红色，镀银染色时呈现嗜银颗粒。电镜下，细胞质内可见发达的粗面内质网、高尔基复合体、线粒体、丰富的糖原、脂滴及分泌颗粒。主细胞以胞吐方式释放分泌颗粒中的甲状旁腺素，后者是一种单链多肽，可以作用于骨细胞和破骨细胞，使骨盐溶解；还能促进小肠和肾小管对钙的吸收。两方面协同使血钙浓度升高。甲状旁腺素和降钙素共同作用，维持动物机体血钙浓度的稳定。

二、嗜酸性细胞

嗜酸性细胞常见于反刍动物和马。介于主细胞之间，数量较少，但会随着年龄的增加而增多。体积较大，多边形，核小而染色深，细胞质内有大量的嗜酸性颗粒。电镜下，嗜酸性颗粒实为密集的线粒体，糖原颗粒较多，内质网和高尔基复合体不发达。细胞的功能尚不清楚。

第三节　肾上腺

肾上腺表面的致密结缔组织被膜含极少量平滑肌和未分化皮质细胞团，还分出少量结缔组织伸入腺体内部形成间质。实质分皮质（cortex）和髓质（medulla）：皮质在外，紧靠被膜，来源于中胚层，分泌类固醇激素；髓质位于中央，来源于外胚层，分泌含氮激素（图 10–4）。

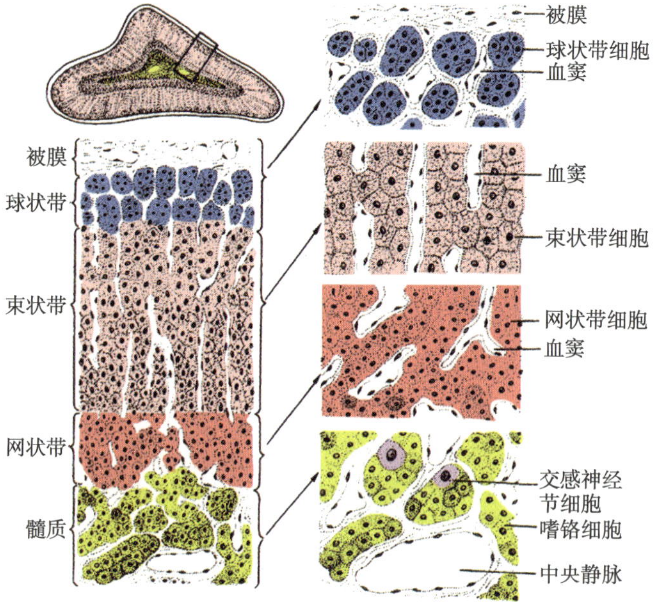

图 10–4　肾上腺的组织结构（邹仲之等，2013）

一、皮质

皮质占整个腺体的 80%～90%，细胞质内含丰富的滑面内质网、线粒体、高尔基复合体和脂滴，根据细胞排列方式的不同，从外往内可分为多形带（zona multiformis）、束状带（zona fasciculate）和网状带（zona reticularis）3 部分。

1. 多形带

多形带紧靠被膜，仅占皮质总体积的15%左右。细胞体积较小，核小而深染，细胞质含少量细小的脂滴。动物种类不同，细胞形态和排列方式也不同：在反刍动物，细胞呈锥形，排列呈球状，此部分又称球状带；在马和肉食动物，细胞呈高柱状，排列呈弓形，此部分又称弓形带；在猪，细胞呈球形或多角形，排列不规则。此区细胞可通过分泌盐皮质激素（mineralocorticoid），主要为醛固酮（aldosterone），促进远端小管和集合小管保钠排钾的功能，刺激汗腺导管、唾液腺和胃黏膜吸收钠离子，使血液中钠离子浓度升高，钾离子浓度降低，保持电解质的动态平衡。

2. 束状带

束状带位于多形带深面，是最厚的皮质部分，占皮质总体积的75%～80%。细胞排列呈相互平行并与被膜垂直的索状，索间有丰富的窦状毛细血管和少量的结缔组织。细胞呈多边形，体积较大，界限清晰；核大而圆，淡染，位于中央；细胞质含大量较粗的脂滴，HE染色时着色浅，呈泡沫状。该区细胞可通过分泌糖皮质激素（glucocorticoid），主要为皮质醇（cortisol）和可的松，调节机体三大有机物（糖类、蛋白质和脂类）的代谢，抑制免疫应答，降低炎症反应。

3. 网状带

网状带位于皮质最深层，仅占皮质总体积的5%～7%。细胞排列呈相互交织的索状，网眼中有窦状毛细血管和少量的结缔组织。细胞形态不规则，体积较小；核小而深染；细胞质脂滴细而少，脂褐素较多，故HE染色时着色（弱嗜酸性）比束状带细胞深。该区细胞主要分泌雄性激素（androgen），还可分泌少量雌性激素及糖皮质激素。

二、髓质

髓质位于皮质网状带深部的整个腺体中央。主要由排列成团或索状的髓质细胞组成，团索间含丰富的血窦和少量的结缔组织；中央有中央静脉。髓质细胞呈卵圆形或多边形，以铬盐处理后细胞质内可见黄褐色的分泌颗粒，故又称其为嗜铬细胞（chromaffin cell）。髓质内还散在少量体积较大的交感神经节细胞。

电镜下，根据分泌颗粒内含物的不同，把嗜铬细胞分成2种：肾上腺素细胞，约占髓质细胞总数的80%，体积较大，嗜铬性较弱，分泌颗粒较小而电子密度低，内含肾上腺素（epinephrine）；去甲肾上腺素细胞，约占髓质细胞总数的20%，体积较小，嗜铬性较强，分泌颗粒较粗而电子密度高，内含去甲肾上腺素（norepinephrine）。两种细胞通常混合分布，但在牛、绵羊和马，肾上腺素细胞一般分布于髓质的外区，而去甲肾上腺素细胞则常分布于髓质的内区。电镜下，还可见到交感神经纤维与嗜铬细胞间有突触关系，证明嗜铬细胞的激素分泌受交感神经的支配。

肾上腺素可以提高心肌的兴奋性，使心率加快，心输出量增加，心脏和骨骼肌血管扩张，导致机体处于应激状态；去甲肾上腺素可以使全身小血管收缩，血压升高，心脏、骨骼肌和脑血管内血流加速。

第四节 垂体

垂体是动物机体内最重要的内分泌器官，可以分泌多种激素，并以血管、神经与丘脑下部相连，在丘脑下部的控制下调节动物的生长、发育、新陈代谢和生殖等重要的生命活动，是神经与内分泌两大调节系统中的枢纽。

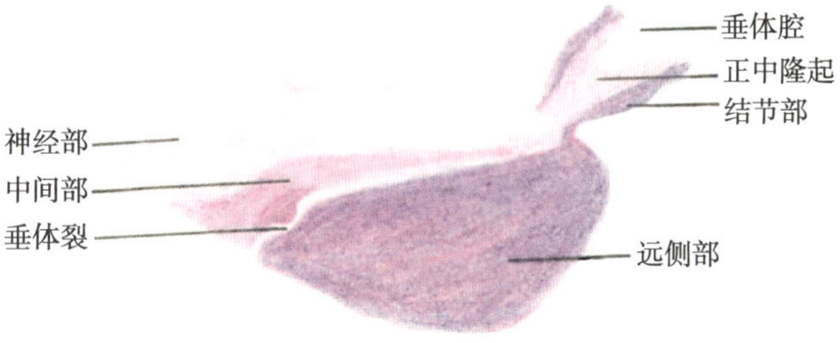

图 10-5　垂体结构模式图（冯俊灵供图）

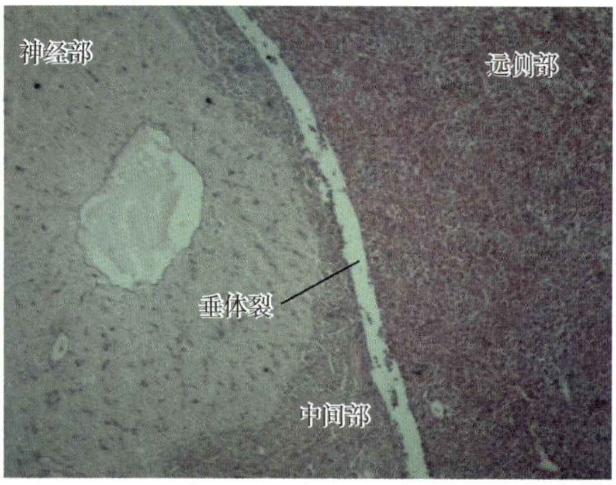

图 10-6　垂体主部结构（HE 染色）（胡传活供图）

垂体表面被覆富含毛细血管的结缔组织被膜，实质包括腺垂体（adenohypophysis）和神经垂体（neurohypophysis）两大部分（图 10-5，图 10-6）。腺垂体包括远侧部（pars distalis）、中间部（pars intermedia）和结节部（pars tuberalis），来源于原始口腔外胚层上皮形成的拉克氏囊；神经垂体包括神经部（pars nervosa）和漏斗（分为正中隆起和漏斗柄，与丘脑下部相连），来源于间脑底部神经外胚层向腹侧突出形成的神经垂体芽。大多数动物的拉克氏囊腔可以残留，成为垂体裂。有些动物的第三脑室可以伸入漏斗柄甚至神经部，称为垂体腔。远侧部与结节部合称前叶，中间部与神经部合称后叶。

一、腺垂体

腺垂体是垂体中比例较大的部分，也是比较重要的部分，分泌的激素种类较多。其细胞可以根据光镜、电镜和免疫组化 3 种方法进行分类：光镜分类的依据是分泌颗粒的染色，电镜分类的依据是分泌颗粒的形态、大小和位置，免疫组化分类的依据是分泌颗粒所含激素的抗原属性。目前，分类的依据主要是细胞的染色及其分泌激素的种类。

（一）远侧部

远侧部是腺垂体的主要部分，腺细胞呈团索状排列，团索之间富含血窦。HE 染色时，根据嗜色特点的不同将腺细胞分成嫌色细胞（chromophobe cell）和嗜色细胞两大类，后者又可分为嗜酸性细胞（acidophil）和嗜碱性细胞（basophil）（图 10-7）。电镜下，根据分泌颗粒的性质和形态，可将嗜色细胞再细分为 5 种。

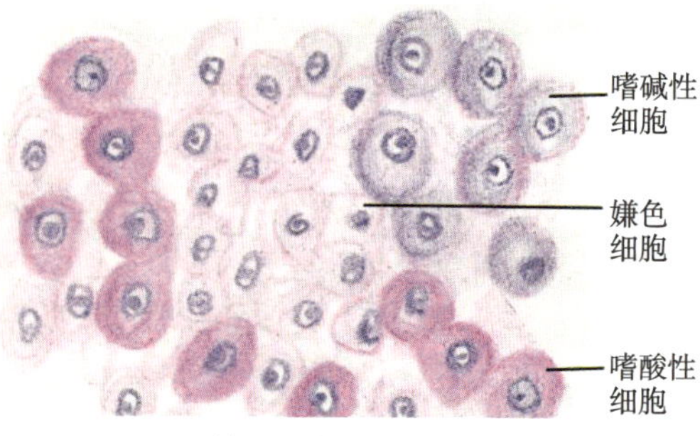

图 10-7　垂体远侧部细胞（冯俊灵供图）

1. 嫌色细胞

嫌色细胞约占远侧部细胞总数的一半，较小，呈圆形或多角形，细胞质因无分泌颗粒而着色浅，轮廓也不清晰。电镜下，有些嫌色细胞内含少量分泌颗粒，大多数嫌色细胞具有伸入腺细胞之间的长的分支突起（图 10–8）。一般认为嫌色细胞是一种未分化细胞或者脱颗粒的嗜色细胞，可能对嗜色细胞有营养和支持作用。

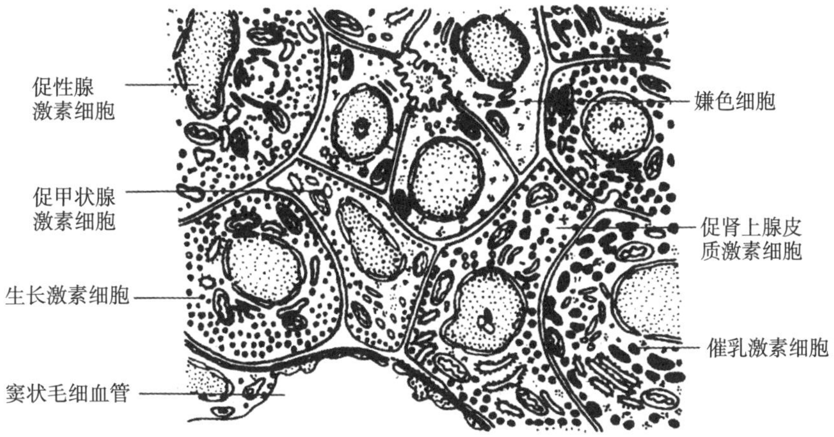

图 10–8　垂体远侧部细胞超微结构模式图（沈霞芬，2015）

2. 嗜酸性细胞

嗜酸性细胞约占远侧部细胞总数的 40%，体积较大（直径 11～20 μm），呈圆形或卵圆形，轮廓清晰。细胞核圆形或卵圆形，染色深浅不等，核仁 1～2 个；细胞质呈强嗜酸性。根据电镜结构和所分泌激素的不同，嗜酸性细胞又分为 2 种（图 10–8）。

（1）生长激素细胞　数量多，体积大，细胞质内富含高电子密度的球形分泌颗粒，可以合成、释放生长激素（growth hormone, GH），增强动物机体代谢功能，促进生长发育（尤其是刺激骺软骨生长，使骨长长，体格变大）。在人类幼年时分泌不足，可引起侏儒症，分泌过多则导致巨人症；成人分泌过多会造成肢端肥大症。

（2）催乳激素细胞　数量少，在妊娠期和哺乳期会增多变大，细胞质中分泌颗粒粗大，且大小和形态多样。雄性动物的催乳激素细胞数量比雌性动物少。可以分泌催乳激素（prolactin, PRL），促进乳腺发育和乳汁分泌。

3. 嗜碱性细胞

嗜碱性细胞仅占远侧部细胞总数的 10% 左右。椭圆形或多角形，大小不等，直径 15～25 μm，比嗜酸性细胞略大。细胞核大而淡染，细胞质嗜碱性。电镜下分为 3 种（图 10–8）。

（1）促甲状腺激素细胞　呈多角形，细胞质内颗粒最小，可分泌促甲状腺激素（thyroid stimulating hormone, TSH），促进甲状腺的发育及滤泡上皮甲状腺素的合成与释放。

（2）促性腺激素细胞　体积较大，分布于血窦附近，细胞质内颗粒直径大小、电子密度均不一致。分泌卵泡刺激素（follicle stimulating hormone, FSH）和黄体生成素（luteinizing hormone, LH）。卵泡刺激素可以促进动物卵泡发育（雌性）或通过刺激睾丸曲精小管管壁上的支持细胞合成雄激素结合蛋白来促进精子的发生（雄性）。黄体生成素可以促进雌性动物的排卵、黄体形成及分泌；还可以刺激雄性动物睾丸间质细胞分泌雄激素，因此又称间质细胞刺激素（interstitial cell stimulating hormone, ICSH）。

（3）促肾上腺皮质激素细胞 形态不规则，星形或长梭形者居多，着色浅。细胞质内的分泌颗粒少、较粗，且电子密度不等。可分泌促肾上腺皮质激素（adrenocorticotropic hormone, ACTH）和促脂素：前者可促进肾上腺的发育及束状带、网状带细胞的激素分泌；后者可促进脂肪细胞内的脂肪分解产生脂肪酸。

（二）结节部

结节部指呈套筒状包围于漏斗柄周围的部分，内部富含纵行的毛细血管。腺细胞主要为嫌色细胞，还有少量嗜色细胞，呈纵向索状排列于血管之间，可分泌少量促性腺激素和促甲状腺激素。

（三）中间部

中间部紧贴神经部，与远侧部的间隙称垂体裂。主要由嫌色细胞和嗜碱性细胞组成。常可见到立方形嗜碱性细胞围成的大小不等、充满胶体的滤泡。嗜碱性细胞可分泌促黑素细胞激素（melanocyte stimulating hormone, MSH），后者是一种多肽激素，可调节皮肤的黑素细胞合成和分泌黑素颗粒。

二、神经垂体

神经垂体直接连于丘脑下部腹侧，主要含大量的无髓神经纤维、神经胶质细胞（垂体细胞，pituicyte）及窦状毛细血管，还有少量网状纤维（图 10–9），起运输、储存和释放丘脑下部激素的作用。

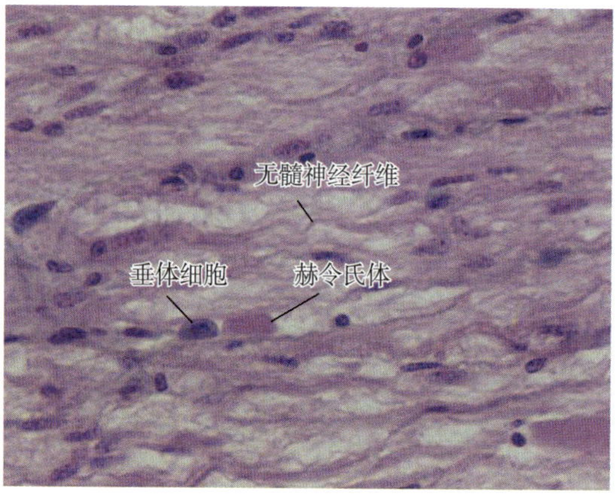

图 10–9 垂体神经部（HE 染色）
（中国农业大学组胚室供图）

无髓神经纤维来源于丘脑下部神经垂体束，后者由丘脑下部的视上核（supraoptic nucleus）和室旁核（paraventricular nucleus）所含有的大型神经内分泌细胞的轴突组成，经漏斗伸延至神经部。这些神经内分泌细胞富含分泌颗粒，分泌颗粒由无髓神经纤维运输至神经部储存或释放至毛细血管。有时大量分泌颗粒会聚集于无髓神经纤维及其末端的胞质内，一方面使无髓神经纤维局部外观呈串珠状膨大，另一方面使无髓神经纤维内部形成大小不一的嗜酸性团块，称为赫令氏体（Herring body）。神经胶质细胞特殊分化，又称垂体细胞，形态、大小不一，常分布于无髓神经纤维之间，并伸出突起附于毛细血管管壁上，具有营养、支持及保护无髓神经纤维的作用，还有可能分泌一些化学物质，控制无髓神经纤维的活动及激素释放。

视上核的神经内分泌细胞分泌抗利尿激素（antidiuretic hormone, ADH），促进肾的远端小管和集合小管对水分的重吸收，减少尿量。该激素分泌不足会导致尿崩症；而超过生理剂量又会引起小动脉平滑肌收缩，血压升高，因此又称加压素（vasopressin）。室旁核的神经内分泌细胞分泌催产素（oxytocin），可引起子宫平滑肌收缩，促进胎儿娩出和胎衣排出；还可以作用于乳腺腺泡外的肌上皮细胞，促使乳汁释放。

三、垂体的血液供应及腺垂体与丘脑下部的关系

（一）垂体的血液供应

垂体的血液供应分2组（图10-10）：垂体前动脉分布于腺垂体；垂体后动脉分布于神经垂体，并分出分支与远侧部的毛细血管吻合。垂体前动脉为大脑基底动脉环的分支，其于结节部上端的正中隆起内形成初级毛细血管网，然后汇合成数条垂体门微静脉，沿结节部延伸至远侧部，再次形成次级毛细血管网。垂体门微静脉和其两端的两级毛细血管网共同组成垂体门脉系统。次级毛细血管网汇合成小静脉注入垂体附近的静脉窦。

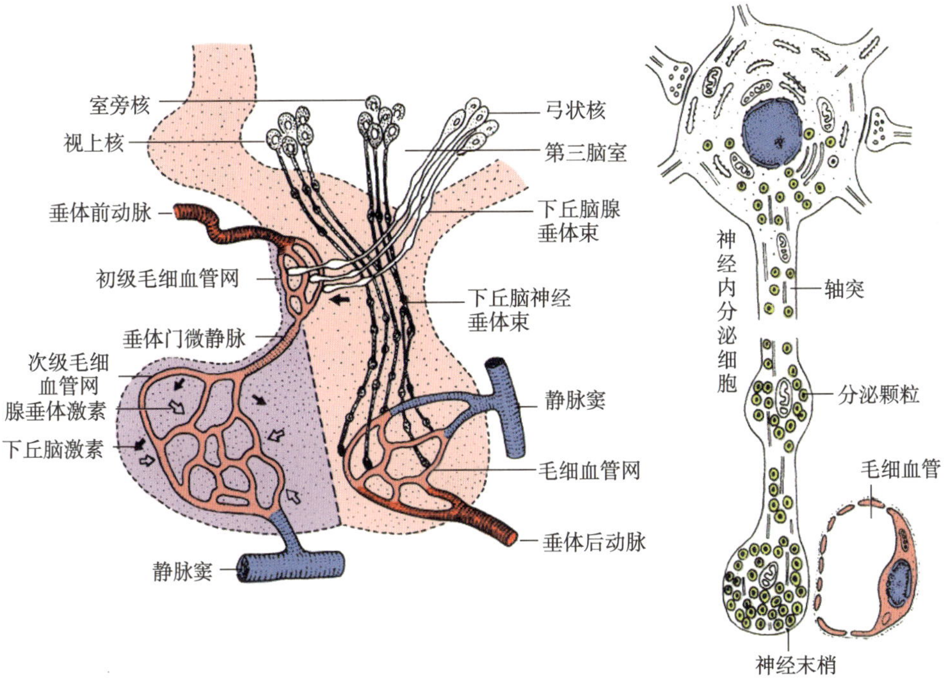

图10-10 垂体的血管分布及其与下丘脑的关系模式图（邹仲之等，2013）

（二）腺垂体与丘脑下部的关系

1. 丘脑下部对腺垂体的激素调节

丘脑下部的某些核团（如弓状核等）内的神经内分泌细胞分泌的激素由轴突运输至正中隆起，释放进入初级毛细血管网，随后经垂体门微静脉输送至远侧部次级毛细血管网并透出，调节远侧部腺细胞的分泌活动（图10-10）。此类激素可分为两大类——促进腺细胞分泌的释放激素和抑制腺细胞分泌的释放抑制激素。迄今为止，已经发现的释放激素有生长激素释放激素、催乳激素释放激素、促甲状腺激素释放激素、促性腺激素释放激素、促肾上腺皮质激素释放激素和黑素细胞刺激素释放激素6种；释放抑制激素有生长激素释放抑制激素、

催乳激素释放抑制激素和黑素细胞刺激素释放抑制激素 3 种。远侧部腺细胞分泌的各种激素又可通过短的反馈作用调节丘脑下部神经内分泌细胞的分泌活动，形成丘脑下部腺垂体系统，与丘脑下部神经垂体束一起合称丘脑下部－垂体门脉系统（图 10–11）。

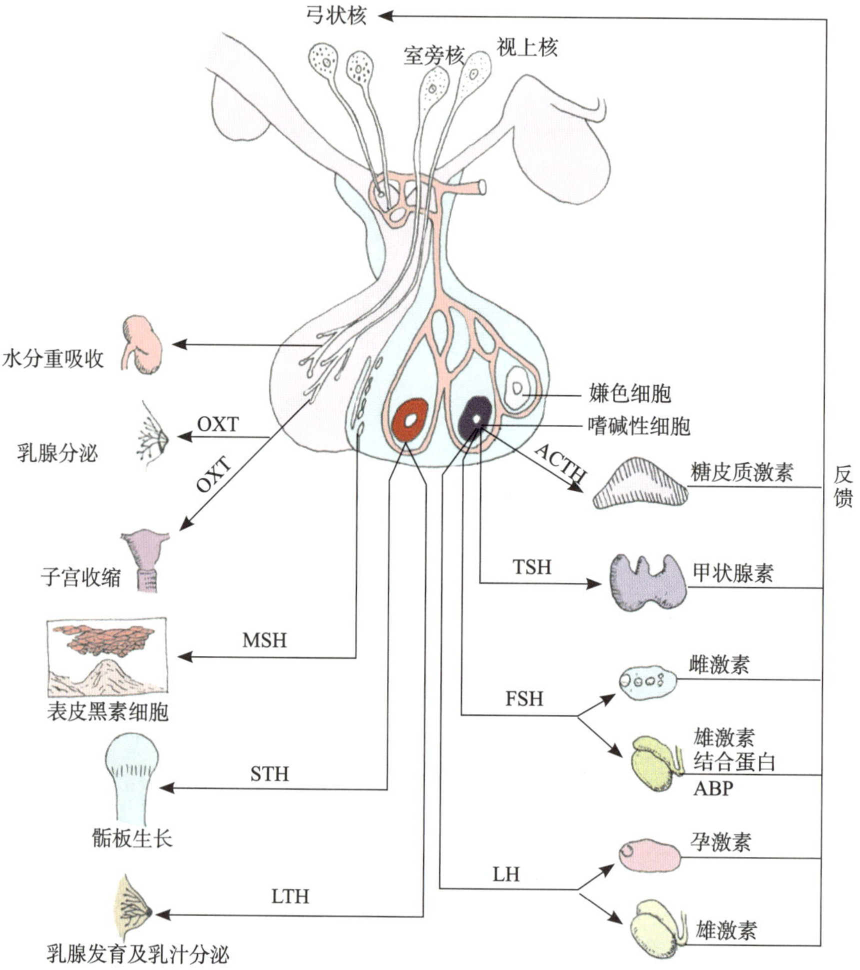

图 10–11　丘脑下部与垂体的激素对靶器官作用示意图（高英茂等，2011）

2. 丘脑下部对腺垂体的神经调节

原有的观念认为，垂体远侧部细胞的分泌活动不受神经直接支配，其中仅有的少量神经纤维是调节血管舒缩的。直到 20 世纪后期，鞠躬等我国科学家才在这方面取得突破，他们应用多种组织学技术发现，包括人在内的多种哺乳动物垂体前叶存在与腺细胞有突触联系的肽能神经纤维，并据此认为垂体前叶腺细胞的分泌除了受激素调节外，还受神经直接支配。

3. 丘脑下部及腺垂体与其他内分泌器官的关系

丘脑下部神经内分泌细胞分泌的释放激素或释放抑制激素，可以调节腺垂体各种腺细胞的分泌活动，腺垂体腺细胞分泌的各种激素又调节相应的其他内分泌器官（靶器官）内靶细胞的分泌；靶细胞分泌的激素又可以反馈性地调节腺垂体和丘脑下部的分泌，从而维持相关激素分泌的相对稳定（图 10–11）。

第五节 松果体

松果体(pineal body)外包由脑软膜延伸而来的被膜，后者的结缔组织向内伸入形成间隔，将实质分为许多不规则的小叶。每个小叶均由松果体细胞、神经胶质细胞、无髓神经纤维和一些钙质沉淀物（脑砂）组成（图 10–12）。

一、松果体细胞

松果体细胞（pinealocyte）又称主细胞，约占实质细胞总数的 90%。光镜下呈簇或索状排列，胞体圆形或多角形；细胞核大而圆，色浅，核仁明显；细胞质弱嗜碱性，常含脂滴。银染时，可见有短而细的突起伸入临近细胞之间或有长、粗、弯曲而末端呈球形膨大的突起呈放射状终止于血管和室管膜附近。电镜下，细胞内除了有发达的线粒体、核糖体和高尔基复合体等细胞器外，特征是含有成束的微管和分泌颗粒，突起膨大末端有清亮小泡，还有一种称为突触带的细胞器，其多沿胞膜分布，由致密的杆状体和小泡组成。

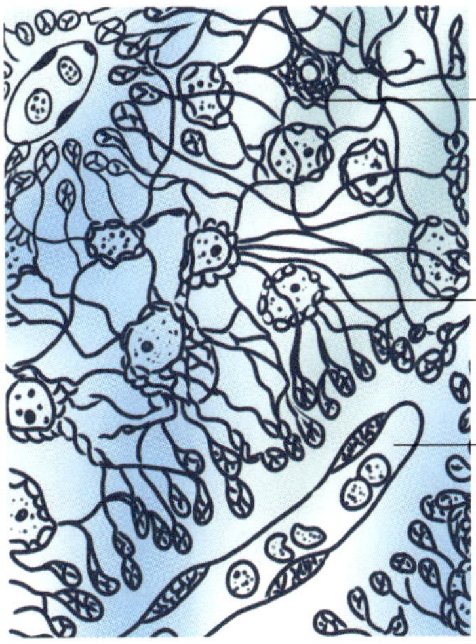

图 10–12 松果体的组织结构

二、神经胶质细胞

神经胶质细胞位于松果体细胞之间或毛细血管周围，约占实质细胞总数的 5%，主要为星形胶质细胞，还有少量小胶质细胞和少突胶质细胞。细胞体积较小，有突起；细胞核椭圆形，着色较深；细胞质嗜碱性。对松果体细胞有支持、营养和分泌调节作用。

三、脑砂

脑砂（brain sand）呈大小不等的粒状或球状，散布于间质或偶见于细胞内，主要成分为蛋白多糖和羟基磷灰石等钙盐的沉淀，是松果体细胞分泌物钙化后形成的同心圆板状结构，其数量可以随年龄增长而增多，说明其机能可能与机体衰老有关。

松果体在低等脊椎动物为光感受器，随着物种的进化，感光作用逐渐弱化。在哺乳动物，其变为神经内分泌转换器，接受多种神经的支配，分泌多种生物活性成分，其中最多的是褪黑激素（melatonin），主要作用是通过对丘脑下部 – 垂体 – 性腺轴的调节，影响性腺的发育，参与生物节律、体温、内分泌腺分泌及免疫活动等方面的调节。

第六节 弥散神经内分泌系统

动物机体内除了上述独立存在的内分泌腺之外，还有大量散在于其他器官内的内分泌细胞。1966 年，英国研究人员 Pearse 发现，这些内分泌细胞都有摄取胺前体并使其脱羧转变为胺类物质的能力，因此特将此类细胞统称为摄取胺前体脱羧（amine precursor uptake and decarboxylation, APUD）细胞。进一步研究发现，此类细胞不但分布非常广泛，而且还能产生肽类激素，并与神经内分泌细胞在形态结构、生理生化及发生等方面有很多相似之处。因此，Pearse 等将神经内分泌细胞和 APUD 细胞统称为弥散神经内分泌系统（diffuse neuroendocrine system, DNES）。这一新概念使神经系统和内分泌系统建立了直接的联系，共同实现对机体生理活动的调节和控制。

目前，已知的 DNES 细胞有几十种，其数量和种类远远超过任何一个内分泌器官。按照分布的不同，DNES 细胞分为中枢和周围两部分。中枢部分有松果体细胞、视上核、室旁核、弓状核内的神经内分泌细胞和腺垂体细胞等。周围部分包括存在于内脏管道和胰岛的内分泌细胞；内分泌腺内的甲状腺滤泡旁细胞、甲状旁腺主细胞、肾上腺髓质的嗜铬细胞和交感神经节细胞等；兼有内分泌功能的其他细胞，如平滑肌细胞、心肌细胞、血管内皮细胞、红细胞、白细胞、巨噬细胞、肥大细胞和胎盘内分泌细胞等。

【思考题】

1. 名词解释：内分泌腺、体液调节、靶器官、赫令氏体、APUD 细胞、弥散神经内分泌系统。
2. 简述甲状腺的组织结构、功能及甲状腺素的合成与分泌过程。
3. 简述肾上腺的组织结构及功能。
4. 试述垂体各部的组织结构及功能。

（广西大学　胡传活）

第十一章 感觉器官

感觉器官（sense organ）主要由感受器及其辅助装置构成。感受器是感觉神经末梢形成的特殊装置，能感受体内、外环境的各种刺激，并将这种刺激转变为神经冲动，即兴奋，通过感觉神经将兴奋传递至中枢神经系统，再经中枢的整合分析，产生相应的感觉。视觉、位听觉、嗅觉和味觉等属于由特殊感受器产生的特殊躯体或内脏感觉，它们分属于眼、耳、鼻和舌器官，其中眼和耳构成独立的感觉器官。本章主要介绍视觉器官眼和位听觉器官耳。

第一节 眼

眼（eye）是脊椎动物的视觉器官，主要由眼球及其辅助装置组成。眼球的外形和结构因动物种属不同而有些差异，但其基本结构相同，均由眼球壁和眼内容物两部分构成（图 11-1）。

一、眼球壁

眼球壁自外向内依次分为纤维膜、血管膜和视网膜 3 层。

1. 纤维膜

纤维膜（fibrous tunic）厚而坚韧，主要由致密结缔组织构成，是眼球壁的最外层。纤维膜的前 1/5 部分称角膜，透明，呈圆盘状，向前方略突，属透光装置；后 4/5 部分称巩膜，呈白色，不透明，有保护眼球内容物的作用；两者的过渡区域为角巩膜缘（或称角膜缘）（图 11-1、图 11-2）。

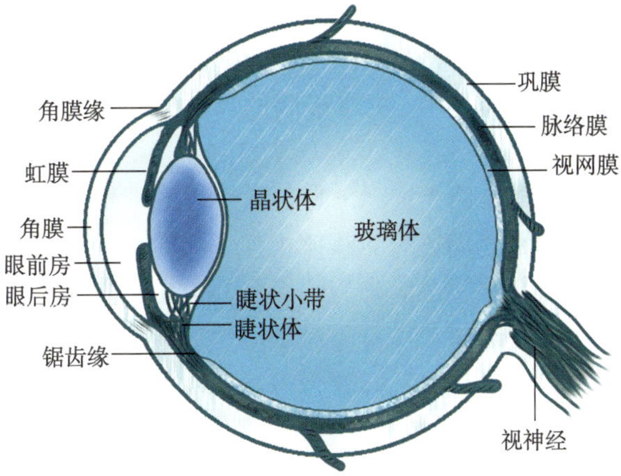

图 11-1　眼球纵切面基本结构模式图

（1）角膜（cornea） 是眼球的主要屈光介质，似无色透明的凸透镜。角膜由外到内分为 5 层。

①角膜上皮（corneal epithelium）：由未角化的复层扁平上皮构成，一般为 4～12 层排列整齐的细胞，表层细胞有泪液膜覆盖。基底层细胞分裂增生能力强，细胞间含游离神经末梢，故角膜上皮更新较快，且感觉敏锐。

②前界层（anterior limiting lamina）：为薄的无细胞的均质层，由胶原原纤维和基质构成，具有一定的抗感染力，损伤后不能再生。前界层损伤后易形成不透明的白色瘢痕而影响视力。

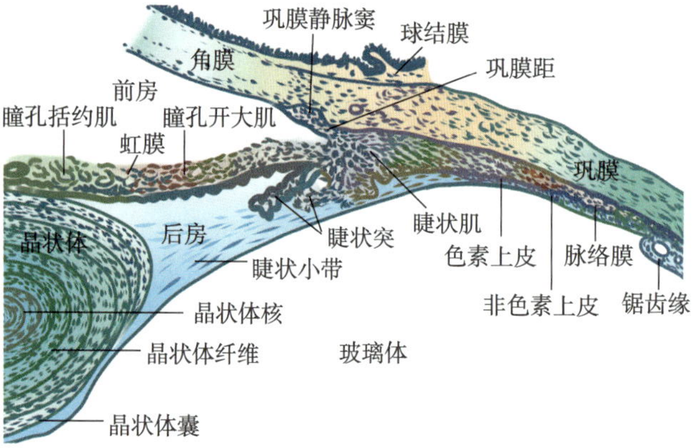

图 11–2　眼球前部结构模式图

③角膜基质（corneal stroma）：又称固有层，约占角膜厚度的 90%，由大量平行排列的胶原原纤维板层组成。相邻板层之间的纤维成一定角度排列，板层间含有扁平的成纤维细胞，原纤维与板层之间填充黏多糖。基质不含血管，营养来源由房水及角膜缘的血管供应。

④后界层（posterior limiting lamina）：结构与前界层相同，亦为无细胞的均质层，但更薄，不明显。该层由角膜内皮的分泌物形成，可随年龄增长逐渐变厚。

⑤角膜内皮（corneal endothelium）：为单层扁平或立方上皮，可合成和分泌蛋白质，参与后界层的形成与更新。角膜内皮细胞不能再生，细胞密度随年龄增长而降低。

（2）巩膜（sclera）　为致密结缔组织，质地坚硬呈瓷白色，由粗大的胶原纤维束和少量弹性纤维构成，是眼球壁的重要保护层。巩膜内有血管、色素细胞。巩膜与角膜交界处的带状移行区称角巩膜缘（corneoscleral limbus），又称角膜缘（corneal limbus）。此处上皮细胞加厚，常超过 10 层，细胞一般较小、核着色深。基底层细胞呈矮柱状，排列成栅栏状。近年研究显示，角巩膜缘基底层细胞具有干细胞的特征，可不断增殖、迁移，补充角膜基底层细胞。角巩膜缘深面有巩膜静脉窦（图 11–2），是眼房水流出的通道。在静脉窦内侧，巩膜组织略向前内侧凸起，形成一环形嵴状的结构，称巩膜距（scleral spur），此处有小梁网和睫状肌附着，小梁间隙与巩膜静脉窦相通，共同参与房水循环。巩膜前部的外表面覆有球结膜。

2. 血管膜

血管膜（vascular tunic）是眼球壁的中间层，为富含血管和色素细胞的疏松结缔组织。血管膜有营养作用，并形成暗的环境，利于视网膜对光和色的感应。血管膜自前向后分为虹膜、睫状体和脉络膜 3 部分（图 11–2）。

（1）虹膜（iris）　为角膜后方的环形薄膜，中央是瞳孔。猪的为圆形，其他家畜为横椭圆形。虹膜周边与睫状体相连，后方为晶状体。虹膜与角膜之间的腔隙称眼前房，虹膜后面与晶状体之间的腔隙为眼后房，前房和后房内均有房水，借瞳孔相通。眼房水为无色透明液体，主要由睫状体分泌产生，然后在眼前房的周缘渗入巩膜静脉窦而至眼静脉。眼房水有折光、调节眼压以及运输营养物质和代谢产物的作用。虹膜自前向后分为 3 层：前缘层、虹膜基质和色素上皮层。前缘层为一层连续的成纤维细胞和色素细胞。虹膜基质较厚，为含有色素细胞和血管的疏松结缔组织。不同动物色素细胞中，色素颗粒的性质、形状、分布位置不同，导致动物虹膜颜色呈现红、黑、棕、灰等不同色泽。基质中含有瞳孔括约肌，为宽带状围绕瞳孔的环形平滑肌，受副交感神经支配，收缩时使瞳孔缩小；在括约肌外侧呈放射状排列的肌纤维称瞳孔开大肌，受交感神经支配，收缩时使瞳孔开大。虹膜色素上皮层由胞质内充满色素颗粒的立方或柱状细胞组成。

（2）睫状体（ciliary body）　是眼球壁中膜的增厚部分，位于虹膜与脉络膜之间，矢状切面呈三角形，前段宽大，向前内侧伸出许多呈放射状的睫状突（ciliary process），睫状突发出纤维状的睫状小带，睫状小带的另一端插入晶状体囊内，起到悬挂固定晶状体的作用（图 11-3）。睫状体自外向内可分 3 层，外层为睫状肌，内层为上皮层，两者间为基质。睫状肌层由纵行、环行及放射行 3 种走向的平滑肌构成，马、猪、猫、犬的环行肌较发达。基质为富含血管和色素的结缔组织，又称血管层。上皮层由 2 层细胞组成，外层为立方形的色素上皮细胞，内层为立方形或矮柱状的非色素上皮细胞，非色素上皮细胞有分泌房水和形成睫状小带的作用。当睫状肌收缩或舒张时，可使睫状小带松弛或紧张，借此改变晶状体的位置和曲度，从而调节视力。在鱼类，代替睫状体的是镰状突。

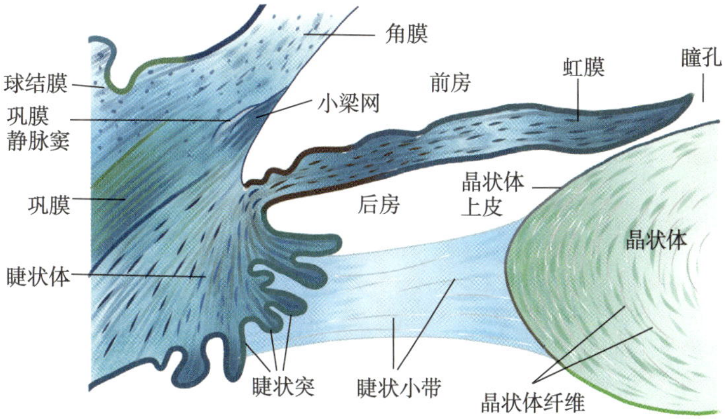

图 11-3 睫状体与晶状体结构

（3）脉络膜（choroid） 是薄而软的棕色膜，约占血管膜的后 2/3 部分，位于睫状体后方，衬在巩膜内面与视网膜视部之间，是富含血管和色素细胞的疏松结缔组织。由外向内分为 4 层：①脉络膜上层，为连接巩膜的媒介，由胶原纤维束、弹性纤维网、成纤维细胞和黑色素细胞等构成；②血管层，由密集的动静脉丛组成，为 4 层中最厚者；③毛细血管层，为一薄层的毛细血管丛；④基底层，与视网膜相贴，为脉络膜的最内层，薄而透明，又称玻璃膜，由纤维和基质组成。

照膜（tapetum lucidum），又称脉络膜毯，为脉络膜的一个特化结构，是位于视神经乳头上方一半月形带金属光泽的无血管区，对光有较强反射作用。草食动物的照膜是纤维膜，由胶原纤维束和成纤维细胞组成；肉食动物的照膜是由扁平的多角形细胞组成的细胞层，在犬和猫，照膜中心厚度可达 15 ～ 30 层细胞。照膜细胞内含有大量锌。照膜的作用是将外来光线反射到视网膜，加强光刺激作用，有助于动物在暗光下对外界的感应。猪和骆驼没有照膜。

3. 视网膜

视网膜（retina）衬于血管膜的内侧，为眼球壁的最内层（图 11-4），根据有无感光功能，分为衬于脉络膜内面的视网膜视部（pars optica retina）和衬于虹膜和睫状体内面的视网膜盲部（pars caeca retina），二者交界处呈锯齿状，称锯齿缘（ora serrata）。视网膜通常指视部而言，视部属神经组织，主要由色素上皮细胞、视细胞、双极细胞、水平细胞、无长突细胞、节细胞及一些神经胶质细胞等组成。上述的这些细胞在视网膜内分层排列并相互连接形成光镜下的 10 层结构（图 11-5）。

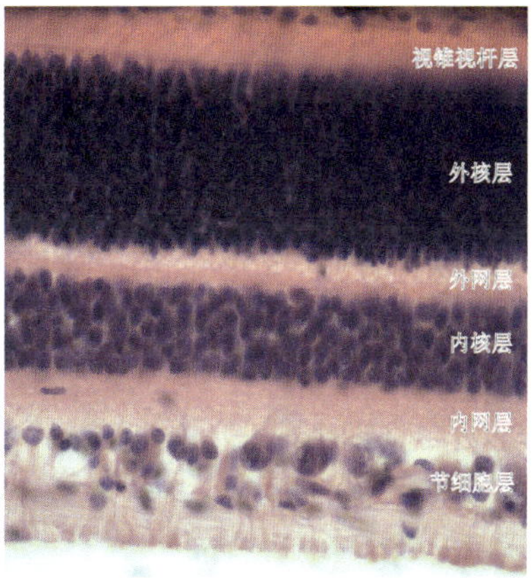

图 11-4 视网膜结构（HE 染色）
（马云飞供图）

（1）色素上皮（pigment epithelium） 是视网膜靠近脉络膜的单层立方或矮柱状上皮，细胞之间有紧密连接、中间连接和缝隙连接。色素上皮细胞的功能：细胞顶部与

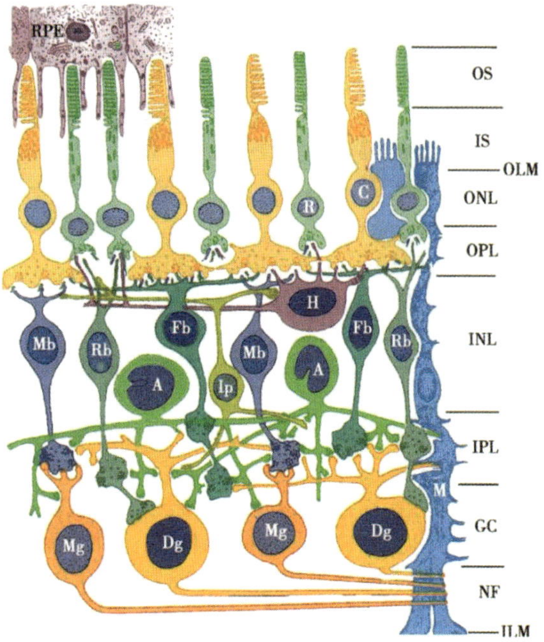

OS. 外节　IS. 内节　OLM. 外界膜　ONL. 外核层　OPL. 外网层　INL. 内核层　IPL. 内网层　GC. 节细胞层　NF. 神经纤维层　ILM. 内界膜　RPE. 视网膜色素上皮　R. 视杆细胞　C. 视锥细胞　Mb. 侏儒双极细胞　Fb. 扁平双极细胞　Rb. 杆状双极细胞　H. 水平细胞　A. 无长突细胞　Ip. 网间细胞　Mg. 侏儒节细胞　Dg. 弥散节细胞　M. Müller 细胞

图 11-5　视网膜结构模式图（高英茂等，2011）

视细胞相接触，并有大量指状突起伸入视细胞间，为其输送营养；胞质内含有大量的黑素颗粒和吞噬体，黑素颗粒可吸收光线，防止强光对视细胞的损害，吞噬体具有吞噬衰老的视杆细胞膜盘的功能；储存维生素 A 和参与视紫红质的合成。

（2）**视细胞**（visual cell）分为视锥细胞和视杆细胞，均为特化的双极神经元，具有光电信号转换功能，因此又称感光细胞。视细胞的胞体位于外核层，呈球形，内有圆形的细胞核。各以一个树突伸向色素上皮层，分别称为视锥或视杆。视锥或视杆都由内、外两节构成。外节为感光部，内有平行排列的膜盘结构；内节借细茎与外节相连，内节内有大量线粒体、高尔基复合体和粗面内质网。视锥和视杆组成视网膜的视锥、视杆层。视锥感光敏锐，外节的膜盘内含有对红、绿、蓝 3 色分别感光的视色素，因此，有 3 种视锥细胞。若缺乏某种视色素，就会产生对某种颜色不能分辨的色盲。研究表明，鸟类有第四种视锥细胞，对紫光和紫外光敏感。视杆的膜盘上含有视紫红质，是维生素 A 的衍生物，能感受弱光，当缺乏时，易患夜盲症。在夜间活动的动物，如猫、犬、猫头鹰，含有较多的视杆细胞。鸡缺乏视杆细胞，是夜盲动物。视细胞自胞体的另一端发出轴突伸入外网层，与双极细胞和水平细胞构成突触。

（3）**双极细胞**（bipolar cell）是联系感光细胞和节细胞的联络神经元，种类较多，胞体位于内核层，树突与感光细胞的轴突形成突触，轴突伸入内网层与节细胞的树突形成突触。在水平方向上与其他的联络神经元如水平细胞和无长突细胞等组成复杂的环路，起着调节视觉的作用。

（4）**节细胞**（ganglion cell）位于视网膜最内面，为长轴突的多极神经元，也是视网膜内唯一的传出神经元。胞体较大，呈 1～3 层排列，树突伸入内网层，与双极细胞、无长突细胞形成突触，轴突构成视神经纤维层，并向眼球后极汇聚形成视神经，穿出眼球。

（5）**神经胶质细胞**　视网膜内的神经胶质细胞主要为放射状胶质细胞，也称苗勒氏细胞（Müller's cell），呈细长不规则形状，几乎贯穿视网膜神经部。其胞体位于内核层，细胞的内外侧端分别构成视网膜的内、外界膜。此外还有星型胶质细胞、少突胶质细胞和小胶质细胞等，这些胶质细胞具有营养、支持、绝缘和保护作用。

二、眼球内容物

眼球内容物包括晶状体、玻璃体和眼房水，均为无色透明结构，与角膜共同组成眼的屈光系统。

1. 晶状体

晶状体（lens）为扁圆形有弹性的双凸透明体，位于虹膜和玻璃体之间，借睫状小带连于睫状体，主要由纤维状的上皮细胞构成，无血管和神经，靠房水供应营养。晶状体表面包有均质的弹性晶状体囊，由增厚的基膜及胶原原纤维组成。晶状体中心部位的上皮构成晶状体核，内充满均质的晶状体蛋白，细胞核消失。通过睫状肌的疏缩可调节晶状体的曲度，从而调节视力。晶状体的弹性随年龄的增长而减弱，透明度降低或混浊，形成白内障。如果晶状体变扁，调节聚焦的功能减弱，则形成老花眼。

2. 玻璃体

玻璃体（vitreous body）是位于晶状体和视网膜之间的无色透明胶状物，其中含水分99%，以及少量透明质酸、玻璃蛋白、胶原原纤维和成纤维细胞。玻璃体起折光和支撑视网膜的作用。如发生混浊即影响视力，看东西时，感觉眼前如有蚊虫飞舞。玻璃体内无血管，以扩散方式与邻近组织进行物质交换。玻璃体流失后不能再生，可由房水填充。

3. 眼房水

眼房水（aqueous humor）为含有蛋白质的无色透明液体，由睫状体的血管渗透和上皮分泌，可营养角膜和晶状体并维持眼内压。房水由眼后房经瞳孔进入前房，从虹膜角流入巩膜静脉窦回到血液。当房水产生过多或回流受阻，可引起眼内压升高，视力减退，称为青光眼。

眼的视觉传导通路：光线通过角膜、房水、晶状体和玻璃体等屈光介质后，到达视网膜的视细胞，使其感受光的刺激，并将光能转换成神经冲动，再传至双极细胞和节细胞，最后经视神经传入大脑视觉中枢，产生视觉。

三、眼的辅助装置

眼的辅助装置包括眼睑、泪器和眼外肌等，对眼球有保护、支持和运动等作用。

1. 眼睑与结膜

眼睑（eyelid）为覆盖于眼球前方的皮肤皱褶，有防止异物和强光损伤眼球及避免角膜干燥等保护作用。眼睑由表及里分为皮肤、肌层、纤维层和睑结膜4层。皮肤薄而柔软，含有汗腺、皮脂腺和毛囊。在皮肤与结膜移行的睑缘部覆有几列睫毛（eyelash），具有防尘作用。睫毛根部的皮脂腺称睑缘腺（又称 Zeis 腺），睑缘处有腺腔较大的汗腺称睫腺。多数动物（除猫）的上眼睑含有较多的睫毛和睑缘腺，而下眼睑睫毛少（反刍动物和马）或缺少（猫、犬和猪）。皮下组织为疏松结缔组织，易水肿和淤血。肌层主要为骨骼肌组成的眼轮匝肌。纤维层由眶隔和睑板组成，眶隔由致密结缔组织构成，连接睑板和眶缘的骨膜；睑板（tarsal plate）亦由致密结缔组织构成，内含睑板腺（tarsal gland），分泌睑脂，保持睑缘湿润。眼睑内面衬的黏膜称睑结膜，透明平滑，富含血管而呈淡红色，表面被覆含有杯状细胞的复层柱状上皮（马和肉食动物）或假复层柱状上皮（猪和反刍动物），上皮下为薄层结缔组织，常含有弥散或结节状的淋巴组织。睑结膜折转覆盖于眼球上的部分称球结膜，睑结膜与球结膜之间形成结膜囊。

2. 瞬膜

瞬膜（nictitating membrane）称第三眼睑（third eyelid），是结膜在眼内角折叠形成的半月形皱襞。动物的瞬膜发达，其上皮为假复层柱状上皮或过度为复层鳞状上皮（在睑缘附近）。

在瞬膜中央含有透明软骨（反刍动物、犬）或弹性软骨（马、猪、猫）。在软骨周围有浅表的瞬膜腺，分泌泪液，在马和猫为浆液腺，牛和犬为混合腺，猪为黏液腺。腺的周围有淋巴细胞和浆细胞。猪、牛、禽类等动物在瞬膜的深处还形成一独立的哈德氏腺（Harderina's gland），腺内含有大量的淋巴细胞和浆细胞，因而瞬膜还有一定的免疫功能。

3. 泪器

泪器（lacrimal apparatus）包括泪腺（lacrimal gland）和上述的第三眼睑腺及泪道。泪腺位于眼眶前部外上方的泪腺窝内，属复管泡状或管泡状腺，腺泡周围有肌上皮细胞，导管开口于上眼睑结膜。猫的泪腺为浆液腺，犬和有蹄类动物的泪腺为混合腺，泪腺的分泌物泪液中含有溶菌酶等杀菌性物质，具有保持角膜和结膜湿润及轻度杀菌作用。泪腺和浅表瞬膜腺分别产生泪液水分约 65% 和 35%。

泪液的排出部称为泪道（lacrimal tract），泪道包括泪点、泪小管、泪囊和鼻泪管等结构。过量的泪液先汇聚在泪池，经泪点进入泪小管，之后流入泪囊，最后经鼻泪管到达鼻腔。

第二节 耳

高等脊椎动物的耳（ear）包括外耳、中耳和内耳 3 部分。外耳、中耳有收集和传递声波的作用，内耳是位觉（平衡觉）和听觉感受器所在部位。因此，耳是位觉和听觉器官。在种系发生中，平衡觉出现较早，腔肠动物最早出现平衡器官，节肢动物开始出现听器，脊椎动物才形成耳。内耳的出现早于中耳和外耳，如鱼类仅有内耳，两栖类有内耳和中耳，哺乳动物则发育成外耳、中耳和内耳。在个体发生中，内耳的发育也比中耳和外耳早。

一、外耳

外耳（external ear）包括耳廓（auricle）和外耳道（external auditory meatus）。哺乳动物的耳廓一般较大，外形因动物种类而异，有的还能自由转动。耳廓以弹性软骨为基础，表面覆以薄层皮肤，皮下有发达的外耳肌，能使耳廓灵活运动。外耳道的横断面呈圆形或卵圆形，外 3/4 为软骨部，内 1/4 为骨部。软骨部皮肤稍厚，内有耳毛、皮脂腺和耵聍腺（ceruminous gland）。耵聍腺为螺旋形单管状汗腺，分泌物黏稠，与皮脂腺的分泌物及脱落的上皮细胞共同形成耳蜡（垢），具有保护外耳道及鼓膜的功能。

二、中耳

中耳（middle ear）包括鼓膜、鼓室、听小骨和咽鼓管 4 部分（图 11-6）。

1. 鼓膜

鼓膜（tympanic membrane）为卵圆形半透明的薄膜，位于外耳道和中耳之间。鼓膜的组织结构分 3 层，外表面被覆复层扁平上皮，与外耳道表皮延续；内表面被覆单层扁平上皮，与鼓室黏膜上皮延续；中间层为薄层结缔组织的固有层，中央区含有环形排列的胶原纤维，周边区含有放射状排列的胶原纤维。鼓膜内面与锤骨柄末端相连，鼓膜在声波作用下发生同步振动，能将外界声波如实地传给中耳。

2. 鼓室

鼓室（tympanic cavity）为颞骨岩部内一个不规则的含气腔室，其骨壁在羊和犬为密质骨，在马、牛和猪为松质骨。鼓室内表面有黏膜皱襞，听小骨、肌肉及韧带、血管和神经等随黏膜皱襞突入鼓室。鼓室侧壁的黏膜上皮为单层扁平或立方上皮，底壁为单层纤毛柱状上皮，上皮下为薄层结缔组织，内含有混合腺。鼓室外侧壁为鼓膜，内侧壁有前庭窗和圆窗，前端有咽鼓管口，与鼻咽（nasopharynx）相通。

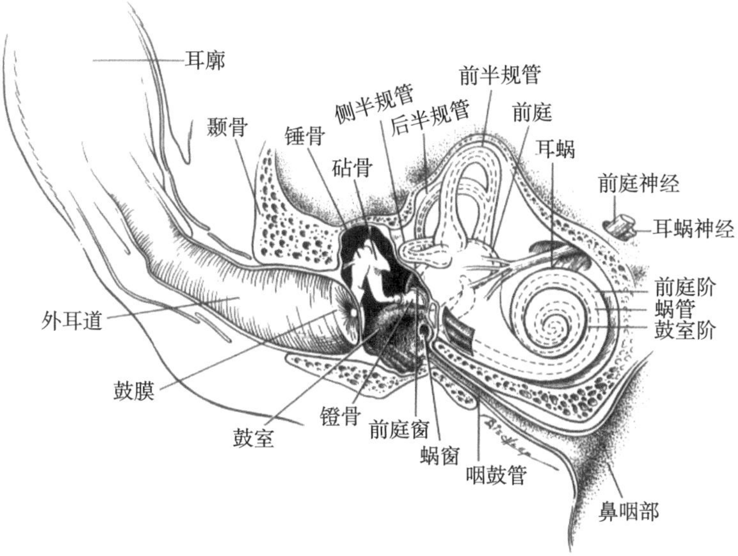

图 11-6 外耳、中耳、内耳（犬）结构模式图（Eurell，2006）

3. 听小骨

听小骨（auditory ossicles）有 3 块，即锤骨（malleus）、砧骨（incus）、镫骨（stapes），均由密质骨构成，表面覆以单层扁平或立方上皮。它们彼此间以关节相连，形成听小骨链，横贯中耳。听小骨为连接鼓膜和内耳前庭窗（或称卵圆窗）（vestibular window 或 oval window）的桥梁，受鼓膜振动和镫骨肌牵引而联动，从而将声波传至内耳。

4. 咽鼓管

咽鼓管（auditory tube）是连接鼓室与咽腔的通道，管壁近鼓膜处为骨部，向后转为软骨部，其中软骨近端为透明软骨，向咽部转为弹性软骨。管壁黏膜覆以假复层纤毛柱状上皮，含有杯状细胞，上皮下为薄层结缔组织，软骨部的固有层厚，内有混合腺和淋巴小结，近咽部有咽鼓管扁桃体。咽鼓管的功能可保持鼓膜内外侧气压平衡。咽鼓管平时关闭，当吞咽或打哈欠时开张。马的咽鼓管向腹侧伸展形成咽鼓管囊（或称喉囊）（guttural pouch）。

三、内耳

内耳（inner ear），位于颞骨岩部的深部，由两组相互套叠的弯曲管道组成，故又称迷路（labyrinth）。外部的骨质管称骨迷路（osseous labyrinth），内部的膜性管称膜迷路（membranous labyrinth）。骨迷路腔面覆有骨膜，由骨半规管、前庭和耳蜗 3 部分组成。膜迷路包括膜半规管、膜前庭（椭圆囊和球囊）和膜蜗管 3 部分，其腔面覆有黏膜，大部分黏膜表面为单层扁平上皮，局部黏膜增厚，上皮为立方或柱状。在膜迷路内充满内淋巴，在膜迷路与骨迷路之间充满外淋巴，内、外淋巴互不相通，两者来源与去路也不同。外淋巴主要从骨膜内的毛细血管过滤产生，经由蜗小管入蛛网膜下隙，而内淋巴由蜗管外侧壁的血管纹产生，通过内淋巴管导入硬膜下隙。淋巴有营养内耳和传递声波的作用。

1. 半规管与壶腹嵴

骨半规管由 3 个相互垂直的弯曲成 2/3 的环形骨管组成，位于前庭的后上方，各管的两端各有一膨大的骨脚通前庭，其中有 2 个管共有 1 个骨脚，故 3 管共有 5 个骨脚。

膜半规管的形状与骨半规管相同，悬吊在骨半规管内，与椭圆囊相通处局部膨大，称壶腹（ampulla）。在膜壶腹处，局部黏膜增厚呈嵴状突向腔内，称壶腹嵴（crista ampullaris）。壶腹嵴黏膜上皮由毛细胞和支持细胞构成。毛细胞游离缘有纤毛，纤毛伸入圆顶状的壶腹帽内，毛细胞基底部与前庭神经末梢形成突触。当动物头部做旋转运动时，导致半规管内淋巴冲击壶腹嵴，发生壶腹帽的倾倒，从而刺激毛细胞兴奋，产生神经冲动。因此，壶腹嵴可感受头部旋转运动开始或终止时的刺激，是平衡觉感受器。

2. 前庭与位觉斑

前庭是骨迷路中部膨大的一个椭圆形腔室，后外侧与 3 个半规管相连，前内侧与耳蜗相连，外侧壁是鼓室内壁的一部分，壁上有前庭窗（或称卵圆窗）和蜗窗（或称圆窗）（cochlear window 或 round window）。

前庭内的膜迷路包括椭圆囊和球囊，两者间以 Y 形小管相连，延伸出的小管称内淋巴管，其末端膨大称内淋巴囊。椭圆囊外侧壁和球囊前壁的局部黏膜增厚突向腔内，分别称椭圆囊斑和球囊斑，二者合称位觉斑（maculae acusticae）。位觉斑黏膜上皮由毛细胞和支持细胞组成，表面盖有胶质状的位砂膜，膜的浅层含有碳酸钙和蛋白质组成的晶体颗粒，称位砂或耳石（otolith）（图 11–7）。毛细胞游离缘的纤毛伸入位砂膜内，毛细胞基底部与前庭神经末梢形成突触。由于位砂比重大于内淋巴，位觉斑的毛细胞能感受直线运动开始和终止时内淋巴发生的惯性流动的刺激，以及静止时地心引力的作用，毛细胞感受刺激而兴奋，神经冲动经前庭神经传入中枢，产生位置和姿势的感觉意识。因此，椭圆囊和球囊均是位觉感受器。

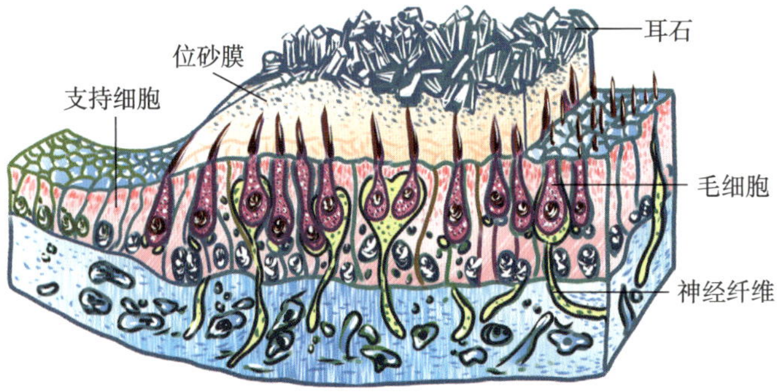

图 11–7　位觉斑结构模式图

3. 耳蜗、蜗管与螺旋器

耳蜗（cochlea）形似蜗牛壳，由中央的蜗轴和绕轴旋转的螺旋管构成。管的起端与前庭相通，盲端位于蜗顶。螺旋管在马为 2.5 转，猫 3 转，犬 3.25 转，猪 4 转。每圈螺旋管沿蜗轴向管内发出 1 块薄骨板，称螺旋板。螺旋管外侧壁局部增厚，称螺旋韧带。从骨性螺旋板上面斜向螺旋韧带上部的薄膜称前庭膜，这样把耳蜗分为上、下两部分，上方为前庭阶，下方为鼓室阶，中间为蜗管，属于膜迷路部分（图 11–8）。螺旋管腔面被覆单层扁平上皮。

膜蜗管位于螺旋管内，一端与球囊相连，另一端为盲端，终于蜗顶。膜蜗管的横断面呈三角形，可分顶壁、底壁和外侧壁。顶壁为前庭膜，很薄，为两面紧贴的单层扁平上皮。外侧壁为骨膜增厚形成的螺旋韧带，内衬以复层立方或柱状上皮，有毛细血管渗入上皮内，故又称血管纹（stria vascularis），能分泌内淋巴。底壁为纤维性基底膜，基底膜表面上皮增厚形成螺旋器（spiral organ），又称柯蒂氏器（organ of Corti），是听觉感受器。螺旋器由毛细胞和支持细胞组成。在螺旋器上方，有一从耳蜗管内壁伸出的舌状胶质膜，称盖膜（tectorial membrane），毛细胞游离缘的纤毛（或称听毛）与盖膜接触，毛细胞基底部与耳蜗神经末梢形成突触。由外耳道传入的声波使鼓膜振动，并经听小骨传至卵圆窗，引起前庭阶外淋巴与前庭膜和膜蜗管的内淋巴发生振动。前庭阶外淋巴的振动也经蜗孔传到鼓室阶，引发基底膜发生共振，使盖膜与毛细胞的纤毛接触，引起毛细胞兴奋，冲动经耳蜗神经传至中枢，产生听觉。

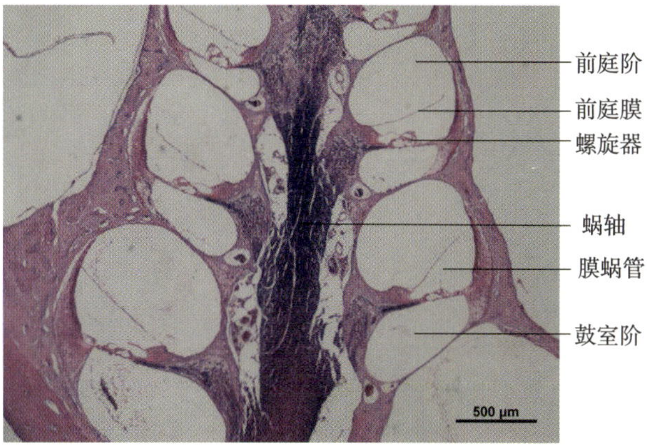

图 11-8 耳蜗及蜗管垂直切面结构（HE 染色）
（马云飞供图）

【思考题】

1. 名词解释：角膜、视网膜、骨迷路、膜迷路、螺旋器、位觉斑。
2. 角膜及视网膜的组织结构有哪些？
3. 内耳的组织结构有哪些？

（中国农业大学 马云飞）

第十二章 消化系统

消化系统是将动物饲料进行消化、吸收和残渣废物排出的系统。动物饲料在消化系统中经过一系列复杂的物理消化和化学消化，把结构复杂的大分子物质分解成结构简单的小分子物质，然后由消化管壁吸收，再由循环系统运送到机体各部，供机体组织利用。未被吸收的动物饲料残渣连同消化管排出的代谢产物及脱落的黏膜上皮在大肠中形成粪便，经肛门排出体外。此外，消化系统还有一定的内分泌和免疫功能。消化系统由消化管和消化腺组成。消化管是从口腔至肛门的连续性管道，这些器官的管壁结构具有某些共同的分层规律，又各具有与其功能相适应的组织结构特点。消化腺位于消化管的外面，其分泌物通过导管排入消化管，发挥对食物重要的消化作用。消化腺包括唾液腺、肝和胰。

第一节 消化管

一、消化管的一般结构

消化管（digestive tract）包括口腔、咽、食管、胃、小肠、大肠和肛门等。虽然各部分在形态结构和生理功能上各有特点，但除口腔与咽外，消化管壁的一般结构由内向外依次分为黏膜层、黏膜下层、肌层和浆膜（或外膜）4 层（图 12–1）。

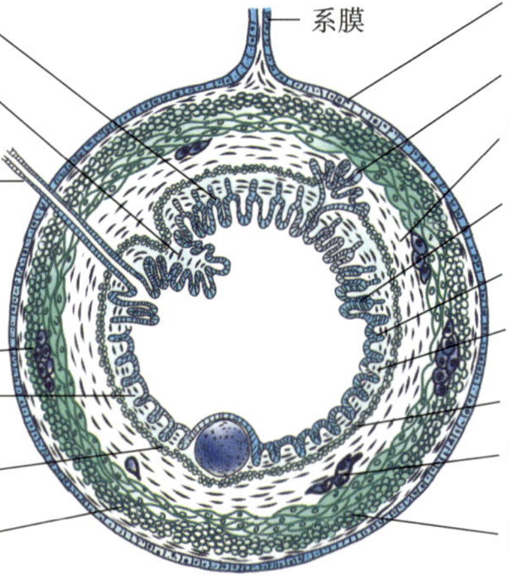

图 12–1　消化管的一般组织结构

1. 黏膜

黏膜（tunica mucosa）位于消化管最内层，其表面经常保持润滑，有利于食物的运输、消化和吸收。黏膜与食物直接接触，是消化管执行消化与吸收等功能的主要部位。消化管各段的功能差异主要表现在黏膜微细结构的差别上。此外，由于黏膜下层的厚度是不均一的，其增厚处突向管腔，黏膜也随之起伏。如此，黏膜与黏膜下层共同形成了突向腔内的皱襞（plica），从而明显增大了管腔的表面积。黏膜由内向外依次分为上皮、固有层与黏膜肌层。

（1）上皮（epithelium mucosa） 衬于黏膜腔面，黏膜上皮的类型因所在部位和功能不同而异。口腔、食管和肛门与采食、运送和粪便排出有关，适应摩擦，具有保护作用，其黏膜上皮为复层扁平上皮。在胃、小肠和大肠的主要功能是消化和吸收，黏膜上皮则为单层柱状上皮，上皮与黏膜固有层内的各种小型消化腺及肝和胰的导管上皮直接相连。

（2）固有层（lamina propria） 位于黏膜上皮下，由富含淋巴组织和免疫细胞的结缔组织构成，其中含有大量小消化腺及小血管、淋巴管、神经和散在的平滑肌纤维。平滑肌纤维的收缩有助于将小消化腺的分泌物排入消化管。胃腺和肠腺就位于此层。黏膜上皮和固有层之间为基膜，消化管基膜由前向后逐渐变薄，后段变得不明显。

（3）黏膜肌层（muscularis mucosa） 分布于固有层和黏膜下层之间的薄层平滑肌，在食管多为纵行束，在胃和肠为内环形和外纵形两层，其收缩时，可改变黏膜的形态并使黏膜发生位移，有助于食物吸收、血液流动和腺体分泌。口腔、咽、瘤胃和部分食管缺乏黏膜肌层。

2. 黏膜下层

黏膜下层（submucosa）为疏松结缔组织，内含动脉、静脉、淋巴管、神经纤维和黏膜下神经丛（submucosal plexus, Meissner's plexus）。黏膜下神经丛由多极神经元、神经胶质细胞与无髓神经纤维构成，可调节黏膜肌的收缩和腺体分泌。在食管及十二指肠的黏膜下层内分别有食管腺和十二指肠腺。有时消化管的黏膜和部分黏膜下层共同突向管腔形成皱襞，以扩大消化和吸收的表面积。

3. 肌层

肌层（tunica muscularis）分布于黏膜下层之外，除咽、部分食管和肛门处的为骨骼肌外，其余消化管的肌层属于平滑肌。肌层一般分为内环、外纵两层，两层之间夹有肌间神经丛，也称奥尔巴赫神经丛（Auerbach nerve plexus）（图 12-2），结构与黏膜下神经丛相似，调节肌层的运动，环形肌收缩可至管腔缩窄，纵行肌收缩可使管道缩短，两者的综合作用是使消化液与食糜充分混合，以利于消化，并使之逐渐向后推移。

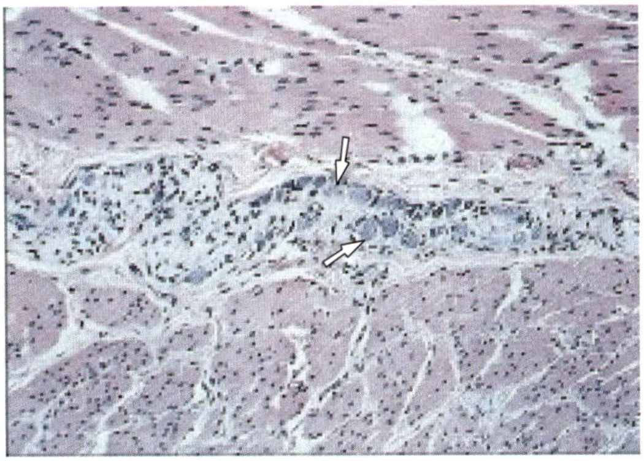

⇨ 副交感神经元胞体

图 12-2 马胃肌间神经丛（HE 染色）

（Aughey 和 Frye，2001）

4. 外膜

外膜（adventitia）为消化管的最外层，可分为纤维膜（tunica fibrosa）和浆膜（tunica serosa）两种。前者主要分布于食管颈段和大肠末端，与周围组织无明显界限，仅为结缔组织，且与邻近器官相连，而后者见于食管胸腹段、胃、小肠与部分大肠，是由表面的间皮和间皮下的结缔组织构成，表面光滑湿润，可减少器官之间的摩擦。

二、口腔与咽

口腔（oral cavity）是由唇、颊、腭、齿龈、齿和舌等构成的不规则的管腔，与采食、咀嚼和味觉等功能有关。

（一）口腔黏膜的一般结构

口腔黏膜由上皮和固有层构成，无黏膜肌层。黏膜上皮属于角化的复层扁平上皮。固有层为细密的结缔组织，内含丰富的毛细血管、感觉神经末梢以及小的唾液腺。由于血管丰富，加之固有层形成较高乳头突向上皮深部，血色可透过上皮，使口腔黏膜呈现粉红色。唇和颊的黏膜下为肌肉，而齿龈和硬腭的黏膜下直接与骨外膜连接。

（二）舌

舌（tongue）是口腔中的一个精巧的肌性器官，由黏膜和舌肌构成。舌的黏膜上皮为角化的复层扁平上皮，舌背面的上皮较厚并有各种乳头，腹面上皮薄而光滑。固有层由细密的结缔组织组成，内含舌腺，以导管开口于舌黏膜表面或舌乳头基部。在舌根背面的固有层内还分布有舌扁桃体。

1. 舌乳头

舌乳头是黏膜上皮和固有层共同突出于舌表面所形成的一种特殊结构，包括下列4种。

（1）丝状乳头（filiform papillae） 数量多，分布均匀。呈圆锥状，其浅层上皮细胞角化并不断脱落。

（2）菌状乳头（fungiform papillae） 数量较少，状似蘑菇，分散在丝状乳头之间。乳头表面被覆光滑而无角化的复层扁平上皮，颜色鲜红。

（3）叶状乳头（foliate papillae） 家兔的叶状乳头比较发达。分布于舌根两侧，呈长椭圆形，由若干个横行的叶片状黏膜皱襞构成。

（4）轮廓乳头（circumvallate papillae） 体积最大、数量最少的舌乳头。乳头周围有深沟环绕，称环沟或味沟，在环沟乳头侧的上皮中，分布着许多染色浅的卵圆形小体，是为味蕾（taste bud）（图12-3）。味蕾的数量以猪和犬最多，猫最少。环沟底部有浆液腺开口。

2. 舌苔

舌苔为舌背面的一层结构，正常舌苔为薄白苔，是由丝状乳头分化的角化树与填充其间隙中的脱落上皮、唾液、细菌、食物残屑、渗出白细胞等共同组成。舌苔的厚薄和颜色是一些疾病诊断的依据，在临床（尤其在中兽医）上对疾病诊断具有重要意义。

3. 味蕾

味蕾（taste bud）是味觉感受器，分布于轮廓乳头、菌状乳头、叶状乳头、软腭、会厌和咽部黏膜上皮中。味蕾顶部有一小孔，称味孔（gustatory pore）（图12-4），开口于上皮表面。食物溶解后可通过味孔到达味蕾细胞顶部。味蕾细胞包括3种：长梭形的暗细胞、卵圆形的明细胞和锥形的基细胞。明细胞和暗细胞顶端均有微绒毛突入味孔，基部可见突触小泡样颗粒。明细胞和暗细胞属于味觉细胞，而基细胞为未分化细胞，可分化为暗细胞，然后成熟为明细胞。细胞基部与味觉神经末梢形成突触。

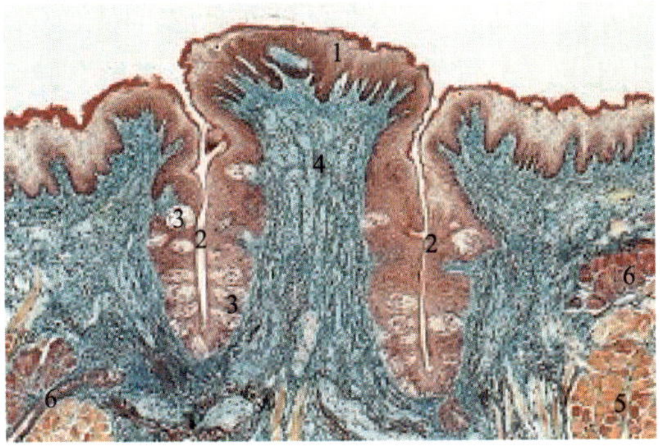

1. 复层扁平上皮 2，3. 味蕾 4. 固有膜
5. 骨骼肌 6. 混合腺

图 12-3 舌轮廓状乳头（Gomori 三色法）
（Aughey 和 Frye, 2001）

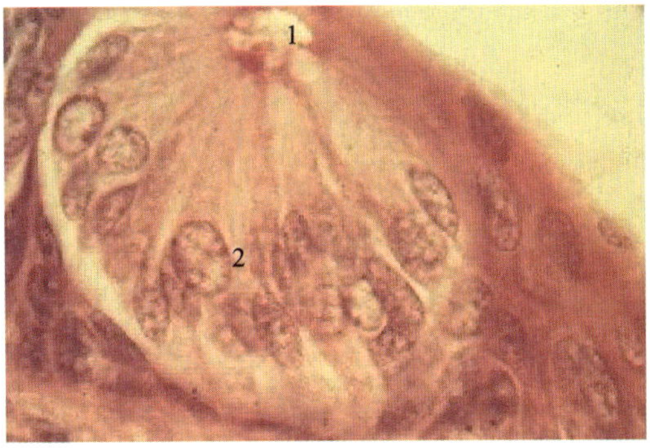

1. 味孔 2. 明细胞

图 12-4 味蕾（HE 染色）
（Aughey 和 Frye, 2001）

（三）咽

咽（pharynx）前通口腔，后连食管，上接鼻腔，下邻喉头，是消化和呼吸两个系统的共同通路。咽分为口咽部、鼻咽部和喉咽部。咽壁可分下列 3 层。

1. 黏膜

口咽部黏膜上皮为复层扁平上皮，而鼻咽部上皮属于假复层柱状纤毛上皮。固有膜为细密的结缔组织，含有淋巴组织和腺体。口咽部的腺体是黏液性腺，鼻咽部为混合腺。咽没有黏膜肌层，故固有膜和黏膜下层不易区分。咽壁的淋巴组织很发达，一般在固有膜呈弥散性分布，但在咽上壁黏膜中可集中成咽扁桃体（马）或形成两个咽背淋巴结（牛）。

2. 肌层

肌层为横纹肌，包括环形和纵行两种，排列不齐，厚薄不一。固有膜的黏液腺有时可伸入到肌层。

3. 外膜

外膜为富有血管及神经纤维的结缔组织（纤维膜），与外周的结缔组织相连接。

三、食管

食管为长管状器官，腔面形成数条纵行的黏膜皱襞（图 12-5），管壁具有消化道典型的 4 层结构。

1. 黏膜层

黏膜层位于食管最内层，由黏膜上皮、固有膜和黏膜肌层构成。食管的黏膜上皮属于复层扁平上皮（图 12-6）。由于动物种类和食性的不同，食管黏膜上皮发生不同程度的角质化，食草性的马和反刍动物的上皮角化明显，杂食性的猪轻微角化，而肉食动物一般不角化。固有膜为一般的疏松结缔组织。黏膜肌层为散在的纵行平滑肌束，可作为黏膜层与黏膜下层之

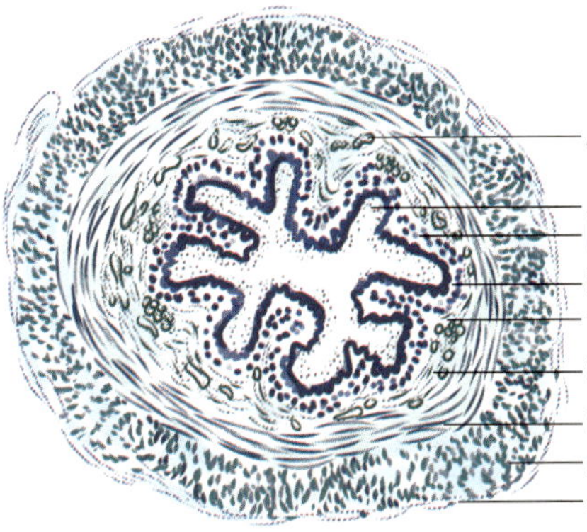

图 12-5 食管横切面（收缩状态）

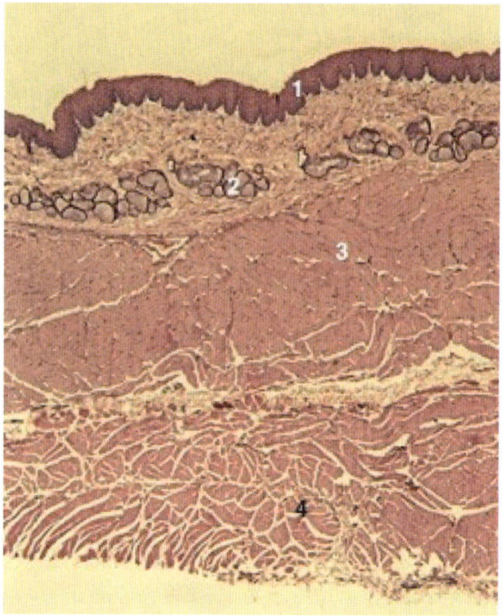

1. 复层扁平上皮　2. 食管腺
3. 内环肌　4. 外纵肌

图 12-6　犬食管组织结构（HE 染色）
（Aughey 和 Frye, 2001）

间的分界线。马、反刍动物和猫在靠近咽部有散在的平滑肌束，至食管后段平滑肌增多成层；猪和犬的食管前段缺乏黏膜肌层，后段变得发达。

2. 黏膜下层

黏膜下层为疏松结缔组织。黏膜下层的结构特点是含有食管腺（esophageal gland），但不同的动物食管腺的性质和数量不一样。猪和犬的食管腺为黏液性和混合性腺体，而且猪食管前半段腺体丰富，后半段缺无，但犬食管全段均有腺体，并延伸到胃的贲门区。反刍动物、马和猫的食管腺只分布于咽和食管连接处。混合腺泡和浆半月分布于牛的食管。

3. 肌层

与胃肠道的肌层不同，食管肌层的肌纤维类型因动物种类和吞咽特点而异。反刍动物和犬食管肌层全部是骨骼肌，反刍动物的骨骼肌甚至伸达网胃沟。马食管前 1/2 为骨骼肌，后 1/2 逐渐变为平滑肌。猪前 1/2 属于骨骼肌，中 1/2 是平滑肌和骨骼肌混合分布，后 1/2 为平滑肌。猫骨骼肌占食管前 4/5，后 1/5 变为平滑肌。

4. 外膜

颈部食管的最外层围以结缔组织外膜（纤维膜），胸部食管则覆以纵隔膜，腹部食管表面是浆膜。

四、单室胃与多室胃

家畜的胃（stomach）可分为单室胃和多室胃两类。大多数动物为单室胃，而反刍动物具有多室胃，其前胃包括瘤胃、网胃和瓣胃，它们是介于食管和真胃之间的囊状膨大结构。各种动物胃黏膜的组织结构并非完全一致，反刍动物的前胃、马和猪胃的无腺部衬有与食管黏膜相连续的复层扁平上皮，固有膜不含腺体，其余部位才转变为单层柱状上皮并在固有膜分布有胃腺。只有肉食动物的胃黏膜是全部含有胃腺。可见，胃的有腺部和无腺部的分布随动物种类而异。

（一）单室胃

非反刍动物的胃为单室胃，是食管与小肠之间的囊状膨大，可暂时储存食物，对食物进行机械性和化学性消化，并吸收部分水和无机盐等。

1. 胃黏膜的组织结构特征

单室胃黏膜内含有胃腺。肉食动物的整个胃黏膜中均有胃腺分布，猪和马的胃腺仅分布在有腺部。胃空虚时，腔面可见许多纵横交错的皱襞，当充满食物时皱襞变小或消失。黏膜表面有许多由上皮凹陷形成的胃小凹（gastric pit）。每个胃小凹的底部常有几个胃腺的开口（图 12-7）。

（1）上皮　无腺部的为复层扁平上皮，有腺部的为单层柱状上皮。柱状上皮中除极少量内分泌细胞外，主要由表面黏液细胞（surface mucous cell）构成，其胞体呈柱状，细胞核呈卵圆形，位于细胞基部。顶部细胞质内充满黏原颗粒，在 HE 染色切片上着色浅，呈透明或空泡状。PAS 染色黏原颗粒呈紫红色。该细胞的分泌物为中性或弱碱性黏多糖，在黏膜表面形成黏液层，有润滑和屏障作用，它与柱状细胞之间的紧密连接共同形成胃黏膜屏障，可防止胃酸及胃蛋白酶对黏膜本身的侵蚀与消化。高浓度酒精、强酸、强碱、胆酸盐和洗涤剂可溶解胃黏膜屏障。胃的表面黏液细胞约 3 d 更新一次，由胃小凹底部的细胞增殖补充。

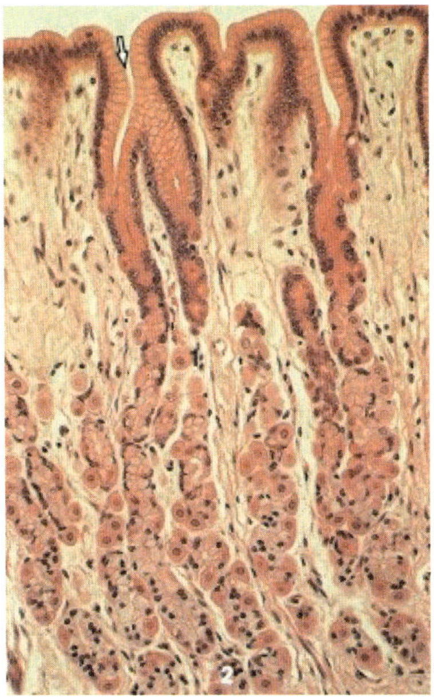

⇨ 胃小凹 1. 壁细胞 2. 主细胞
图 12–7 犬胃组织结构
（Aughey 和 Frye, 2001）

（2）**固有层** 由富含网状纤维的结缔组织构成。此外，尚有丰富的毛细血管和散在的平滑肌纤维。猪胃固有层内含有大量浸润的白细胞和淋巴小结。此层较厚，主要由大量密集排列的胃腺所占据。按分布位置和结构的不同，胃腺分胃底腺、贲门腺和幽门腺。

①胃底腺（fundic gland）：分布在胃底部的黏膜固有层中，为分支管状腺或单管状腺，腺腔狭小。腺体可分为颈、体和底部。颈部与胃小凹相连，体部较长，底部稍膨大并延伸至黏膜肌层。胃底腺由壁细胞、主细胞、颈黏液细胞、干细胞和内分泌细胞组成。

壁细胞（parietal cell）又称泌酸细胞（oxyntic cell，图 12–8），细胞体积较大，数量较主细胞少，多位于腺的颈部和体部。细胞呈圆形或锥体形，细胞核圆而深染，位于细胞的中央，常有双核。细胞质嗜酸性。电镜下观察，壁细胞游离面的细胞膜向胞质内凹陷，形成许多分支小管，称细胞内分泌小管，小管表面有许多细长的微线毛，从而显著增加了细胞游离面的表面积；细胞质内有许多滑面内质网组成的管泡系统（tubulovesicular system）以及丰富的线粒体和高尔基复合体。当细胞分泌时，管泡系统与细胞内小管相连。

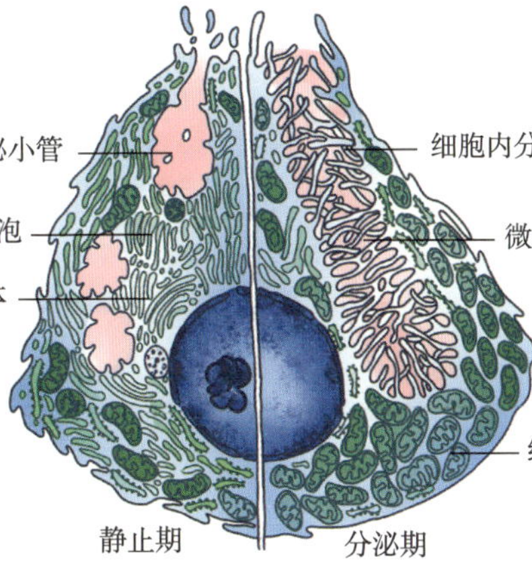

图 12–8 壁细胞超微结构模式图

壁细胞能分泌盐酸和内因子。分泌盐酸的过程是：细胞从血液摄取 CO_2 和本身在代谢中产生的 CO_2，在壁细胞碳酸酐酶的作用下与 H_2O 结合成 H_2CO_3。H_2CO_3 解离为 H^+ 和 HCO_3^-。H^+ 被主动运输至细胞内小管，而 HCO_3^- 与血液中的 Cl^- 交换，Cl^- 经管泡系统运输到细胞内小管，在此 H^+ 和 Cl^- 结合成 HCl，简单表示如下：

$$CO_2 + H_2O \xrightarrow{\text{碳酸酐酶}} H_2CO_3 \rightarrow H^+ + HCO_3^-，H^+ + Cl^- \rightarrow HCl$$

盐酸能激活胃蛋白酶原使其形成胃蛋白酶。还有杀菌和促进胃肠道内分泌细胞和胰腺的分泌作用。

内因子是一种糖蛋白，它与食物中的维生素 B_2 结合成复合物，有利于回肠对维生素 B_{12} 的吸收，供给红细胞生成所用。如缺乏内因子，则可造成对维生素 B_2 吸收障碍，从而影响骨髓内红细胞的生成过程，导致恶性贫血。

主细胞（chief cell）又称胃酶原细胞（zymogenic cell），数量最多，主要位于胃腺的体部和底部。细胞呈柱状或锥形，细胞核圆，位于细胞的基部。细胞质呈嗜碱性，顶部色浅，呈泡沫状。电镜下，核下方有大量粗面内质网，核上方有高尔基复合体，顶部充满圆形的酶原颗粒（图 12-9）。主细胞分泌胃蛋白酶原，经盐酸激活为有活性的胃蛋白酶。幼畜的主细胞还分泌凝乳酶。

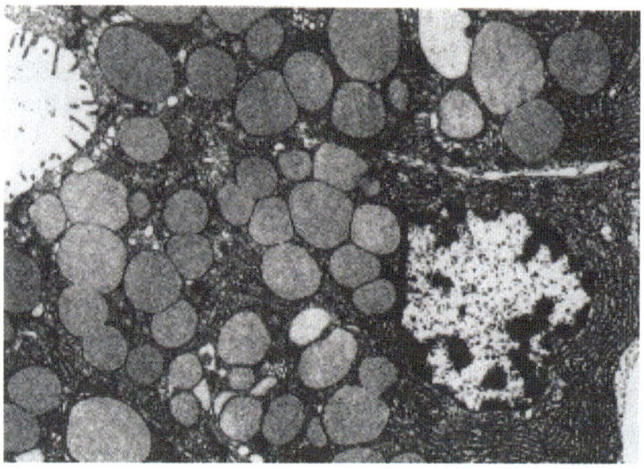

图 12-9　胃主细胞电镜图（高英茂等，2011）

颈黏液细胞（mucous neck cell）数量很少，多位于颈部（猪的颈黏液细胞可分布于腺体各部），夹在其他细胞之间。细胞呈立方形或矮柱状，细胞核扁圆，位于细胞基部。细胞质顶部充满黏原颗粒，PAS 反应呈阳性。常规染色切片上，颗粒淡染，故不易与主细胞区分。该细胞分泌酸性黏液，参与形成胃上皮表面的黏液层。有人认为颈黏液细胞还可分化增殖为其他胃底腺细胞。

胃液的主要成分是盐酸和胃蛋白酶。当胃黏膜缺乏黏液的保护，胃蛋白酶在强酸（pH 4 以下）的环境中可消化胃壁。故在病理情况下，胃酸过多易引起胃溃疡。

②贲门腺（cardiac gland）：分布于贲门部，为弯曲的分支管状腺。除猪的外，其他家畜的贲门腺区为一狭长带状。腺体较短，腺腔宽大，腺细胞呈立方形或柱状。犬的贲门腺内有少量的壁细胞，而猪的则可能有散在的主细胞。贲门腺可分泌黏液。

③幽门腺（pyloric gland）：分布于幽门部，为弯曲的分支管状腺。腺细胞呈柱状，细胞质染色浅。该腺的特点是：腺体短，胃小凹较深，分支多且多弯曲，有较多的内分泌细胞。幽门腺可分泌黏液。

2. 胃壁其他各层的结构特点

（1）黏膜下层　为较发达的疏松结缔组织，猪的此层内有淋巴小结。

（2）肌层　较厚，由内斜行、中环行和外纵行 3 层平滑肌构成。斜行肌和环行肌分别在贲门和幽门部增厚，形成括约肌。纵行肌在胃大弯和胃小弯处较发达。

（3）外膜　为浆膜。

（二）多室胃

反刍动物的 3 个前胃通过发酵和机械作用消化粗纤维，同时它们的黏膜也进行着特殊的吸收活动。前胃黏膜表面衬以角化的复层扁平上皮，固有膜内无腺体，黏膜形成不同的突起伸向胃腔。第四胃为皱胃，也称真胃，相当于其他动物（非反刍动物）的单室胃。

1. 瘤胃

瘤胃（rumen）黏膜表面形成大小不等的角质乳头，哺乳期乳头不发达，当幼畜补饲粗饲料后在瘤胃内开始发酵，瘤胃乳头迅速发育，由出生时的 1 mm 增高至成年牛的 1.5 cm。随着瘤胃区域的不同，乳头的大小和形状差异很大。瘤胃乳头表面为角化复层扁平上皮，中轴是固有膜结缔组织（图 12–10）。缺乏黏膜肌层，固有膜与黏膜下层的结缔组织相连续。肌层由内环、外纵两层平滑肌构成，环形肌伸入瘤胃内壁形成肉柱，与瘤胃外表面的沟相对应。外膜为浆膜。

2. 网胃

网胃（reticulum）黏膜和黏膜下层突向管腔，形成纵横交错的蜂窝状皱襞，皱襞两侧又伸出纵向的嵴。黏膜表面具有许多锥状小乳头。黏膜的组织结构与瘤胃基本相似，黏膜上皮为角化的复层扁平上皮，但大的皱襞顶端中央有一条平滑肌带（图 12–11），肌带在皱襞交接处可走向另一皱襞，形成一个连续的肌带网，并与食管黏膜肌层连续。黏膜下层为疏松结缔组织。肌层可分为内环、外纵两层平滑肌，与食管和食管沟肌层相连。

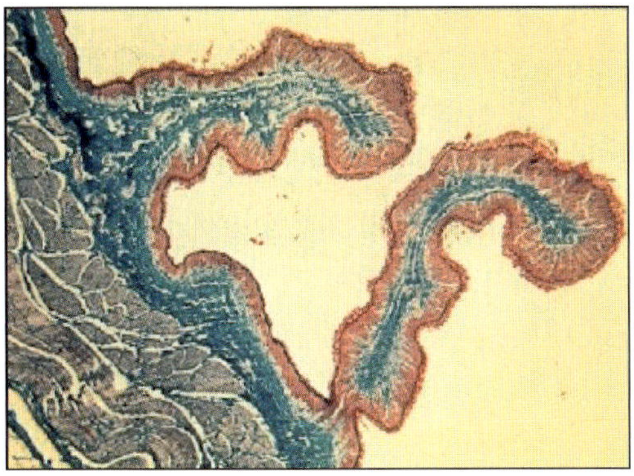

图 12–10　绵羊瘤胃乳头切面（Gomori 三色法）
（Aughey 和 Frye, 2001）

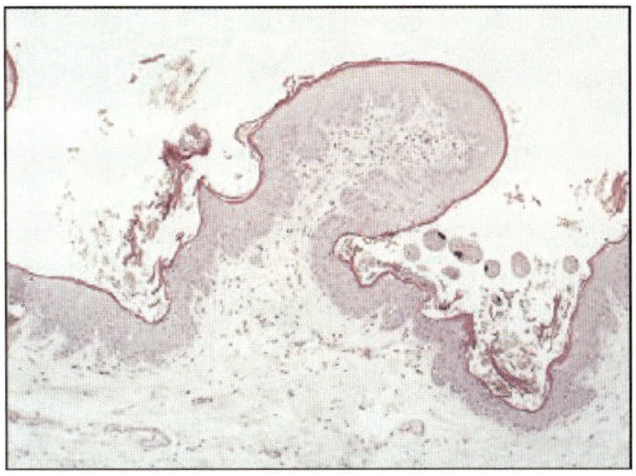

图 12–11　绵羊网胃皱襞（HE 染色）
（Aughey 和 Frye, 2001）

食管沟的结构与网胃基本相同，但弹性纤维特别发达。羊食管沟黏膜内分布腺体。黏膜肌层在近瓣胃处连续成层，不仅与瓣胃黏膜肌层连接，也与网胃皱襞内的肌带相连。食管沟底有一层很厚的横行肌和一层薄的纵行肌，后者包括平滑肌束和骨骼肌束，骨骼肌束与食管肌层相连。食管沟两侧唇的平滑肌束衍生于食管的内肌层。

3. 瓣胃

瓣胃（omasum）黏膜和黏膜下层形成高低不一的大皱襞，称为瓣叶。瓣叶上遍布着大量短小的乳头。黏膜复层扁平上皮的浅层已角化。黏膜肌层很发达，并在瓣叶顶部变粗大。肌层的内环肌伸入大的瓣叶，形成中央肌层，并在瓣叶顶部与黏膜肌层融合。这样，在瓣胃大瓣叶的断面可见 3 个肌层。黏膜肌层有时也伸进乳头。黏膜下层很薄。肌层由内环、外纵两层平滑肌构成。最外层为浆膜。

4. 皱胃

皱胃（abomasum）为反刍动物的真胃，其结构与单室胃相似。但皱胃贲门腺区很小，胃底部有 12～16 条永久性皱襞，胃底腺较短，有较长的颈部。幽门腺区相对较宽，腺体较长。

五、家禽胃的组织结构特点

（一）腺胃

家禽有 2 个胃，即腺胃和肌胃，两者之间以很短的峡部相连。腺胃（glandular stomach）亦称前胃，呈纺锤形，体积不大，内腔直径比食管腔略大。其壁很厚，具 4 层结构（图 12–12）。

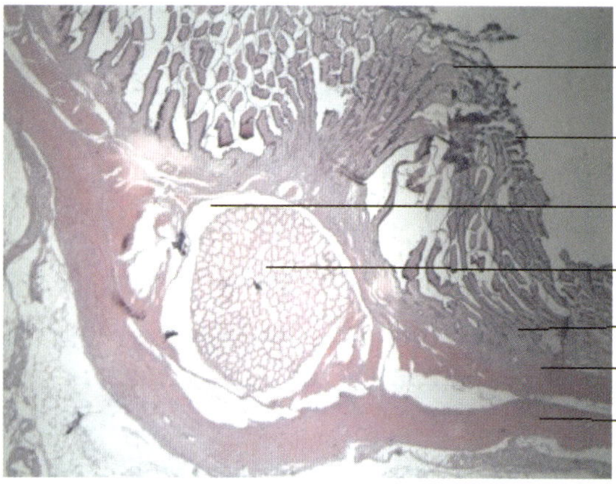

图 12–12　鹅腺胃组织结构（HE 染色）
（徐春生供图）

1. 黏膜

黏膜表面有许多肉眼可见的圆形乳头，乳头的中央有深层腺胃腺的开口，孔的周围有呈同心圆排列的皱襞和沟，在乳头之间的皱襞和沟分布不规则。鸡的腺胃乳头较大，有 20～40 个，鸭、鹅的乳头较小，数量较多。

（1）上皮　为单层柱状上皮，细胞质弱嗜碱性，可分泌黏液。

（2）固有层　内含管状腺和较多的淋巴组织。管状腺较短，由黏膜上皮向固有层内凹陷形成的单管状或分支管状腺，管壁衬以单层立方或单层柱状上皮。腺管开口于黏膜皱襞之间的凹陷处。此腺可分泌黏液。

（3）黏膜肌　由纵行的平滑肌构成。

2. 黏膜下层

黏膜下层较厚，内有数量较多的腺胃腺，亦称前胃腺，相当于家畜的胃底腺。腺胃腺体积较大，呈圆形或椭圆形，为复管状腺。每个腺体的中央为集合窦，窦的周围有呈辐射状排列的腺小管。腺小管由单层腺细胞构成，细胞的形态呈立方形或低柱状，胞质嗜酸性，内有许多分泌颗粒，细胞核呈圆形或卵圆形，位于细胞基部。相邻腺细胞的近游离端彼此间有小的间隙，以致腺上皮的游离面呈锯齿状。相邻多个腺小管共同开口于一短的三级管，数个三级管开口于集合窦（图 12–12）。相邻腺体的集合窦再汇合成一条大的导管，最后开口于黏膜乳头。三级管、集合窦和导管均为单层柱状上皮，但只有导管的上皮胞内含有黏原颗粒。深层复管腺的腺细胞既可分泌胃蛋白酶，也可分泌盐酸，兼有哺乳动物胃底腺内主细胞和壁细胞的双重功能。由黏膜和黏膜下层共同形成许多皱襞。

3. 肌层

肌层由内纵、中环、外纵 3 层平滑肌构成。内、外纵肌厚度相近，中环肌较厚。在中环肌和外纵肌之间有肌间神经丛分布。

4. 外膜

外膜为浆膜。

（二）肌胃

肌胃（muscular stomach）的腔内常含有吞食的砂砾，故又称砂囊（gizzard）。其结构亦分为4层。

1. 黏膜

黏膜由上皮和固有层构成，缺黏膜肌。在黏膜表面覆盖一层厚且粗糙的类角质膜（keratinoid layer），俗称肫皮，中药称鸡内金。它是由肌胃腺的分泌物和脱落的上皮细胞共同在酸性环境下黏合硬化而成，具有保护黏膜、抵抗蛋白酶、稀酸和稀碱的作用。

（1）上皮 为单层柱状上皮。由上皮下陷形成许多漏斗状的隐窝。

（2）固有层 由疏松结缔组织构成，内有许多平行排列的细而直的分支管状腺，即肌胃腺，亦称砂囊腺（图12–13）。腺的顶部开口于隐窝，腺管由单层上皮构成。位于腺上部的细胞呈低柱状或立方形，腺中部的呈低立方形，靠近基底部的又呈立方形或低柱状。细胞核均位于细胞基部，细胞质嗜酸性，内有许多细小颗粒。腺腔狭小，内充满腺细胞分泌的液态物质。腺细胞的分泌物经隐窝流出，遍布于黏膜上皮表面，位于原已形成的类角质膜的下方。来自腺胃的盐酸可透过类角质膜进入黏膜表面，使液态物质的pH降低而硬化；形成新的类角质膜，以补充表面被磨损的部分。腺底部的细胞有增殖能力，并不断向表面移行以补充脱落的黏膜上皮。

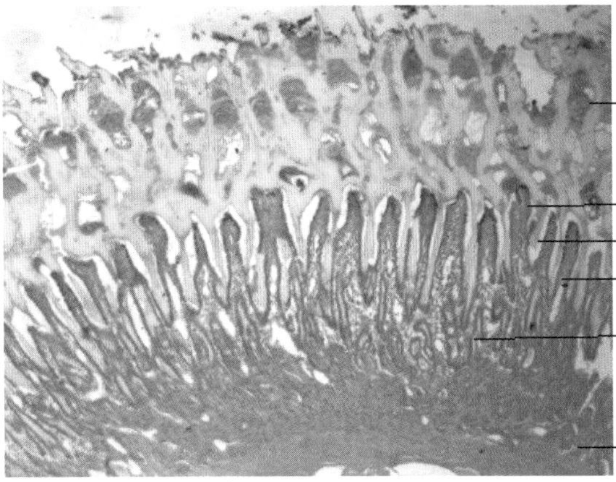

图12–13 肌胃黏膜（HE染色）（徐春生供图）

2. 黏膜下层

黏膜下层很薄，由细密结缔组织构成，内含较多的胶原纤维和弹性纤维。少数肌胃腺的底部可延伸至黏膜下层。

3. 肌层

肌层由特别发达的平滑肌构成，主要为环行肌，纵行肌在发育过程中消失。整个肌层分成4块，即两块很厚的侧肌和两块较薄的中间肌，彼此间借腱组织连接，形成肌胃两侧的中央腱膜，称腱镜。腱镜的中央部分无肌层，此处黏膜下层直接与腱组织连接。由于4块肌彼此相连，神经冲动可迅速扩散至整个肌层，使肌胃发生快速而一致的有力收缩。

4. 外膜

外膜为浆膜。在浆膜下有许多神经丛分布。

肌胃以发达的肌层、胃腔内的砂砾及粗糙而坚硬的类角质膜，对食物进行机械性消化，可弥补家禽无齿之不足。

六、小肠

小肠（small intestine）是食物消化和吸收的主要场所，分十二指肠、空肠和回肠3段。

管壁由黏膜、黏膜下层、肌层和浆膜构成，但每段又各具有其结构特点。

（一）黏膜的组织结构特征

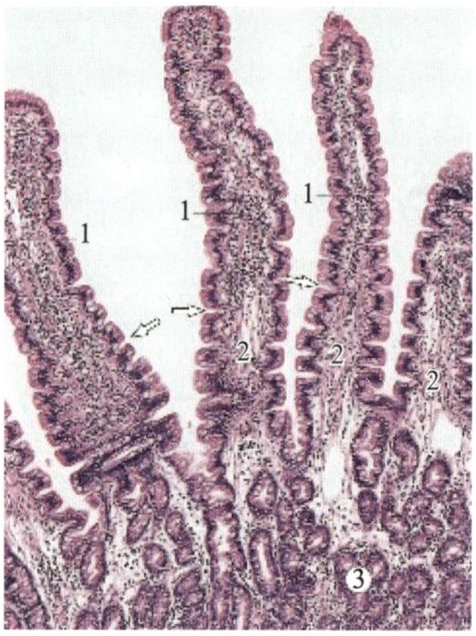

1. 肠绒毛 2. 固有膜 3. 肠腺

图 12-14 十二指肠结构（HE 染色，犬）

（Aughey 和 Frye, 2001）

小肠黏膜的结构特点是有环行皱襞、肠绒毛、微绒毛和小肠腺。环形皱襞（plicae circulare）是由黏膜和部分黏膜下层向肠腔内凸出形成。反刍动物皱襞内的黏膜下层为致密结缔组织，故其皱襞是永久性的，其他家畜的皱襞则当肠腔充盈时消失。肠黏膜表面布满由上皮和固有层向肠腔内凸出形成的细小指状突起，称肠绒毛（intestinal villus）。不同动物肠绒毛的长度、形状和密度各不相同。绒毛长一般在 0.25～1 mm，有柱状、杵状、叶状等，其中以十二指肠和空肠前段的绒毛最为发达。黏膜中柱状细胞的游离面有发达的微绒毛形成光镜下可见的嗜酸性纹状缘（striated border）。皱襞、肠绒毛和微绒毛的存在极大地扩大了黏膜的表面积。小肠腺是绒毛基部的上皮下陷至固有层内形成的管状结构，又称肠隐窝（intestinal crypt）（图 12-14，图 12-15）。

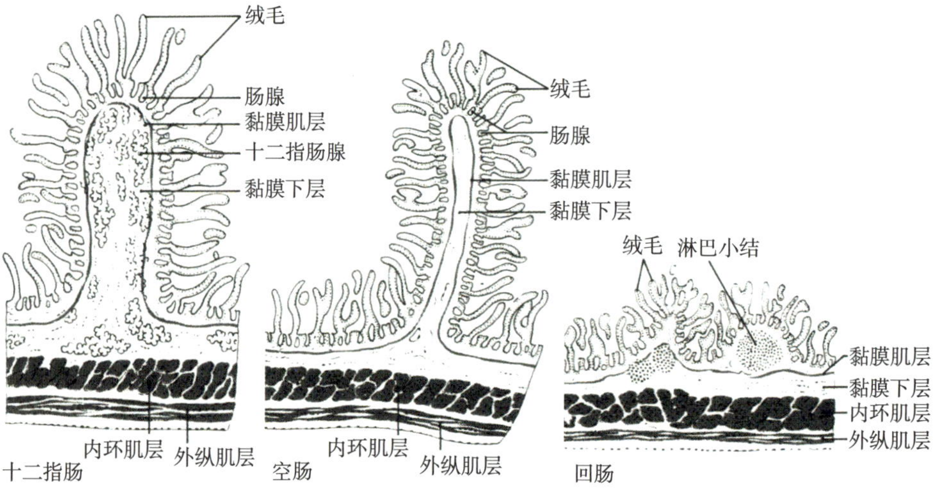

图 12-15 小肠各段结构模式图

1. 上皮

上皮为单层柱状上皮，由柱状细胞、杯状细胞和少量的内分泌细胞组成。

（1）柱状细胞 又称吸收细胞（absorptive cell）数量最多，约占小肠上皮细胞的 90%。细胞呈高柱状，细胞核椭圆形，位于细胞基部。细胞质内有丰富的线粒体、粗面和滑面内质网等细胞器，滑面内质网参与脂肪的吸收。细胞游离面在光镜下可见明显的纹状缘。电镜下纹状缘由密集排列的微绒毛构成，每个细胞有 1 000～2 000 根，可使细胞游离面的表面扩大约 20 倍。微绒毛中轴内的纵行微丝可使微绒毛产生收缩。微绒毛表面有一层较厚的细胞衣（属糖蛋白），其中含有双糖酶、肽酶等，有助于糖和蛋白质的消化吸收。相邻细胞侧面之间有连接复合体封固，可阻止肠腔内物质进入深部组织，起屏障作用。

（2）杯状细胞（goblet cell） 散在于柱状细胞之间，分泌黏液覆于上皮表面，有润滑和保护作用。从十二指肠到回肠，杯状细胞数量逐渐增多。

（3）内分泌细胞 散在于上皮细胞之间（详见胃肠道的内分泌细胞）。

2. 固有层

固有层分布于肠腺之间以及构成绒毛的中轴，由富含网状纤维的细密结缔组织构成，内含有血管、淋巴管、神经、巨噬细胞、淋巴细胞及淋巴组织。十二指肠和空肠多为弥散淋巴组织和孤立淋巴小结，回肠多为集合淋巴小结。有些淋巴小结可将局部黏膜肌层断开，伸入黏膜下层内。

肠绒毛由固有层和表面的柱状细胞构成，中轴的固有层结缔组织内有 1～2 条纵行的毛细淋巴管，称中央乳糜管（central lacteal），该管为始于绒毛固有层顶端的盲管，向下穿过黏膜肌在黏膜下层形成淋巴管丛。中央乳糜管管径较大，管壁的内皮细胞间隙大且无基膜，故通透性大，从而易于乳糜微粒和长链脂肪酸等大分子物质进入。中央乳糜管周围有丰富的有孔毛细血管网，肠上皮吸收的氨基酸、葡萄糖等水溶性物质由此进入血液。绒毛内还有散在的纵行平滑肌束，它的收缩有利于物质吸收及血液和淋巴的运行。

3. 小肠腺

小肠腺（small intestinal gland）为单管状腺，由柱状细胞、杯状细胞、潘氏细胞、未分化细胞和内分泌细胞构成。柱状细胞、杯状细胞和内分泌细胞的结构与黏膜上皮相似。

（1）潘氏细胞（Paneth cell） 常三五成群地分布于肠腺底部。细胞较大，呈锥体形。细胞质顶端充满粗大的嗜酸性颗粒，其中含有锌、溶菌酶和肽酶等。猪、犬和猫的肠腺内无潘氏细胞。

（2）未分化细胞（undifferentiated cell） 分布于肠腺的下半部，夹在其他细胞之间。细胞较小，呈柱状，细胞质嗜碱性。这种细胞是肠上皮的干细胞，它不断分裂增殖并向上迁移，分化为肠腺细胞和绒毛上皮细胞。

（二）小肠其他各层的结构特征

黏膜下腺（submucosal gland）主要分布在十二指肠的黏膜下层，又称十二指肠腺（duodenal gland）。在羊和犬，仅分布于十二指肠的前段或中段（图 12–15），而在马、猪和牛该腺体则延伸至空肠。十二指肠腺为分支管泡状腺（反刍动物为管状腺），其导管穿过黏膜肌层开口于肠腺底部。猪和马为浆液腺，反刍动物和犬为黏液腺，兔和猫为混合腺。此腺的分泌物为含有黏蛋白的碱性液体，保护肠黏膜免受酸性胃液的侵蚀（表 12–1）。

表 12-1　小肠各段组织结构特征比较

项目	十二指肠	空肠	回肠
绒毛	密集，多呈叶状	密集且细长多呈指状	数量较十二指肠和空肠少，多呈锥状
杯状细胞	较少	较多	最多
淋巴组织（固有层）	弥散淋巴组织或孤立淋巴小结	孤立淋巴小结或弥散淋巴组织	集合淋巴小结
黏膜下腺（黏膜下层）	有	见于马、牛、猪的空肠前段	无

七、大肠

大肠（large intestine）包括盲肠、结肠和直肠。主要功能是吸收水分、无机盐并进行纤维素的发酵和分解。此外，还分泌黏液，保护和润滑大肠黏膜，利于粪便的排出。其主要结构特点如下。

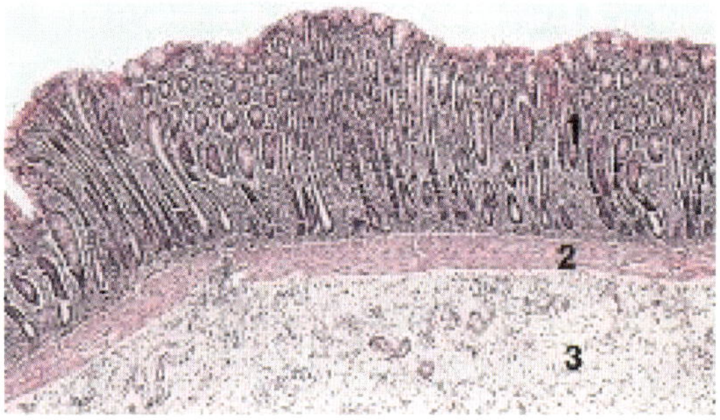

1. 黏膜层　2. 黏膜肌　3. 黏膜下层

图 12–16　马的结肠组织结构（HE 染色）

（Aughey 和 Frye，2001）

（1）大肠黏膜无皱襞和肠绒毛，其表面比较光滑（图 12–16）。

（2）黏膜上皮中杯状细胞较多，柱状细胞的微线毛不发达，不形成纹状缘。

（3）大肠腺密集，长而直，杯状细胞特别多，无潘氏细胞。其分泌物不含消化酶，为碱性液体，可中和粪便发酵所产生的酸性产物。

（4）一般为孤立淋巴小结，集合淋巴小结很少。

（5）肌层发达。猪、马结肠和盲肠外纵肌形成肌带。

（6）在肛门周围的固有层内有围肛腺（皮脂腺和大汗腺）。

八、家禽的肠

家禽的肠分为小肠和大肠。小肠分十二指肠、空肠和回肠，大肠包括一对盲肠和一条短而直的直肠，无结肠。肠管末端膨大形成泄殖腔。

小肠和大肠的组织结构相似，管壁均分 4 层，绒毛以十二指肠最长，且有分支，向后逐渐变宽变短，分支也随之减少。绒毛内无乳糜管（图 12–17），黏膜上皮吸收的甘油一酯和脂肪酸等被重新合成为乳糜微粒后进入毛细血管。黏膜上皮为单层柱状上皮，由柱状细胞、杯状细胞和内分泌细胞组成。肠腺为单管状腺或分支管状腺，短而直，细胞成分同黏膜上皮。黏膜上皮和肠腺内杯状细胞的数量从前向后无明显增多。十二指肠的黏膜下层内无十二指肠腺。整个肠的固有层和黏膜下层内富含弥散淋巴组织，局部形成淋巴小结或淋巴集结，盲肠（图 12–18）基部形成盲肠扁桃体。黏膜下层很薄，局部缺失。肌层和外膜同哺乳动物。与家畜不同，家禽大肠有肠绒毛和皱襞结构。

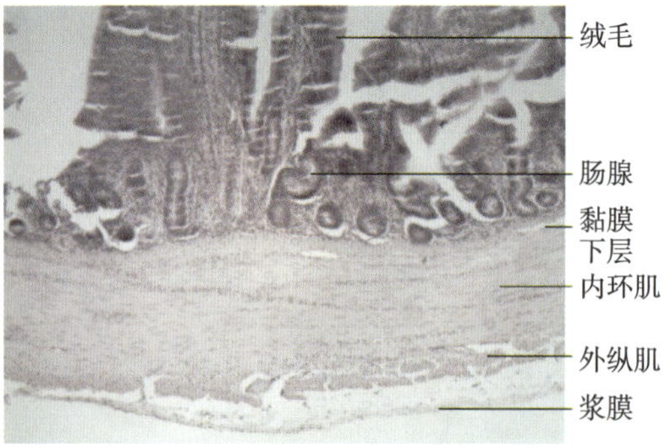

图 12–17　鸡空肠绒毛与肠腺（HE 染色）

（徐春生供图）

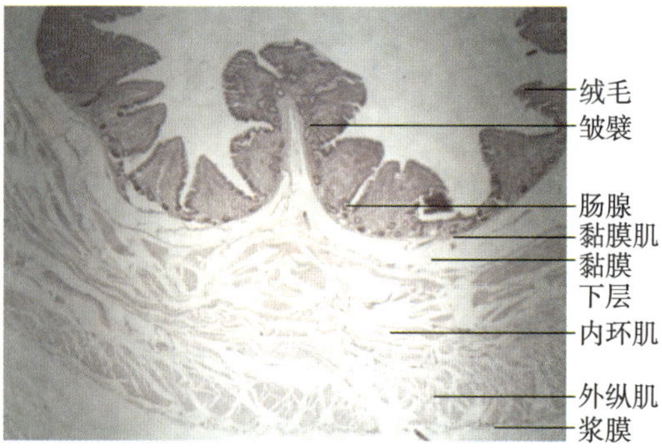

图 12–18　鸡盲肠组织结构（HE 染色）

（徐春生供图）

表 12-2 消化管各段结构特点比较

项目	食管	胃	小肠	大肠
黏膜特征	有纵行皱襞	有皱襞和胃小凹	有环形皱襞和肠绒毛	无皱襞和肠绒毛（家禽除外）
上皮	复层扁平	无腺部：复层扁平 有腺部：单层柱状	单层柱状，有纹状缘杯状细胞由前向后依次增多	单层柱状，无纹状缘 有大量杯状细胞
淋巴组织（固有层）	少	有	弥散淋巴组织（十二指肠） 孤立淋巴小结（空肠） 集合淋巴小结（回肠）	较多
腺体	食管腺（黏膜下层）	胃底腺、贲门腺 幽门腺（固有层）	小肠腺（固有层） 十二指肠腺（十二指肠黏膜下层）（家禽无）	大肠腺（固有层）
肌层	猪主要为骨骼肌 牛、羊全部为骨骼肌	平滑肌 （内斜、中环、外纵）	平滑肌（内环、外纵）	平滑肌（内环、外纵）

九、家禽的泄殖腔

泄殖腔（cloaca）是禽类消化、泌尿和生殖 3 个系统末端的共同通道。内有前后两个不完全的永久性环行皱襞，将其分隔成粪道、泄殖道和肛道 3 部分。粪道（coprodeum）接直肠，储存粪便；泄殖道（urodeum）居中，内有输尿管和输精管（或输卵管）的开口；肛道（proctodeum）靠后，以泄殖孔通外界，其顶壁有腔上囊的开口。

泄殖腔的组织结构与大肠相似。黏膜上皮为单层柱状上皮，内有较多的杯状细胞，至泄殖孔的背唇和腹唇内侧变为复层扁平上皮，并与皮肤相连。黏膜表面亦具绒毛结构，粪道的呈短指状，泄殖道的为扁叶状，肛道的短而平。黏膜肌层在泄殖孔附近消失。在肛道的黏膜内有肛腺（黏液腺）。固有层和黏膜下层内有大量淋巴组织。肌层由内环外纵平滑肌构成，至泄殖孔变为骨骼肌。外膜为纤维膜。

十、胃肠道内分泌细胞

在胃、肠的上皮及腺体中散布着 40 余种内分泌细胞（表 12-3），尤以胃幽门部和十二指肠上段为多。由于胃肠道黏膜面积巨大，这些细胞的总量估计为 2×10^9 个，超过所有内分泌腺腺细胞的总和。因此，在某种意义上，胃肠是体内最大、最复杂的内分泌器官。所分泌的激素主要协调胃肠道自身的消化吸收功能，也参与调节其他器官的生理活动。

胃肠的内分泌细胞大多单个夹于其他上皮细胞之间呈不规则的锥形；基底部附于基膜，并可有基底侧突与邻近细胞相接触；底部细胞质有大量分泌颗粒，分泌颗粒的大小、形状与电子密度依细胞种类而异。绝大多数种类的细胞具有面向管腔的游离面，称开放型，游离面上有微绒毛，对管腔内食物和 pH 等化学信息有较强的感受性，从而引起其内分泌活动的变化。少数细胞（主要是 D 细胞）被相邻细胞覆盖而未露出腔面，称封闭型，主要受胃肠运动的机械刺激或其他激素的调节而改变其内分泌状态。分泌颗粒中含肽和（或）胺类激素，多在细胞基底面释出，经血液循环运送并作用于靶细胞；少数激素直接作用于邻近细胞，以旁分泌方式调节靶细胞的生理功能。在 HE 染色切片上，内分泌细胞多较圆，核圆、居中，细胞质染色浅；目前主要用免疫组织化学法显示这些细胞。

表 12-3　胃肠道主要的内分泌细胞

细胞名称	分布部位	分泌物	功　能
D	胃、小肠、大肠	生长抑素	抑制其他激素的分泌
G	胃幽门、十二指肠	胃泌素	促进胃酸分泌
EC	胃、小肠、大肠	5-羟色胺，P 物质	刺激胃肠蠕动，抑制胃酸分泌
S	十二指肠、空肠	促胰酶素	促进胰液分泌
ECL	胃底腺	组胺	刺激胃酸分泌；扩张血管
K	空肠、回肠	抑胃多肽（GIP）	抑制胃酸分泌；促进胰岛素分泌
I	十二指肠、空肠	胆囊收缩素-促胰酶素	促进胆囊收缩和胰液分泌
N	回肠	神经降压素	抑制胃肠蠕动和胃液分泌
			促进胰液分泌
D1	胃、小肠、结肠	血管活性肠肽（VIP）	舒张血管
L	小肠	肠高血糖素	减缓肌层收缩
M0	小肠	胃肠动素	促进胃肠蠕动

十一、肠相关淋巴组织及免疫功能

肠相关淋巴组织（gut-associated lymphoid tissue，GALT）又称消化管淋巴组织，包括消化管黏膜内的弥散淋巴组织、孤立淋巴小结、集合淋巴小结以及淋巴细胞、巨噬细胞和浆细胞等，它们参与构成机体免疫防御的第一道防线，当消化管的黏膜受到抗原的作用后，其黏膜内的淋巴组织随即产生免疫应答并向消化管内分泌免疫球蛋白，以抵御消化管内细菌、病毒及其他有害抗原物质的侵入。

消化管的免疫作用主要发生在淋巴小结上方的黏膜上皮。此处的上皮内有一种特殊细胞，散在于柱状细胞和杯状细胞之间，称微皱褶细胞（microfold cell），简称 M 细胞，光镜下难以辨认。电镜下细胞的游离面有一些微皱褶和微绒毛，其基底面质膜内陷，形成穹隆状，穹隆腔内含有数个淋巴细胞。M 细胞的细胞质很少，有丰富的线粒体及吞饮小泡。M 细胞可以从肠腔内吞噬抗原并传递给穹窿内的淋巴细胞，后者再将抗原信息传达给固有层中的淋巴细胞。此时，淋巴细胞分化增殖，进入淋巴循环和血液循环返回肠黏膜，分化成浆细胞。浆细胞分泌抗体 A（IgA），IgA 与吸收细胞分泌的分泌物（糖蛋白）结合，形成分泌性免疫球蛋白（sIgA）。吸收细胞将 sIgA 吞入细胞质后再释入肠腔。sIgA 附着于上皮表面的细胞衣上，可与相应的抗原结合，并将其中和、分解和破坏，从而对机体起到了一种有效的屏障作用。

十二、消化管的血管、淋巴管和神经

1. 血管

消化管的血管非常丰富。小动脉自浆膜（或外膜）穿过肌层，在黏膜下层内形成黏膜下动脉丛，其部分分支于肌层形成血管网；部分分支在固有层内腺体和中央乳糜管周围形成毛细血管网。黏膜内的毛细血管汇集成黏膜下静脉丛，继而形成静脉穿出肌层，伴随动脉离开消化管（图 12-19）。

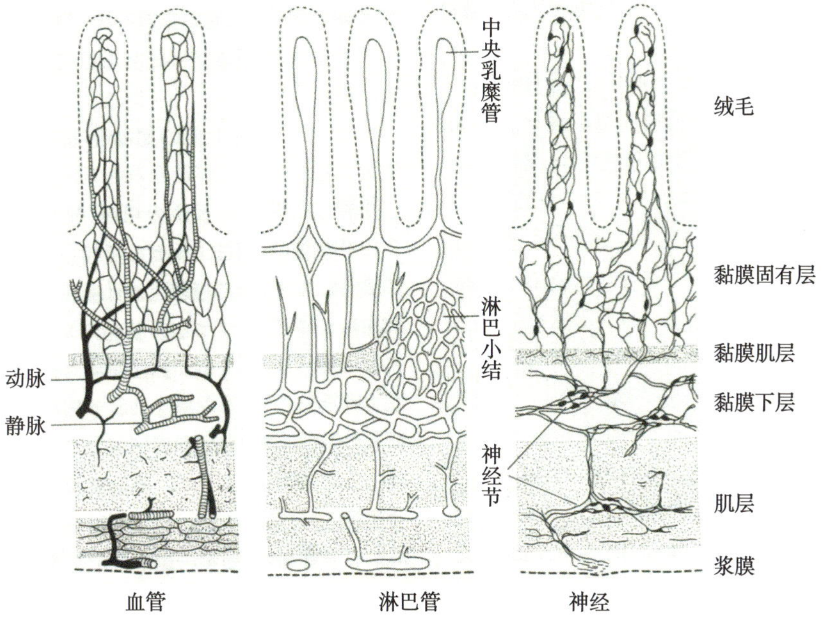

图 12-19 小肠的脉管和神经

2. **淋巴管**

消化管的固有层内有丰富的毛细淋巴管网，在黏膜下层内汇合成淋巴管丛。淋巴管伴随血管穿过肌层离开管壁，汇入腹腔内较大的淋巴管。

3. **神经**

支配消化管的神经包括内脏传入神经和内脏传出神经。内脏传入神经的神经元位于脑、脊神经节内，其周围的感觉神经末梢分布于黏膜内，感受刺激。内脏传出神经包括交感神经和副交感神经，其节后神经纤维分布于消化管壁内，支配和调节消化管壁内腺体与平滑肌的活动。

【思考题】

1. 名词解释：纹状缘、中央乳糜管、黏膜免疫、潘氏细胞、食管腺、味蕾、肠神经系统、胃小凹、细胞内分泌小管、肠腺、十二指肠腺。
2. 描述小肠绒毛和肠腺的组织结构与功能。
3. 比较小肠与大肠黏膜组织结构的异同。
4. 简述构成胃底腺的细胞及功能。

（石河子大学 徐春生）

第二节 消化腺

消化腺（digestive gland）分壁内腺和壁外腺两种，壁内腺位于消化管各段的壁中，如食管腺、胃腺、肠腺等（已在本章第一节内进行了叙述）。本节重点叙述唾液腺、肝和胰等壁外腺的组织结构和功能。

一、唾液腺

唾液腺有大小之分，小唾液腺位于唇、颊、腭的黏膜内；腮腺、下颌腺、舌下腺等离开消化管壁，独立存在的为大唾液腺。唾液腺分泌的唾液含有消化酶，通过导管将唾液排入口腔，具有润滑食团和对食物进行初步消化的作用。机械、化学、温度、情绪、食物味道等诸因素都能刺激腺体而影响其分泌。

（一）唾液腺的一般结构

唾液腺属复管泡状腺，由腺实质和间质构成。大唾液腺都有结缔组织被膜包裹，被膜的结缔组织深入唾液腺内，将腺实质分隔为若干小叶，血管、淋巴管和神经，也随同进入腺实质内，构成腺的间质。腺的实质由腺泡和导管构成。

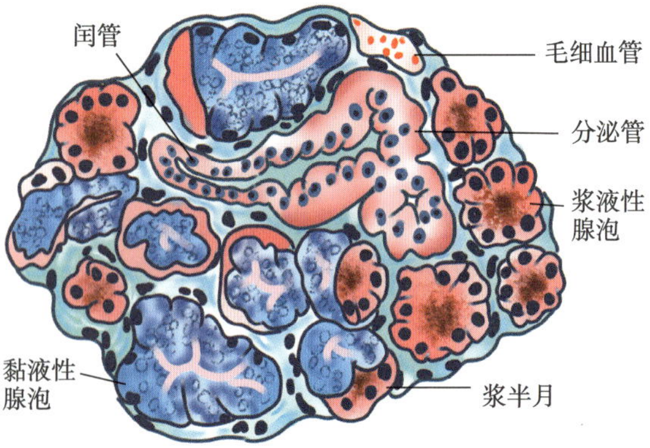

图 12-20　唾液腺一般结构模式图

1. **腺泡**

腺泡（alveoli）又称腺末房，为腺体的分泌部，呈泡状或管状，由单层立方或锥体形腺细胞围成。腺细胞与基膜之间有肌上皮细胞，肌上皮细胞扁平，有突起，肌上皮细胞收缩有助于腺泡中的分泌物排出。根据腺细胞结构和分泌物的不同，可将腺泡分为浆液性、黏液性和混合性腺泡 3 种（图 12-20）。浆液性腺泡（serous alveoli）只由浆液性细胞构成，黏液性腺泡（mucous alveoli）由黏液性细胞构成，混合性腺泡（mixed alveoli）包含两种腺细胞成分。

2. **导管**

导管（duct）是输送分泌物的上皮性管道，包括闰管、分泌管和排泄管 3 段。

（1）**闰管**（intercalated duct）　与腺泡相连，细而短，管壁为单层扁平或单层立方上皮。

（2）**分泌管**（secretory duct）　或称纹状管（striated duct），是闰管的延续，位于小叶内，管壁为单层柱状上皮，上皮细胞的细胞质呈较强的嗜酸性，细胞核位于细胞顶部，细胞基部有纵纹。分泌管的功能是吸钠、排钾及转运水分，因此可调节唾液量和其中的电解质含量。

（3）**排泄管**（excretory duct）　包括小叶内导管、小叶间导管和总导管。小叶内导管起始于小叶内，与分泌管相连；小叶间导管由小叶内导管汇集而成，行走在小叶间结缔组织内，最后汇集成一条或几条总导管，开口于口腔。管壁上皮由单层矮柱状渐变为假复层柱状，在近口腔开口处，管壁上皮移行为复层扁平上皮，并与口腔上皮相连续。

（二）3 种唾液腺的结构特点

1. 腮腺

腮腺（parotid gland）的导管穿过颊部开口于口腔前庭。腮腺一般为纯浆液腺，分泌物稀薄，含淀粉酶多，黏液少。在猪、犬和猫的腮腺中，可见少量黏液性细胞群。

2. 颌下腺

颌下腺（submandibular gland）的导管开口于舌下。腺泡的类型因动物而异，犬、猫为黏液腺，啮齿类为浆液腺，马和反刍动物为混合腺（图 12–21）。闰管较短，分泌管较长。分泌物含淀粉酶少，黏液多，其中含有溶菌酶，溶菌酶可破坏细菌的细胞壁。

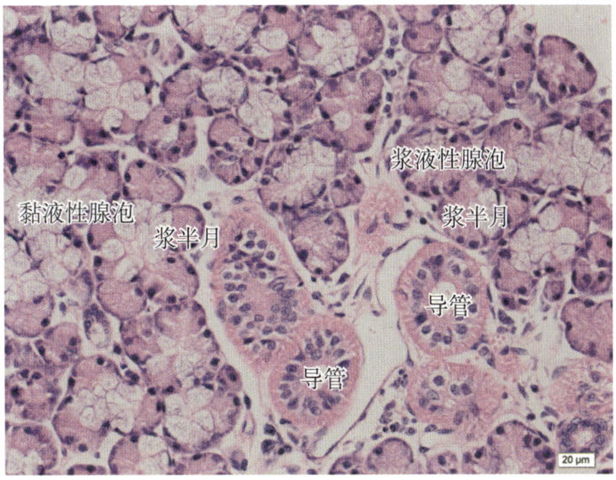

图 12–21　山羊的颌下腺结构（HE 染色）
（黄丽波供图）

3. 舌下腺

舌下腺（sublingual gland）的导管开口同颌下腺。舌下腺是以黏液腺泡为主的混合腺，黏液腺泡占 60% 左右，犬和猫的闰管和分泌管不发达，但反刍动物、猪和马的相当发达。腺体被膜较薄，小叶界限不清。分泌物以黏液为主，反刍动物、啮齿类和猪的几乎全是黏液腺。但犬和猫除了典型的黏液性腺泡和少量的浆半月外，尚有浆液性腺泡分布。

唾液为唾液腺分泌的混合性稀薄液体，95% 以上来自 3 对大唾液腺。24 h 内可分泌 1 000 mL。唾液中的水分和黏液起润滑口腔的作用；唾液内含有淀粉酶和麦芽糖酶，以及溶菌酶、过氧化物酶。对保持口腔清洁、防止细菌繁殖和病毒的侵入、湿润食团、便于食物中化学物质刺激味蕾等均有重要作用。唾液腺间质内有浆细胞，可分泌 IgA，IgA 与腺细胞产生的蛋白质分泌片结合形成 sIgA，随唾液进入口腔，具有免疫作用，另外颌下腺还分泌许多生物活性肽。

唾液腺受交感和副交感神经支配，如交感神经兴奋时，则分泌少量的黏稠唾液，副交感神经兴奋时，可分泌大量的稀薄液体。

二、肝

肝（liver）是动物体内最大的腺体。肝表面大部分被覆有浆膜，其下方为一层富含弹性纤维的致密结缔组织。肝动脉、肝门静脉和肝管随肝门处的结缔组织进入肝内，将肝实质分成许多小叶，称为肝小叶。肝动脉、肝门静脉和肝管的分支在结缔组织内走行，它们在肝小叶之间结缔组织内汇集的部位，称为门管区。

（一）肝小叶

肝小叶（hepatic lobule）是肝的基本结构和功能单位，呈多面（六角）棱柱体，长约 2 mm，宽约 1 mm，横断面呈不规则的多边形，肝小叶之间的结缔组织称小叶间结缔组织。肝小叶之间结缔组织的多少因动物而异。猪、猫和骆驼的小叶间结缔组织发达，所以肝小叶轮廓清晰；

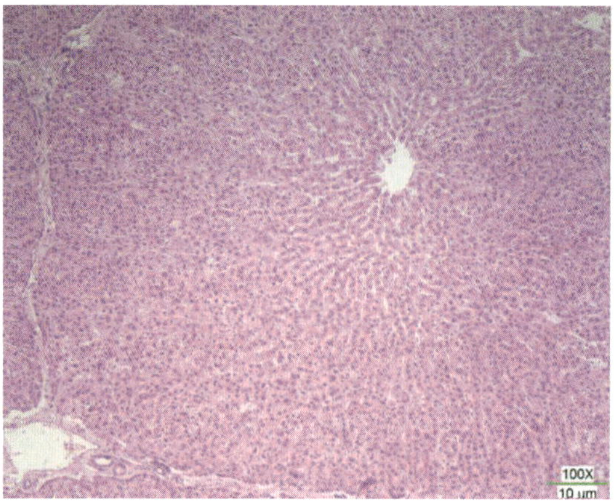

图 12–22　猪的肝小叶结构（HE 染色）
（中国农业大学组胚室供图）

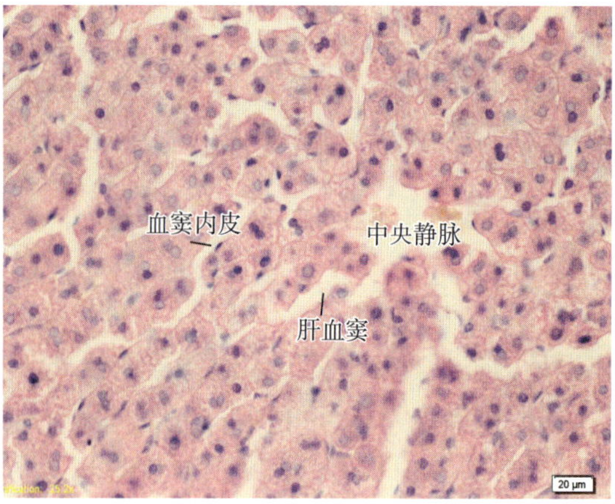

图 12–23　兔肝板结构（HE 染色）
（黄丽波供图）

而牛、羊、马和禽类的不发达，肝小叶分界不明显。肝小叶的中央有一条纵贯长轴的中央静脉，其外周是呈放射状相间排列的肝板和肝血窦（图 12–22）。

肝板（hepatic plate）是由单行肝细胞互相连接排列而成的细胞板。相邻肝板间有分支相吻合，凹凸不平，形成迷路样立体结构网格。肝板具有一定的弹性，常随血窦内血液充盈程度的不同而变形。肝板以中央静脉为中心，向周围呈放射状排列。在肝小叶边缘，肝细胞排列成环行板状结构，称为界板（limiting plate）。肝血窦（liver sinusoid）位于肝板之间，并通过肝板上的孔而彼此相通。

1. 中央静脉

中央静脉（central vein）位于肝小叶的中央，直径约 50 μm。管壁只由一层内皮和少量的结缔组织构成，外侧无平滑肌。中央静脉在肝小叶内的行程中，有许多肝血窦的开口，故其管壁不完整。

2. 肝细胞

肝细胞（hepatocyte）胞体大，直径 20～30 μm，呈多面体（图 12–23）。每个肝细胞的周围有 3 种不同的邻接面：血窦面、胆小管面和肝细胞连接面。血窦面和胆小管面均有许多微绒毛，游离于血窦及管腔中，以扩大接触面积。相邻肝细胞之间的连接面有连接复合体和缝隙连接。胞核大而圆，多为一个核，居细胞的中央。也有双核的，约占 25%。细胞核染色浅，核仁 1～2 个。肝细胞胞质丰富，多呈嗜酸性，HE 染色染成淡红色。当蛋白质合成旺盛时，细胞质内常出现一些散在的嗜碱性小块状物质，此乃粗面内质网所在区。另外，在细胞质内有较多的糖原颗粒和少量脂滴，PAS 反应呈阳性。

肝细胞是一种高度分化、功能复杂的细胞。在电镜下，可见肝细胞内含有丰富的细胞器及多种内含物，如线粒体、内质网、高尔基复合体、溶酶体、过氧化物酶体、糖原、脂滴、色素等，这与其复杂功能密切相关，而且肝细胞的结构因功能状态及细胞在肝小叶中的位置不同，可呈现较大差异。肝细胞内的细胞器有如下特点。

（1）粗面内质网发达，多成群分布，是合成多种蛋白质的中心，并且合成速度较快。它可合成血浆白蛋白、凝血酶原、纤维蛋白原、补体蛋白和载体蛋白（铁、激素和无机阴离子的载体蛋白）等。

（2）滑面内质网在胞质内广泛分布，其膜上分布有氧化还原酶、水解酶、转移酶、合成酶等多种酶系。滑面内质网的功能有：①合成胆汁。胆汁是由胆酸和胆红素经转移酶的作用而成；②参与脂肪代谢。肝细胞摄取的脂肪酸经氧化还原酶的作用产生能量，或再度脂化成甘油三酯与蛋白质结合为脂蛋白；③参与激素的代谢。各种类固醇激素的灭活，是在滑面内质网上进行的；④参与解毒作用。机体代谢的有毒产物或从肠道吸收的药物、腐败产物，在肝细胞的滑面内质网内通过氧化、还原、分解、结合等过程，使其毒性减弱或变成水溶性物质而易于排出体外。

（3）高尔基复合体发达，位于细胞核的附近，特别是胆小管与核之间。每个肝细胞约有50个高尔基复合体。高尔基复合体将粗面内质网合成蛋白质进行加工包装，然后将蛋白质转移进入窦周隙内。胆汁的分泌也与高尔基复合体有密切的关系。

（4）溶酶体多分布于胆小管和高尔基复合体周围，内含多种水解酶，对外源性物质、衰老的细胞和包涵物等有消化、分解作用，部分产物可被肝细胞利用，作为能源或修复时的原料。溶酶体还参与胆色素的代谢、转运和铁的储存过程。溶血性疾病时，在溶酶体内有大量的含铁血黄素；在病毒性肝炎、胆汁淤滞、饥饿和缺氧情况下，溶酶体会大量增加。倘若缺乏 α– 葡萄糖苷酶则大量糖原沉积于溶酶体内，称为Ⅱ型糖原沉积症。

（5）线粒体呈杆状或卵圆形，每个肝细胞约有 2 000 个，约占细胞体积 20%，是肝细胞的能量来源，为肝细胞代谢提供充分的能量。在饥饿、中毒、肝炎或胆汁淤积时，线粒体极度膨胀，出现巨大型线粒体。

（6）过氧化物酶体圆形，散在分布。内容物为均质状，含过氧化氢酶和过氧化物酶，可将细胞代谢过程中产生的过氧化氢还原成水，以消除过氧化氢对肝细胞的损害。草食家畜和鼠的过氧化物酶体内有核样体，内含尿酸氧化酶，参与尿酸代谢。

（7）内含物主要为糖原、脂滴和色素等，其含量与机体的生理状态和营养状况密切相关。如糖原在饲喂后增加，饥饿时减少，并且每日间都呈现出明显的规律性变化。

肝细胞既可产生胆汁排入胆管，又能合成多种蛋白质和脂类物质直接分泌入血，肝细胞具有合成、分解、转化和储存的功能，因此，肝是物质代谢的重要器官。

3. 肝血窦

肝血窦（hepatic sinusoid）是位于肝板之间并相互吻合成网状的毛细血管。血窦腔大而不规则，血液从肝小叶边缘经肝血窦汇入中央静脉。电镜下，窦壁由一层内皮细胞构成。其特点是：内皮细胞间有间隙；内皮细胞上有许多小孔，孔上无隔膜覆盖；胞质内有大量吞饮小泡；内皮外无基膜。因此，肝血窦的通透性很大，血浆中除乳糜微粒不可通过外，其他物质均可自由通过血窦内皮，从而有利于肝细胞与血液间进行物质交换。

肝血窦内或内皮细胞之间分布有一种巨噬细胞，称为库普弗细胞或枯否氏细胞（Kupffer's cell）。细胞形态不规则，常伸出伪足附于内皮细胞表面或伸到内皮细胞之间。电镜下，可见其细胞质内富含溶酶体，并有吞噬体和残余体等，该细胞属单核吞噬细胞系统的成员之一。库普弗细胞的功能为：①吞噬和消除由胃肠道进入门静脉的细菌、病毒和异物；②监视、抑制和杀伤体内的肿瘤细胞；③吞噬衰老的红细胞和血小板；④处理和传递抗原。

4. 窦周隙

窦周隙（perisinusoidal space）又称迪塞间隙（Disse's space），是血窦内皮细胞与肝细胞之间的微小裂隙，宽约 0.4 μm，其内充满由血窦渗出的血浆成分，肝细胞的微绒毛浸入其中，因而此区是肝细胞与血液间进行物质交换的场所。肝小叶内的窦周隙彼此相通。

用硝酸银浸染可显示出窦周隙内散在的网状纤维和少量的贮脂细胞。网状纤维在窦周隙内构成细的网状支架。贮脂细胞（fat-storing cell）形态不规则，胞体小而有突起，细胞质内有大小不等的脂滴。该细胞的主要机能是储存脂肪和维生素 A，产生基质和网状纤维。在慢性肝病或肝硬化的情况下，贮脂细胞明显增多，并转化为成纤维细胞，合成大量胶原纤维和网状纤维，造成肝的纤维增生性病理变化。

5. 胆小管

胆小管（bile canaliculi）直径 0.5～1 μm，由相邻肝细胞间局部细胞膜凹陷并相互对接而成，胆小管在肝板内走行并互相吻合（图 12-24）。在 HE 染色的标本中不易辨认，用银染或相关的组织化学染色（如 ATP 酶、碱性磷酸酶等方法）可显示。胆小管以盲端起始于中央静脉周围的肝板内，然后呈放射状连接小叶边缘的赫林管或称赫令氏管（Herring's canal）或称闰管。赫林管短粗，直径约 15 μm，管壁由单层立方上皮构成。

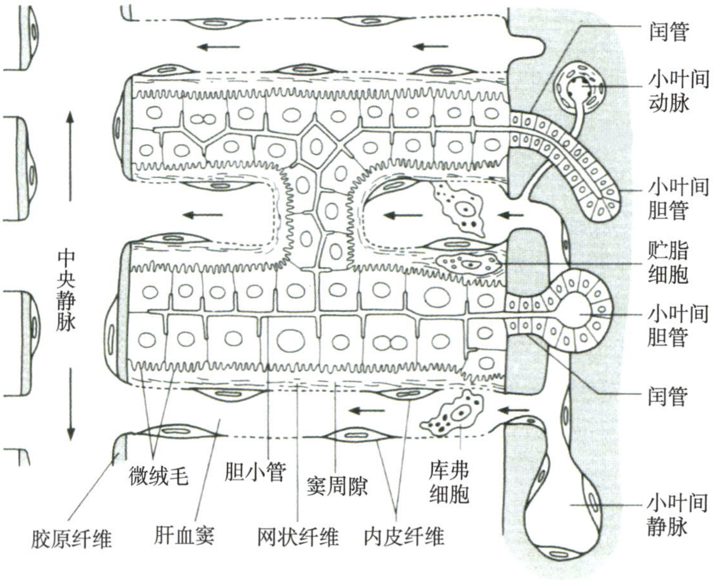

图 12-24　肝板、肝血窦与胆小管关系模式图

电镜下，肝细胞伸出许多微绒毛突入胆小管管腔，胆小管周围相邻的肝细胞膜彼此相贴，形成连接复合体以封闭胆小管，防止胆汁溢于细胞间及窦周隙内。在肝变性、坏死或胆道堵塞时，胆汁淤积在胆小管内，使管内压力增大，而破坏连接复合体，导致胆汁溢入窦周隙，并进入血窦形成黄疸。

（二）门管区

门管区（portal area）也叫汇管区，是相邻几个肝小叶之间的区域，除结缔组织外，还有小叶间动脉（interlobular arteries）、小叶间静脉（interlobular veins）和小叶间胆管（interlobular bile duct）所伴行。在肝小叶轮廓不明显时，常以门管区来判定肝小叶的界限（图 12-25）。

3 种管道的形态特点是：小叶间动脉的管腔小而圆，管壁厚，中膜有数层环行平滑肌纤维；小叶间静脉的管腔大而不规则，管壁薄，腔内常有血液存在，管壁内皮外有少量散在平滑肌；小叶间胆管的管腔小而圆，管径与小叶间动脉相近，管壁由单层立方上皮构成。

在门管区内还有淋巴管和神经伴行。

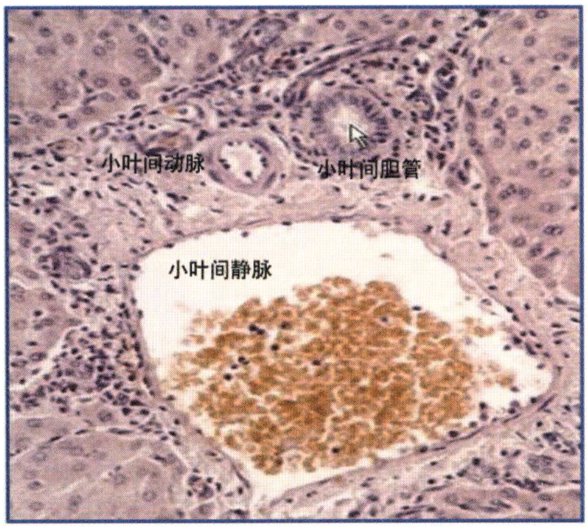

图 12-25 山羊门管区的结构（HE 染色）（黄丽波供图）

（三）门管小叶与肝腺泡

组织学的教学中，习惯上以中央静脉为中轴划分肝小叶。但关于肝脏基本结构有多种学说，首先是经典肝小叶结构的提出，而后马尔（Mall）在 1906 年提出门管小叶（portal lobule）的概念，拉帕波特（Rappaport）于 1954 年又提出肝腺泡（hepatic acinus）学说，这可以进一步补充解释肝的生理和病理学特点。

1. 门管小叶

门管小叶是指以门管区为中心，相邻 3 个中央静脉的连线为边界所构成的三角形棱柱体，其长轴与肝小叶一致。肝细胞分泌的胆汁自门管小叶的周边流向中央的小叶间胆管。故门管小叶的概念是强调肝的外分泌功能。

2. 肝腺泡

肝腺泡是指以相邻两个肝小叶之间的小叶间动脉、小叶间静脉及小叶间胆管的终末分支为中轴，两对角为中央静脉所构成的卵圆形柱状体。从中轴至一侧中央静脉的肝板断面，约有几十个肝细胞排列组成，其立体形态似橄榄，平面呈卵圆形。肝腺泡内不同部位的肝细胞，其结构、代谢、酶活性都存在差异，称为结构和功能梯度差异。根据血流方向和肝细胞获得营养的先后可将肝腺泡分为 3 个带。近中轴血管的部分为Ⅰ带，肝细胞最先获得富于氧和营养物质的血液，细胞代谢旺盛，细胞内线粒体体积大，肝细胞富含琥珀酸脱氢酶、ATP 酶、转氨酶等酶类，为主要的蛋白质和糖原合成部位；靠近中央静脉的肝腺泡两端部分为Ⅲ带，肝细胞营养条件较差，代谢和再生能力也较弱，主要为脂肪、色素、药物等代谢部位；介于Ⅰ带和Ⅲ带之间的部分为Ⅱ带，肝细胞的营养和代谢能力介于Ⅰ、Ⅲ带之间。肝腺泡的分带，不仅有助于理解各带中肝细胞的生理特点，同时又可解释不同病理条件下对肝实质损害所造成的梯度差异。如营养不良、缺氧、循环障碍性缺血及药物中毒时先破坏Ⅲ带，使肝细胞变性坏死，而磷中毒时则先危及Ⅰ带。肝腺泡的概念主要反映肝内血流方向以及肝细胞获得营养的次序。

（四）肝的血液循环和胆汁排出途径

肝的血液供应丰富，接受肝门静脉和肝动脉的双重供血。

1. 门静脉

门静脉是肝的功能性血管，约占肝内储存总血流量的75%，主要汇集来自胃、肠、脾、胰等器官的静脉血，其中含有丰富的营养物质，供肝细胞代谢、加工、储存和转化。门静脉经肝门入肝，在小叶间结缔组织中反复分支，形成小叶间静脉，最终分支注入肝血窦。

2. 肝动脉

肝动脉为肝的营养性血管，由腹腔动脉分支而来，血中含氧量高。肝动脉在小叶间结缔组织内分支成小叶间动脉，最终分支也注入肝血窦，所以肝血窦内含肝动脉和门静脉来的混合血。肝动脉还发出一些小分支到被膜。

肝动脉 → 小叶间动脉
↓
肝血窦 → 中央静脉 → 小叶下静脉 → 肝静脉
↑
门静脉 → 小叶间静脉

肝细胞分泌的胆汁进入胆小管，自肝小叶中央向周边流动，在肝小叶边缘汇入赫林管，然后输入小叶间胆管，在肝门处汇集成肝管出肝，肝管与胆囊管（有胆囊动物）汇合成总胆管，开口于十二指肠。其排泄途径如下。

胆囊管 ⟷ 胆囊
↓
胆小管 → 闰管（或称赫林管）→ 小叶间胆管 → 左右肝管 → 总肝管 → 总胆管 → 小肠

（五）肝的淋巴与神经

肝被膜内及小叶间有丰富的淋巴管，但在肝小叶内无淋巴管。淋巴管在肝被膜和间质中沿血管周围分布，形成淋巴丛。窦周隙内的液体，在小叶周边被吸收入小叶间淋巴管内。淋巴液富含蛋白质，成分与血浆相近。肝组织产生的淋巴液，一部分从肝门淋巴管导出，绝大部分是从肝静脉周围的淋巴管出肝。窦周隙内血浆中的大部分物质经淋巴出肝，故淋巴管也是肝细胞分泌产物排出途径之一。淋巴内也可见许多淋巴细胞和血小板，它们是从肝血窦逸出至窦周隙后进入淋巴的。

肝动脉和门静脉周围有丰富的交感及副交感神经丛，它们来自内脏的腹腔神经丛及迷走神经的分支和部分膈神经分支。神经纤维随血管分支入肝，在门管区3种管道的外鞘内形成丛，纤维分支穿入管壁内，终止于平滑肌细胞，调节血管运动及肝的血流。近年观察证实，肝小叶内也存在神经终末支，少量神经纤维终末支止于门管区附近的血窦壁及肝细胞上，但肝内神经分布的种间差异甚大。目前已经肯定，包括灵长类在内的多数动物，肝实质内有单胺类神经终末支，分布在肝细胞上，而胆碱能神经仅见于门管区，肝小叶内尚未发现。

（六）肝的再生与肝的生理功能

肝具有极强的再生和恢复的能力，各种致病因素对肝都有不同程度的损伤，但由于肝具有强大的储备功能，所以直到严重受损时，才会出现一系列临床表现。动物实验表明，肝切除 80% 动物仍可存活，肝组织可在短期内迅速再生。若将老鼠肝切掉一半或者受到严重的创伤，老鼠照常进食并且仍活泼健康地活着，残留的正常肝细胞，仍然能够从事正常的工作，检查肝功能指标往往仍正常。在人类，在某些肝癌和肝脓肿病人，以及肝硬化代偿期患者，虽然肝组织遭受严重破坏，病理变化非常明显，但只要这些占位性病变不压迫门管区，只要尚存在 300 g 以上健康的肝组织，肝功能也会无太大的异常。由此可见，肝脏有其他器官无法比拟的旺盛的再生和恢复的能力。

肝的功能十分复杂，远远超过了消化的范畴。其主要功能有如下 6 种。

1. 合成功能

肝细胞吸收来自消化道的营养物质，合成糖原、胆固醇、胆盐、脂蛋白和血浆蛋白（包括白蛋白、球蛋白、纤维蛋白原和凝血酶原）。

2. 储存功能

肝细胞可储存糖原、脂滴和维生素 A、维生素 D、维生素 E 和 B 族维生素。

3. 分泌功能

肝细胞可吸收血液中不溶性的胆红素（血红蛋白分解产物），形成与葡萄糖醛酸结合的可溶性胆红素。这些可溶性胆红素，一部分进入血液经肾脏排出，另一部分进入胆小管内，与胆盐、胆固醇等组成胆汁，排入十二指肠。其中的胆盐有助于脂肪的消化和吸收。

4. 解毒功能

从小肠吸收的毒物或外源性药物、机体代谢过程中所产生的内源性有毒物质，被肝细胞吸收后，经转化和结合作用，使其毒性减弱或变成无毒，并转化为可溶性的物质便于排泄。此外，肝细胞还可将氨基酸代谢产生的氨，经酶的作用变为无毒的尿素，再经肾排出。

5. 防御功能

肝血窦内的库普弗细胞，具有很强的吞噬作用，经肠道吸收而来的微生物和异物等，均可被库普弗细胞清除。

6. 造血功能

胚胎时期肝可造血，出生后造血功能停止，但仍保持造血潜力，在某些病理情况下，仍可恢复造血功能。

三、胆囊

胆囊（gallbladder）是储存、浓缩和酸化胆汁的囊状器官。胆囊壁由黏膜、肌层和外膜 3 层组成。

1. 黏膜

胆囊空虚时，黏膜形成许多高而有分支的皱襞，当充盈时，皱襞变小或消失。皱襞间的上皮向固有层内凹陷，形成黏膜憩室。黏膜上皮为单层柱状，游离面的纹状缘不明显。牛胆囊的柱状细胞之间常夹有杯状细胞和散在的内分泌细胞。黏膜上皮的主要功能是吸收胆汁中的水分和无机盐类，此外，尚分泌一定的黏液。固有层为薄层疏松结缔组织，内含淋巴小结和盘曲的管状腺。牛的腺体较多，而猪和肉食动物的较少。根据动物的种类、个体以及在黏膜上所处的位置不同，腺体可能是浆液性的，也可能是黏液性的。

2. 肌层

肌层较薄，主要为环行平滑肌。

3. 外膜

外膜除与肝的连接部为纤维膜外，其余均为浆膜。

四、胰

胰（pancreas）由外分泌部和内分泌部构成。外分泌部是重要的消化腺，分泌胰液，内含胰淀粉酶、胰脂肪酶和胰蛋白酶等多种消化酶，有重要的消化作用。内分泌部分泌激素，参与调节体内的糖代谢。

胰表面覆有一薄层结缔组织被膜。结缔组织伸入实质，将胰分隔成许多界限不明显的小叶。血管、神经和淋巴管随结缔组织进入胰实质内并反复分支，行走于小叶间。

（一）外分泌部

外分泌部（exocrine portion）构成胰实质的绝大部分，为浆液性的复管泡状腺，由腺泡和导管组成。

1. 腺泡

腺泡呈管状或泡状，由一层锥形的腺泡细胞围成（图 12–26）。腺泡细胞的底部位于基膜上，基膜与腺泡细胞之间无肌上皮细胞。腺泡细胞核大而圆，位于细胞基部。基部细胞质内含有丰富的粗面内质网和核糖体，显示较强的嗜碱性；细胞质顶部有许多圆形或卵圆形的酶原颗粒，呈嗜酸性。酶原颗粒的数量随细胞的功能活动而变化，进食后细胞分泌旺盛，颗粒减少甚至消失；饥饿时则颗粒增多。腺泡腔很小，腔内有一些延伸到其中的闰管上皮细胞，该细胞扁平状，细胞质淡染，细胞核卵圆形，称为泡心细胞（centroacinar cell）。

2. 导管

导管为输送胰液至十二指肠的管道，包括闰管、小叶内导管、小叶间导管和胰管。闰管长而细，由单层扁平上皮围成，起始于腺泡。小叶内导管变粗，管壁为单层立方上皮。在小叶间结缔组织内，若干小叶内导管汇成小叶间导管，最后形成一条粗大的胰管，开口于十二指肠。管壁上皮也由单层低柱状变为高柱状，并夹有散在的杯状细胞和内分泌细胞。导管上皮能分泌大量的水和钠、钾、重碳酸盐等电解质。

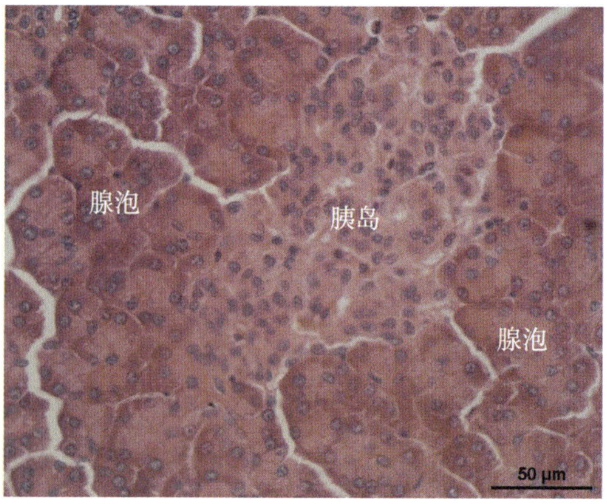

图 12–26 胰腺腺泡及胰岛（HE 染色）
（马云飞供图）

（二）内分泌部

内分泌部（endocrine portion）即胰岛（pancreas islet）（图 12–26），是分散在外分泌部腺泡之间的内分泌细胞团，胰尾部分布的较多。其大小不一，小者仅几个细胞，大者由数百个细胞组成。胰岛细胞之间有丰富的有孔毛细血管，利于激素的通过。胰岛细胞在 HE 染色标本中，着色浅，各类细胞不易区分，用特殊染色法（如 Mallory-Azan 法）或电镜观察，可以显示以下几种细胞。

1. A 细胞（甲细胞）

A 细胞占胰岛细胞总数的 5%～30%。初生仔猪的 A 细胞多，可达 50%，成年时减少，为 8%～20%。A 细胞体积较大，主要位于胰岛的外周部，马的则主要分布于中央部。但犬的胰岛内无 A 细胞。

A 细胞胞质内的分泌颗粒较大，其颗粒不易被酒精溶解，用 Mallory-Azan 法染色呈鲜红色。电镜下，可见分泌颗粒呈圆形或卵圆形，外包界膜，内有电子密度高的致密核芯，膜与芯之间为明亮的间隙。

A 细胞分泌高血糖素（glucagon）。高血糖素是含有 29 个氨基酸的多肽，它能促进肝细胞和肌细胞内的糖原分解为葡萄糖，并抑制糖原合成，从而使血糖升高。此外，A 细胞还分泌抑多肽和胆囊收缩素。

2. B 细胞（乙细胞）

B 细胞数量最多，占胰岛细胞的 60%～80%（绵羊的高达 98%），多位于胰岛的中央，马的则主要位于外周部。B 细胞较小，经 Mallory-Azan 法染色，其细胞质内的颗粒染成大小不一的橘黄色，该颗粒易被酒精溶解。电镜观察，动物不同分泌颗粒的形态和内部结构也不同。犬、猫及其他一些动物的分泌颗粒内有形状各异的类晶体。

B 细胞分泌胰岛素（insulin）。胰岛素为含有 51 个氨基酸的多肽，能促进肝细胞、肌细胞和脂肪细胞合成糖原或转化为脂肪，使血糖降低。在生理功能上，胰岛素和高血糖素相互协同，共同调节和维持机体血糖浓度的相对恒定。

3. D 细胞（丁细胞）

D 细胞数量较少，占胰岛细胞总数的 5%左右，多散在 A、B 细胞之间。Mallory-Azan 法染色，可见其胞质内含大量染成蓝色的颗粒。

D 细胞分泌生长抑素（somatostatin），它能抑制 A、B 细胞和 PP 细胞的分泌。

4. PP 细胞

PP 细胞数量很少，但随年龄增长而有所增加。细胞质中的分泌颗粒也较少，并且经 Mallory-Azan 法染色呈蓝色，光镜下只能用免疫细胞化学方法才能辨认出该细胞。研究发现 PP 细胞可分泌胰多肽（pancreatic polypeptide），具有抑制胰液分泌和胃肠蠕动的作用。

除上述 4 种主要细胞外，胰岛内还有少量的其他细胞，如 C 细胞、D_1 细胞等。C 细胞内无分泌颗粒，目前认为它是一种未分化细胞，为胰岛内其他内分泌细胞的前身。D_1 细胞数量很少，光镜下不易辨认，该细胞可分泌血管活性肠肽。

五、家禽消化腺的组织学特点

（一）肝

禽类的肝位于胸腔，与哺乳动物肝的位置不同。肝呈红褐色，分叶明显，可分为左、右两大叶，在心脏两边各一叶。肝脏的脏面凹，在脏面的中下部有明显的胃压迹，与胃相邻。在肝的脏面中部具有肝门，肝管、肝动脉、淋巴管、神经和肝门静脉经此进出肝脏。在肝右叶的脏面有一胆囊，胆囊的结构与哺乳动物的相似。

肝由被膜和实质两部分组成。被膜由表面浆膜和深层结缔组织构成，后者伸入肝实质内，将其分成大小不同的肝小叶，因小叶间结缔组织不够发达（但鸭的较为发达，肝小叶界限较为清晰），故界限不明显，只有靠中央静脉和门管区来判断肝小叶的界限。几个肝小叶相邻地区有较多结缔组织，且含有小叶间动脉、小叶间静脉、肝淋巴管、小叶间胆管，为门管区。小叶间动脉管径细、管壁厚、管腔狭小；小叶间静脉的管径粗、壁薄、管腔大且不规则；小叶间胆管管壁由单层立方上皮构成。

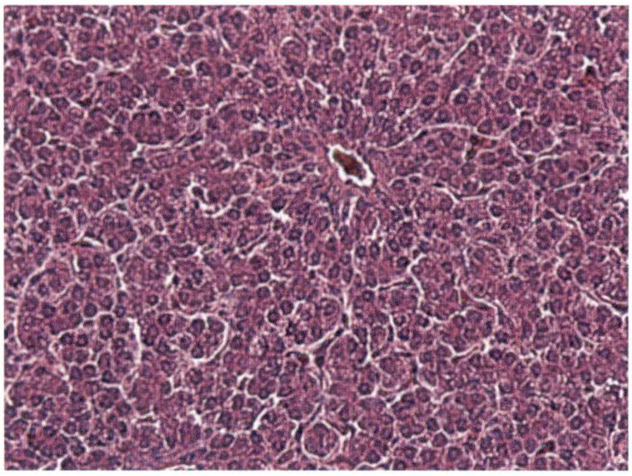

图 12–27 鸡的肝脏结构（HE 染色）
（中国农业大学组胚室供图）

禽类的肝板是由两排并行的肝细胞组成的，排列成索状（图 12–27）。相邻的肝细胞索，排列形成肝细胞管，以中央静脉为轴向四周呈放射状，但排列较乱。肝细胞板之间的腔隙为肝血窦，血窦内皮是不连续的，内皮细胞间孔较大且无基膜，小孔可使大分子物质进入窦周隙，进而提供营养物质。血窦内可见红细胞和淋巴细胞。肝细胞形态同哺乳动物，细胞核大而圆，位于肝细胞靠肝血窦的边缘，核仁 1～3 个不等。肝细胞的两侧边缘又围成胆小管。胆小管遍布于肝脏实质中，由相邻肝细胞互相接触的细胞膜构成。

禽类肝内淋巴组织较丰富，在小叶间结缔组织和肝小叶内，常见弥散淋巴组织或淋巴小结。

（二）胰腺

禽类胰腺表面覆有薄层疏松结缔组织被膜，被膜深入实质，将腺实质分成许多分界不清小叶。胰腺实质也是由内分泌部和外分泌部组成。外分泌部结构与家畜相近。内分泌部即胰岛，散在于胰腺外分泌部之间。

1. 胰岛细胞

胰岛细胞也有 A、B 和 D 3 种细胞。

（1）**A 细胞**　数量最多，在胰岛内常呈多边形、新月形，紧密交叉分布异，分布在胰岛内及四周；A 细胞并在外分泌部有散在分布，呈三角形、圆形，位于腺泡及导管上皮细胞之间或结缔组织中。

（2）**B 细胞**　数量最少，排列紧密成团，故细胞界限不清，一般为圆形、卵圆形或多面形，位于各叶的胰岛内及中央，但在外分泌部未见分布。

（3）**D 细胞**　在胰各叶内均见有较多的 D 细胞。D 细胞形态及在外分泌部内的分布同 A 细胞相似。

另外，禽类构成胰岛的细胞，在外分泌部的分布情况，在不同发育阶段会有一些变化。如绍鸭在 1 周龄胰的外分泌部，均有较多散在的 A、D 细胞，而在成年期则明显减少。

2. 胰岛的分型

禽类胰岛与哺乳类不同之处在于除有与哺乳类相同的混合型胰岛外，还有以 A 细胞为主的 A 胰岛和以 B 细胞为主的 B 胰岛。禽类胰岛类型是因细胞分布不均而划分的。早期认为，鸭胰岛分亮、暗两型（即 B 胰岛和 A 胰岛），近年研究结果证实，鸽子、日本鹌鹑、鸡、绍鸭的胰岛均分为 B 胰岛、A 胰岛和混合型 3 个类型。3 种胰岛分布于胰的各叶，其中以脾胰叶的各型胰岛分布最密，相对数量最多；背胰叶次之；腹胰叶最少。

（1）A 胰岛 由大量 A 细胞和散在分布其间的 D 细胞组成，体积最大，形态极不规则，与外分泌部间无明显界限，但在交界处 A 细胞排列紧密。

（2）B 胰岛 主要由 B 细胞组成，其外有 0～3 层 D 细胞分布，体积最小，常呈圆形或椭圆形团块状，外有少量结缔组织包绕，界限清楚。最小的仅 1～2 个腺泡大，常位于大的 A 胰岛内，多数 B 胰岛内，有毛细血管穿越其间。由 A、B 和 D 细胞组成，以 B 细胞为主，呈团块状位于胰岛中央，其外有 1～3 层 D 细胞，在 D 细胞间有散在分布的 A 细胞。

（3）混合型胰岛 分布于胰的各叶，其大小及分布位置在背、腹叶与脾叶各不相同。脾叶内的胰岛却多而大，且多位于脾叶的四周，尤以柄部最为丰富。在此处内分泌部大于外分泌部，常常是大量 A 胰岛位于被膜下方，而圆形的 B 胰岛和混合型胰岛位于内、外分泌部的交界处，中央为外分泌部。

【思考题】

1. 名词解释：肝板、门管区、泡心细胞、胰岛。
2. 简述肝小叶的组织结构及功能。
3. 试述胰腺的组织结构及功能。

（山东农业大学 黄丽波）

第十三章 呼吸系统

呼吸系统（respiratory system）是动物机体在生命活动中与外界环境进行气体交换的组织和器官的总称，也是动物机体重要的黏膜免疫系统之一，主要由呼吸道和肺组成。其中呼吸道包括鼻、咽、喉、气管和支气管，是输送气体的通道；肺脏占据胸腔大部分容积，又分为导气部和呼吸部。其中导气部是支气管的进一步延伸，也是气体的通道，包括叶支气管、细支气管和终末细支气管。呼吸部是完成气体交换的部分，包括呼吸性细支气管、肺泡管、肺泡囊和肺泡。呼吸系统的主要功能是完成气体交换，借助红细胞中的血红蛋白，保证动物机体从空气中获取氧气和排出体内代谢产生的二氧化碳，同时还具有排除其他代谢产物的作用，如通过痰液排出脱落的细胞碎片；机体在清除衰老红细胞时血红素代谢产生的铁离子等。

呼吸道作为吸入空气的通道，基于其形态学特点，具有相应的生理功能。首先，吸气时具有温暖湿润空气、过滤有害气体和微粒。呼吸道黏膜上皮被覆纤毛，固有层富含毛细血管，这些是赋予它能够温暖湿润空气和阻挡吸入微粒的主要组织结构。同时在呼气时借助纤毛和毛细血管还可以重吸收气体中的热量和水分，而且纤毛的摆动可以将吸入的外界微粒和自然脱落的上皮细胞碎片排出体外。另外，在靠近呼吸道的鼻腔内还存在有一些特殊的附属结构，包括鼻泪管、犁鼻器、鼻窦和副鼻窦、咽鼓管、马喉音袋。它们具有导管、减轻头骨重量、气体通道和共鸣等作用。

肺呼吸部是完成气体交换的部位，而主要场所是在肺泡。此处的肺泡与肺泡之间的间隔，即肺泡隔非常薄，富含毛细血管，管内是来自右心室的静脉血。血液中的二氧化碳容易穿过肺泡隔，与肺泡内的氧气完成交换，生成富含氧气的动脉血。

第一节 鼻腔

以骨或软骨为支架，内衬以黏膜（mucosa）。黏膜主要包括上皮层和固有层，黏膜下方与软骨、骨或骨骼肌相连。而根据上皮细胞和固有层内的组成和功能差异，又可划分为前庭部（vestibular region）、呼吸部（respiratory region）和嗅部（olfactory region）。

一、前庭部

靠近鼻孔处的黏膜与鼻翼的皮肤是相连续的，此处的黏膜上皮为角化的复层扁平上皮。由鼻孔向里，鼻腔前庭部的黏膜上皮也属于复层扁平上皮，但其上皮细胞未发生角质化。固有层主要是致密结缔组织，其中含有毛囊、皮脂腺、神经、浆液性腺体和弥散的淋巴组织。内表面有鼻毛，可阻挡空气中的灰尘和异物。弥散的淋巴组织参与组成上呼吸道的黏膜免疫系统。

二、呼吸部

呼吸部占鼻腔的大部，其黏膜在生活状态下呈现粉红色。黏膜上皮细胞呈假复层纤毛柱状，其中含较多杯状细胞。固有层内含有丰富的毛细血管和静脉丛，经血液循环可以温暖吸入的空气；同时还含有淋巴组织和鼻腺，其中淋巴组织作为上呼吸道黏膜免疫的重要组成部分。鼻腺为分支管泡状混合性腺体，其分泌物可保持黏膜表面湿润，黏附吸入空气中的尘粒和细菌，借助上皮细胞表面纤毛向咽部的节律性摆动而清除。

三、嗅部

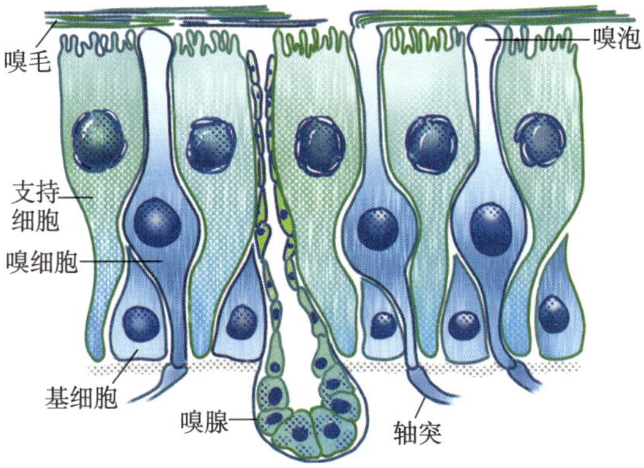

图 13-1 嗅部黏膜上皮细胞结构模式图

嗅部位于鼻腔后上方，其黏膜上皮为假复层柱状上皮细胞，包括支持细胞、嗅细胞和基细胞（图 13-1）。固有层为结缔组织，其中富含血管，还含有许多管泡状的嗅腺（图 13-1）。嗅腺可分泌浆液，通过导管运至黏膜表面，可以吸附和溶解吸入空气中的化学物质，并可清洗黏膜表面，保持嗅觉的敏感性。

1. 支持细胞

支持细胞（sustentacular cell）的数量最多，细胞呈高柱状，顶部宽而基部细，顶部游离面有许多微绒毛。细胞核呈椭圆形，靠近细胞上部，细胞质内含有很多色素颗粒。由于不同动物含有的色素颗粒不同，从而它们的嗅部黏膜颜色差别很大。猪的黏膜呈现棕色，马、牛呈现淡黄色，山羊呈现黑色，绵羊呈现黄色，肉食动物呈灰白色。该细胞具有分隔、营养、支持和保护嗅细胞的作用。

2. 嗅细胞

嗅细胞（olfactory cell）为双极神经元细胞，数量较多（图 13-2）。细胞呈长梭形，散在于支持细胞之间。细胞的轴突细长，穿过上皮基膜进入固有层形成嗅神经。树突呈细棒状，伸向黏膜表面，末端膨大为球状，形成嗅泡（olfactory vesicle）。嗅泡表面朝鼻腔侧伸出数根至数十根嗅毛（olfactory cilia），可以感知嗅觉。而该部位固有层内的嗅腺分泌物可刺激嗅毛，产生嗅觉。

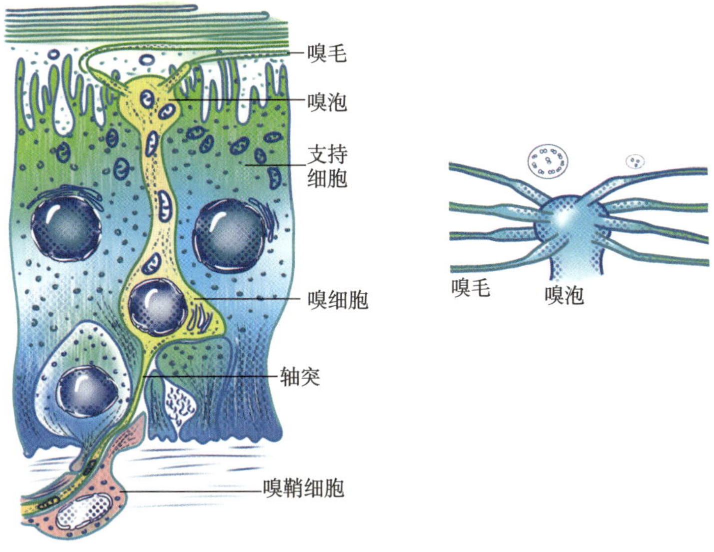

图 13-2 嗅细胞形成嗅泡、嗅毛和嗅神经结构模式图

3. 基细胞

基细胞（basal cell）位于黏膜上皮的基底，细胞较小，呈锥体形。该细胞具有干细胞特性，可以增殖和分化，补充更替衰老、死亡及受损的支持细胞和嗅细胞。

第二节 气管和支气管

气管分支形成左、右支气管入肺，其中牛、羊和猪多一个右尖叶支气管。它们的管壁结构基本相似，均由黏膜、黏膜下层和外膜构成。为保证气体顺利通过，气管和支气管都含有透明软管作为支撑结构。

一、黏膜

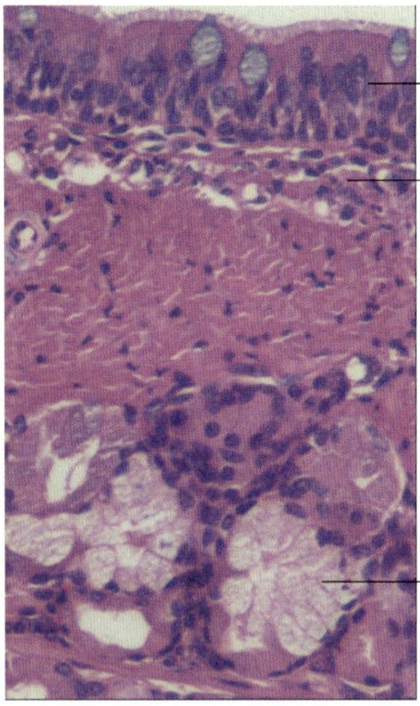

图 13-3 气管黏膜及黏膜下层结构（HE 染色）（中国农业大学组胚室供图）

黏膜（mucosa）主要由上皮（mucosal epithelium）和固有层（lamina propria）组成，无黏膜肌层（图 13-3）。

1. 上皮

上皮为假复层纤毛柱状上皮，上皮细胞成分复杂，包括纤毛细胞、杯状细胞、基细胞、刷细胞（brush cell）和小颗粒细胞（small granular cell），基膜较厚。

2. 固有层

固有层为疏松结缔组织，其中富含弹性纤维。靠近黏膜下层处，此处的弹性纤维形成纵行的弹性纤维网，从形态上可作为固有层与黏膜下层的分界。靠近基膜处，分布有较多淋巴细胞、浆细胞和弥散的淋巴组织，并可见淋巴细胞迁移至上皮形成上皮内淋巴细胞，这些都是组成上呼吸道黏膜免疫的重要成员。

二、黏膜下层

黏膜下层（submucosa）与外膜无明显分界，主要是疏松结缔组织。其中富含胶原纤维，并含有血管、淋巴管、神经和淋巴组织。典型结构是含有大量气管腺（图 13-3），主要位于软骨环之间和软骨环开口处。气管腺属于混合性腺体，分泌的黏液和浆液，连同黏膜上皮中杯状细胞分泌的黏液，共同覆盖在黏膜表面形成黏液层。黏液可物理性黏附吸入的异物和细菌，并可溶解吸入的有害气体。此外，黏液中含有溶菌酶和分泌片。溶菌酶可杀灭细菌，而分泌片与黏膜固有层内浆细胞产生的免疫球蛋白 A 结合形成分泌型免疫球蛋白，分泌至黏膜层，抵抗侵入的细菌和病毒感染。

三、外膜

外膜（tunica externa）较厚，主要由透明软骨和致密结缔组织构成（图 13-4）。透明软骨呈字母 C 形，构成环状结构，缺口处有平滑肌束。平滑肌的舒缩和透明软骨互相配合，可微量调节气体通过时气管腔的大小，并配合黏膜上皮细胞纤毛的摆动利于分泌物的排出。马、猪和反刍动物的平滑肌束位于缺口内侧，而猫和犬等肉食动物的位于缺口外侧。

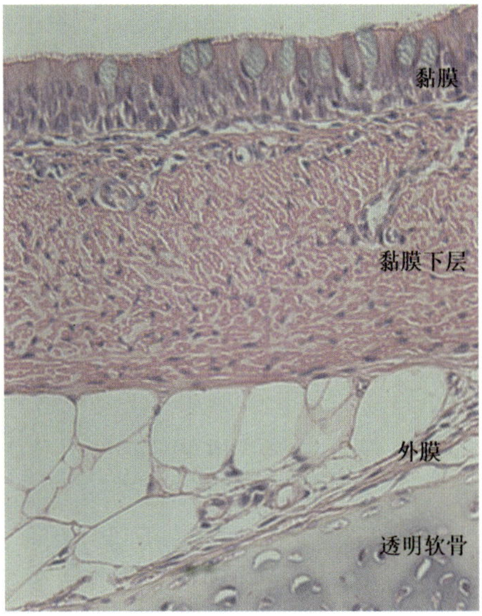

图 13-4　气管黏膜下层及外膜结构（HE 染色）（中国农业大学组胚室供图）

第三节 肺

一、肺的组织结构

气管进入胸腔后延伸为左、右支气管，支气管经肺门进入肺（lung）。肺门也是血管、神经和淋巴管进入肺脏的通道，另外此处有肺门淋巴结，是呼吸道黏膜免疫的重要组成部分。胸腔内主要有胸腺、心脏和肺脏，其中肺脏占据胸腔大部分，左、右各一，其表面被覆浆膜（含间皮细胞），称为肺胸膜（即胸膜脏层，胸膜壁层紧贴于肋骨）。左肺和右肺又划分为不同的肺叶，包括尖叶、心叶、膈叶（或称为前叶、中叶和后叶）和副叶。支气管进入肺叶后，沿肺叶走向分支为叶支气管，叶支气管分支为多个段支气管，段支气管进一步分支为小支气管，小支气管又分支为细支气管，细支气管分支为终末细支气管。如此复杂分支的各级支气管，在肺脏组织内犹如树枝状，因此称为支气管树（bronchial tree）。支气管树仍是气体进出肺脏的通道，故又称为肺脏的导气部。终末细支气管会继续分支为呼吸性细支气管，进一步是肺泡管和肺泡囊，最后是肺泡。上述结构均与肺泡存在相通，都在不同程度上发生换气的作用，所以这些部位称为肺脏的呼吸部（图 13-5）。

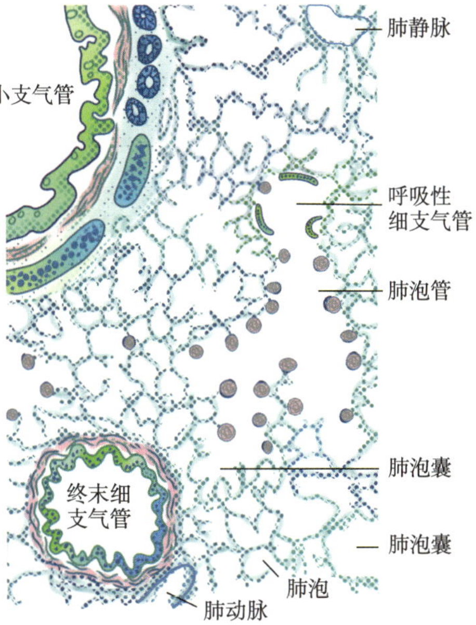

图 13-5　肺脏呼吸部结构模式图

每个肺叶又被结缔组织划分为多个肺小叶（pulmonary lobule），肺小叶是肺脏的结构单位，一般呈锥体形或多边形，由细支气管及各级分支和肺泡组成。小叶间结缔组织是肺脏的间质部分，含有血管、神经和淋巴管。其中牛、羊和猪的较为发达，马次之，肉食动物较少。临床上动物发生肺部感染时伴有炎症反应，当一个或多个肺小叶发生炎症时称为小叶性肺炎，而肺脏的整个前叶、中叶或后叶发生炎症时称为大叶性肺炎。

1. 导气部

（1）叶支气管、段支气管和小支气管　由支气管分支而来的叶支气管、段支气管和小支气管，其组织结构分为黏膜、黏膜下层和外膜。黏膜上皮主要是假复层纤毛柱状上皮细胞，其中含有杯状细胞。从支气管到小支气管，上皮内杯状细胞数量逐渐减少，所以黏膜表面的黏液层逐渐变薄。黏膜的固有层很薄，内含血管、神经和弥散淋巴组织，参与构成呼吸道黏膜免疫系统。从支气管至小支气管，黏膜肌层渐趋完整，逐渐形成连续的环形或螺旋形肌层。而黏膜下层的支气管腺体逐渐减少，直至消失。前面提到支气管的外膜中包含有透明软骨，主要是起到支撑作用，保证气体能够顺利进出肺脏。叶支气管至小支气管的外膜中同样含有软骨，而此时软骨逐渐退化为不规则片状，并逐渐减少。由叶支气管至小支气管，管径逐渐变细，管壁逐渐变薄（主要与外膜中透明软骨逐渐消失有关）。但是为了维持和增加黏膜的表面积，小支气管的黏膜出现皱襞结构。

（2）**细支气管（bronchiole）** 小支气管分支为细支气管，其管壁分为黏膜、黏膜下层、肌层和外膜，黏膜层可见明显的皱襞。黏膜上皮细胞由假复层纤毛柱状上皮细胞逐渐过渡为单层纤毛柱状上皮细胞，其间分布有杯状细胞，可分泌黏液。黏膜固有层是疏松结缔组织，内含血管、淋巴管和神经，另含有大量免疫细胞，参与黏膜免疫系统构成。相较于其他支气管，细支气管的黏膜下层很薄，腺体基本上消失。肌层的平滑肌增多，形成完整的一层，增强了细支气管的舒缩力。前段细支气管的外膜含有少量透明软骨片，随着细支气管进一步延伸，透明软骨片完全消失。

（3）**终末细支气管（terminal bronchiole）** 管壁变薄，黏膜上皮的皱襞逐渐消失，上皮细胞为单层纤毛柱状上皮细胞。相较于上级各级支气管，终末细支气管的管壁结构特点是“三消失一完整”，即杯状细胞、腺体和透明软骨均完全消失，平滑肌形成完整的一层。

黏膜上皮中除了纤毛上皮细胞，还有一种无纤毛的柱状分泌细胞，称为 Clara 细胞。该细胞顶部微凸，其内含有许多圆形或椭圆形的分泌颗粒。颗粒中含有的蛋白水解酶可分解管腔内的黏液和细胞碎片，降低黏度，利于气体通畅。此外，该细胞具有分化潜能，当上皮细胞受损时，可转化为纤毛柱状上皮细胞。

细支气管和终末细支气管形成完整的平滑肌层，其舒缩可改变管径的大小，从而调节肺泡内气体的流量。如果平滑肌发生痉挛性收缩，加上黏膜水肿，会导致管腔狭窄甚至闭塞，影响通气，发生呼吸困难。所以神经系统也参与了呼吸系统的功能调节，如果神经系统受到损伤，也会参与呼吸困难的调节。如猪繁殖与呼吸障碍综合征，会同时作用于神经系统和肺部免疫细胞，加重肺脏的损伤。

2. 呼吸部

各部分均与肺泡相通，可进行气体交换。

（1）**呼吸性细支气管（respiratory bronchiole）** 管壁出现少量肺泡，其管壁不是完整的环形，主要由黏膜和黏膜下层组成。靠近终末细支气管位置的黏膜上皮是单层纤毛柱状上皮，随着进一步延伸，黏膜上皮细胞逐渐过渡为单层柱状或立方上皮细胞。肺泡开口处的黏膜上皮细胞是单层扁平上皮细胞。黏膜下层为疏松结缔组织，其中含有散在的平滑肌和少量弹性纤维。

（2）**肺泡管（alveolar duct）** 每个呼吸性细支气管分支为 2～3 条肺泡管，管壁上有较多肺泡囊和肺泡开口。管壁很薄，主要是黏膜上皮和黏膜下层。黏膜上皮细胞是单层立方或扁平上皮细胞，黏膜下层有平滑肌和少量弹性纤维，由于平滑肌环绕在肺泡开口处，因而在肺泡管断面上可见肺泡开口处呈结节状膨大。

（3）**肺泡囊**（alveolar sac） 由几个肺泡共同围成的囊腔，与肺泡管相延续。上皮为单层立方或扁平上皮，无平滑肌。

（4）**肺泡**（pulmonary alveoli） 是吸入气体到达的最终场所，一般呈半球形或多面形囊泡。其结构主要是肺泡上皮细胞和基膜。相邻肺泡之间的结缔组织为肺泡隔，其内含有血管、神经、淋巴管和散在的免疫细胞，如肥大细胞、巨噬细胞和树突状细胞等。所以，进行气体交换时，氧气分子会穿过肺泡上皮细胞进入肺泡隔，并穿过疏松结缔组织和血管壁进入血液，与红细胞内的亚铁血红蛋白发生结合，此时氧气含量低的静脉血转换为氧气含量高的动脉血，经血液循环运输至其他组织脏器，供给机体需要。

3. 肺泡上皮

肺泡上皮（alveolar epithelium）由Ⅰ型和Ⅱ型肺泡上皮细胞组成，二者以细胞间紧密连接相连。

（1）**Ⅰ型肺泡上皮细胞**（type Ⅰ alveolar epithelial cell） 细胞大而扁薄，细胞核扁圆，细胞质内细胞器很少，吞饮小泡较多，表面光滑，覆盖肺泡 95% 的面积，无增殖能力。该细胞的功能是参与构成血气屏障。

（2）**Ⅱ型肺泡上皮细胞**（type Ⅱ alveolar epithelial cell） 胞体较小，呈立方形或圆形，细胞核圆形，细胞质浅染，呈泡沫状，嵌于Ⅰ型肺泡细胞之间。细胞数量多，胞体突入肺泡腔内，可合成肺泡表面活性物质，来降低肺泡表面张力，减少呼吸时肺泡塌陷或过度扩张。具有干细胞特性，可分化和增殖修复受损的肺泡上皮细胞。通过观察其超微结构，可以发现该细胞的游离面有少量短小的微绒毛；细胞质内含有许多呈同心圆或平行排列的板层结构，称嗜锇性板层小体，即分泌颗粒（图 13–6）。小体大小不一，直径为 0.1 ～ 1 μm，其电子密度高，主要含二棕榈酰卵磷脂。肺泡表面活性物质（surfactant）就是分泌颗粒以胞吐的方式释放到肺泡内形成的，在肺泡表面形成一层薄膜。

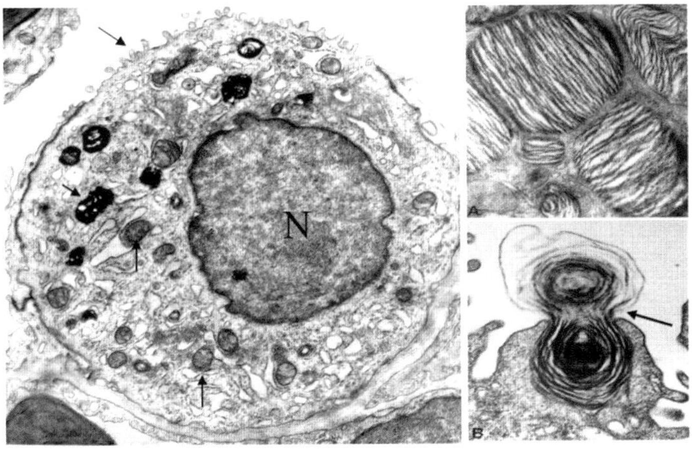

箭头指示微绒毛和胞质内板层小体，以及正在发生胞吐的板层小体；N 为细胞核

图 13–6 Ⅱ型肺泡上皮细胞超微结构（透射电镜）

4. 肺泡隔

肺泡隔（alveolar septum）是相邻肺泡间的薄层结缔组织（图 13–7），其内含有丰富的连续性毛细血管和弹性纤维，还有巨噬细胞（macrophage）、成纤维细胞（fibroblast）、肥大细胞（mast cell）和神经纤维（nerve fiber）等成分。肺泡隔内有丰富的毛细血管网，可参与构成血

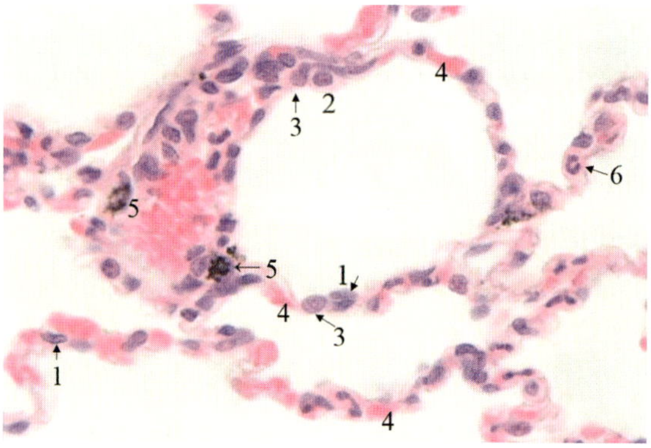

1. Ⅰ型肺泡上皮细胞　2. 肺泡巨噬细胞　3. Ⅱ型肺泡上皮细胞　4. 肺泡隔微血管　5. 肺泡隔巨噬细胞（含铁血黄素）　6. 肺泡隔内中性粒细胞

图 13–7　肺泡上皮细胞和肺泡隔结构（HE 染色）
（邹仲之等，2011）

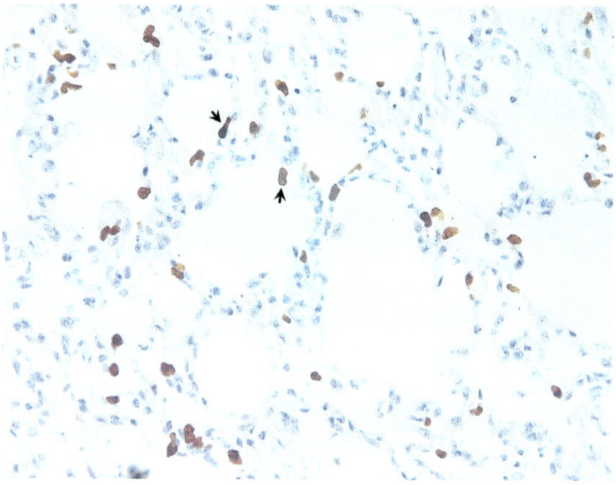

图 13–8　绵羊肺脏内巨噬细胞结构（免疫组织化学染色）（韩德平供图）

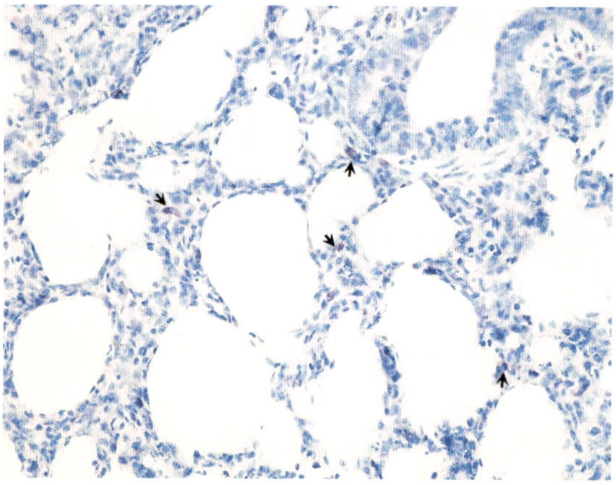

图 13–9　肺泡隔内肥大细胞结构（甲苯胺蓝染色）（韩德平供图）

气屏障，也与血液与肺泡之间的气体交换有关；弹性纤维利于维持肺泡弹性，与吸气后肺泡的弹性回缩有关。如果弹性纤维发生退化或变性，导致肺泡弹性下降而持续处于扩张状态，将发生肺气肿。

肺内的巨噬细胞由单核细胞（monocyte）分化而来，胞体较大，形状不一，具有运动和活跃的吞噬能力（图 13–8）。进入肺泡腔的巨噬细胞，称为肺泡巨噬细胞，可以吞噬由呼吸进入肺脏的尘埃、细菌、异物和渗出的红细胞等。当其吞噬大量尘粒后，又被称为尘细胞（dust cell）。吞噬异物后的肺泡巨噬细胞，部分可游走至导气部，随上皮细胞纤毛摆动而被排出体外，有的则进入肺门淋巴结或沉积于间质。当肺脏发生淤血时，巨噬细胞可吞噬由毛细血管渗出的大量的红细胞，红细胞裂解后造成大量含铁血黄素蓄积在细胞质内，此时巨噬细胞在临床上又被称为心力衰竭细胞（心衰细胞，heart failure cell）。临床上发生哮喘时，主要与肺泡间质内的肥大细胞有关（图 13–9）。肥大细胞受到刺激后，可释放大量组胺（histamine）等生物活性物质，可引起各级支气管黏膜水肿、细胞分泌增加和平滑肌收缩，表现为哮喘等症状。

5. 肺泡孔

肺泡孔（alveolar pore）是相邻肺泡之间的圆形或卵圆形小孔，一般有一个或多个肺泡孔，孔径 10～15 μm（图 13–10）。肺泡孔作为沟通相邻肺泡的气体通道，可以平衡肺泡内的气压。而且当终末细支气管和呼吸性细支气管等发生堵塞时，可以通过肺泡孔建立侧支通气道。但是当肺部感染时，病原菌亦可通过此孔扩散和蔓延。

6. 血气屏障

呼吸系统直接与外界相通，为了完成机体与外界气体交换，肺脏内分布有丰富的毛细血管网。但是呼吸时很容易接触空气中的大量尘埃、异物和病原菌等，此时除了呼吸道中的黏膜免疫系统发挥保护作用外，肺脏中还具有特殊的免疫屏障结构，即血气屏障（blood-air barrier）（图 13-10）。其是为了阻止外界病原菌进入机体血液内，而形成于肺泡和毛细血管之间的组织结构，包括肺泡表面液体层、肺泡上皮细胞及基膜、肺泡隔内结缔组织、毛细血管基膜和毛细血管内皮细胞。某些部位肺泡隔内无结缔组织，非常薄，此处的肺泡上皮细胞和毛细血管直接贴合（图 13-11）。

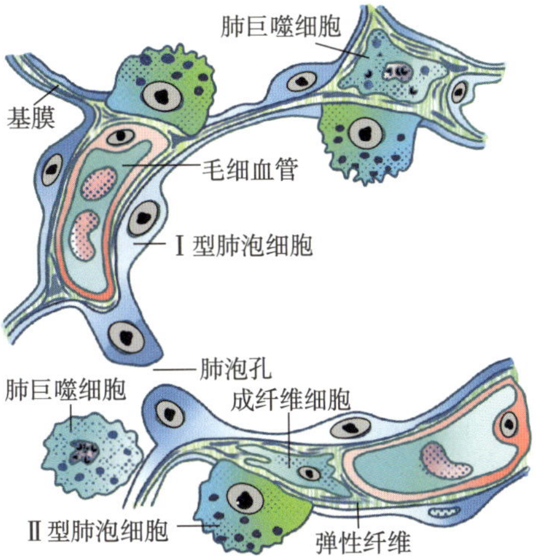

图 13-10　肺泡结构模式图

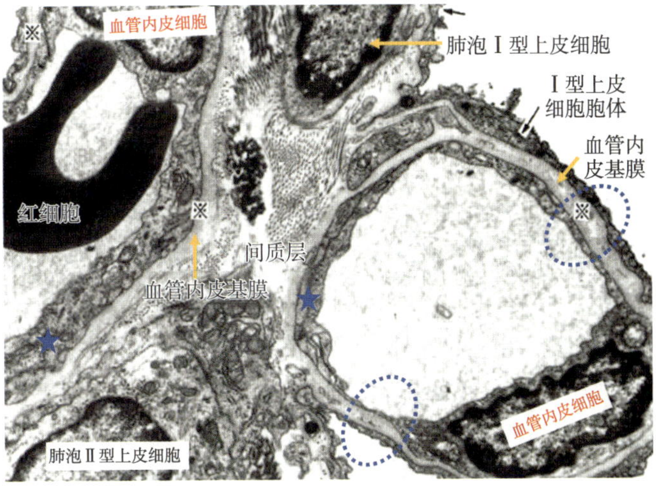

图 13-11　血气屏障超微结构（透射电镜）（邹仲之等，2011）

二、肺的血液循环

肺脏在进行气体交换的同时，也需要血液供给营养维持肺脏的正常生理需求。所以对肺脏而言，具有 2 套血液循环系统，包括肺循环和支气管循环。

1. 肺循环

肺循环是自肺动脉至肺静脉之间的血液循环，是功能性血液循环。肺动脉内是二氧化碳含量较高的静脉血，自肺门入肺后，伴随支气管树的各级分支而分支，末端形成毛细血管网，分布于肺泡隔内。完成气体交换后，毛细血管逐渐汇集成富含氧气的动脉血，入肺静脉后经肺门出肺。

2. 支气管循环

支气管循环是自支气管动脉至支气管静脉之间的血液循环，是营养性血液循环。由胸主动脉发出的支气管动脉伴随支气管树，在各级支气管壁内形成毛细血管，并参与肺泡隔毛细血管网的组成。毛细血管部分注入肺静脉，部分形成支气管静脉，自肺门出肺。

除了呼吸功能外，肺脏还具有散热作用，特别是对通过呼吸散热的动物而言，如犬，通过张口呼吸来进行散热。另外，肺脏还具有排泄作用，如血红素铁代谢后一部分铁会被重新循环利用合成血红素，另一部分则会随呼吸作用排出体外。

肺脏的血管内皮细胞在多种生物学过程中发挥作用，如表达趋化因子和黏附分子诱导血管内白细胞迁移出血管，到达病原感染或损伤部位，参与炎症反应；内皮细胞表面具有细胞因子受体，可与血液中的细胞因子发生结合，启动细胞内一系列基因的表达，最终合成促炎活性物质和细胞形态改变，增加血管通透性，造成大量红细胞、白细胞和水肿液渗出，加重肺部损伤。近年研究发现，肺部血管中存在巨核细胞（megakaryocyte）群体，传统观点认为巨核细胞主要驻留在骨髓中，产生血小板。而肺部血管内的巨核细胞也是来自骨髓，也参与血小板的合成，每秒产生 1 000 多万个血小板（小鼠），这标志着体内一半以上的血小板产生是在肺部而不是骨髓中。另外，我们普遍认为骨髓中的造血干细胞是血液产生的主要场所，但最新发现肺部血管中同样存在造血干细胞，当骨髓中的造血干细胞耗尽时，肺部中的这些造血干细胞能够补偿造血。

三、家禽肺脏的组织结构特点

1. 气管

每种动物都有其独特的发育特点，对于家禽而言，其颈椎骨由 14 块组成，所以气管的长度也相应地较长。气管（trachea）由黏膜、黏膜下层和外膜组成（图 13-12，乌骨鸡气管，所以可见黑色素细胞）。黏膜的假复层纤毛柱状上皮有规律地下陷，形成许多单泡状的气管腺。腺泡位于固有层内，腺细胞呈柱状，细胞质内充满黏原颗粒，细胞核被挤至细胞的基底部，呈扁平状。气管腺的数量随着家禽的月龄增加而逐渐增多。外膜主要由透明软骨环和纤维性结缔组织构成。而且相较于哺乳动物，家禽气管的软骨较薄，可以不限制气管活动，增加了家禽脖颈的灵活性。幼禽的软骨呈片状，随月龄增加而逐渐愈合为完整的环状。前后相邻的软骨环边缘出现重叠，故在气管的横切面上常见有 2 层软骨片（图 13-12）。在老龄家禽，透明软骨可部分或全部骨化。

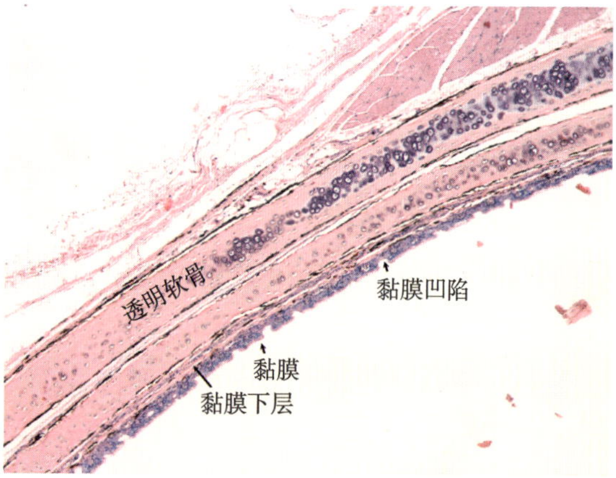

图 13-12　气管壁结构（HE 染色）
（韩德平供图）

2. 肺

新鲜肺脏（lung）呈粉红色，没有明显的分叶结构，呈扁平椭圆形或卵圆形，紧贴胸腔背侧，嵌入椎肋之间的骨骼间隙内。支气管经肺门进入肺，肺门在腹侧面的前部，各级支气管与易于扩张的气囊相通。

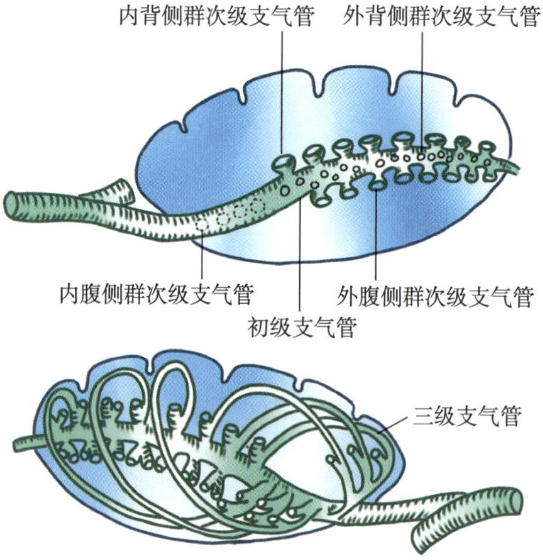

图 13-13　家禽各级支气管结构模式图

肺表面被覆浆膜，内含弹性纤维。支气管入肺后分支为初级支气管，初级支气管由前至后贯穿整个肺脏，并沿 4 个方向分出 4 组粗细不等的次级支气管，包括腹内侧、背内侧、腹外侧和背外侧次级支气管。支气管的末端与腹气囊相通，次级支气管与颈、胸气囊相通。次级支气管又进一步分支出三级支气管，相互贯通（图 13-13）。每条三级支气管与周围许多呈辐射状排列的肺房相通，每一肺房又连着许多肺毛细管。每条三级支气管及其所属分支共同构成一个肺小叶，其横断面呈多边形，中央是一条三级支气管的横断面，周围有许多肺房开口（图 13-14）。肺小叶之间是结缔组织，是肺脏被膜深入实质形成。

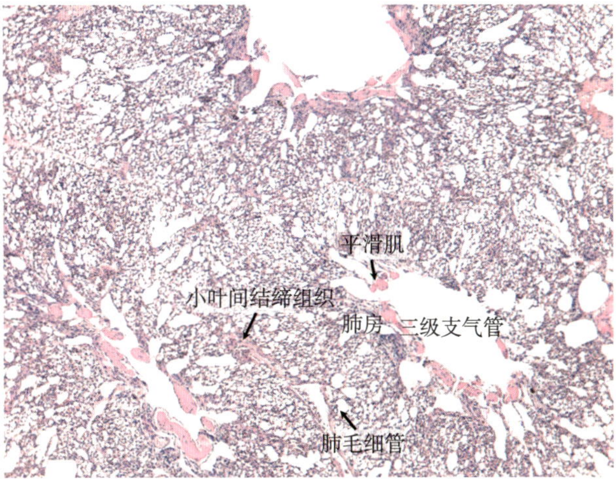

图 13-14　白来航鸡肺脏结构（HE 染色）（韩德平供图）

（1）初级支气管（primary bronchus）包括黏膜、黏膜下层和外膜。其中黏膜形成许多永久性纵行皱襞，上皮属于假复层纤毛柱状上皮，含有泡状黏液腺和杯状细胞。黏液腺随管径渐细而减少，而杯状细胞逐渐增多。黏膜固有层内分布有许多弹性纤维和淋巴组织，有时可见淋巴小结，构成呼吸道黏膜免疫系统。平滑肌随管径变细逐渐增多。外膜含有透明软骨片，由起始端开始逐渐减少乃至消失。

（2）次级支气管（secondary bronchus）　黏膜上皮逐渐过渡为单层纤毛柱状上皮，泡状腺和杯状细胞逐渐减少至消失。固有层中淋巴组织减少，而平滑肌相对增多，呈螺旋状排列，至后段可形成完整的肌层。

（3）三级支气管（tertiary bronchus）　亦称副支气管（parabronchus），相当于哺乳动物的肺泡管，是肺小叶的中心。黏膜上皮细胞为单层立方或单层扁平上皮细胞，上皮周围有少量结缔组织，内有许多弹性纤维。平滑肌排成较细的螺旋形肌束，在肺房开口处有较短的肌束环绕。

（4）肺房（atrium）　为不规则的囊腔，直径 100～200 μm，相当于哺乳动物的肺泡囊。肺房内壁为单层扁平上皮细胞，上皮外有弹性纤维包绕。肺房底壁形成许多小的隐窝，称漏斗，与肺毛细管相通。

（5）肺毛细管（pulmonary capillary）　为弯曲而细长的盲管，直径 7～10 μm，反复分支且相互吻合。内壁为单层扁平上皮细胞，周围无弹性纤维分布，但有网状纤维和丰富的毛细血管缠绕。肺毛细管相当于哺乳动物的肺泡，是实现气体交换的场所。家禽肺脏同样具有血气屏障结构，较薄，由肺毛细管上皮细胞、毛细血管内皮细胞及共同的基膜构成。

通过超微结构观察发现，在三级支气管、肺房及肺毛细管的上皮细胞内及其表面分布有多种嗜锇性板层结构，类似于哺乳动物Ⅱ型肺泡上皮细胞内的板层小体。该结构具有与哺乳动物肺表面活性物质相同的作用。

3. 气囊

气囊（air sac）是禽类特有的器官，由初级支气管或次级支气管的黏膜向外生长并膨大形成。气囊壁很薄，内衬以单层纤毛立方或柱状上皮。外覆浆膜，内有少量胶原纤维和弹性纤维。气囊一共有 9 个，壁极薄，无血管，大部分与含气骨的内腔相通。当翼上抬时，空气进入肺和气囊，肺内进行气体交换，一部分空气沿中支气管进入气囊。当翼下压时，气囊受到压挤，空气再度经过肺而排出体外，肺脏进行二次气体交换（图 13-15）。所以吸气和呼气，都有新鲜空气通过肺，称为“双重呼吸”。气囊的出现和双重呼吸，是鸟类对飞翔生活的重要条件。气囊还可分出一些小憩室伸入骨骼，形成气骨。

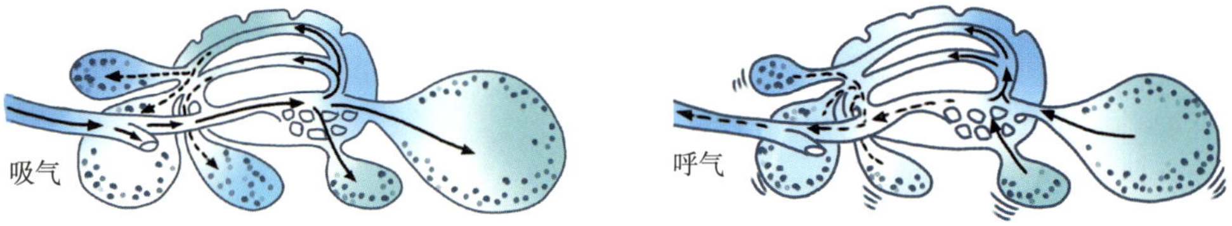

实线箭头代表新鲜空气　　虚线箭头代表交换后的气体

图 13–15　禽类呼吸时气体进出模式图

【思考题】

1. 呼吸系统的组成和各自的功能是什么？不同部位的黏膜上皮细胞形态和组成特点是怎样的？

2. 除了行使气体交换功能外，呼吸系统作为直接与外界接触的黏膜屏障，组成该系统的免疫细胞有哪些？

3. 试想一下，如果来自空气中的氧气分子要完成与肺脏内毛细血管中的二氧化碳分子的位置互换，需要经过哪些组织结构？

4. 巨噬细胞在肺脏内主要位于哪些部位？它们的功能是一样的吗？

（中国农业大学　韩德平）

第十四章
泌尿系统

动物在生命活动过程中产生许多代谢废物和多余水分，这些物质主要是以尿液形式排出体外。泌尿系统的功能就是生成、储存和排出尿液。家畜的泌尿系统包括一对肾脏、两条输尿管、一个膀胱和一条尿道。肾脏作为有机体最主要的排泄器官，不仅调节机体的水盐代谢和离子平衡，而且还能产生多种激素和生物活性物质，如肾素、前列腺素和促红细胞生成素等，参与机体多种生物活动的调节。

第一节 肾

家畜体内产生的代谢废物以尿液形式由肾脏排出，经过输尿管输送到膀胱，在膀胱中储存一段时间后，通过尿道排出体外。因此，泌尿系统（尤其是肾脏）在体液和电解质平衡和控制血压等方面起着重要作用。

一、肾的结构

从表面和正中矢面观察，肾（kidney）的形态因动物种类不同而异。牛肾为表面有沟的多乳头肾，猪肾为表面光滑的多乳头肾（图 14-1），羊、犬和马为表面光滑的单乳头肾。尽管如此，每种动物的肾表面都有被膜包被，且正常动物的肾被膜容易剥离。肾被膜分内、外两层，内层由疏松结缔组织构成，含纤细的网状纤维；外层为含有胶原纤维和弹性纤维的致密结缔组织。马、犬和猪的肾被膜内层含有散在的平滑肌纤维；反刍动物的被膜平滑肌则成层排列，尤其以绵羊和山羊的平滑肌层最厚；猫肾被膜中没有平滑肌分布。肾脏内侧缘形成一个凹陷，为肾门（renal hilus），是血管、神经、输尿管和淋巴管进出肾脏的部位。被膜结缔组织在肾门处进入肾窦，形成肾盂的外膜。有少量结缔组织从被膜伸入肾实质，形成肾间质。

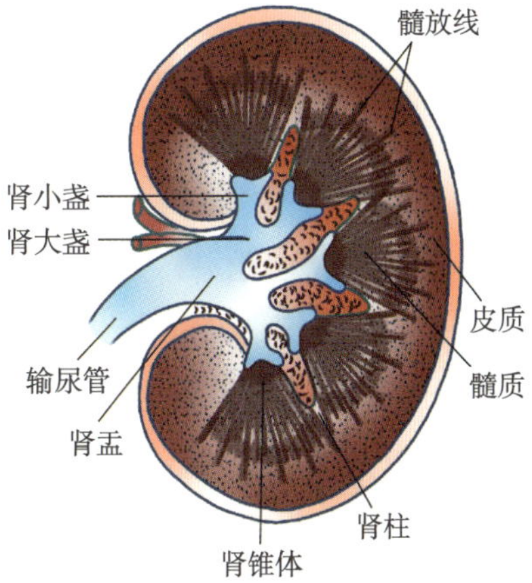

图 14-1　猪肾矢状切面模式图

肾脏实质可分为外周的皮质和中央的髓质，不同种类的动物，皮质和髓质的厚度比不一样，这与它们浓缩尿液的能力有关，髓质越厚，尿液的浓缩能力越强。新鲜标本上，由于皮质部富含血管，色呈暗红；髓质部血管较少而色浅。多乳头肾的髓质可形成若干明显的锥体状结构，称为肾锥体（renal pyramid）。单乳头肾，由于数个肾锥体相互融合在一起，使得肾锥体不明显。肾锥体底部朝向皮质，比较宽大，顶部对面向肾门，称为肾乳头（renal papilla)，与肾盏或肾盂相对。相邻肾锥体之间的皮质部分形成肾柱（renal column），每个肾锥体及其周围的皮质构成一个肾叶。从肾锥体底部发出许多辐射状条纹插入皮质，这种条纹状结构称髓放线（medullary ray）。髓放线周围的皮质为许多弯曲盘绕的小管，称为皮质迷路（cortical labyrinth），其中分布着大量颗粒样结构（实为肾小体）。每个髓放线及其周围的皮质迷路组成一个肾小叶，小叶之间分布着小叶间动脉和小叶间静脉。

肾实质由大量的泌尿小管（uriniferous tubule）组成，泌尿小管包括肾单位（nephron）和集合管（collecting duct）两部分。肾单位包括肾小体和肾小管两部分，是形成尿液的结构和功能单位。肾小管汇入集合管，它们都是单层上皮性管道。肾单位和集合管的分布有一定规律性，肾小体和肾小管的曲部位于皮质迷路和肾柱内，肾小管的直部和集合管位于髓放线和肾锥体内（图 14–2）。肾间质由少量结缔组织、血管和神经等组成。

组成 — 分布位置

- 泌尿小管
  - 肾单位
    - 肾小体
      - 血管球 — 皮质迷路　肾柱
      - 肾小囊
    - 肾小管
      - 近端小管
        - 曲部 — 皮质迷路　肾柱
        - 直部 ┐
      - 细段 ├ 髓袢 — 髓放线　肾锥体
      - 远端小管
        - 直部 ┘
        - 曲部 — 皮质迷路　肾柱
  - 集合小管系
    - 弓形集合小管 — 皮质迷路
    - 直集合小管
      - 皮质集合小管 — 髓放线
      - 髓质集合小管 — 肾锥体
    - 乳头管 — 肾乳头

图 14–2　泌尿小管的组成及各段的分布位置

二、泌尿小管

（一）泌尿小管的组成及其在肾实质内的移行规律

泌尿小管（uriniferous tubule）包括肾单位和集合小管两部分。肾单位（nephron）的起始部为圆球形的肾小体，后面相连的是一条长而弯曲的小管，称为肾小管。根据结构、分布和功能的不同，肾小管依次分为近端小管、细段和远端小管。远端小管末端与集合小管相连。

泌尿小管各段在肾实质内的移行转化及其分布部位具有规律性（图 14–3）。

（二）肾单位

肾单位（nephron）是肾形成尿液的结构和功能单位。由肾小体和肾小管两部分组成，每个肾一般有 100 万个以上的肾单位，它们与集合管共同行使泌尿功能。肾单位的数量依据动物种属的不同而异，大象约有 1 500 万个，牛约有 800 万个，人约有 100 万个，大鼠约有 30 万个，猫和兔约有 20 万个。

肾小体位于皮质迷路和肾柱内，由血管球（glomerulus）和肾小囊（renal capsule）组成，一端与肾小管相连。肾小管细而弯曲，分近端小管、细段和远端小管 3 段，其中近端小管和远端小管又可分为曲部和直部。近端小管曲部在肾小体附近盘曲走行，继而进入髓放线或髓质直行向下形成近端小管直部。随后管径骤然变细，形成细段。细段返折上行之后，管径又骤然增粗，形成远端小管直部。近端小管直部、细段和远端小管直部三者构成“U”形的髓袢（medullary loop），又称肾单位袢（nephron loop）。远端小管直部离开髓放线或髓质后，又盘曲走行于原肾小体周围，形成远端小管曲部，最后汇入髓放线内的集合管。

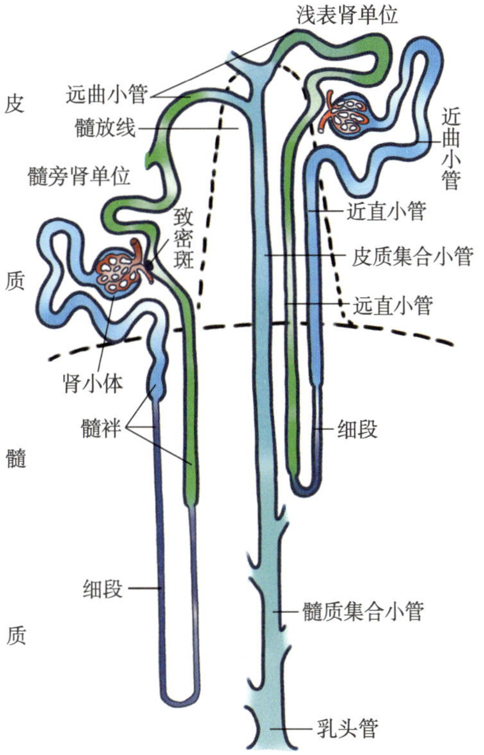

图 14–3 泌尿小管各段在肾实质的移行规律图

根据肾小体在皮质中的位置，可将肾单位分为浅表肾单位（superficial nephron）和髓旁肾单位（juxtamedullary nephron）两种。浅表肾单位位于皮质浅部，发生较晚，数量较多，约占肾单位总数的 85%，其肾小体体积较小，髓袢较短，髓袢中的细段也短，甚至缺失，在尿液形成中起重要作用。髓旁肾单位位于皮质深部靠近髓质，肾单位数量少，约占肾单位总数的 15%，其肾小体体积较大，髓袢较长，髓袢中的细段亦较长，对尿液浓缩具有重要的生理作用。髓袢越长，尿液浓缩的能力也越强。肾单位是由肾小体和各段肾小管（renal tubule）组成，其起始部为圆球形的肾小体，后面相连的是一条长而弯曲的小管，称为肾小管。

1. 肾小体

肾小体分布于皮质迷路内，肉眼观察呈小颗粒状。肾小体（renal corpuscle）呈圆球形，由血管球和肾小囊两部分组成。肾小体具有两个极：微动脉进出肾小囊的一端为血管极；与血管极相对，肾小囊与近端小管通连的一端是尿极（图 14–4）。

（1）血管球 为一团盘曲成团球状的动脉毛细血管。来自小叶间动脉的入球微动脉在血管极进入肾小囊，反复分支并相互吻合成球形的毛细血管袢（图 14–4），后者在血管极再汇成一条出球微动脉离开肾小体。由于入球微动脉比出球微动脉短而粗，形成了血管球（glomerulus）内较高的血压，有利于原尿的滤过形成。血管球的动脉毛细血管为有孔毛细血管，而且小孔数量较多，无隔膜，血管内皮外是一层基膜。

（2）肾小囊 为近端小管起始盲端凹陷而成的双层杯状结构，包绕中央的血管球（图 14–4）。肾小囊（renal capsule）的外层为壁层，属于单层扁平上皮，在尿极与近端小管相连。在血管极，外层经反折而延续为内层，紧包在血管球毛细血管周围。肾小囊内层为脏层，其细胞形态特殊，胞体较大，突向肾小囊腔，从胞体上伸出若干大的初级突起，初级突起上又分出许多次级突起和三级突起，这些突起的末端膨大并紧贴于毛细血管基膜上，形似靴状，参与形成肾脏滤过膜。所以内层的细胞又称为足细胞（podocyte），其突起末端称为足突

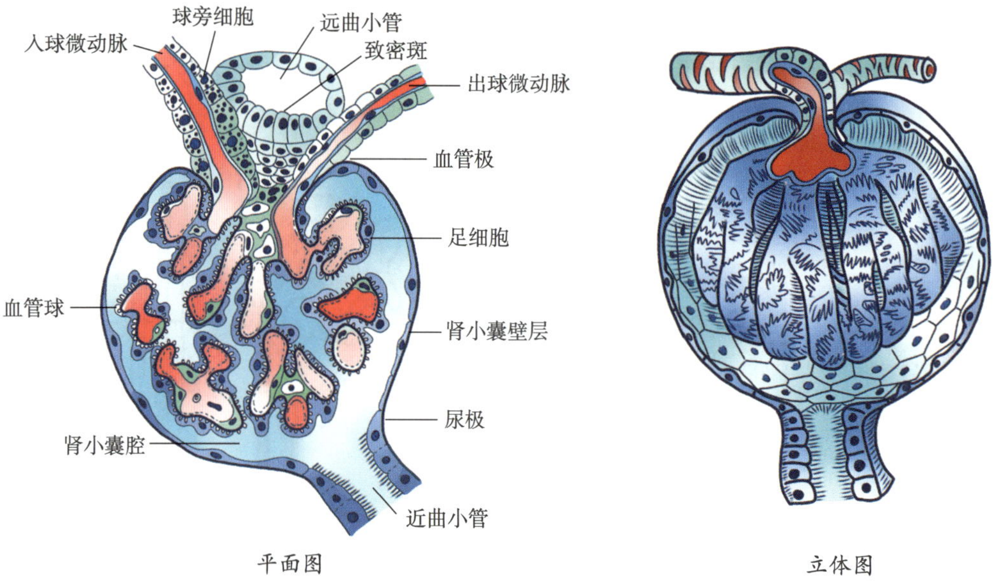

图 14–4　肾小体结构模式图

（foot process 或 pedicel）。相邻足细胞的次级突起或三级突起相互穿插，形成栅栏状，其间有狭窄的裂隙，裂隙上具有裂隙膜。足细胞突起内分布着丰富的微丝，可能具有收缩能力，调节裂隙的宽度。肾小囊壁层和脏层之间的狭窄腔隙称为肾小囊腔，原尿滤过后首先进入肾小囊腔。

（3）滤过膜与原尿的形成　肾小体是以滤过方式形成原尿。当血流经过血管球毛细血管时，由于毛细血管内血压较高，促使血液的部分液体经有孔内皮、基膜和足细胞裂隙膜滤过进入肾小囊腔。所以，将血管球有孔内皮、基膜和足细胞裂隙膜这 3 层结构总称为滤过膜（filtration membrane）或原尿的滤过屏障（filtration barrier），也有人称为血–尿屏障（blood–urine barrier）。血管球内皮细胞上具有许多直径 50～100 nm 的无隔膜小孔，能阻止大颗粒物质的通过；肾小体基膜比机体其他部位的厚 3 倍以上，PAS 反应阳性，是滤过屏障的主要部分，能阻止分子质量 160 000 ku 的大分子通过；足细胞裂隙膜具有 6～9 nm 的微孔，构成最后滤过部位，能阻止分子质量约 70 000 ku 的物质通过。一般情况下，肾小体滤过膜只允许分子质量 70 000 ku 以下的物质滤过。肾小囊腔内的原尿，除不含大分子的蛋白质外，其余成分与血浆基本相似。在某些病理条件下，滤过膜受损伤，其通透性增高，一些正常情况下不能滤过的大分子蛋白质，甚至血细胞也能漏出，导致蛋白尿或血尿。

2. 肾小管

（1）近端小管（proximal tubule）　与肾小囊尿极相连并盘曲行走于肾小体附近的一段为近端小管曲部，之后，离开皮质迷路进入髓放线并直行至髓质的部分为近端小管直部。

近端小管曲部简称近曲小管（proximal convoluted tubule），是肾小管最长、最弯曲的一段。近曲小管的管径较粗，管壁由单层锥体形细胞组成，管腔小而不规则。上皮细胞界限不清，细胞质具有较强的嗜酸性，圆形细胞核位于细胞基部。细胞游离面可见明显的刷状缘（brush border）（图 14–5），基底面有纵纹（basal striation）。刷状缘的超微结构实际上是大量整齐排列的微绒毛，可以增加细胞游离面的表面积。在微绒毛根部，细胞膜内陷，形成丰富的顶浆小管和小泡，它们是近曲小管上皮重吸收作用的结构基础。细胞基底部纵纹实际上是基底质

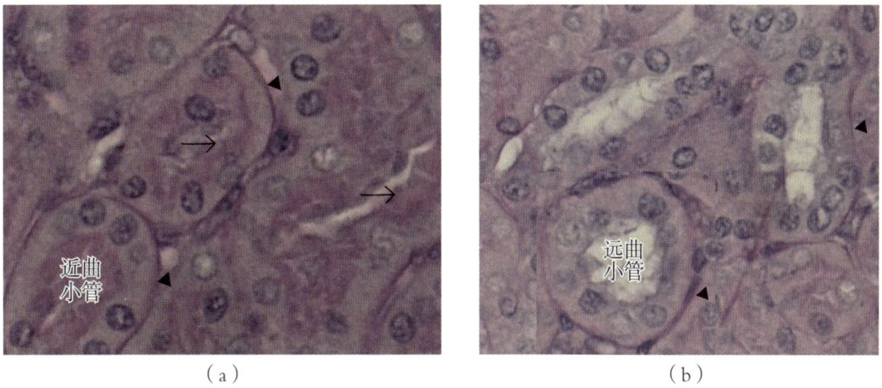

↑：刷状缘；▲：基底膜

图 14-5 近曲小管（a）与远曲小管（b）结构（中国农业大学组胚室供图）

膜内陷所形成的质膜内褶（membrane folding），内褶之间的细胞质中分布着纵向排列的杆状线粒体。近曲小管上皮细胞的侧面伸出许多侧突（lateral process）（图 14-6），相邻细胞的侧突指状交错，造成光镜下细胞界限不清楚。侧突细胞膜上具有许多 Na^+ 泵，可将原尿中的 Na^+ 主动运输到细胞间隙，同时 Cl^- 也伴随 Na^+ 进入间隙。细胞间隙内离子浓度增高，渗透压升高，引起原尿中的大量水分被重吸收到细胞间隙中，再经过肾间质进入毛细血管。

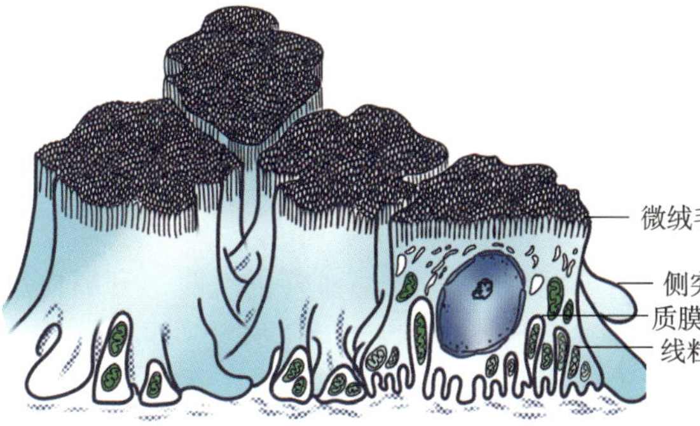

图 14-6 近曲小管上皮细胞模式图

近端小管直部简称近直小管，其组织结构与近曲小管基部相同只是上皮细胞变得略矮，线粒体较少，顶浆小管和小泡不发达，质膜内褶和细胞侧突不如近曲小管明显。这些结构变化表明近直小管的重吸收功能较近曲小管减弱。

一方面，近端小管是原尿重吸收的主要部位，可吸收原尿中全部葡萄糖、氨基酸、蛋白质、维生素以及 60%以上的钠离子、50%的尿素和 65%～70%的水分等。另一方面，近端小管上皮向管腔排泄和分泌某些物质，如氨、肌酐、马尿酸和氢离子等。

（2）细段（thin segment） 在髓质中连接近直小管，有时在髓质中形成折袢。细段构成髓袢的第二段，管径小，由单层扁平上皮构成（图 14-7，图 14-8），有核部分突向管腔。细胞质染色浅，游离面无刷状缘结构，只有少量不规则的微绒毛。细段的扁平上皮有利于水和离子透过。

（3）远端小管（distal tubule） 包括远端小管直部和曲部，分别简称为远直小管和远曲小管。远直小管构成髓袢第三段，经髓质和髓放线又返回所属肾小体附近的皮质迷路，盘曲行走形成远曲小管（distal convoluted tubule）。

远直小管的上皮为单层立方细胞构成，较近端小管的上皮细胞矮小，着色也浅。圆形细胞核位于细胞中央或近腔面，细胞游离面不形成刷状缘，但质膜内褶更发达（图 14-7）。电

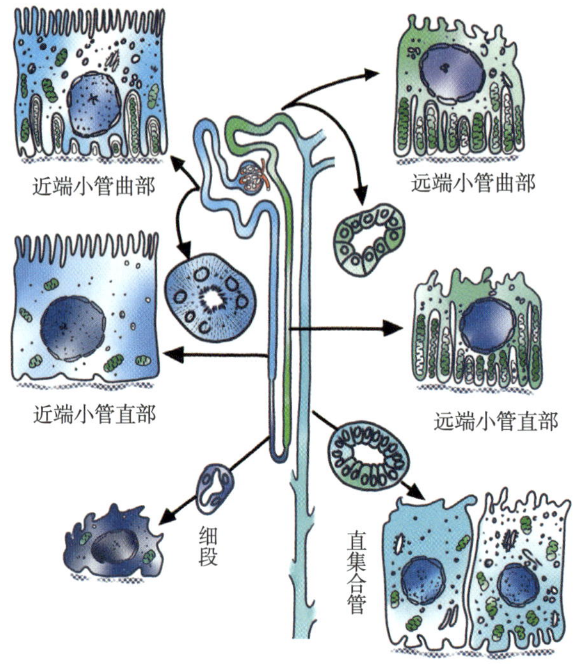

图 14-7　泌尿小管各段结构特点

镜下有的质膜内褶可伸达细胞顶部，褶间细胞质内线粒体细长，数量多。质膜内褶上分布着大量钠泵，主动向间质泵出钠离子，造成从肾锥体底部至肾乳头间质内的渗透压逐渐增高，有利于集合小管进行尿液浓缩，进而保留体内水分。

远曲小管在皮质迷路的肾小体周围弯曲行走，但其长度要比近曲小管短，外径也较细。电镜下远曲小管上皮细胞的线粒体和质膜内褶不如远直小管发达，但细胞高度比直部略高。远曲小管是离子交换的重要部位，在醛固酮的作用下，远曲小管能主动吸收钠离子，并以钠－钾交换的方式排出钾。远曲小管还可分泌氢离子和氨，并继续吸收原尿中的水分。在神经垂体释放的抗利尿激素（亦称加压素）作用下，远曲小管重吸收水分，减少尿量，收缩血管平滑肌，升高血压。

（三）集合小管

集合小管（collecting tubule）包括 3 段：弓形集合小管、直集合小管和乳头管。弓形集合小管与远曲小管相延续，由皮质迷路进入髓放线与直集合小管连接，很短，因其呈弓形而得名。直集合小管在髓放线和髓质内下行，至肾乳头处改称乳头管并开口于肾乳头。

集合小管上皮一般为单层立方上皮，细胞界限清晰，管腔大而平整，细胞着色较淡（图 14-7，图 14-8）。构成上皮的细胞可分成两种类型，即暗细胞和亮细胞。暗细胞深染，细胞游离面有许多较短的微绒毛，细胞质中含大量小的卵圆形线粒体和丰富的核糖体，细胞质内的碳酸酐酶与细胞分泌 H^+ 或 HCO_3^- 有关。亮细胞着色浅，细胞质电子密度低，细胞器少。一般情况下，暗细胞数量少，夹杂于亮细胞之间，常分布于集合小管近端，尤以弓形集合小管最多，随着直集合小管下行，暗细胞数量逐渐减少，至肾乳头暗细胞消失。靠近肾乳头开口处，小管上皮转变为变移上皮。

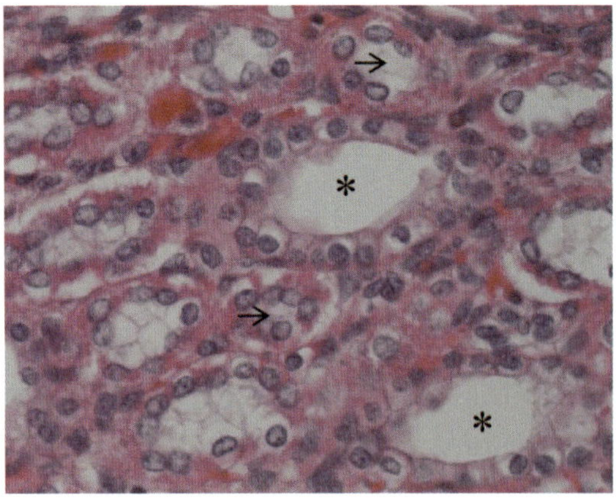

* 集合小管；↑ 细段

图 14-8　肾髓质结构（HE 染色）

（中国农业大学组胚室供图）

肾小体形成的原尿，经过肾小管和集合小管的重吸收、分泌和排泄作用，有用的物质大部分或全部被重吸收入血，并把无用的物质分泌和排泄到管腔，最后形成终尿。

三、球旁复合体

肾脏的主要功能是产生尿液，但也具有内分泌调节功能。在肾小体血管极，由球旁细胞、致密斑和球外系膜细胞组成的结构复合体，称为球旁复合体（juxtaglomerular complex），也称血管球旁器（juxtaglomerular apparatus）。球旁复合体具有内分泌和调节功能。它不仅存在于哺乳类，亦分布于鸟类、爬行类、两栖类和鱼类。

1. 球旁细胞

入球小动脉进入肾小囊时，动脉管壁上的平滑肌纤维转变为上皮样细胞，体积变大，细胞呈立方形，圆形或卵圆形的核较大，细胞质丰富，弱嗜碱性。电镜下，球旁细胞（juxtaglomerular cell）胞质内肌丝少，粗面内质网和核蛋白体丰富，高尔基复合体发达。细胞质充满特殊分泌颗粒，PAS 反应阳性。免疫细胞化学反应显示分泌颗粒内含有肾素。肾素（renin）是一种蛋白水解酶，催化血浆中的血管紧张素原分解为血管紧张素Ⅰ，后者在血管紧张素Ⅰ转换酶的催化下转变成血管紧张素Ⅱ，血管紧张素Ⅱ具有升高血压的作用。球旁细胞膜和溶酶体中分布有氨基肽酶 A，即为血管紧张素酶，能降解血管紧张素。

2. 致密斑

远曲小管进入皮质迷路时，首先穿过肾小体血管极，此时，紧靠肾小体一侧的管壁上皮细胞由立方形转变为高柱状，细胞排列紧密，在远曲小管壁上形成一个椭圆形斑，称为致密斑（macula densa）。电镜下，致密斑的细胞表面具有微绒毛，相邻细胞的近腔面可见紧密连接，侧面相互嵌合，基底面伸出指状突起至球旁细胞，而且两者之间的基底膜常不完整。致密斑是一个化学感受器，对肾小管内尿液钠离子浓度变化很敏感，当钠离子浓度降低或升高时，致密斑将信息通过球外系膜细胞传递给球旁细胞，使得后者增加或减少肾素分泌。

3. 球外系膜细胞

球外系膜细胞指入球小动脉、出球小动脉和致密斑形成的三角区内的一群细胞，也称极垫细胞（polar cushion cell），它们与球内系膜细胞相连续。球外系膜细胞（extraglomerular mesangial cell）较小，有突起，细胞质中可见分泌颗粒，它们的功能可能与信息传导有关。

四、肾间质

肾间质的结缔组织在皮质部很少，但随着向髓质乳头深部的延伸，肾间质逐渐增多，其间分布有一种单核吞噬系统的大单核细胞。在肾髓质的间质中有一种特殊的间质细胞——载脂间质细胞（lipid-laden interstitial cell），它们具有长短不等的突起，细胞质内含有较多的脂滴、发达的内质网和高尔基复合体。细胞的长轴往往与邻近的髓袢及直小血管的长轴相互垂直，横架在这些管道之间，形成特殊的梯状结构，有利于髓质间质中渗透压梯度的形成和维持，进而与尿液浓缩有关。载脂间质细胞还可合成髓脂Ⅰ（medullipin-Ⅰ），其在肝脏中转化为髓脂Ⅱ（medullipin-Ⅱ），可以舒张血管，降低血压。此外，肾间质的血管内皮可分泌红细胞生成素，刺激骨髓中红细胞的产生。这也是临床上肾病晚期出现肾性贫血的原因之一。

五、肾的血管和血液循环特点

肾动脉由腹主动脉分出后由肾门入肾，在肾窦的分支进入肾锥体之间，称叶间动脉。于皮－髓质交界处（即肾锥体的底部），叶间动脉的分支与肾表面平行延伸，称为弓形动脉，

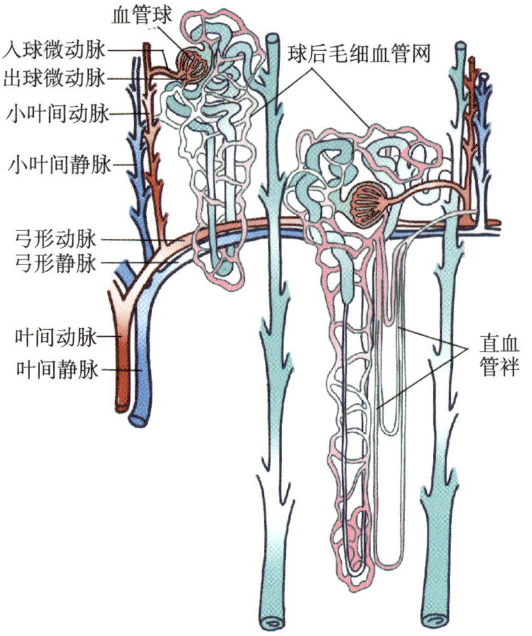

图 14-9　肾血液循环模式图

后者分出许多小的分支，呈放射状进入皮质迷路，称为小叶间动脉。在小叶间动脉上发出许多侧枝，进入肾小体，即为入球小动脉。入球小动脉在肾小囊内形成血管球后再汇集成出球小动脉，离开肾小体（图 14-9，图 14-10）。浅表肾单位的出球小动脉在皮质中再次形成球后毛细血管网，分布于相应的肾小管周围。球后毛细血管汇入小叶间静脉，并依次汇入弓形静脉、叶间静脉，最后由肾静脉出肾。髓旁肾单位的出球小动脉离开肾小体后，分成两种小血管：一种形成球后毛细血管，环绕于相应肾小管周围；另一种形成直小动脉，随髓袢进入髓质，继而折返移行为直小静脉，汇入小叶间静脉或弓形静脉。直小动脉除来自髓旁肾单位的出球小动脉外，还来自弓形动脉和小叶间动脉。这些直小血管与髓袢、集合小管紧密平行排列，与尿液浓缩密切相关。归结起来，肾血液循环特点有如下几点。

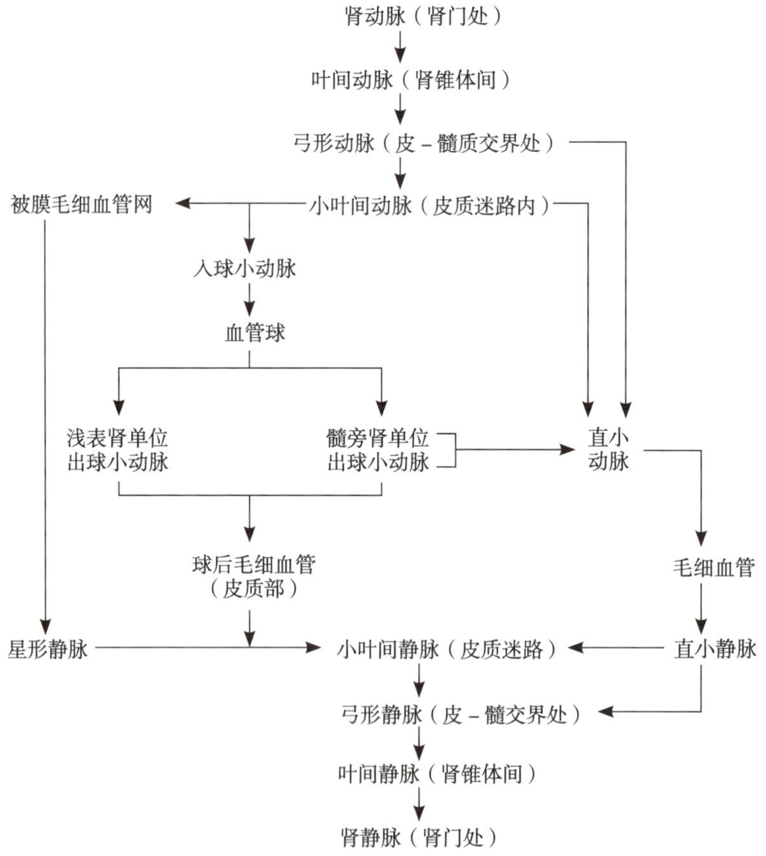

图 14-10　肾血液循环路径

（1）肾动脉来自腹主动脉，血流量很大 为心输出量的 20%～25%，其中 90%先流入肾皮质，流经肾血管球时产生滤液（原尿）。

（2）动脉在肾内先后形成两次毛细血管 在肾小囊内，入球小动脉分支形成血管球，为第一次毛细血管，汇集成出球小动脉后离开肾小体。由于入球小动脉管径较出球小动脉粗，造成了血管球血压较高，有利于原尿滤过。出球小动脉离开肾小体后又分支形成球后毛细血管，分布在皮质肾小管周围，这是第二次毛细血管。球后毛细血管内的血液胶体渗透压较高，有利于肾小管的重吸收。

（3）近髓肾单位 近髓肾单位的出球小动脉和小叶间动脉等发出的直小动脉与髓袢和集合小管下行进入髓质，继而折返上行为直小静脉，形成袢状。这一特点有利于髓袢和集合小管重吸收水分和浓缩尿液。

六、肾的神经和淋巴管

肾的神经主要为植物性神经，其中交感神经主要来自腹腔神经丛，副交感神经主要来自迷走神经。它们在肾门附近形成肾丛，其分支随血管进入肾内，分布于肾间质和球旁复合体。肾淋巴管分深、浅两组：浅层淋巴管在被膜内形成淋巴丛，与邻近器官的淋巴管相通连。深层淋巴管分布于肾小管之间，以后汇成较粗的淋巴管与血管伴行，经肾门离开。

第二节 排尿管道

排尿管道由前向后，依次包括肾盏、肾盂、输尿管、膀胱和尿道，其中，膀胱还有暂时储存尿液的作用。除尿道外，其他各部结构大致相似，管壁一般分为下列 3 层。

1. 黏膜

黏膜上皮为移行上皮，在膀胱处最厚，收缩状态时为 8～10 层细胞，单蹄兽的上皮细胞间夹有杯状细胞。至尿道中部变为复层扁平上皮。固有膜由结缔组织构成，马肾盂固有膜具有管泡状黏液腺；马、驴、骡输尿管固有膜内含有管泡状黏液腺。

2. 肌层

肌层为平滑肌，有时可分出内纵、中环和外纵 3 层平滑肌。尤以膀胱平滑肌最厚。

3. 外膜

外膜由疏松结缔组织构成，内含血管和神经。除膀胱顶部为浆膜外，其余各部均为纤维膜。

【思考题】

1. 名词解释：致密斑、髓放线、肾小囊、足细胞、髓袢、近髓肾单位、刷状缘。
2. 试述泌尿小管各段在肾实质中的移行规律及其结构特点。
3. 结合原尿滤过机理，描述肾小体的微细结构。
4. 肾血液循环特点是什么？其对尿液的产生具有什么意义？

（南京农业大学　杨平）

第十五章 雄性生殖系统

雄性生殖系统（male reproductive system）主要包括睾丸（testis）、附睾（epididymis）、输精管（deferent duct）、副性腺（accessory sexual gland）和阴茎（penis）等器官。睾丸是产生精子（sperm）和分泌雄性激素（androgen）的器官。附睾是精子储存和进一步成熟的场所。输精管是将精子从附睾尾运送至尿生殖道起始部的管道。副性腺的分泌物有稀释、营养精子及改善阴道环境等作用，有利于精子的生存及运动。阴茎既是交配器官，又是尿液和精液（semen）排出的管道。

第一节 睾丸

睾丸的外面被覆一层浆膜，称固有鞘膜。其下为由致密结缔组织构成的白膜。白膜从睾丸头伸入睾丸内部形成睾丸纵隔。睾丸纵隔向睾丸周围发出的放射状分支称睾丸小隔。睾丸小隔将睾丸分成许多锥形小室，称睾丸小叶。每个小叶内有1～4条曲精小管。曲精小管（convoluted seminiferous tubule）之间的疏松结缔组织为睾丸间质组织。曲精小管起于小叶外周，在小叶内盘曲延伸，末端在睾丸纵隔附近延续为短而直的直精小管（straight seminiferous tubule）。直精小管在睾丸纵隔内相互吻合形成睾丸网（rete testis）。然后在睾丸头汇合成数条较粗的睾丸输出小管（efferent duct），进入并参与构成附睾头（图15-1）。

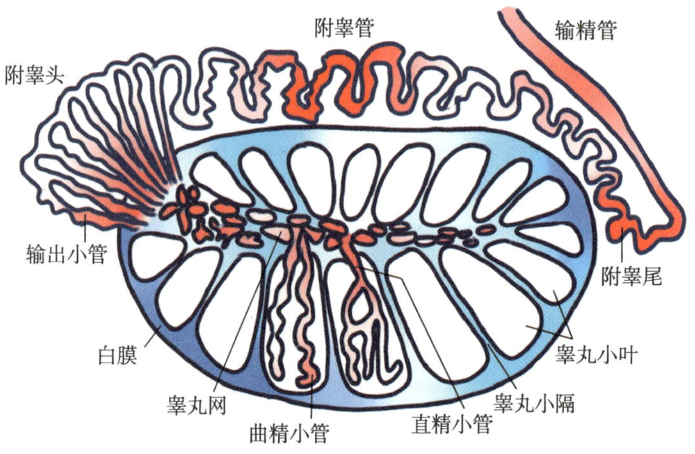

图15-1 睾丸与附睾结构模式图

一、曲精小管

曲精小管是精子发生的场所，长30～80 cm，直径150～300 μm，管壁厚60～80 μm。管壁外有一薄层基膜，内层是5～8层生精细胞（spermatogenic cell）和支持细胞（sustentacular cell）组成的生精上皮。基膜外有胶原纤维和肌样细胞（梭形，结构类似于平滑肌细胞，其收缩有助于曲精小管内精子的排出）环绕（图15-2）。

1. 生精细胞

在性成熟的公畜，从曲精小管的基膜到管腔，排列着精原细胞（spermatogonium）、初级精母细胞（primary spermatocyte）、次级精母细胞（second spermatocyte）、精子细胞（spermatid）及精子5个不同发育阶段的生精细胞（图15-2，图15-3）。从精原细胞到精子形成的整个发育过程称为精子发生（spermatogenesis；马约50 d，牛约60 d，猪约45 d）。

（1）精原细胞 在胚胎期分化形成，是精子发生过程中最幼稚的细胞。细胞紧贴基膜排列，球形或椭圆形，直径约12 μm，核圆形，核仁1～2个。精原细胞可分为A、B两型。A型精原细胞核仁常靠近核膜，染色质细小，根据核的结构及染色情况的不同又可分为暗A型和明A型两种。暗A型精原细胞核染色深，且常有一小空泡，可不断分裂分化为新的暗A型精原细胞（继续作为干细胞）和明A型精原细胞。明A型精原细胞核染色浅，可经数次分裂形成B型精原细胞。B型精原细胞核仁位于核中央，核膜内侧附有粗大的异染色质颗粒，可经数次分裂后分化为体积较大的初级精母细胞。

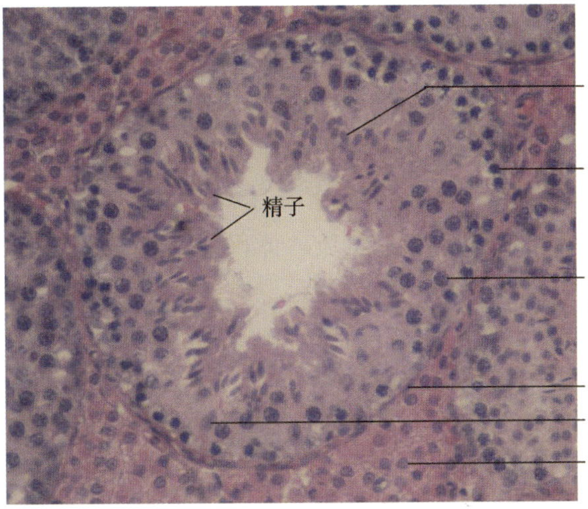

图15-2 睾丸的组织结构（HE染色）
（中国农业大学组胚室供图）

（2）初级精母细胞 位于精原细胞内侧，是体积最大的生精细胞。细胞呈圆形，直径约18 μm。细胞质内富含各种细胞器。细胞核大而圆，核内染色体由于细胞处于第一次成熟分裂的各个时期而出现明显的形态变化，由前细线期顺次延续为细线期、偶线期及粗线期，同时细胞体积不断增大。经过第一次成熟分裂，每个初级精母细胞形成两个次级精母细胞。因为第一次成熟分裂前期持续时间较长，所以在曲精小管的断面上初级精母细胞的数量较多。

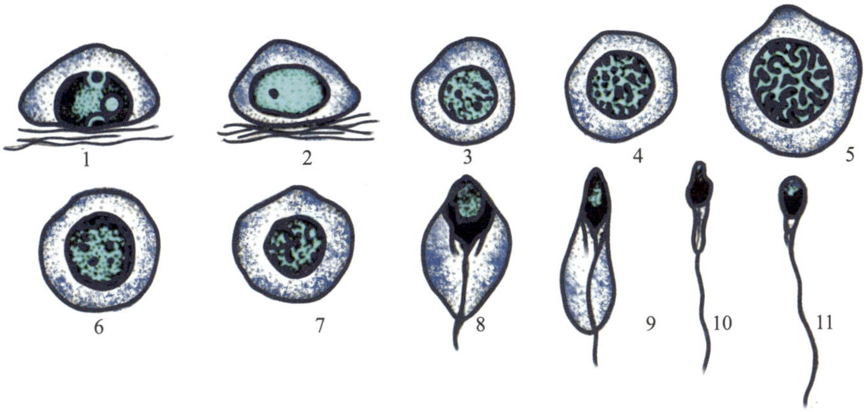

1～3. 各型精原细胞 4～5. 初级精母细胞 6. 次级精母细胞 7. 精子细胞 8～11. 变态过程中的精子

图15-3 各期生精细胞形态

（3）次级精母细胞 位于初级精母细胞内侧。直径约 12 μm，体积小于初级精母细胞。胞体及细胞核均呈圆形，染色质呈细颗粒状，细胞质染色较深。每个次级精母细胞可以很快完成第二次成熟分裂，产生 2 个精子细胞。因此，次级精母细胞存在的时间非常短，在曲精小管的切面上很难被观察到。

（4）精子细胞 位于曲精小管腔面，数量多，排列成数层。体积小，圆形，直径约 8 μm。核小而圆，染色深，核仁明显；细胞质少，富含线粒体及高尔基复合体。可以经过一系列形态变化，最终分化为精子。

（5）精子 呈蝌蚪状，分为头部、颈部和尾部 3 部分，后者又分为中段、主段和末段，长度因动物种类而异。新形成的精子成群以头部镶嵌于支持细胞顶部的细胞质中，尾部朝向曲精小管管腔，以后才逐步脱离支持细胞。

2. 支持细胞

支持细胞也称 Sertoli 细胞，体积大，呈高柱状或锥形。底部附着于基膜上，顶端伸达腔面，侧面镶嵌有各级生精细胞，造成光镜下轮廓不清。核呈椭圆形或不规则形，位于细胞基部，着色浅，核仁明显（图 15–4）。电镜下，胞质内有大量的线粒体、滑面内质网、高尔基复合体，还有较多的溶酶体、脂滴和糖原。功能：①支持、营养生精细胞；②合成雄激素结合蛋白（androgen binding protein, ABP），并分泌至管腔内，与雄激素结合，保持曲精小管较高的雄激素浓度，促进精子的发生；③吞噬精子变态过程中遗弃的残余细胞质；④参与血－睾屏障（blood–testis barrier）的形成；⑤内部微丝和微管的收缩有助于生精细胞的移动和释放；⑥分泌少量液体进入管腔参与睾丸液的形成，有利于精子的运输。

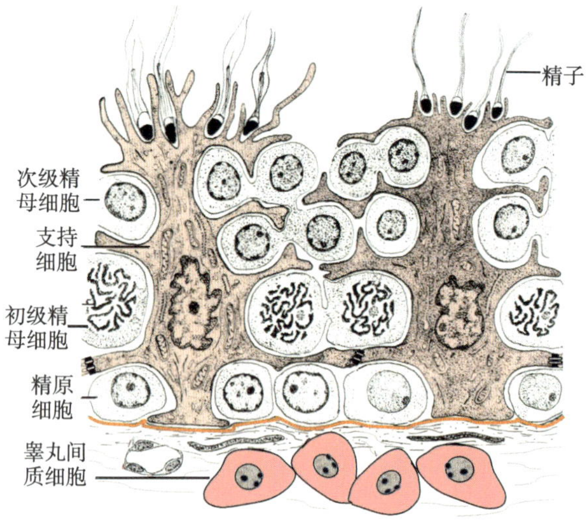

图 15–4 支持细胞与生精细胞关系模式图

电镜下，相邻支持细胞侧面近基部的细胞膜于精原细胞上方形成环带状的紧密连接。该紧密连接与基膜之间，有精原细胞；与管腔之间，有其他生精细胞嵌入。因此，精原细胞和其他生精细胞被这种紧密连接分隔在不同的微环境中。这种紧密连接和基膜一起可阻止间质组织毛细血管内的大分子成分进入曲精小管管腔，起屏障作用，称为血－睾屏障。该屏障可以形成并维持有利于精子发生的微环境，还可以防止精子的抗原成分逸出至曲精小管外而发生自体免疫。初级精母细胞由精原细胞形成时，紧密连接会暂时开放，让其通过后又快速恢复同样的结构。

二、间质组织

间质组织即曲精小管之间的疏松结缔组织，除了含有丰富的血管、淋巴管和神经之外，还含有一种特殊的内分泌细胞——间质细胞（interstitial cell）或 Leydig 细胞。这种细胞体积较大，呈圆形、椭圆形或多角形，常成群分布；核圆形或卵圆形，着色浅；胞质强嗜酸性

（图 15-2）。电镜下，细胞质内富含滑面内质网、线粒体、高尔基复合体和脂滴等。间质细胞能通过所分泌的雄性激素，促进雄性生殖器官的发育、精子的发生及成熟，维持第二性征和性功能。

三、直精小管和睾丸网

1. 直精小管

直精小管管壁衬以单层立方或柱状上皮，细胞顶端有微绒毛和纤毛。管壁内没有生精细胞，在牛有许多淋巴细胞和巨噬细胞。

2. 睾丸网

睾丸网管腔形态、粗细不一，管壁衬以单层立方或矮柱状上皮，上皮外基膜完整，有一定的分泌功能。牛的睾丸网管壁衬以双层立方上皮，细胞顶端有微绒毛和纤毛。

第二节 生殖管道

一、附睾

附睾表面覆以致密结缔组织构成的白膜，实质主要为睾丸输出小管和附睾管（epididymal duct），管道之间填充结缔组织。附睾头由睾丸输出小管和部分附睾管构成。多条睾丸输出小管汇合后形成一条附睾管。附睾体和附睾尾由盘曲的附睾管形成。在附睾尾处附睾管管径增大延续为输精管。

1. 睾丸输出小管

睾丸输出小管有 6～25 条。管壁由于高柱状纤毛上皮和低柱状无纤毛（有微绒毛）上皮相间排列而高低不等，管腔不规则。上皮外基膜明显，基膜外有一层薄的环形平滑肌（图 15-5）。高柱状纤毛上皮可分泌少量液体，加上纤毛的摆动和平滑肌的收缩，有助于管腔内精子的运送；另外，其还可吸收管腔内的液体。低柱状上皮的细胞器发育良好，有利于对管腔内液体的重吸收。

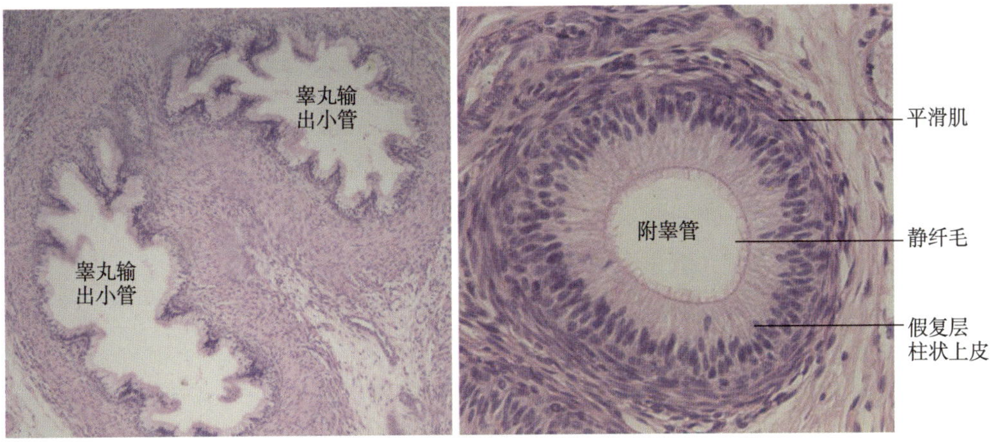

图 15-5 睾丸输出小管和附睾管（HE 染色）（中国农业大学组胚室供图）

2. 附睾管

附睾管是一条细长而高度盘曲的管道。管腔规则，腔内充满精子和管壁上皮的分泌物；管壁内衬假复层柱状上皮，外包薄层平滑肌和富含血管的疏松结缔组织。假复层柱状上皮由主细胞和基细胞构成（图 15-5）。主细胞数量多，呈高柱状，顶端密布细长的微绒毛（静纤毛），可吞饮、吸收破碎精子及精子发生过程中脱落的残余体，还可分泌肉毒碱、甘油磷酸胆碱及唾液酸等成分。基细胞位于主细胞基部之间，体积小，椭圆形，细胞质染色淡，可通过分裂增生补充主细胞。

附睾是精子储存和进一步成熟的部位。曲精小管内形成的精子，并没有完全成熟，既没有运动能力，也没有受精能力。只有在附睾内停留一段时间，经过附睾分泌物及某些因子的影响，发生一系列形态结构、生理生化和机能上的变化，才能具有一定的活力并达到机能上的成熟。

二、输精管

输精管是运送精子的管道，管腔小而不规则，管壁厚，由黏膜、肌层和外膜 3 层组成。

1. 黏膜

黏膜表面有许多纵行的皱褶。上皮在起始段为假复层柱状，以后逐步过渡为单层柱状。上皮外为固有层，富含弹性纤维，膨大部的固有层还有单分支管泡状腺分布（猪无），可分泌少量精清（seminal plasma）。

2. 肌层

肌层厚而发达，在猪、牛、马分内环、中纵、外斜 3 层，层与层之间分界不清；在羊只有内环、外纵两层。肌层的强有力收缩，可以促进射精时精子的快速排出。

3. 外膜

外膜大部分段落由浆膜构成，末段为富含血管的疏松结缔组织。

第三节 副性腺

副性腺分泌精清，排入尿生殖道内与精子混合构成精液。

一、精囊腺

牛、羊、猪的精囊腺（vesicular gland）为实质器官，表面有被膜覆盖，被膜的结缔组织伸入内部将实质分隔成若干小叶。小叶内为分支管状腺或复管泡状腺，腺上皮为假复层柱状上皮，含有高柱状细胞和小而圆的基底细胞。叶内导管及排泄管内衬以单层立方上皮。

马属动物的精囊腺有腔，囊壁分黏膜、肌层和外膜。黏膜形成很多皱褶，其固有膜含分支管状腺，导管开口于囊腔；肌层为薄的不规则排列的平滑肌；外膜为结缔组织。

肉食动物缺少精囊腺。

精囊腺的分泌物为黄白色的胶体，弱碱性，富含果糖，具有营养、稀释精子的作用。

二、前列腺

前列腺（prostate gland）为复管泡状腺（反刍动物）或复管状腺，外覆以较厚的结缔组织被膜，被膜结缔组织伸入内部形成小梁并将实质分隔成许多小叶。被膜和小梁均富含平滑肌纤维。腺泡的形态、大小不一，腺腔明显，其内的分泌物常浓缩成圆形或卵圆形的凝固体。随着分泌状态的变化，腺上皮有单层扁平、立方、柱状至假复层柱状多种可能。导管细小，衬以单层扁平或柱状上皮，最大导管的开口处移行为变移上皮。

前列腺的分泌物呈弱碱性，为略黏稠的蛋白样液体，有特别的腥味，富含纤维蛋白溶酶及酸性磷酸酶，还含锌、柠檬酸及卵磷脂等成分，有刺激精子运动、中和酸性阴道液的作用。

三、尿道球腺

尿道球腺（bulbourethral gland）为复管状腺（猪）或复管泡状腺（牛、羊、马），外覆被膜（在马，此膜含有平滑肌纤维）并伸入内部将实质分成许多小叶。腺泡壁为单层柱状上皮，腺体内导管内衬假复层柱状上皮，腺体外导管内衬变移上皮。

尿道球腺分泌黏性的蛋白样液体，起冲洗、润滑尿道的作用。

第四节 阴茎

阴茎外包皮肤，皮肤下为由疏松结缔组织构成的外膜，外膜包围 3 个与勃起有关的海绵体（cavernous corpus，勃起组织）。背侧的两个海绵体称为阴茎海绵体，腹侧的一个海绵体称为尿道海绵体（内部有尿生殖道同行），每个海绵体外周均有白膜（致密结缔组织）包围。

海绵体内有许多由白膜伸入而形成的小梁，小梁富含血管（阴茎动脉的分支等）、神经、脂肪、平滑肌、胶原纤维和弹性纤维，并且相互交织成网，网腔即血窦，形态不规则，与阴茎动脉的分支相通。静脉多见于白膜下方与海绵体周围之间（图 15-6）。通常情况下，很少血液进入血窦，因此海绵体呈柔软状态。受到性刺激而兴奋时，小梁内动脉管腔因平滑肌舒张而扩张，血液大量流入血窦，同时静脉内血液回流，由于坚硬白膜的压迫而受阻，两方面因素促使海绵体血窦大量充血，阴茎勃起变硬。

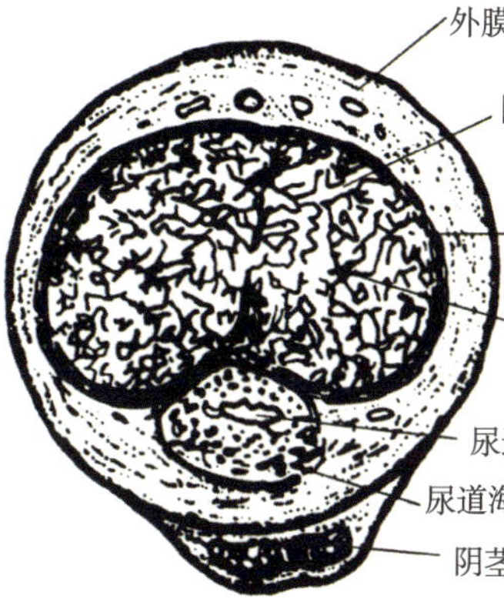

图 15-6　马阴茎横切模式图
（沈霞芬，2015）

【思考题】

1. 名词解释：生精细胞、精子发生、支持细胞、间质细胞、血–睾屏障、睾丸纵隔、睾丸网。

2. 简述曲精小管的构造及其与精子发生的关系。

（广西大学　胡传活）

第十六章
雌性生殖系统

雌性生殖系统包括卵巢、输卵管、子宫、阴道、尿生殖前庭和阴门等。卵巢是产生卵细胞和雌性激素的器官；卵在输卵管内受精后，输送到子宫；子宫可孕育胎儿；阴道、尿生殖前庭和阴门是交配器官和产道。

第一节 卵巢

一、卵巢的组织结构

卵巢（ovary）外包被膜，实质分外周的皮质和内部的髓质（马的皮质在内，髓质在外）。

1. 生殖上皮和白膜

卵巢表面被覆单层扁平或立方上皮细胞，称生殖上皮（germinal epithelium ）或表面上皮。生殖上皮在幼龄和成年动物呈立方形或柱状，老龄动物为扁平状。上皮下为薄层的致密结缔组织，称为白膜（tunica albuginea）。马的生殖上皮只分布在排卵窝处，其他部位均被覆浆膜。

2. 皮质

卵巢皮质较厚，在白膜的深部，由基质、不同发育阶段的卵泡和黄体组成（图 16–1）。基质由致密结缔组织构成，其内含有大量网状纤维，但胶原、弹性纤维较少。基质细胞（stroma cell）呈梭形，形状似平滑肌细胞，细胞核细长，细胞排列紧密。基质的结缔组织参与形成卵泡膜和间质腺。在皮质内分布着许多处于不同发育阶段的卵泡，双侧卵巢内有数十万个原始卵泡，性成熟后，开始发育，但通常只有少数卵泡发育成熟。老龄后的卵巢因结缔组织大量增生使卵巢表面常凸凹不平。

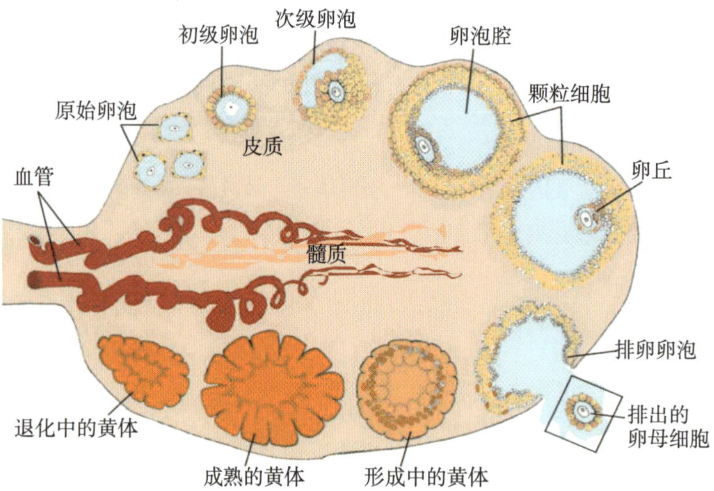

图 16–1　卵巢结构模式图

3. 髓质

卵巢髓质由富含弹性纤维的疏松结缔组织构成，其内有大量的血管和淋巴管及少量的平滑肌纤维。皮质和髓质间无明显分界。在卵巢门近系膜处有一种细胞称门细胞（hilus cell），胞体呈卵圆形，核圆形，细胞质嗜酸性，内富含胆固醇和脂色素等。一般认为门细胞类似睾丸间质细胞，可分泌雄激素。若门细胞增生或发生肿瘤时，可出现雄性化。

二、卵泡的发育和成熟

每个卵泡（follicle）是由位于中央的一个卵母细胞和围绕在其周围的许多卵泡细胞（follicular cell）组成。卵泡的发育是一个连续的生长过程，根据结构变化，分为原始卵泡（primordial follicle）、生长卵泡（growing follicle）和成熟卵泡（mature follicle）3 个阶段。原始卵泡于胚胎时期开始形成，动物出生时两侧卵巢内有数百万个，以后逐渐退化，至性成熟时仅有数万个。从性成熟开始，在垂体分泌的促性腺激素的影响下，每个性周期内有多个原始卵泡发育，进入生长卵泡阶段，而最后只有一个（单胎动物）或多个（多胎动物）卵泡发育成熟并排卵，其余卵泡在发育过程中均退化。

1. 原始卵泡

原始卵泡（primordial follicle）位于皮质浅部，体积小，数量很多（图 16-2），是处于静止状态的卵泡，卵泡的中央有一个初级卵母细胞（primary oocyte），周围是单层扁平的卵泡细胞。初级卵母细胞体积较大，直径 30～40 μm，细胞质嗜酸性，细胞核大而圆，核内染色质细小、分散，着色浅，呈空泡状，核仁大而明显；在电镜下，可见细胞质内细胞器丰富，有大量的游离核糖体和线粒体、少量粗面内质网以及高尔基复合体和脂滴等，在细胞核周围可见成层排列的滑面内质网，与核和胞质间物质传递有关。初级卵母细胞是在胚胎期由卵原细胞分裂分化而成，随后进入第一次成熟分裂，并长期停留于第一次成熟分裂前期的双线期，直至排卵前才完成第一次成熟分裂或以退化而告终。卵泡细胞呈扁平形，胞体较小，核椭圆或扁圆形，着色深。卵泡细胞外面有薄层基膜与结缔组织为界。卵泡细胞具有支持和营养卵母细胞的作用，两者之间有缝隙连接。

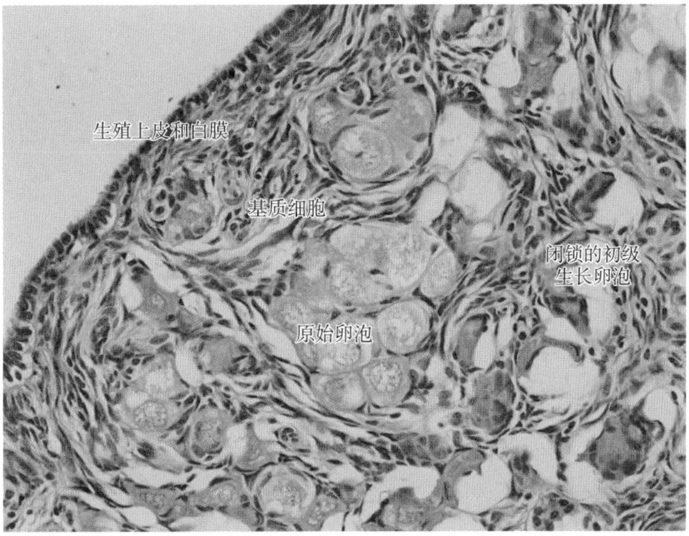

图 16-2　猪原始卵泡（HE 染色）（黄丽波供图）

2. 生长卵泡

生长卵泡（growing follicle）的卵母细胞体积增大、卵泡细胞增生和卵泡周围的结缔组织分化，卵泡的位置逐渐向皮质深部移行。生长卵泡可分为早期的初级卵泡和晚期的次级卵泡，两者之间的主要区别是有无卵泡腔。

（1）初级卵泡（primary follicle） 是由原始卵泡发育而成，是指从卵泡生长到出现卵泡腔之前的卵泡，又称为早期生长卵泡。此时期的初级卵母细胞体积增大，卵泡细胞由单层扁平变为单层立方或柱状，或增殖成为多层（5～6层），此时的卵泡细胞又称颗粒细胞。初级卵母细胞的细胞质内高尔基复合体、粗面内质网、游离核糖体等均增多，浅层胞质内还出现皮质颗粒，这是一种溶酶体，在受精时发挥重要作用。在卵母细胞和颗粒细胞之间出现一层均质状、折光性强、富含糖蛋白的嗜酸性膜，称为透明带（zona pellucida），它是由颗粒细胞和初级卵母细胞共同分泌的产物，内含透明质酸，由3种糖蛋白分子，即ZP1、ZP2、ZP3构成，其中ZP3为精子受体，在受精过程中，透明带上精子受体对精子与卵母细胞之间的相互识别、阻止多精入卵和特异性结合具有重要作用。目前认为，透明带外层是由卵泡细胞分泌的酸性糖胺多糖、内层是由卵母细胞分泌的中性糖胺多糖组成。电镜下，可见初级卵母细胞的微绒毛和颗粒细胞的突起伸入透明带内，颗粒细胞的有些突起甚至伸入初级卵母细胞下凹的质膜凹陷内，这可能有利于颗粒细胞将营养物质输送给卵母细胞。在颗粒细胞之间或颗粒细胞与卵母细胞之间还可见许多缝隙连接，使细胞彼此间交换离子和激素等小分子物质，沟通信息，协调它们的功能。在初级卵泡的周围，结缔组织的基质细胞逐渐密集、增殖分化形成一层卵泡膜（theca folliculi）（图16–3），其与卵泡细胞之间以基膜相隔。

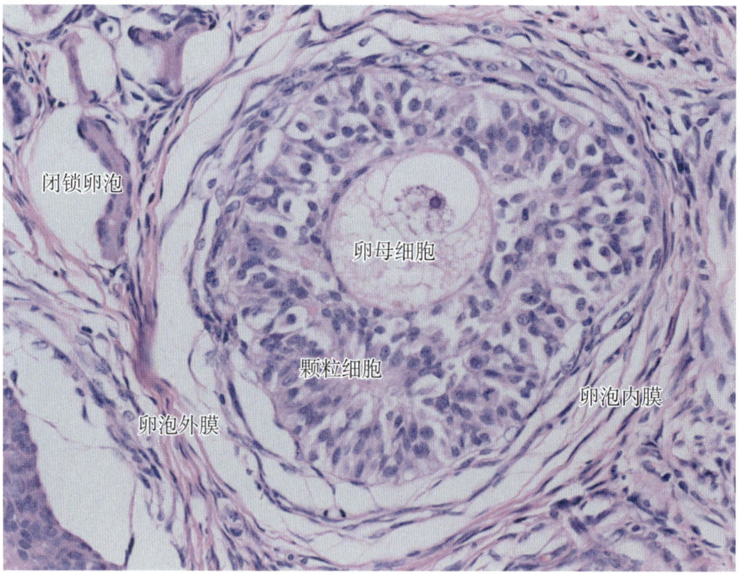

图16–3 猪初级生长卵泡（HE染色）（黄丽波供图）

（2）次级卵泡（secondary follicle） 是初级卵泡进一步发育后成为次级卵泡，也叫晚期生长卵泡。此时的颗粒细胞继续增殖，达6～12层，卵泡体积更大，在颗粒细胞之间逐渐出现一些大小不一的腔隙，随着卵泡的发育增大，这些小腔，逐渐融合成一个较大的卵泡腔

(follicular antrum)，腔内充满由颗粒细胞分泌和从血管渗透而来的卵泡液，卵泡液内含有透明质酸和雌激素等。由于卵泡液的不断增多和卵泡腔的扩大，将初级卵母细胞及其周围的一些颗粒细胞挤至卵泡的一侧，形成一个突入卵泡腔的隆起，称卵丘(cumulus oophorus)(图 16-4)。此时的初级卵母细胞体积更大。紧靠卵母细胞的一层颗粒细胞增高为柱状，呈放射状整齐排列，称放射冠(corona radiata)。构成卵泡壁的颗粒细胞则称为颗粒层(stratum granulosum)。此时的卵泡膜也逐渐分化为内、外两层。内层(theca interna)为细胞性膜，含有较多的多边形或梭形的膜细胞(theca cell)和丰富的毛细血管，膜细胞具有分泌类固醇激素细胞的结构特点。内层膜细胞与卵泡细胞共同完成分泌雌激素的作用；外层(theca externa)细胞(成纤维细胞)成分较少，纤维(胶原纤维)较多，血管也较少，还有少量平滑肌纤维，为结缔组织膜，与周围结缔组织分界不明显。这种具有一个大卵泡腔的次级卵泡，又称囊状卵泡(vesicular follicle)。

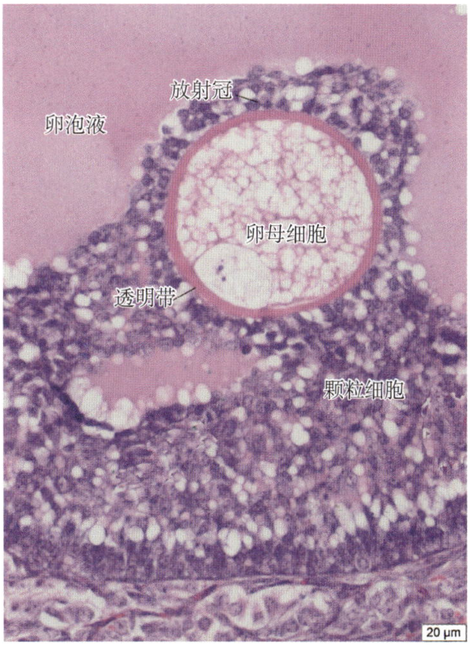

图 16-4 次级生长卵泡(HE 染色)
(黄丽波供图)

(3)成熟卵泡(mature follicle) 是卵泡发育的最后阶段，逐渐接近卵巢表面，体积很大，不同动物的成熟卵泡大小不一，牛的直径 12～20 mm；马的可达 50～70 mm；羊、猪的 5～10 mm，犬的 4～5 mm，猫的 2～3 mm，向卵巢表面突出。成熟卵泡的卵泡腔很大，颗粒层变薄，颗粒细胞停止增殖，处于排卵前期。卵泡的卵泡膜内、外两层十分明显，卵泡内膜较厚，有丰富的毛细血管和毛细淋巴管，细胞由梭形变为多角形，细胞质内有丰富的类脂颗粒、发达的内质网、线粒体等，类脂颗粒最后被用于合成类固醇激素。

许多动物的初级卵母细胞在成熟卵泡阶段恢复分裂活动，并在排卵前完成第一次成熟分裂，形成次级卵母细胞和第一极体(first polar body)，第二次成熟分裂多在排卵前后进行。马和犬的两次成熟分裂均是在排卵后完成的。

三、排卵

成熟卵泡内的卵泡液迅速增多，压力增大，卵泡向卵巢表面突出更甚，卵泡壁、白膜和表面生殖上皮均变薄并紧贴在一起，进而局部很薄、缺血，形成透明状卵泡小斑(follicular stigma)。在前列腺素和 LH 的影响下，卵泡小斑处的胶原被胶原酶和透明质酸酶分解，导致卵泡小斑破裂，卵母细胞及其外周的透明带、放射冠与卵泡液一起从卵巢排出，此过程称排卵(ovulation)。排卵时，由于局部毛细血管破裂而引起出血，马、猪、牛出血较多，在卵泡腔内形成血凝块，称为血体(corpus hemorrhagicum)。羊和肉食动物排卵时出血少。

正常情况下，马、牛等单胎动物一次只排一个卵，而猪等多胎动物一次可排多个卵。在排卵前，初级卵母细胞完成第一次成熟分裂，形成一个较大的次级卵母细胞和一个很小的第一极体。排卵时，次级卵母细胞迅即进行第二次成熟分裂，但它停止于分裂中期。若排卵后数小时内不受精，次级卵母细胞即退化；如果受精，次级卵母细胞很快完成第二次成熟分裂，形成一个较大的合子和一个第二极体（second polar body）。极体位于卵母细胞与透明带之间的卵周隙（perivitelline space）内。卵母细胞经过两次成熟分裂后，细胞即从二倍体细胞变为单倍体细胞。

卵子起源于卵巢的卵原细胞。卵原细胞，经过多次有丝分裂，成为初级卵母细胞，这个过程叫卵子的发生（oogenesis）或叫为增殖期。增殖期的长短，因动物种类不同而异。爬行动物、两栖类和硬骨鱼类一生都可有卵子发生过程。

卵巢内的卵细胞的生成和卵泡的发育同步。原始的卵泡由一个初级卵母细胞和包围它的卵泡细胞组成。卵母细胞发育的同时，周围的卵泡细胞由一层变为多层，细胞增大，细胞质内含有颗粒，成为颗粒细胞。卵泡周围的结缔组织及间质细胞相继形成及其内侧的卵泡膜细胞层。颗粒细胞层和卵泡膜细胞层的细胞都具有内分泌功能。

四、黄体的形成和退化

排卵后，卵泡壁和卵泡膜细胞向卵泡腔塌陷，在 LH 的作用下，颗粒细胞和卵泡内膜细胞增生分化，吸收血液，形成一个体积很大又富含血管的内分泌细胞团，称为黄体（corpus luteum），牛、马和肉食动物的黄体细胞内含有一种黄色的脂色素——黄体色素，因此整个黄体呈黄色；猪和羊的缺少该色素，黄体呈肉色。颗粒细胞和内膜细胞体积都增大，并具有分泌类固醇激素的结构特征，如含丰富的滑面内质网和管状嵴的线粒体等，细胞质内还有许多脂滴和黄色脂色素，分别称为粒黄体细胞（granular lutein cell）和膜黄体细胞（theca lutein cell）。两者的区别是，粒黄体细胞体积较大，呈多角形，染色较浅，细胞质内有类脂颗粒，细胞数量多，由颗粒层细胞增大变形而成；膜黄体细胞体积较小，细胞质和核染色均较深，数量少，多位于黄体的周边部，由卵泡膜的内膜细胞分化形成。黄体产生大量的黄体酮（progesterone）和松弛素（relaxin）。黄体酮使子宫内膜松软，维持妊娠；松弛素则可抑制妊娠子宫的收缩，促进分娩时子宫颈扩张和耻骨联合松弛，以利胎儿的娩出。膜黄体细胞主要分泌雌激素。黄体的形状因物种不同而异，牛、羊、猪的黄体有一部分突出于卵巢表面；马的黄体则完全埋藏于基质内。黄体形成后，发育很快，并根据是否受精而有很大差别。如卵母细胞未受精，黄体就逐渐退化，称为假黄体（corpus luteum spurium）；如果卵母细胞受精，黄体在激素的作用下继续长大，除马以外，所有家畜的黄体在整个妊娠期都起作用，此种黄体称真黄体（corpus luteum verum）或妊娠黄体（corpus luteum of pregnancy）。真黄体或假黄体，在完成其功能后即行退化，细胞逐渐变小，细胞核固缩，血管减少，逐渐被周围的结缔组织替代，称为白体（corpus albicans），白体需经数月甚至数年后被周围结缔组织吸收。

妊娠母马的初期黄体大约持续 40 d，以后发生变性。自妊娠 40～120 d，因子宫内膜分泌胎盘促性腺激素（孕马血清促性腺激素，PMSG），刺激卵巢而形成大的卵泡。这些卵泡多数经排卵并形成继发黄体，少数卵泡则不经排卵而黄体化。继发黄体大约维持到 180 d，以后即行变性。在妊娠的其余时间内，没有黄体存在。

五、闭锁卵泡

在正常情况下，雌性动物一生中仅排出少量发育成熟的卵泡，其余的绝大多数卵泡都不能发育成熟而逐渐退化消失，这些退化的卵泡称为闭锁卵泡（atretic follicle）（图 16-5）。退化可发生在卵泡发育的任何阶段。闭锁卵泡的形态结构也因卵泡发育的大小而不同。大多数卵泡的退化发生在原始卵泡阶段。原始卵泡和初级卵泡退化时，卵母细胞首先表现为核固缩，细胞形态不规则，卵泡细胞变小和分散，最后卵母细胞和卵泡细胞都溶解消失，整个卵泡被结缔组织取代，不留痕迹。次级卵泡退化，可见卵泡腔中有残留的均质状透明带，腔内还常见中性粒细胞和巨噬细胞。临近成熟的卵泡退化时，卵母细胞的细胞质内出现脂滴，核固缩；透明带膨胀、塌陷；卵泡细胞分离、变松并萎缩；卵泡液被吸收，卵泡壁凹陷；卵泡内膜的膜细胞一度变得肥大，形似黄体样细胞，以后这些肥大的膜细胞，逐渐被结缔组织和血管分隔成分散的细胞团或索，则称为间质腺（interstitial gland）（存在于肉食动物和啮齿动物）。间质腺细胞呈多角形，成群分布，细胞内含有大的类脂颗粒，可分泌雌激素、黄体酮和雄激素。

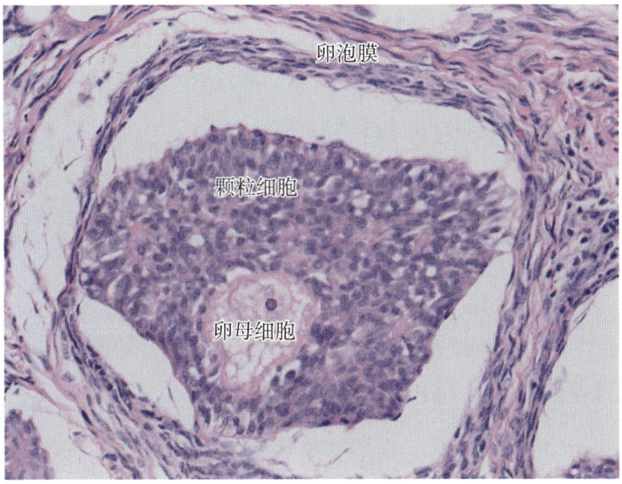

图 16-5 猪闭锁卵泡（HE 染色）（黄丽波供图）

六、卵巢的内分泌功能

卵巢主要分泌雌激素、孕激素，少量的雄激素和抑制素。一般认为，雌激素、孕激素的合成，需要卵泡的颗粒细胞与卵泡膜细胞共同参与完成。

腺垂体产生的促性腺激素通过 G 蛋白 -cAMP- 蛋白激酶系统，使胆固醇合成为雄激素、17α- 羟孕酮，后二者通过扩散的方式转运到颗粒细胞层，在促性腺激素与各种生长因子的作用下，将雄激素芳香化为雌激素。17α- 羟孕酮芳香化为 17α, 20β- 双羟孕酮。

1. 雌激素生理功能

（1）协同促性腺激素促进卵泡发育，诱导排卵前促性腺激素峰的出现，促进排卵。

（2）促进雌性附性生殖器官和雌性副性征的发育，维持性行为。

（3）促进与生殖活动有关的器官的发育如乳腺导管的发育和结缔组织增长，子宫内膜增厚；输卵管上皮细胞增生；阴道上皮细胞角化、增生、酸化作用。

（4）促进蛋白质合成。高浓度雌激素导致水、钠潴留，降低血中胆固醇。

（5）对下丘脑及腺垂体具有反馈性作用。

2. 孕激素的生理功能

对哺乳动物促进子宫内膜增生、降低子宫兴奋性；增加宫颈内黏液黏稠，阻止其他精子进入；促进乳腺小叶及腺泡发育。对下丘脑及腺垂体具有反馈性作用，在哺乳动物主要抑制LH的分泌。

3. 雄激素的作用

雄激素都是作为雌激素的前体形式存在，与促性腺激素促进卵的成熟具有协同作用，维持性行为和促进蛋白质合成。

4. 卵巢功能的调节

卵巢的生卵作用和内分泌功能受下丘脑－腺垂体－卵巢轴的作用。即下丘脑分泌促性腺释放激素（GnRH）可促进腺垂体合成和分泌促性腺激素。促性腺激素引起性腺合成和分泌性激素，并影响到性腺中卵泡发育、成熟、排卵。性腺分泌的性激素对腺垂体和下丘脑有反馈性作用。

七、卵巢的血管、淋巴管和神经分布

子宫卵巢动脉经子宫阔韧带下行，分出卵巢动脉和子宫前动脉，有分支到输卵管，交感神经由肠系膜后神经节发出支配子宫卵巢和输卵管。

第二节 输卵管

输卵管（oviduct，uterine tube）分漏斗部、壶腹部、峡部3段。漏斗部腹腔口的周缘有许多不规则的褶状突起，称为输卵管伞；壶腹部的管壁薄，皱褶丰富，高大而分支多，故管腔极不规则；峡部的管壁厚而直。输卵管的管壁均由黏膜、肌层和浆膜3层组成（图16-6）。

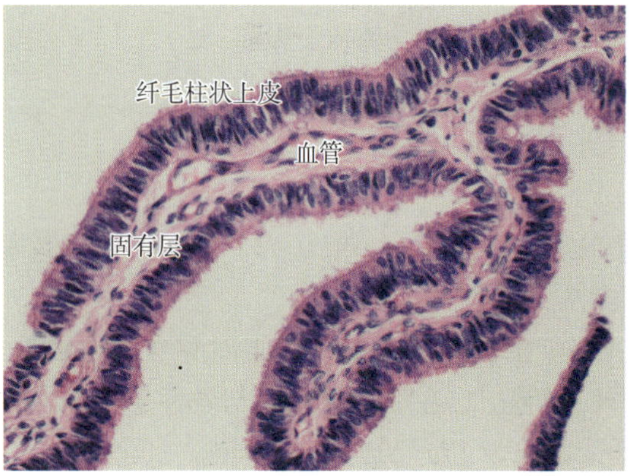

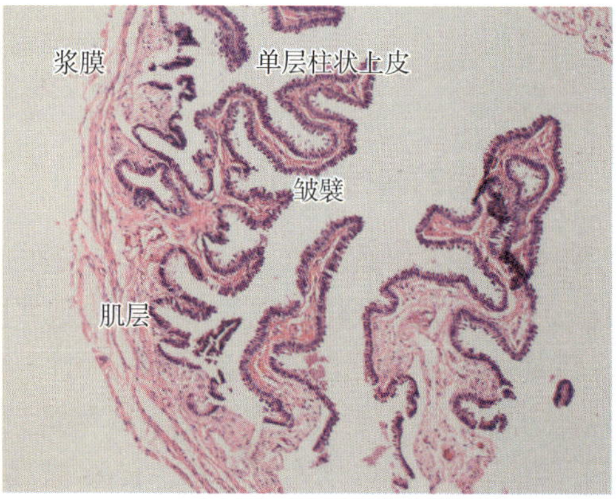

图16-6 羊输卵管漏斗部（a）和壶腹部（b）（HE染色）（黄丽波供图）

一、黏膜

黏膜有许多纵行而分支的皱襞，有上皮和固有层构成。大部分黏膜上皮为单层柱状（猪和反刍动物有的部分是假复层柱状上皮），由有纤毛的柱状细胞和无纤毛的分泌细胞组成。纤毛细胞核呈卵圆形，染色浅。纤毛细胞以漏斗部和壶腹部最多，向子宫端渐少。由于纤毛向子宫方向摆动，有助于卵子（合子）向子宫方向移动，当精子进入输卵管后，因受纤毛摆动所产生的阻力，只有少数运动能力强的精子才能到达壶腹部。分泌细胞表面有微绒毛，无纤

毛，细胞狭长，核位于细胞近基部，细胞质和细胞核的染色较纤毛细胞深，顶部细胞质内有分泌颗粒和糖原，其分泌的黏液构成输卵管液，有助于卵子向子宫移动和阻止外来的病菌进入腹腔，并可供给卵的营养。

固有层为薄层致密的结缔组织，有少量散在的平滑肌和较多的浆细胞、肥大细胞、嗜酸性细胞和血管。

输卵管上皮细胞在卵巢雌激素和黄体酮的影响下，随着发情周期而有变化。在卵巢排卵前，纤毛细胞变成高柱状，纤毛增多，此后细胞逐渐变矮，纤毛减少。排卵期和排卵后，分泌细胞功能旺盛，细胞增高，顶部充满分泌颗粒，并释放分泌物，随后细胞变矮，分泌减少。在妊娠时期上皮细胞矮小。

二、肌层

输卵管的肌层为平滑肌，漏斗部的肌层最薄，峡部最厚，分内环（或螺旋形）和外纵两层，两层平滑肌之间无明显分界。

三、浆膜

浆膜由间皮和富含血管的疏松结缔组织构成。

第三节 子宫

子宫（uterus）是哺乳动物供胎儿发育的中空肌性器官，腔窄壁厚，分子宫角、子宫体和子宫颈 3 部分，其形态及结构因发情周期及妊娠而有变化。子宫壁由内向外分子宫内膜（endometrium）、肌层（myometrium）和外膜（perimetrium）3 层（图 16–7）。

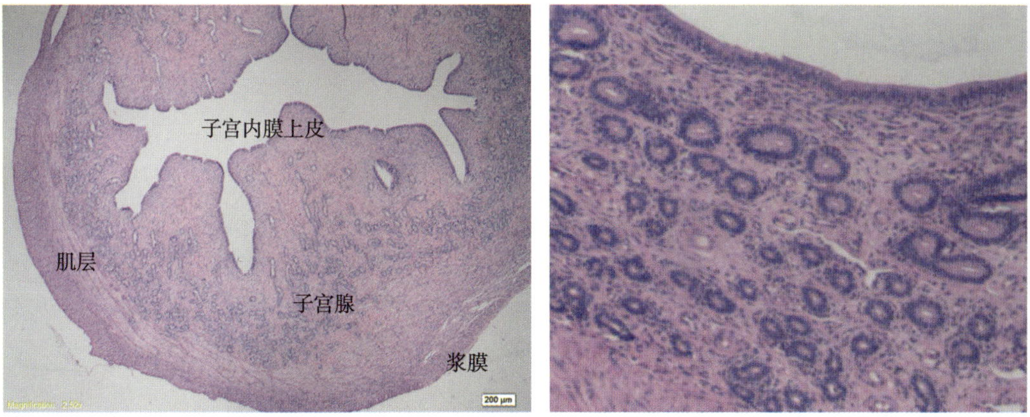

图 16–7　猪子宫结构（HE 染色）（黄丽波供图）

一、子宫内膜

子宫内膜由上皮和固有层组成，无黏膜下层。上皮与输卵管上皮相似，也由纤毛细胞和分泌细胞组成，并随动物发情周期而有变化，一般为单层柱状，马为高柱状，猪和反刍动物为单层柱状或假复层柱状上皮。上皮具有分泌功能，有时有暂时性的纤毛。

固有层较厚，由富有血管的胚性结缔组织构成，可分深、浅两层。浅层的细胞较多，主要是一种呈星形的胚性结缔组织细胞，细胞以突起相连，分化程度较低，可合成和分泌胶原蛋白。此外还有巨噬细胞、肥大细胞、淋巴细胞、有粒白细胞和浆细胞等，并含有网状纤维；深层细胞成分少，但有大量的子宫腺（uterine gland）分布。

子宫腺是内膜上皮下陷形成的弯曲的分支管状腺，腺体底部弯曲度最大，开口于子宫腔，腺上皮与子宫表面上皮相似，细胞质充满黏原颗粒。腺体的分泌物可供给早期胚胎在附植之前的营养。牛、羊的子宫内膜上有子宫肉阜，子宫肉阜上无子宫腺，但有大量的成纤维细胞和丰富的血管。

二、肌层

子宫壁肌层很厚，由许多平滑肌束和结缔组织组成。平滑肌分内环行和外纵行肌。内层厚、外层薄，两层之间为血管层，分布着丰富的血管和神经，猪和牛的血管层有时夹于环行肌内，牛、羊的血管层在子宫阜处特别发达。肌层的收缩活动有助于精子向输卵管运行和胎儿的娩出。妊娠时，子宫平滑肌纤维不仅体积增大数倍至数十倍，而且肌纤维分裂增生，未分化的间充质细胞又分化形成新的肌纤维，故数量也增多。分娩后，有些肌纤维逐渐变小，有些肌纤维退化消失，增大的子宫又恢复原状。

三、子宫外膜

子宫外膜为浆膜，由疏松结缔组织和间皮构成。

子宫内膜的血管来自子宫动脉的分支，动脉通过肌层时，发出许多与子宫腔面垂直的放射状小动脉进入内膜，在进入内膜之前，每支动脉分为 2 支。一支为较直而短的直动脉，营养基底层；另一支为主干，称螺旋动脉，在内膜内弯曲走行，直至浅层，形成毛细血管网和较大的窦状毛细血管。毛细血管汇入小静脉，穿过肌层，汇合成子宫静脉。

第四节 阴道

阴道（vagina）壁由黏膜、肌层和外膜构成。

阴道的黏膜由黏膜上皮和固有层构成，并形成许多纵行皱褶。黏膜上皮为复层扁平上皮，但牛阴道前部为柱状上皮并有杯状细胞。阴道后部的固有层内可见到淋巴小结。黏膜上皮细胞内含有脂滴和糖原，表层上皮细胞的脱落后，糖原在阴道内细菌的作用下被分解成乳酸，使阴道保持酸性，可防止病菌侵入阴道和子宫。阴道黏膜随发情周期的活动而变化，发情期的固有层中可见白细胞，黏膜上皮细胞层数增多、角化。

补充资料

禽卵巢的组织学特点

家禽卵巢的组织结构与家畜的基本相同，其不同之处有：家禽的成熟卵泡不是包含在卵巢基质内，而是完全突出于卵巢表面，仅借助卵巢柄与其相连，成熟卵泡内无卵泡腔和卵泡液，只在卵泡膜中存在大量毛细血管，排卵后遗留下来的卵泡结构很快就退化，鸡的在

10～14 d 即完全消失，并不形成黄体等。

1. 生殖上皮

生殖上皮起源于间皮，细胞的形态从扁平到柱状都存在，有的细胞甚至上宽下窄，并且邻近的细胞彼此不紧密地靠在一起，以致生殖上皮呈现锯齿状的外观。

2. 卵巢基质

卵巢基质含有丰富的细胞成分和血管，卵泡外膜细胞常成群存在，细胞呈多角形，核圆形，细胞质清亮，含有许多小泡。卵巢的间质细胞多单独存在，细胞形态与卵泡外膜细胞相同，但在细胞质中，含有许多嗜伊红颗粒。一般认为卵泡外膜细胞来源于卵泡膜，间质细胞起源于结缔组织，与睾丸间质细胞同源，能分泌雄激素。

3. 卵巢皮质

在皮质内有大量的卵泡和间质细胞分布。

（1）**未成熟卵泡** 指初级卵泡和次级卵泡，初级卵泡分布在卵巢皮质的浅层，卵泡的中央为卵母细胞，它的外面是一层立方形细胞和基膜，卵母细胞体积较大，细胞质呈微细的泡沫状；球形的细胞核着色浅，具有明显的核仁。次级卵泡位于卵巢皮质的较深层，由于卵母细胞储积的卵黄日益增多，卵泡的体积也日益增大，颗粒膜细胞逐渐增殖成为 2～3 层，基膜外面的结缔组织也逐渐形成卵膜。

（2）**成熟卵泡** 由于卵泡的体积不断增大，卵泡逐渐向卵巢表面突出，最后逐渐形成具柄的成熟卵泡。成熟卵泡的微细结构从内向外可分 6 层：即卵黄膜和放射带（zona radiata）、卵黄膜周围层（perivitelline layer）和颗粒膜、卵泡膜内层、卵泡膜外层、疏松结缔组织层和生殖上皮层。其中卵黄膜实际上就是卵母细胞膜；放射带就是卵母细胞边缘部分的细胞质，连同细胞膜所形成的许多微细的皱襞；卵黄膜周围层是颗粒膜的分泌物，相当于家畜的透明带；成熟卵泡的颗粒膜，由于卵母细胞体积极度增长，又相应地从多层铺开成为一层。卵泡膜（分内、外两层）中含有非常丰富的血管，还有许多神经纤维和卵泡膜腺细胞，后者呈多边形，具有球形细胞核和清亮而多空泡的细胞质，因此，与卵巢基质中的卵泡外腺细胞极为相似，能分泌雌激素，成熟卵泡的顶部有 2～3 mm 宽的浅色带，称为卵泡斑（stigma），其结构与卵泡壁的其他部分相同，但是比较薄，没有结缔组织层，血管也极少，排卵时，卵泡从此处破裂，卵母细胞即由裂口处逸出，卵泡壁则发生皱缩，卵泡膜腺消失，红细胞、淋巴细胞和大量成纤维细胞侵入卵泡腔，最后形成瘢痕组织，所以家禽卵巢在排卵后，并不像家畜那样形成黄体。

卵母细胞在排卵前约 2 h，进行第一次成熟分裂，所以进入输卵管漏斗部时，已是次级卵母细胞，它们在该处遇到精子，即可进行受精，并且几乎在精子进入的同时，完成第二次成熟分裂。

（3）**萎缩卵泡** 卵泡在发育的任何阶段都可发生萎缩，禽卵泡在发育过程中，也有大量发生退化、萎缩和闭锁现象。小型的未成熟卵泡萎缩过程与家畜的相似，卵母细胞退化后，卵黄被就地清除。大型的未成熟卵泡和成熟卵泡萎缩时，由于卵母细胞中储积了大量卵黄，其萎缩过程比较特殊，即卵母细胞、颗粒膜和卵黄膜都发生破裂，卵黄外溢到卵巢基质中，然后就在卵巢基质内被吞噬和清除。萎缩卵泡因卵母细胞退化而产生的空腔，则被许多清亮而多空泡的多边形细胞所填充。

禽输卵管的组织学特点

家禽的输卵管分为漏斗部、膨大部、峡部、子宫部和阴道部。管壁由黏膜、肌层和浆膜构成。黏膜形成皱褶，富含血管，上皮由柱状纤毛细胞和腺细胞构成，固有层内含有管状腺，无黏膜肌层。肌层分为内环和外纵两层平滑肌。

（1）**漏斗部**　黏膜形成褶，上皮由扁平上皮逐渐移行为柱状上皮，部分具有纤毛，细胞有 2 种，即有纤毛的柱状细胞和不具纤毛的杯状细胞样分泌细胞，两者相间排列，但分泌细胞的数量，在漏斗部从前到后逐渐出现并增多。柱状细胞的形态与固有层中的单管腺的腺细胞相似，也有分泌功能。

（2）**膨大部**　黏膜衬以单层低柱状纤毛上皮或假复层柱状纤毛上皮，细胞的高度和上皮的形态与固有层腺体内分泌颗粒的储存量及分泌细胞的生理状态有关。一般来说，纤毛细胞比较狭长，细胞核为长椭圆形，位于细胞中央；分泌细胞数量远比输卵管其他部位多，体积较大，核扁平，位于细胞基底部，细胞质内含有许多粗大的泡状颗粒，其分泌物是一种酸性黏多糖。固有层内的腺体分泌物主要是形成卵白。

（3）**峡部**　结构与膨大部相似，但峡部固有膜的腺体分泌角蛋白，主要形成卵壳膜。

（4）**子宫部**　黏膜上皮与前几段的相似，但柱状细胞游离缘含有嗜碱性颗粒。固有层的腺体比较矮小，腺上皮细胞呈多角形，细胞质内无明显可见的分泌颗粒，细胞核圆形，位于细胞的基底部。子宫部形成卵壳、产生色素和角质，但这些活动与哪些细胞或结构有关，目前还不清楚。

（5）**阴道部**　黏膜的组织结构与前几段相似，但黏膜上皮的柱状细胞比分泌细胞多；阴道部的固有层内没有腺体分布，但子宫部与阴道部连接处除外，后者存在阴道腺，但数目少，而且不参与形成卵膜，有暂时储存精子的作用。

【思考题】

1. 名词解释：卵泡膜、初级卵泡、次级卵泡、放射冠、透明带、卵丘。
2. 简述卵泡的发育过程。
3. 简述子宫的组织结构。

（山东农业大学　黄丽波）

第十七章
畜禽胚胎学

畜禽胚胎学是研究畜禽个体发生和发育过程中始于受精直至分娩或者孵出前的形态结构及其功能变化规律的一门科学。为了便于研究和阐述其变化规律，畜禽个体的发生发育通常被分为胚前发育、胚胎发育和胚后发育 3 个阶段。胚前发育是指受精前两性配子的发生过程；胚胎发育是指从受精到分娩或者孵出前的胚胎在母体子宫或者卵膜中的发育过程；胚后发育则指畜禽从出生到性成熟之间的发育阶段。上述每个发育阶段具有该阶段所特有的在时间与空间上的发育变化规律，彼此有机衔接，细胞与组织呈现渐进式的结构与功能变化，使得畜禽胚胎发育成为一个连续不断的动态变化过程。

现代畜禽胚胎学研究成果斐然，通过研究畜禽两性配子的产生、成熟、受精、胚胎发育过程中的形态结构与功能变化规律，将人工授精、胚胎移植、胚胎冷冻、克隆与转基因技术等研究成果应用于畜牧业生产，进行高效的胚胎生产，提高畜禽遗传性能，成为推动现代畜牧业快速健康发展的“核心”力量。

认识胚胎发育的客观规律，理解并掌握与畜禽胚胎发育机能相适应的形态结构特点，有效地利用和控制胚胎发育过程，是我们学习和研究畜禽胚胎学的主要目的。家畜为胎生动物，其胚胎发育是在母体的子宫内进行并完成的；家禽为卵生动物，其胚胎发育在卵内进行，在母体外完成。本章分别介绍家畜和家禽的胚胎发育。

第一节 配子的发生和形态结构

在雄性与雌性动物中，原始生殖细胞（primordial germ cell, PGC）向配子分化和成熟的连续阶段称为配子发生。原始生殖细胞在由外胚层迁移至性腺的过程中，不断增殖，并最终定居下来。由此产生的两性配子，包括精子与卵子（卵母细胞），都是为完成受精而分别在睾丸和卵巢发生过程中高度特化的生殖细胞，其形态结构适应受精和早期胚胎发育的需要。

一、原始生殖细胞与配子

原始生殖细胞（PGC）是生殖细胞的始祖细胞，起源于早期胚胎发育阶段。在卵母细胞植物极的特定区域内，存在被称为生殖质（germ plasm）的特定物质，主要由某些特定 mRNA 与蛋白质组成。在受精卵的卵裂过程中，生殖质被分配到后续早期胚胎的特定细胞中。这些细胞在原肠胚阶段分化形成 PGC。

PGC 起源于外胚层的内细胞团，必须通过迁移才能到达生殖腺原基，即生殖腺嵴（genital ridge）。在哺乳动物，PGC 经原肠作用的细胞运动，在尿囊与后肠交界处聚集，沿背侧肠系膜迁移并进入生殖嵴。在禽类，PGC 迁移至胚胎头部的明区和暗区交界处，增殖形成呈月牙带状的生殖新月。生殖新月区的 PGC 随着胚体血液循环，迁移进入生殖嵴。在迁移过程中，PGC 不断增殖，在进入生殖嵴后分化形成生殖母细胞，停滞于细胞周期的 G_0 期，直至性腺分化前后，生殖母细胞开始分裂产生两性配子的前身，即精原与卵原细胞。

二、减数分裂与配子发生的一般规律

精原细胞与卵原细胞形成后，经过一系列漫长而复杂的变化过程，形成精子与卵子。在此过程中，精原细胞与卵原细胞经历初期的几次有丝分裂后，旋即进入减数分裂，并最终产生单倍体两性生殖细胞。

1. 减数分裂

在生殖细胞发生过程中，精原与卵原细胞经过两次特殊的细胞分裂，使染色体减少一半，这两次特殊分裂叫作减数分裂（meiosis），每次分裂均包括前期、中期、后期和末期。在这两次减数分裂过程中，染色体仅复制一次，而分裂两次，由此产生 4 个单倍体的子细胞。

（1）第一次减数分裂 第一次减数分裂的前期很长，可分为 5 个时期。

①细线期：染色质呈细长丝状，由于在 DNA 合成期已复制一次，所以此时的染色质由两条染色质丝组成。

②偶线期：同源染色体开始配对并发生联会。

③粗线期：染色体进一步凝缩变粗，两对同源染色体并排组合呈现四联体结构，即此时的染色体事实上由 4 条染色单体组成。

④双线期：每条染色单体更为凝缩，姐妹染色单体相互靠近，父源与母源染色单体开始分离。但是由于父源与母源染色单体的某些地方仍连在一起，使得两者染色体臂可能重叠而形成交叉，造成染色体片段在同源染色体间发生交换。

⑤终变期：染色体变得更加短而粗，中心体位于两极，核膜与核仁开始溶解，纺锤体形成。

前期结束后，第一次减数分裂进入中期。染色体在来自两极的纺锤丝的牵引下，排列在纺锤体的赤道板上。在后期，联会的两对同源染色体随机分离，在纺锤丝的牵引下，向两极移动。细胞两端各含有一套单倍体数目的染色体，但每条染色体均含有两条染色单体。在末期，核膜在分离的染色体周围形成，细胞开始分裂。初级精母细胞形成过程中，细胞质均分至两个次级精母细胞。然而，在卵母细胞形成过程中，产生一个保留大部分细胞质的较大细胞称为次级卵母细胞和一个保留少部分细胞质的较小细胞称为第一极体。末期后 DNA 复制不再发生。这样，第一次减数分裂后，产生的子代细胞仅含有单倍数目的染色体，但每条染色体的 DNA 含量是双倍的。

（2）第二次减数分裂 第一次减数分裂后存在一个短暂的间期，生殖细胞随后进入第二次减数分裂。此期不发生 DNA 复制，分裂过程同一般的有丝分裂。每条染色体由一对染色单体通过共同的着丝粒连接而成，在中期整齐排列在纺锤体赤道板上。在后期，每条染色体在纺锤丝牵拉下，分离为两条染色单体，分别移向细胞两极。在末期结束时，核膜在每组染色单体周围形成，细胞质再次分裂。这样，经历两次减数分裂过程，由 1 个二倍体生殖细胞形成 4 个单倍体细胞（图 17–1）。

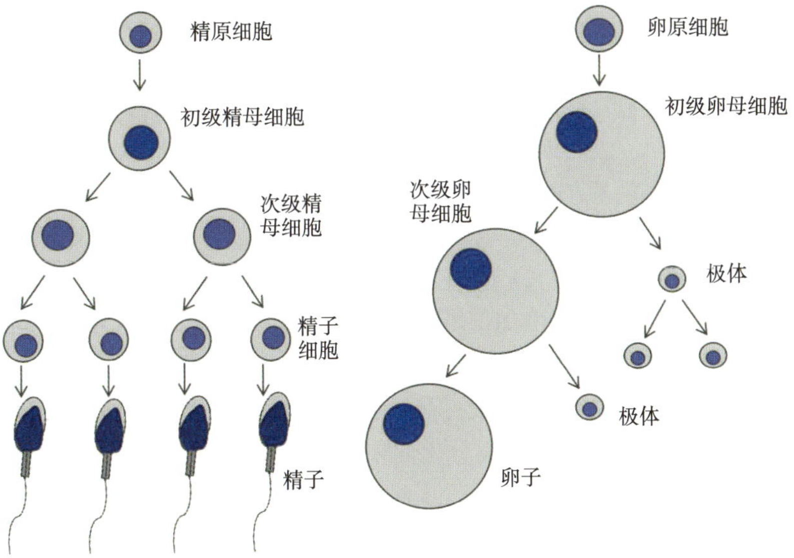

图 17-1 精子与卵子发生示意图

2. 配子发生的一般规律

原始生殖细胞在原肠胚或者胚胎发育后期沿背肠系膜向上迁移至两侧生殖嵴中，根据其基因型特征，决定性腺的分化命运——睾丸或者卵巢。随后，原始生殖细胞分别在睾丸与卵巢中分化为精原与卵原细胞，经历漫长而复杂的过程才形成精子与卵子，这一过程称为配子发生。畜禽两性生殖细胞的发生过程大体类似，都经历增殖期、生长期和成熟期 3 个阶段，但是精子发生必须经历一个特殊的“变形”过程，才能最终完成。

增殖期是指精原与卵原细胞经过多次有丝分裂使其数量不断增多，最终形成初级精母与初级卵母细胞的过程。与雄性哺乳动物不同的是，在雌性胎儿出生前后，卵原细胞的增殖停止，此后其数量不再增加。生长期是指初级精母或卵母细胞开始积累大量营养物质，合成并储存各种核糖核酸与蛋白质等后续胚胎发育所需信息物质，此期中细胞体积显著增大。成熟期是指初级精母或卵母细胞经过两次减数分裂，最终形成单倍体精子或卵子的过程。初级精母细胞经历第一次减数分裂产生两个次级精母细胞，后者经过第二次减数分裂各产生两个精子细胞，经变形过程，最终由一个初级精母细胞形成 4 个成熟精子。不同的是，初级卵母细胞在第一次减数分裂后，产生了一个较大的次级卵母细胞和一个较小的第一极体。有些动物的次级卵细胞会很快完成第二次减数分裂，形成一个较大的成熟卵母细胞和一个较小第二极体；有些动物的次级卵母细胞则会停留在第二次减数分裂中期，直至与精子相遇才会完成，排出第二极体。这样一个初级卵母细胞最终产生 1 个成熟卵细胞和 3 个极体。

三、精子的发生和形态结构

精原细胞分裂分化形成精子的过程，被称为精子发生（spermatogenesis），该过程始于个体性成熟。性成熟后，动物睾丸曲精小管中由管壁向管腔方向依次出现精原细胞（spermatogonia）、初级精母细胞（primary spermatocyte）、次级精母细胞（secondary spermatocyte）、精子细胞（spermatid）与精子。由精子细胞形成具有特定形态结构的成熟精子需要经历一个特殊的变形过程。

1. 精子的发生

原始生殖细胞迁移至雄性胚胎生殖嵴后，与中胚层细胞结合，参与发育中睾丸精索的形成，随后分化形成精原细胞，并一直停留至性成熟。性成熟后，这些休眠的生殖细胞被激活，依次经历增殖期、生长期、成熟期与成形期 4 个阶段，最终形成精子。

（1）增殖期 此期中精原细胞不断分裂与增殖，直至初级精母细胞形成。精原细胞位于曲精小管基膜内侧，通过有丝分裂实现增殖。根据精原细胞核内异染色质的分布特征，精原细胞被分为 A 型、中间型与 B 型。A 型精原细胞，经过多次有丝分裂，一部分形成自身作为“种子”保留下来，另一部分形成中间型精原细胞。后者再分裂产生 B 型精原细胞。B 型精原细胞会产生初级精母细胞。这样，在下一个精子发生周期内，作为种子被保留下来的 A 型精原细胞重新开始分裂与分化，周而复始，保证了精子发生的延续性。

（2）生长期 由 B 型精原细胞分裂分化而来的初级精母细胞随后进入生长期。此时的初级精母细胞仍为二倍体。伴随着核酸与蛋白质的合成，营养物质在细胞内大量积累，初级精母细胞体积明显增大，最终可达 B 型精原细胞的 2 倍，成为生精细胞中体积最大的细胞。

（3）成熟期 初级精母细胞经历第一次减数分裂，形成两个较小的单倍体次级精母细胞。次级精母细胞经过第二次减数分裂产生两个更小的精子细胞。这样，经过两次减数分裂，一个初级精母细胞共产生 4 个精子细胞。由于次级精母细胞一旦形成很快进入分裂，所以在生精小管切片上很难被观察到。

（4）成形期 精子细胞经过变形，丢弃掉多余的细胞质，生出有活动能力的尾巴，成为精子。最初，精子细胞具有典型的哺乳动物细胞的细胞器，包括球形细胞核、高尔基复合体、线粒体、成对的中心粒和内质网。在精子细胞变形成为精子的过程中，细胞核丢弃了大量水分和染色体上与遗传信息传递无关的核糖核酸等物质，染色体高度凝缩，体积缩小；高尔基复合体中，合成的致密颗粒相互融合形成一个大的顶体小泡，逐步覆盖于浓缩核的前缘，形成顶体；两个中心粒迁移至顶体对面的核极，形成近端与远端中心粒，后者形成精子尾部发育的轴丝；线粒体聚集在轴丝的近端区域，形成一条盘绕于中心粒与轴丝外围的完整鞘带；随着上述进程，多余的细胞质向核后流动，最终被精子丢弃。

精子发生的一个典型特征是：精原细胞连续分裂并不完全，由同一精原细胞分裂而来的子代细胞通过细胞质桥被偶联在一起。从 A 型精原细胞到精子产生所需的时间可能在 40～60 d，这取决于物种差异。

在睾丸曲细精管中，精子发生与支持细胞密切相关。生精细胞几乎完全被支持细胞的细胞质所包围。相邻的支持细胞之间的紧密连接参与构成血－睾屏障，为精子发生提供安全保障。在精子发生末期，未成熟的精子从支持细胞紧密环抱中脱离出来，进入曲细精管的管腔，多余细胞质被支持细胞剥离并吞噬。此时精子尚无运动能力，带着少量附着的细胞质（原生质滴），由曲精小管液体输送至附睾并储存起来。

在附睾中，精子经历一个有能力使卵母细胞受精的成熟过程。精子发生系列变化，包括核染色质的改变，质膜的组成的改变和原生质滴的丢失。随后成熟精子在射精前储存在附睾尾部。在家畜中，精子可以存活长达 3 周，而在人类中，精子只能在附睾中储存几天，然后就失去了生存能力。大多数未射精的精子逐渐排入泌尿系统；留在附睾中的一小部分发生退化性改变并被吞噬。由于附睾管壁平滑肌的收缩，精子通过附睾的运输在公牛和公羊中需要长达 12 d，在公野猪和种马中需要长达 14 d。随着射精频率的增加，运输时间可能会减少。

2. 精子的结构

动物精子的形态在不同物种间有差异，结构特征相同，主要由头部和尾部组成（图 17-2）。其中尾部由前向后又分为颈段、中段、主段和末段。精子的结构与其功能是完全适应的。不同物种精子形态差异主要体现在头部，马、牛、绵羊、猪和兔等精子头部为扁圆形态；人、豚鼠等精子头部呈梨形；小鼠、大鼠等的为镰刀状。

（1）头部　精子头部由细胞核与顶体构成（图 17-3）。细胞核由高度凝缩的染色质组成。核的中央常有不规则的孔隙，核膜为两层。细胞核的前端大约 2/3 的部分被顶体覆盖。顶体呈帽状结构，位于细胞质膜与核膜之间，贴近质膜的称顶体外膜，靠近核膜的为顶体内膜。精子顶体内含有多种水解酶类，如透明质酸酶、酸性磷酸酶、放射冠穿透酶等。覆盖细胞核顶部的顶体部分称为顶体帽，其下缘变薄，靠近核的中部，称为赤道段。

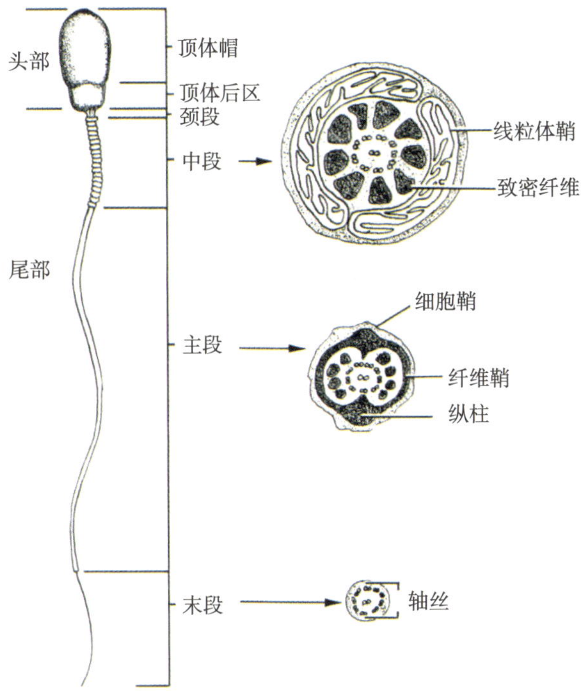

图 17-2　典型的哺乳动物精子结构及各段切面图
（Krause, 1981）

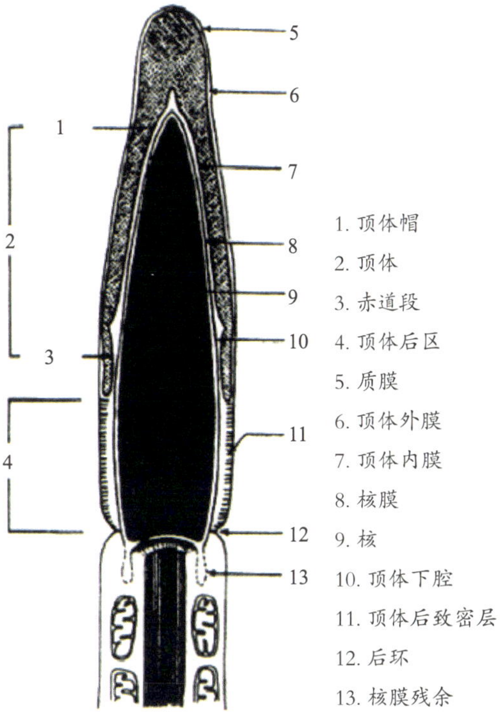

图 17-3　哺乳类精子头部矢状切面图
（Yanagimachi, 1981）

（2）尾部　精子尾部以其结构的不同，被分为颈段、中段、主段与末段 3 部分（图 17-2）。精子颈段很短，起自近端中心粒，止于远端中心粒。近端中心粒位于核后部的凹陷内，短圆筒状，通常与精子尾部长轴垂直。有远端中心粒转变而来的基粒产生精子尾部的轴丝。

中段是尾部最粗的一段，主要由轴丝与其外围的线粒体鞘组成。轴丝由远端中心粒（基粒）延伸而来，其结构与细胞纤毛的结构类似，由 9 + 2 型纤维构成，即位于中央的两条单纤维和外围的 9 对二联微管组成同心环，延长轴排列。其中，中央微管负责传导，二联微管起收缩作用。轴丝外还分布着由颈部延伸而来的 9 条粗纤维构成的纤维带。螺旋形的线粒体鞘包绕在轴丝与粗纤维带外围，为精子活动提供能量支持。线粒体鞘最后一圈的质膜内褶称为终环，是中段与主段的连接处。

主段是尾部最长的部分，主要结构是轴丝，线粒体鞘消失，被一圆筒状的纤维鞘包围。纤维鞘内的粗纤维不再是 9 条而变为 7 条，呈左三右四排列，使得该部位只能呈左右方向摆动，而且向右侧摆动的幅度偏大。随着主段进入末段，7 条粗纤维逐渐消失，裸露的轴丝埋于较少细胞质中，其外包被精子质膜。

四、卵子的发生和形态结构

卵子发生（oogenesis）要经历一个漫长而复杂的过程，从胚胎发生早期开始，经历胚胎期、出生，直至性成熟后才完成。整个过程包括：原始生殖细胞形成卵原细胞（oogonium），后者增殖并分化形成初级卵母细胞（primary oocyte），充分生长之后进入减数分裂期，产生次级卵母细胞（secondary oocyte），等待精子穿入激活，最终完成减数分裂全过程。在此过程中，卵母细胞的结构处于动态变化中，卵母细胞体积不断增大，透明带出现，细胞核随成熟进程发生系列变化，细胞器重新排列，为下一步受精做好准备。

1. 卵子的发生

抵达生殖嵴的原始生殖细胞进一步迁移到未分化性腺中，与该处生殖上皮细胞一起形成原始性索，并很快转化为卵原细胞，启动卵子发生过程。卵子发生可被细分为增殖期、生长期和成熟期 3 个阶段。

（1）增殖期 卵原细胞在动物胎儿卵巢中会经历多次有丝分裂，数目急剧增加。与此同时，卵巢内卵泡细胞也在不断增殖，延伸至卵原细胞间，形成由单层扁平卵泡细胞包围的原始卵泡（primordial follicle）。无论何种动物，卵原细胞的增殖期在出生后不久就停止了。此时的卵原细胞核为圆形，有一到多个核仁。各种细胞器偏居于细胞核一侧。

（2）生长期 卵原细胞增殖到一定时期，一部分细胞开始进入第一次减数分裂的细线期，DNA 开始复制，此时的卵原细胞改称初级卵母细胞。初级卵母细胞由细线期进入偶线期，同源染色体发生配对联会，进入粗线期。由粗线期进一步发展到第一次减数分裂的双线期。此时，初级卵母细胞的核较大，称为生发泡（germinal vesicle），由核膜、染色体、核仁与核质组成，是初级卵母细胞的主要特征之一。围绕在卵母细胞周围的单层扁平卵泡细胞分化为单层立方状颗粒细胞，形成初级卵泡（primary follicle）。

初级卵泡中的初级卵母细胞没有完成第一次减数分裂前期的双线期，而是进入一个较长的休眠期，直到性成熟后，被促性腺激素激活，才开始下一步发育。初级卵泡内卵泡细胞恢复有丝分裂，数量明显增多，由单层变为多层，此时的卵泡称为次级卵泡（secondary follicle）。随着次级卵泡内卵泡细胞的不断增殖，分泌的卵泡液持续累积，卵泡内出现腔隙，三级卵泡或者 Graaf 卵泡形成（图 17–4）。在动物卵母细胞生长初期，在卵母细胞与卵泡细胞之间出现一层均质半透过性膜，称为透明带，主要由卵母细胞分泌的糖蛋白浓

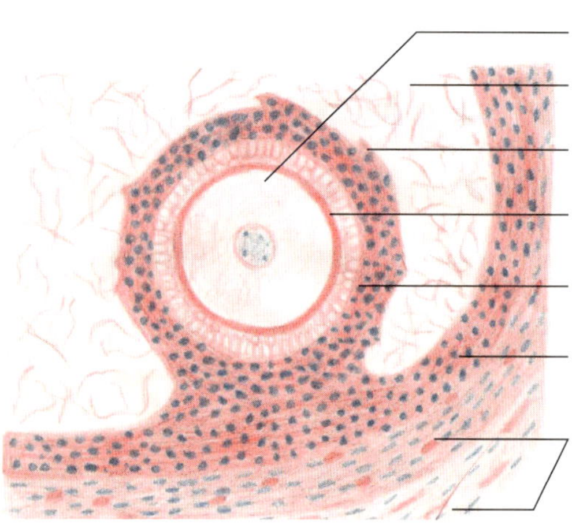

图 17–4 三级卵泡结构示意图（何咏婷供图）

缩而成。随着卵泡的不断发育，透明带厚度逐渐增加。卵母细胞和卵泡细胞相向伸出微绒毛状细胞质突起，插入透明带。两者间的间隙连接蛋白偶联在一起，形成间隙连接通道，保证了细胞间的信息与小分子营养物质交流。此期内卵母细胞细胞器结构发生变化，位置重新排列。例如，线粒体数量增多，体积增大，趋于整个胞质内分布；高尔基复合体分裂形成皮质颗粒，向卵母细胞皮质区迁移；初期呈网状结构的核仁后期发生致密化，标志卵母细胞即将恢复减数分裂，进入成熟期。

（3）成熟期 卵母细胞进入成熟期的标志是减数分裂恢复，即原本停滞于第一次减数分裂前期双线期的卵母细胞，开始苏醒，继续减数分裂过程，直至形成次级卵母细胞，并排出第一极体。在此过程中，随着卵泡的发育，腔隙逐渐融合成一个较大的充满卵泡液的卵泡腔。附着于卵泡壁上的卵泡细胞形成壁颗粒细胞层，卵母细胞与紧密围绕其外围的卵丘细胞形成突出于卵泡腔中的丘状复合结构，称为卵丘－卵母细胞复合体（cumulus-oocyte complex, COC）。排卵前，LH 峰促使卵母细胞与卵丘细胞的细胞质突起分别撤回，两者间联系中断。同时，卵母细胞核停滞状态被打破，减数分裂恢复。卵母细胞经历终变期、后期与末期，完成第一次减数分裂。随后次级卵母细胞很快进入第二次减数分裂。但是绝大多数脊椎动物卵母细胞第二次减数分裂进行到中期，再次停滞，直到精子入卵，第二次减数分裂才会完成，排出第二极体（secondary polar body）和一个成熟卵子（ovum）。事实上，此时的卵子已经是合子，亦可被称为受精卵。

2. 卵母细胞的结构

动物卵母细胞多呈球形，主要由含卵黄质的细胞质与一个细胞核组成，核内有 1～2 个核仁。卵母细胞恢复减数分裂时，生发泡破裂（germinal vesicle breakdown, GVBD）。卵母细胞外围包裹着一层均质的糖蛋白膜，称为透明带。透明带与卵母细胞膜之间的空隙，称为卵周隙（perivitelline space）。透明带外围分布着一层以辐射状排列的短柱状卵丘细胞，构成放射冠。卵母细胞膜向外伸出许多内含少量细胞质的突起结构，伸入透明带内，与放射冠细胞发出的突起形成指间相嵌，构成两者间信息交流通道。排卵前期，卵母细胞胞质突起从透明带中撤回，卵周隙增大（图 17-5）。

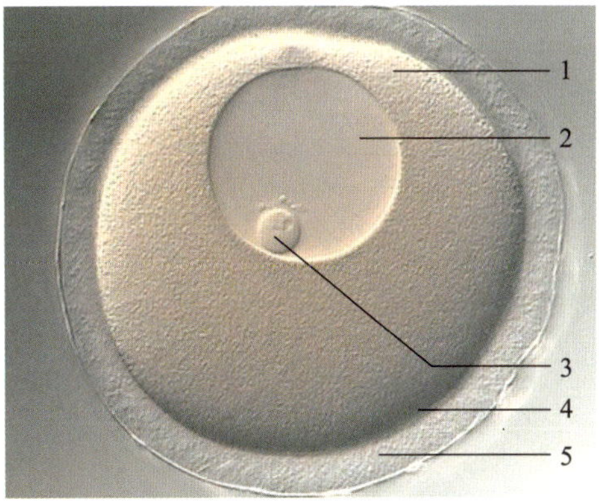

1. 卵母细胞胞质 2. 核（生发泡） 3. 核仁
4. 细胞膜（卵周隙很小） 5. 透明带

图 17-5 牛初级卵母细胞（仓明，2017）

卵母细胞透明带由糖蛋白、黏蛋白与多糖等成分组成，易被蛋白水解酶分解，其厚度随动物种类有一定差异。放射冠在排卵后不同时间消失，如鼠、猫和犬等放射冠可维持到 2 细胞胚胎期；而牛、羊、马、猪和兔等在排卵后即消失。第一次减数分裂后排出的第一极体位于卵周隙内。大部分动物卵母细胞受精后才完全成熟，排出第二极体。

卵母细胞胞质内含有不同程度的卵黄与脂肪颗粒，造成不同动物卵母细胞在光镜下的明暗度有差异。鼠类卵母细胞较透明，猪、马、犬等动物卵母细胞内脂滴丰富，色较暗。皮质颗粒是卵母细胞特有的一种细胞器，由高尔基体产生，在完成第一次减数分裂的次级卵母细胞内，整齐排列于细胞膜下。皮质颗粒内含多种蛋白水解酶类，受精时，皮质颗粒内容物被释放在卵周隙中，称为皮质反应，随后引发卵质膜反应与透明带反应，是阻止多精受精的关键机制。

【思考题】

1. 名词解释：配子发生、生发泡破裂、三级卵泡、卵丘–卵母细胞复合体。
2. 简述精子与卵子的发生过程。
3. 试述精子与初级卵母细胞的结构。

（内蒙古农业大学　李海军）

第二节 畜禽的早期胚胎发育

畜禽的早期胚胎发育包括受精、卵裂、囊胚、原肠胚和胚层形成、胚层分化与神经轴胚形成等阶段。

一、受精

受精（fertilization）是个体发育的开始，两性配子相遇，两者的质膜互相融合，随后，雄性和雌性遗传物质相互组合而成一个新细胞，即合子（zygote）。在哺乳动物和家禽，受精部位都发生在输卵管的上 1/3 处（图 17–6）。

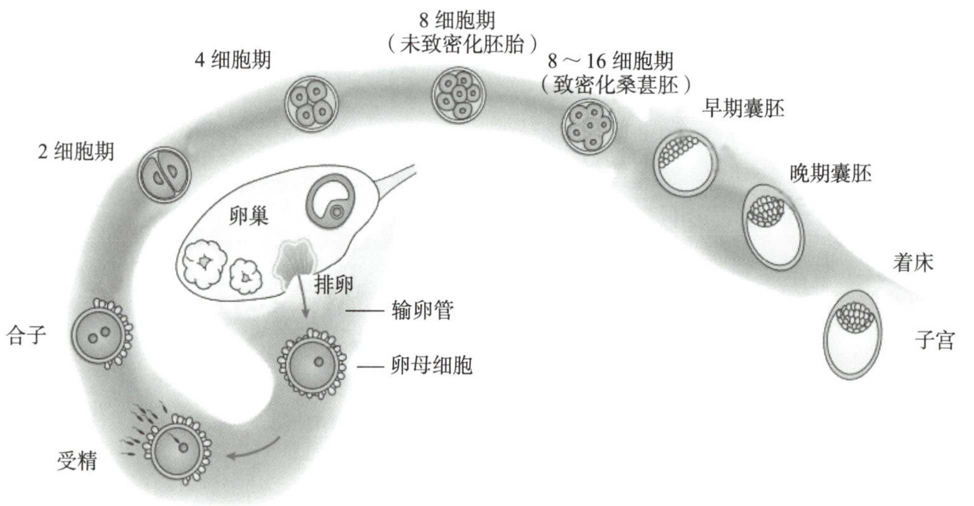

图 17–6　小鼠胚胎着床前发育以及着床模式图

1. 精子的获能和顶体反应

哺乳动物的精子，在离开附睾时虽已具有活动能力，但并不能使卵母细胞受精，只有在雌性生殖道内停留一段时间后，才能获得使卵母细胞受精的能力，这一过程称精子获能

（capacitation）。精子在获能期间，主要发生两种变化：首先是在雌性生殖道分泌物作用下，去除其表面覆盖着的附睾蛋白和精清蛋白，其次是精子质膜的糖蛋白发生变构，使质膜上的负电荷增多并使膜结构变得更加液化。这些变化都是为精子进行顶体反应做准备的。当精子开始穿入放射冠时，精子顶体部分的质膜与顶体外膜发生多处融合，随后，融合处裂开，产生许多小孔，小孔之间即形成小泡。顶体内容物就从小孔释放出来，这一过程称顶体反应（acrosomal reaction）。顶体外周部分的内容物主要是透明质酸酶，它首先释放可以溶解放射冠卵泡细胞间的透明质酸，使卵泡细胞离散，便于精子穿过放射冠。当精子到达透明带表面时，就将顶体外侧部分的顶体蛋白酶释放，这种蛋白水解酶可以水解透明带，开出一条供精子穿过的通道，使精子进入卵周围并与卵母细胞质膜相贴（图 17–7）。

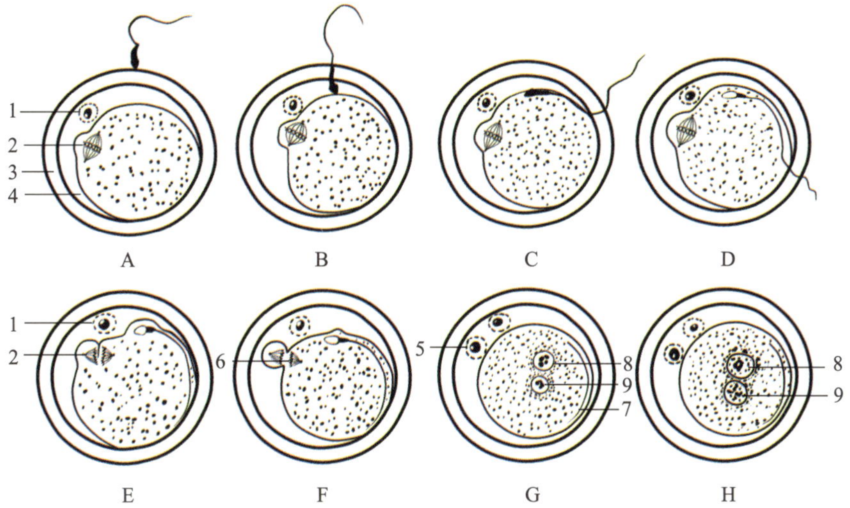

A. 精子接近透明带　B. 头部传入　C. 大部分进入卵内　D. 进入卵胞质中
E. 全部进入，卵纺锤体转向　F. 第二极体分出　G. 形成雌雄原核　H. 二原核膨大
1. 第一极体　2. 第二次成熟分裂中期　3. 透明带　4. 卵黄周隙
5. 第二极体　6. 卵子的核　7. 精子的尾部　8. 雄原核　9. 雌原核

图 17–7　大白鼠受精过程模式图

2. 透明带反应和卵黄膜反应

第一个精子到达透明带并与其表面上的精子受体相结合后，穿过透明带与卵母细胞质膜相接触，立即引起卵母细胞质膜发生去极化，使原来规则排列在卵母细胞质膜下面的皮质颗粒膜与卵母细胞质膜融合并将颗粒中的内容物排入卵周隙。皮质颗粒内容物中含有一种类胰蛋白酶，它可以水解透明带表面上的精子结合受体，从而阻止其他精子再附着到透明带和进入卵母细胞以保证单精受精，这一过程称透明带反应（zona reaction）。皮质颗粒内容物释放后，其膜便填补到卵母细胞质膜，使后者发生重组。重组后的质膜可阻止其余精子入卵，即卵黄膜反应（vitelline reaction）。

3. 精子与卵子的融合

当精子头部的质膜与卵细胞质膜相接触后，两者发生融合。融合后两膜破裂，精子的头、颈部连同尾部（或只到尾部主段）一并进入卵内。精子入卵后，入口处由精子质膜填补。

4. 双亲遗传物质的组合

精子头部入卵后迅速膨大，细胞核内出现核仁，并生成明显的核膜，称雄原核（male

pronucleus)。与此同时，卵母细胞已将第二极体自动物极分出，核内移并恢复到原来形状，称雌原核（female pronucleus）。雌、雄原核迅速膨大并向卵中央相互靠近，最后，核膜消失，出现两组染色体。这两组染色体进行一定组合后，排列于合子的赤道板上，并与纺锤丝相连，准备进行第一次卵裂。

二、卵裂

受精卵按一定规律进行多次重复分裂的过程，称卵裂（cleavage）。卵裂所形成的细胞，称卵裂球（blastomere）。卵裂与普通有丝分裂略有不同，主要表现在：卵裂的分裂间期短，不伴随细胞生长，紧接着又开始新的一次卵裂，因此，卵裂球体积越来越小，核质比例越来放大，直到核质比例达到该种动物所持有的数值时，卵裂过程结束；最初几次卵裂按一定程序和方式进行，随后逐渐不规则；卵裂过程均在透明带内进行，故胚的大小和形状均不发生变化，卵裂过程中，不仅细胞数量增加，同时细胞已开始分化，虽然在外形上看不出有所不同，但已有质的不同。

1. 卵裂类型

卵裂的类型与卵黄含量的多寡和分布有密切关系。卵黄少而均匀分布的卵子，分裂面可将卵子完全分开，称全裂（holoblastic cleavage）；卵黄多而集中的卵子，由于卵黄阻碍分裂面使卵子不能完全分开，称不全型（meroblastic cleavage）。

分裂面通过卵轴，从动物极到植物极，将卵子分成相等的两个卵裂球，这种分裂称经裂。与赤道面平行的卵裂，称纬裂。

2. 哺乳动物的卵裂

哺乳动物的卵子属少黄、均黄卵，卵裂属全裂（图 17-8），其特点是卵裂进行较慢，如绵羊在受精后 38 ～ 39 h，猪在交配后 51 h，才完成第一次卵裂；卵裂球不同时分裂，即异时卵裂，因此其数量的增加不规则。第一次卵裂是经裂，第二次卵裂面与第一次卵裂面垂直，

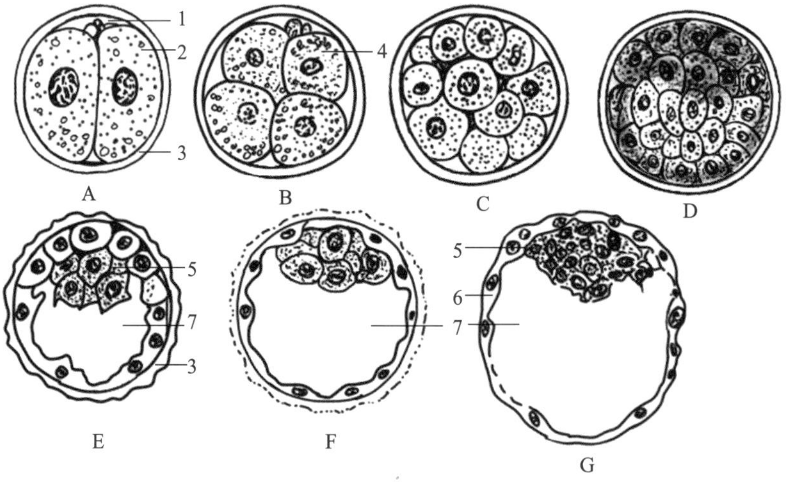

A. 2 细胞期，交配后 2 d 3.5 h，取自输卵管　B. 4 细胞期，2.5 d　C. 桑葚胚，约 16 细胞期，3.5 d
D. 胚泡期，约 4.75 d 取自子宫，中央色淡处示胚泡腔出现　E. 是 D 的切片标本
F. 胚泡，6 d 1.75 h　G. 胚泡，透明带消失，6 d 20 h
1. 极体　2. 2 细胞期的卵裂球　3. 透明带　4. 4 细胞期的卵裂球　5. 内细胞群　6. 滋养层　7. 囊胚腔

图 17-8　猪的卵裂和胚泡

由于其中一个略大的卵裂球先分裂，随后较小的卵裂球再分裂，因此卵裂球的数目不是呈几何级数增加。卵裂到 32 个卵裂球时，胚胎在透明带内呈实心细胞团，称桑葚胚（morula）（图 17–8）。此时，卵裂一词不再用来表达继续进行着的细胞分裂。胚胎学研究资料指出，多次卵裂后的卵裂球，不仅其大小有所区别，同时细胞质的透明度也有不同，说明此时的卵裂球已有质的分化。一般认为色暗、圆形且大的卵裂球居于胚泡的一端，形成内细胞团，将来演变成胚胎本体；色明亮、体积较小的卵裂球，从立方形变为扁平形，居于胚泡的外层，将来演变成胚胎的滋养层。

3. 禽类的卵裂

禽类的卵子属多黄、端黄卵，卵裂属不全裂、盘状卵裂（图 17–9）。鸡的受精卵在输卵管中一般要经过 24～27 h，边发育边移动，当卵排出时，胚胎已处于早期原肠胚阶段，所以，鸡的卵裂和囊胚的形成均在输卵管内进行。前几次卵裂的卵裂面相互垂直，有一定规律性，但自第六次卵裂以后，开始不规则。胚盘中央的卵裂球分割是完整的，但周围部分则分割不完全。

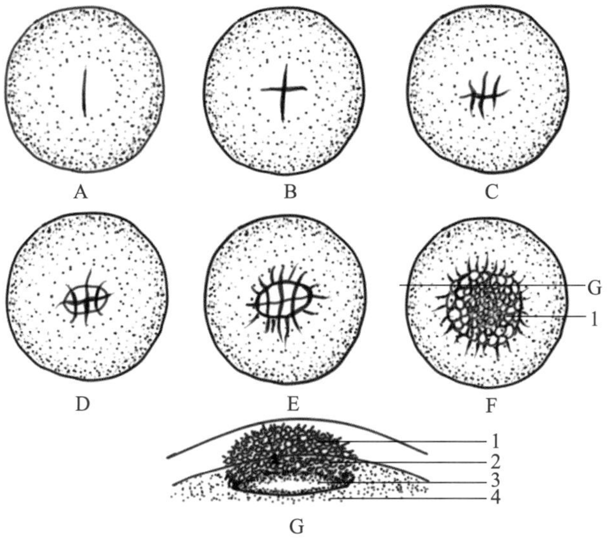

A ～ F. 胚盘背侧观　A. 第一次卵裂　B. 第二次卵裂　C. 第三次卵裂
D. 第四次卵裂　E. 第五次卵裂　F. 早期囊胚　G. 切线和囊胚横断面
1. 胚盘　2. 连接带　3. 囊胚腔　4. 卵黄

图 17–9　鸡的卵裂和囊胚

三、囊胚形成和附植

由于卵子的类型不同和卵裂类型的不同，所形成的囊胚（blastula）也不同。

1. 哺乳动物的胚泡形成和附植

从表 17–1 可以看出，卵裂末期的胚胎已经迅速通过输卵管进入子宫，各种家畜早期胚胎到达子宫时所处的卵裂阶段都不相同。当受精卵分裂到 16 个细胞以后，桑葚胚细胞分泌液体，在细胞团中央开始出现裂隙，裂隙扩大而成腔。此时哺乳动物的囊胚称胚泡（blastocyst），其中央形成的腔，称胚泡腔（blastocoele）。进入子宫的胚泡，从子宫分泌物中吸取营养物质迅速发育，胚泡腔也迅速增大。此时细胞也开始分化，位于胚泡顶壁大的细胞团，称内细胞团（inner cell mass）或胚结；围绕胚泡腔的细胞逐渐变成扁平形，称滋养层（trophoblastic layer）。与胚泡形成的同时，透明带消失。胚泡起始呈球形，因吸收子宫黏膜表面的营养而迅速发育成纺锤状，如绵羊胚泡 20 d 时长达 20 cm，牛在 17 d 时长达 15～20 cm，猪配种 13 d 后竟长达 157 cm（图 17–10）。胚泡面积迅速增长，为胚胎迅速获得母体营养创造条件。

表 17-1　家畜各卵裂阶段发育时间　　h

家畜种类	卵裂阶段							
	1 细胞期	2 细胞期	3～4 细胞期	5～8 细胞期	9～16 细胞期	桑葚胚期	囊胚期	到达子宫时间和所处时期
牛	23～51	40～55	44～65	46～96	71～141	144	190	96（8～16 细胞）
猪	51	51～66	66～72	90～110		110～114	114	75（桑葚胚）
马		24	27～36	50～60（5）	96±6（15）	98±6		
绵羊	0～38	38～39	42	44	85～77	96	113～138	77～96（16 细胞）
山羊	30	30～48	60	85	98	120～140	158	98（10～13 细胞）

初期胚泡漂浮于子宫腔内，与子宫壁无联系。在神经内分泌的调节下，也因胚泡腔中液体增加，制约了胚泡在子宫内移动，胚泡逐渐陷入子宫内膜，这一过程称植入（implantation）或着床（imbed）。发育到 11 d 的猪胚泡，表面生成部分绒毛原基，母体子宫内膜上皮细胞呈立方形，表面不规则，随后变成柱状细胞，两者紧密相接，固定于子宫壁上，开始子体与母体间的物质交换。反刍动物的子宫黏膜表面有子宫肉阜，胚泡滋养层形成的绒毛伸入子宫肉阜，部分破坏上皮细胞而与结缔组织接触。马的胚泡表面与子宫内膜相接触的部分，在第 9～10 天时出现绒毛，它与子宫内膜形成的皱襞相接触以进行物质交换。

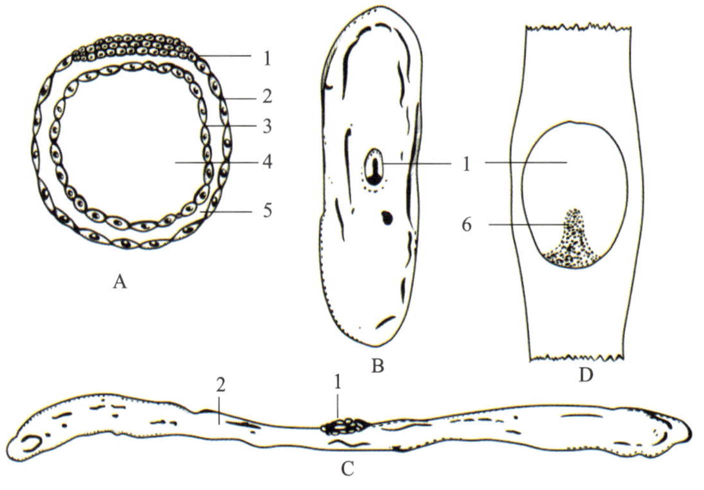

A. 胚泡切面　B，C. 开始延长伸展　D. 胚盘部背侧观
1. 胚盘　2. 滋养层　3. 内胚层　4. 原肠腔　5. 胚泡腔　6. 原条开始形成

图 17–10　受精龄约 8 d 的猪胚泡外形以及内部结构

2. 禽类的囊胚形成

禽类卵裂结果使胚盘变成一小片圆而扁的组织，周围与卵黄相接，其下方的囊胚腔（胚下腔）与卵黄相隔开，形成盘状囊胚。胚盘中央部分，因其下方是囊胚腔，较透明，故称明区；胚盘周围部分与卵黄相贴，因而不透明，称暗区。在以后的发育中，暗区细胞不断与卵黄分离而加入明区，使明区不断扩大，同时暗区也逐步向周围扩展。

四、原肠胚和胚层形成

胚泡（囊胚）继续发育、分化形成原肠胚（gastrula），是胚胎发育过程的重要阶段。在原肠胚期，细胞仍继续分裂，但较慢并略有生长，细胞核作用开始明显，代谢作用比较旺盛，新的蛋白质开始合成，胚胎开始分化为不同的胚层。由于动物种类各异，原肠胚形成的方式和过程也比较复杂。

1. 哺乳动物原肠胚和胚层形成

（1）内、外胚层形成 猪胚泡内细胞团上方的滋养层细胞在交配后 7～8 d 时溶解，使内细胞团呈盘状裸露出来，这个圆形区域称胚盘。胚盘表层的细胞，形成外胚层（ectoderm）。从内细胞团下方分化出一些细胞，在滋养层内逐渐形成一个新的、完整的细胞层，称内胚层（endoderm）。内胚层细胞围成的腔，称原肠腔（gastrocoel）。这个具有两个胚层的胚胎称原肠胚。原肠胚期的胚泡已延伸成长纺锤形，但在胚盘部分较粗（图 17-11）。

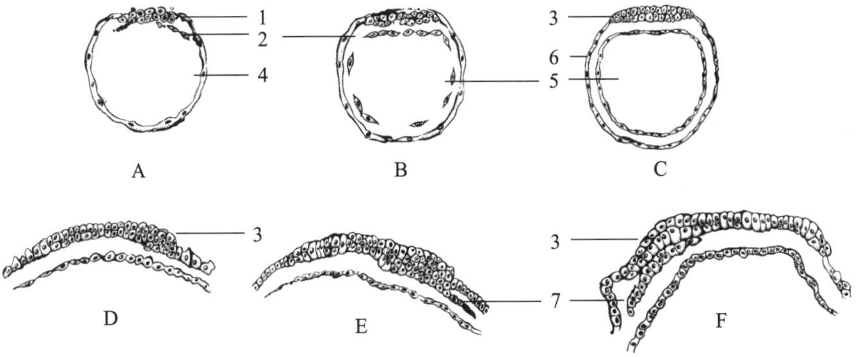

A. 7 d 胚泡，内细胞群下面分出零散的内胚层细胞 B. 8 d 左右胚泡，内胚层不完整
C. 8 d 胚泡，内细胞群露出形成胚盘 D. 9 d 早期胚盘部纵切 E. 9 d 胚盘部纵切 F. 9 d 后期胚盘部纵切
1. 内细胞团 2. 内胚层细胞 3. 胚盘（外胚层） 4. 胚泡腔 5. 原肠胚 6. 滋养层 7. 中胚层

图 17-11 猪原肠胚及三胚层形成（8～9 d）

（2）中胚层形成 从胚盘上部表面看，胚盘起初呈圆形，以后随着胚泡的延伸而变成长椭圆形，其膨大部分是胚胎头端，狭窄部分是胚胎尾端。在胚盘尾端外胚层的细胞迅速增生并加厚，细胞集向中轴并前伸形成原条（primitive streak）（图 17-12）。原条的方向预示着胚体将在其前方与原条在同一中轴线上形成。原条长度最大时约占整个胚盘纵轴的 2/3。原条的中央下陷，称原沟（primitive groove），原沟两侧隆起，称原褶（primitive fold）。原沟前端膨大成原窝（primitive pit），窝的头端边缘细胞堆集而成一加厚小区，称原结（primitive knot），它是脊索的发生处。因此，整个原条可以看作是胚体生长和发育的中心（图 17-12，图 17-13）。

随着原条的形成，在胚盘后端的内胚层和外胚层之间，由原条处分出零散的中胚层细胞。中胚层细胞不断分裂增生，并向后方、两侧和前方扩展，于是在胚盘的外胚层与内胚层之间，在胚盘区以外的滋养层和内胚层之间形成一个完整的中胚层（mesoderm），在胚盘区内的称胚内中胚层，在胚盘区外的称胚外中胚层。

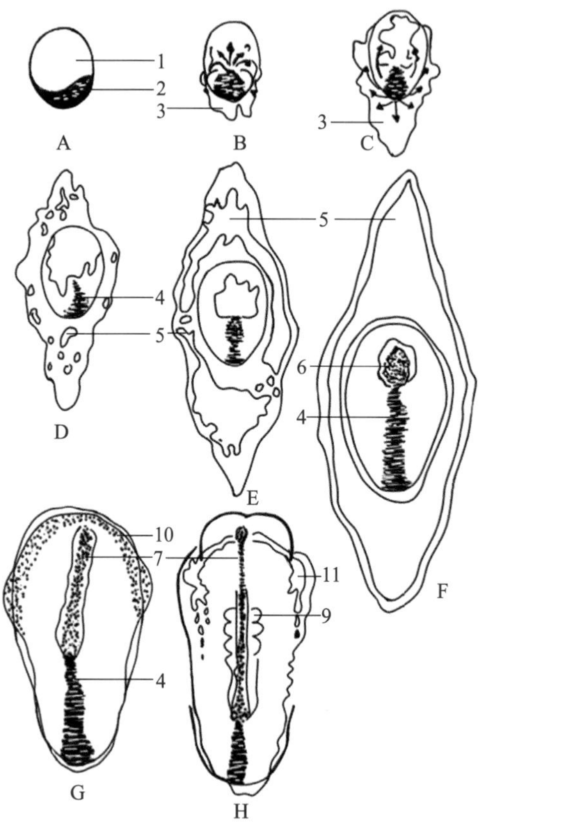

A～H 表示顺序号

1. 胚盘　2. 胚盘增厚区　3. 中胚层　4. 原条　5. 体腔　6. 原条
7. 脊索　8. 神经板　9. 体节　10. 心包区中胚层增厚　11. 心包腔

图 17-12　猪胚 7～15 d 中胚层发生、扩展和早期分化透视图

在原条和中胚层形成后，原结处的细胞在外胚层的下面继续分裂并向前形成杆状的脊索（notochord）。脊索是胚胎中轴器官，支持胚体，胚胎的脊柱将在脊索周围形成。在发育过程中，随着脊索不断前伸，原条却逐渐缩短，到脊索完全形成后，原条也就消失殆尽。

中胚层最初只是一层细胞，随着胚体的形成，胚内中胚层细胞进一步分裂增生，在脊索两侧形成上段中胚层（体节，somite）、中段中胚层和下段中胚层。下段中胚层与胚外中胚层相连。随后，首先在胚外中胚层细胞出现裂隙，并逐渐延伸到胚内，使胚内的下段中胚层和胚外中胚层都分成两层，两层之间的腔称体腔（coelome），在胚内部分的称胚内体腔，在胚外部分的称胚外体腔。内、外两层中胚层分别与内胚层、外胚层或滋养层相贴，附着于内胚层的称脏壁中胚层，附着于外胚层或滋养层的称体壁中胚层（图 17-13）。

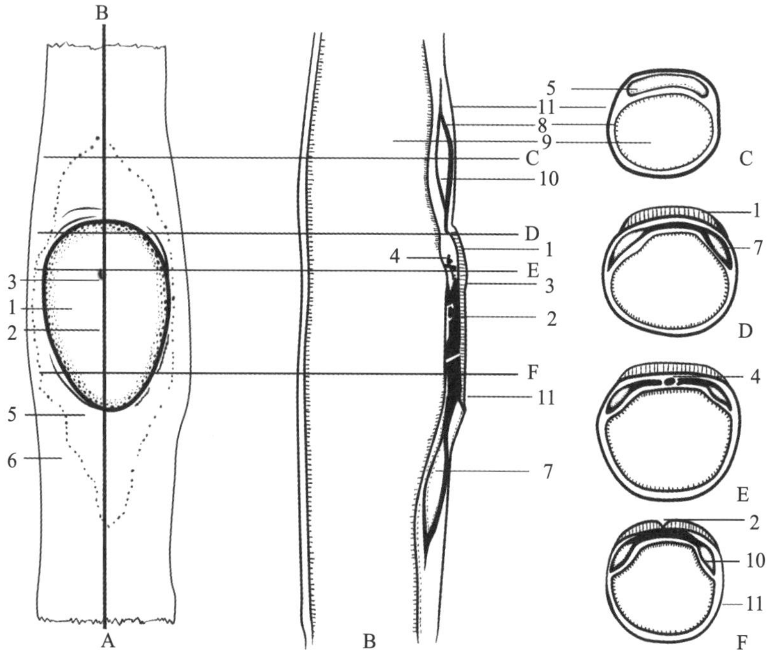

A. 背侧表面观
B. 纵切线和纵切面右半内侧观
C～F. 胚泡不同部位横断面
1. 胚盘　2. 原条　3. 原结
4. 脊索　5. 中胚层（胚外部分）
6. 滋养层　7. 体腔　8. 内胚层
9. 体壁中胚层　10. 脏壁中胚层
11. 外胚层（滋养层）

图 17-13　猪 12 d 胚泡背侧观及纵、横断面

随着胚盘区内胚体的分出，在胚体内的内胚层形成了胚体的原肠（primitive gut），而在胚外的内胚层则形成卵黄囊（图 17-14）。

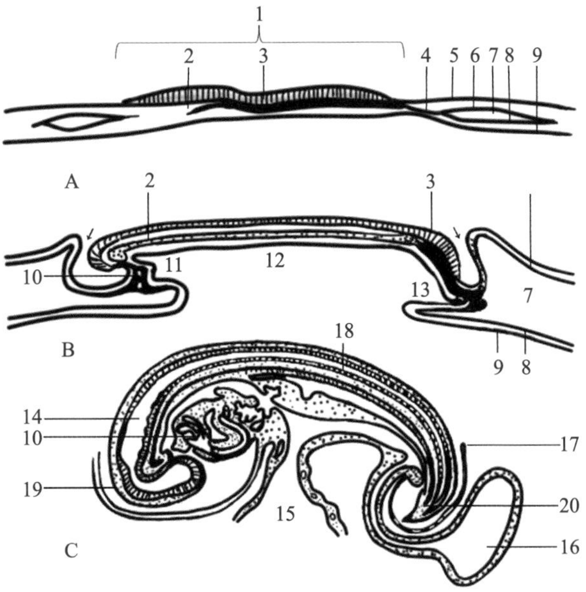

A. 原条期　B. 体节开始形成期　C. 25 对体节期
1. 胚盘　2. 脊索　3. 原条　4. 中胚层　5. 滋养层　6. 体壁中胚层　7. 胚外体腔　8. 脏壁中胚层　9. 内胚层　10. 心脏　11. 前肠　12. 中肠　13. 后肠　14. 脑　15. 卵黄囊　16. 尿囊　17. 羊膜断端　18. 脊髓　19. 头部　20. 尾部

图 17-14　猪胚胚体分出与卵黄囊、尿囊形成

2. 禽类原肠胚和胚层形成

禽蛋产出时，胚体约已发育到早期原肠胚阶段，当进一步孵育时，胚体继续发育。首先在胚盘明区的一端，由于表层细胞集中增厚形成半圆形的胚盾，它是未来胚胎的尾端。随着细胞从明区后缘两侧继续向中线移动，胚盾区逐渐变成梨形，并在胚盾中央出现了原条（图 17-15）。与此同时，胚盾处有些细胞沉入深层，与自胚盘前端深层分离出的零散细胞共同形成内胚层。由于内胚层的形成，内胚层与卵黄所夹的腔改称为原肠，内胚层上面的一层细胞，称外胚层，幼胚进入原肠胚阶段。

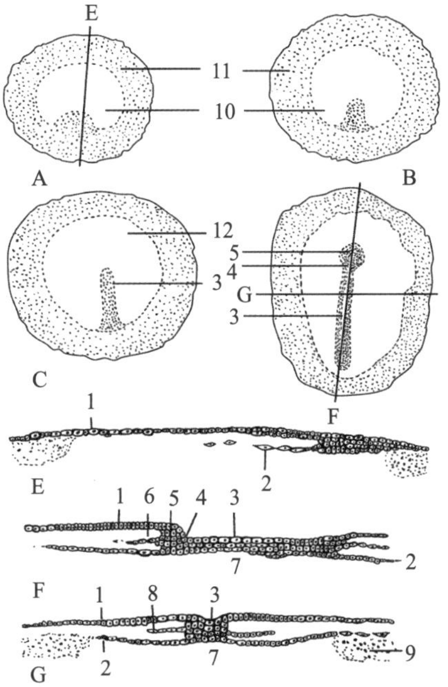

A. 孵化 3～4 h　B. 孵化 7～8 h　C. 孵化 10～12 h
D. 孵化 16 h　E. A 图纵切　F. D 图纵切　G. D 图横切
1. 外胚层　2. 内胚层　3. 原沟　4. 原窝　5. 原结　6. 脊索
7. 原肠　8. 中胚层　9. 卵黄　10. 明区　11. 暗区　12. 胚盘

图 17-15　鸡胚原条形成和原肠形成

原条初形成时较短，以后迅速发育成与家畜胚盘相类似的结构。孵育 16 h 的鸡胚，原条明显分为原沟、原褶、原窝和原结。之后，原结处的细胞由原窝前壁向前伸到外胚层下方形成脊索（胚盘表面出现头突）。原条两侧的胚盘表层细胞，向原条集中并从原沟卷入分向原沟两侧的内、外胚层之间，形成了中胚层（图 17–16，图 17–17）。

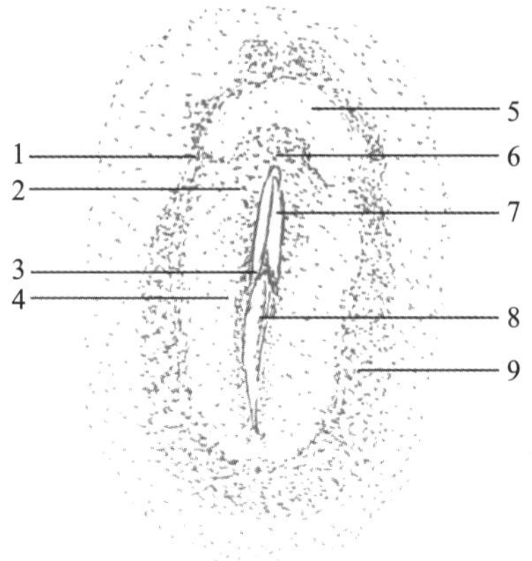

1. 中胚层前缘　2. 胚区　3. 原结　4. 明区
5. 前羊膜（此处无中胚层）　6. 神经板
7. 脊索　8. 原条　9. 暗区

图 17–16　孵化 18 h 鸡胚背侧观

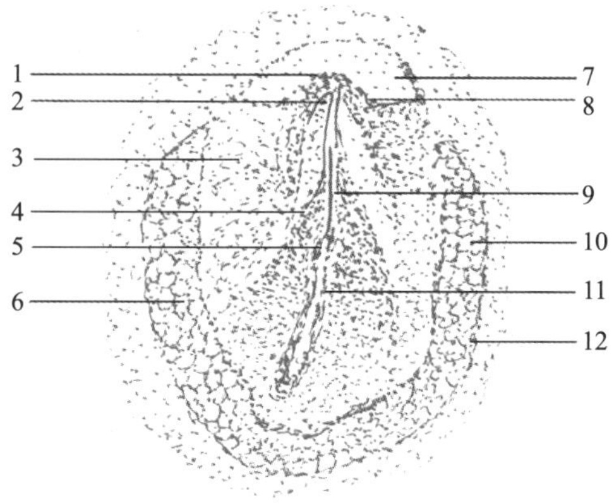

1. 头部　2. 神经褶　3. 明区　4. 第一对体节　5. 原结
6. 暗区形成血管　7. 前羊膜　8. 中胚层前缘　9. 脊索
10. 暗区　11. 原条　12. 中胚层外缘

图 17–17　孵化 23 h 鸡胚背侧观

五、胚层分化和中轴器官的形成

外、中、内 3 个胚层的确立，为胚胎进一步由简单的胚层结构，分化发育成更为复杂的组织和器官奠定了物质基础。

1. 胚体的形成

胚胎发育到 3 个胚层初步形成阶段，仍呈长泡状。由平盘状的胚盘，经过复杂的变化过程形成一个胚钵雏形。脊索背侧的外胚层首先加厚形成神经板（neural plate），神经板两侧隆起形成神经褶（neural fold），中央下陷成为神经沟（neural groove），神经褶在背侧靠拢合并形成两端开口神经管（neural tube）：神经管的前、后开口以后封闭起来，前端膨大形成脑的原基，后端形成脊髓。整个脊索区的 3 个胚层都随着神经管的形成向背侧隆起，从而使前粗后细的圆筒状胚体，在胚盘前部明显突出。胚体前端发育成头部并向下弯曲。头部后方的中胚层形成心脏。随着胚泡伸长，原肠也相应地伸长，当胚体与胚层胚外部分之间建立分界的同时，原肠便分为胚内（原始消化管）和胚外（卵黄囊）两部分。原肠向前伸达头部，向后直至尾部，分化成前肠、中肠和后肠。

2. 中轴器官的形成

沿着胚体长轴有 4 套中轴器官形成，即脊索、神经管、体节和呼吸消化道的建立，通常把上述 4 种结构统称中轴器官。哺乳动物的脊索只在胚胎期起支持作用，以后退化，被脊柱所取代。神经管形成胚胎的中枢神经系统。脊索两侧的上段中胚层形成的体节，是肌肉、皮肤以及脊索周围中轴骨骼的原基。中段中胚层和下段中胚层（侧中胚层）的一部分则形成心脏、泌尿、生殖系统和体壁的皮肤真皮和肌肉。位于脊索腹侧由内胚层围成的原肠，以后分化成消化和呼吸两个系统的器官。

3. 胚层的分化

动物机体的组织和器官都是由外、中、内3个胚层分化发育来的。3个胚层首先分化成胚胎性组织，继而分化成各器官原基（organ rudiments），由器官原基再进一步分化成各种组织和器官（表17-2）。

表17-2　3胚层形成的组织和器官

分化物		胚层		
		外胚层	中胚层	内胚层
基本组织	上皮组织	+	+	+
	结缔组织	0	+	0
	肌组织	+虹膜、汗腺、乳腺的	+	0
	神经组织	+	+小神经胶质细胞	0
器官系统	消化器官	口腔及肛门上皮、牙釉质、味蕾、唾液腺上皮、全部器官的神经成分	食管到直肠的固有膜、结缔组织、脉管、肌层与浆膜	从咽到直肠的上皮，肝、胰、胆囊的上皮
	呼吸器官	鼻腔上皮和腺体、全部器官的神经成分	结缔组织、软骨、肌肉肺胸膜	喉、气管、支气管树直至肺泡上皮
	泌尿器官	雄性尿道末端上皮、全部器官的神经成分	肾、输尿管、膀胱一部分上皮，结缔组织，外膜或浆膜，平滑肌	雄性尿道近端上皮，雌性尿道上皮，膀胱大部分上皮
	生殖器官	外生殖器官及一部分上皮，全部器官的神经成分	睾丸、附睾、输精管、精囊的上皮，结缔组织，肌组织，浆膜、卵巢，输卵管、子宫及阴道的上皮	前列腺、尿道球腺、前列腺的上皮
	神经器官	神经元及神经胶质	脉管及少量的结缔组织、脑脊液	
	感官	视网膜、角膜、结膜、泪腺及其导管上皮、内耳膜迷路上皮和外耳的上皮	结缔组织、脉管及大部分平滑肌	
	内分泌器官	神经成分、垂体远侧部、结节部与中间部上皮、垂体神经部、肾上腺髓质、松果体的实质成分	肾上腺皮质，脉管和结缔组织	甲状腺上皮、甲状旁腺
	心血管	全部器官的神经成分	心脏、心包膜、血液、血管、骨髓	
	淋巴器官	全部器官的神经成分	淋巴管、淋巴结、脾和淋巴组织	胸腺、法氏囊
	被皮器官	表皮、毛、蹄、角、皮质腺、汗腺、乳腺上皮	真皮、皮下组织、腺内结缔组织、竖毛肌、蹄真皮、角真皮、乳腺间质成分	

【思考题】

1. 名词解释：卵裂、胎盘。
2. 简述哺乳动物卵裂与禽类卵裂的异同点。
3. 简述哺乳动物原肠胚、胚层形成和胚层分化的过程。

（东北农业大学　白志坤）

第三节 系统发生和器官形成

在中轴器官形成与3个胚层建立的基础上，胚体内陆续出现胚性组织和器官原基，进一步发育分化，形成完整的器官系统。同时，胚体外部形态也发生巨大变化，如头、面部的形成，肢芽的出现，胚体体积的增大等。

一、胚胎体形的建立

原条的建立，脊索和神经管的形成，使胚体从圆盘状逐步延伸。胚体分节现象的出现，基本体制（两侧对称）的建立，头、躯干和尾部的初步区分等，使胚体逐步呈现成体的外部结构特征（图17–18）。实践中常用体节数、臀顶高、体长等指标描述胚龄。

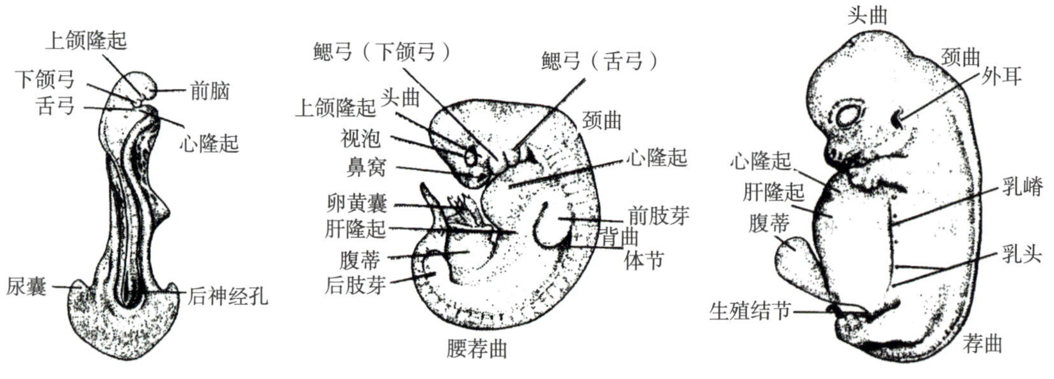

图17–18 猪胚外形模式图

原条的建立标志了胚体的中轴和胚体的尾端。头部神经褶比尾部大，这预示着神经管前部将分化成脑，也标志了胚胎头的位置。17体节（15～16 d）时的猪胚，在头部两侧，即将来颜面和颈部出现一系列局限性隆突，即鳃弓。同时，在脑的较后处出现耳的原基（听泡），在脑前部侧壁出现眼的原基（视泡）。在胚体未来口区出现口凹，口凹加深，形成口腔。当耳、眼、口建立后，头部结构即可辨认。

心脏原基心隆起很早就已出现，5 mm（17 d，24体节）猪胚时已很明显。在心隆起和肝凹之间的小凹陷，是将来膈的发育位置，由于膈的出现便形成了胸部和腹部。猪的中肾特别发达，体表明显可见。

在胚体两侧形成两对外突，一对位于心脏水平处，即前肢芽，另一对位于腹蒂尾侧，即后肢芽，出现时间稍晚些。在10 mm（20～21 d）的猪胚，前、后肢芽仍呈桨形，到15～20 mm（24～28 d）时，末端五趾张大，但存在时间很短，随后出现猪特化的蹄的结构。乳腺的乳嵴到15 mm猪胚时已明显可见，到20 mm时，乳头已可辨认。

由于动物种类不同，胚胎基础体形特征出现的时间有所差异，依据胚胎外形特征所建立的胚胎发育分期表对研究胚胎发育有重要意义（表17–3至表17–5）。

表 17-3 鸡胚正常发育时期表

（从孵化前到出雏，Hamberger 和 Hamilton, 1951）

分期	在输卵管或孵化时间	胚胎特征
孵化前第 1 期	在输卵管中	受精后，起始卵裂
第 2～3 期	子宫部 20 h 到产卵前	32 个卵裂球（卵裂初期），卵裂后期到起始形成下胚层
孵化后第 1 期	起始孵化	胚盘后部细胞层加厚，显出“胚盾”，原条前期
第 2～4 期	孵化 6～19 h	原条初到后期，原沟、原窝、原结出现，原条完成
第 5～7 期	孵化 19～26 h	头突、头褶期，第 1 对体节、头部神经襞起始出现
第 8～10 期	孵化 23～38 h	10 对体节，血岛、原始眼泡、头曲、3 个原脑泡出现
第 11～13 期	40～52 h	19 对体节，听窝，头曲和颈曲、羊膜头褶明显
第 14～17 期	50～64 h	32 对体节，前 3 对鳃弓和鳃裂出现，肢芽突出
第 18～22 期	孵化 3～4 d	44 对体节，尿囊出现，第四对鳃弓和鳃裂，眼色明显
第 23～27 期	孵化 4～5.5 d	肢芽变长，肘和膝连接、指（趾）板、指（趾）出现
第 28～31 期	孵化 5.5～7.5 d	喙突、肘和膝曲、羽原基出现，6 个巩膜突起，破卵齿明显
第 32～38 期	孵化 7.5～12 d	14 个巩膜突起，尾部羽原基三行，趾节、眼睑、鸡冠明显
第 39～44 期	孵化 12～18 d	眼周包围呈新月形，喙长 3.5～5.7 mm，中趾长（12.7±0.5）～（20.4 ±0.8）mm
第 45 期	孵化 19～20 d	中趾长约（21.4 ± 0.8）mm，卵黄囊被吸收入一半
第 46 期	孵化 20～21 d	初生雏

（孵化温度 37℃）

表 17-4 猪胚胎发育分期和特征

发育时期		Witschi 分期	胚龄 /d	胚长 /mm	形态特征
胚胎期	卵裂	2	1～1.5		2 细胞
		3	2		4 细胞
		4	3		8～12 细胞
		5	3.5		16 细胞，桑葚胚
	囊胚	6	4.75		囊胚早期
		7	5.7	0.2	晚期囊胚
	原肠胚	8	7～8	0.49～1.36	胚泡拉长成袋状，孵化，胚盘呈椭圆形，原始内胚层出现
		9	8～9	2.5～3.0	原条形成开始，中胚层出现
		10	8～9		早期原条
		11	10		中期原条，胚盘呈椭圆形
		12	11～12	10～65	原条形成终了，脊索形成，附植
	神经胚	13	13		前体节期，胚体开始管状化，神经褶形成
		14	14～15	2.5～3.0	体节 1～4 对，枕部 3 对
		15	15～16	3.2～5.2	体节 5～12 对，颈部 9 对

续表 17-4

发育时期	Witschi 分期	胚龄 /d	胚长 /mm	形态特征
胚胎期 尾芽胚	17	17	4.9	体节 21～24 对，发展到胸部和背部，前肢芽出现
	20	17.5	6.4	体节 36～40 对，发展到尾荐部，后肢芽出现
	23	20	6.8	体节 52 对，已全部形成
	24	20	9	尾部生长迅速
胚胎期 胚体形成期	26	20～21	9～10	脐疝形成
	28	22	11.6～18.6	颈窦闭合
	29	23～26	20.4	上颌部突出，前肢芽末端呈扁匙状，乳头原基出现
	30	28	24.1	外耳加长，性分化
	31	30	25	猪鼻唇特点出现
	32	32.5	29.5	前后肢末端分叉，前肢长轴内旋
	33	34.5	31.1	后肢三、四趾分出
胎儿期	34	36～50	35～95	第一胎儿期，后肾发育分化，四肢中轴内旋完毕
	35	50～90	90.6～230	第二胎儿期，蹄壳开始形成，被毛光滑，眼睑闭合
	36	90～114	220～295	第三胎儿期，眼睑开启

注：1. 据 Kemp 参考 Marrable（1971）修正而成。2.Witschi 的 12 期以前，为整个胚泡长度，13 期以后则为胚胎本身长度；多胎动物同一胚龄体长、体重间变化很大。

表 17-5 牛胚胎发育分期和特征

分期	胚龄 /d	胚长 /cm	胚重 /g	主要形态特征
胚胎期	1～7	0.01		卵裂，输卵管中 4 d，子宫角中 4 d
	8～12	0.02		8 d ZP 消失，球状胚胎孵出
	13～18	0.2～0.3		13 d 胚泡长度增长 10 倍，14 d 长 5～8 mm，17 d 原条、神经板形成
	19～22	0.2～0.6		20 d 体节出现，22 d 体节 18～20 对，尿囊出现
	23～27	0.7～0.85	4～80	23 d 尿囊长 100 mm，体节 30 对，5 对鳃弓形成，前肢芽出现
	28～31	0.92～1.2	140～310	28 d 尿囊长 180 mm，30 d 后肢芽出现，肝最大，尿囊长达 300 mm
	32～34	1.5～1.8	360～600	33 d 尿囊长达 350 mm，子叶形成，趾原基出现

二、神经系统的发生

神经管前部较粗，逐渐增大发育成脑原基，其余部分仍保持管状，形成脊髓原基。脑原基经历 3 个脑泡阶段，再分化为 5 个脑泡，最终形成脑（图 17–19，图 17–20）。神经管腔分别形成脑室，中脑导水管和脊髓中央管。在神经褶闭合过程中，一部分细胞自两侧分出，形成左、右两条神经嵴，随后发育为成对的、互相分离的脑、脊神经节和植物性神经节，以及施万细胞、黑色素细胞等。

脑原基	前脑	端脑	大脑半球、嗅脑
		间脑	丘脑、神经垂体、松果体
	中脑	中脑	四叠体、大脑脚
	菱脑	后脑	小脑
		末脑	延髓

图 17-19 脑的发育与分化

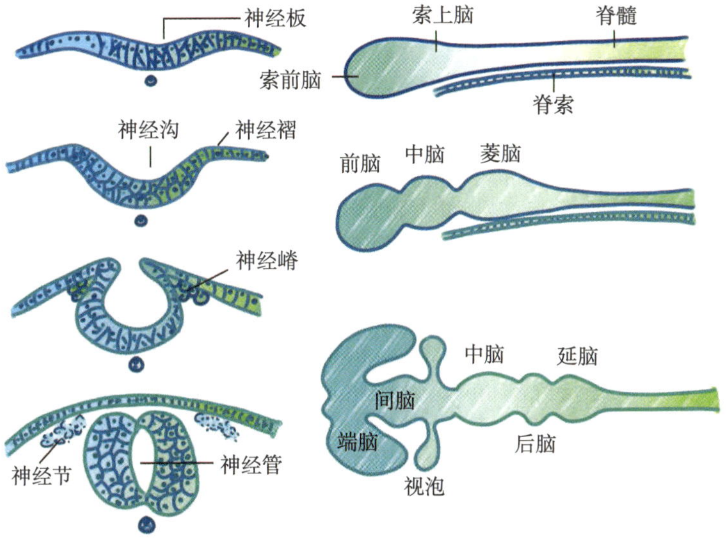

图 17-20 神经管形成和脑的形态发生

神经管外部形态发生巨大变化的同时，内部结构也发生复杂的演变。最初的神经管是假复层柱状上皮，神经上皮增殖和迁移后神经管壁由内向外分成 3 层：室管膜层、套层和边缘层（图 17-21）。室管膜层形成室管膜，将覆盖于脑室和脊髓中央管腔面。套层是神经元胞体集中的部位，将发展为脑和脊髓的灰质。边缘层由套层伸出的神经细胞突起构成。

在发育过程中，脊髓基本保留了这 3 层结构，而脑部的神经元发生了再迁移。大脑和小脑的大部分神经元移到脑的表面，构成皮质，未迁移的神经元集合形成核团，其余部分为白质。

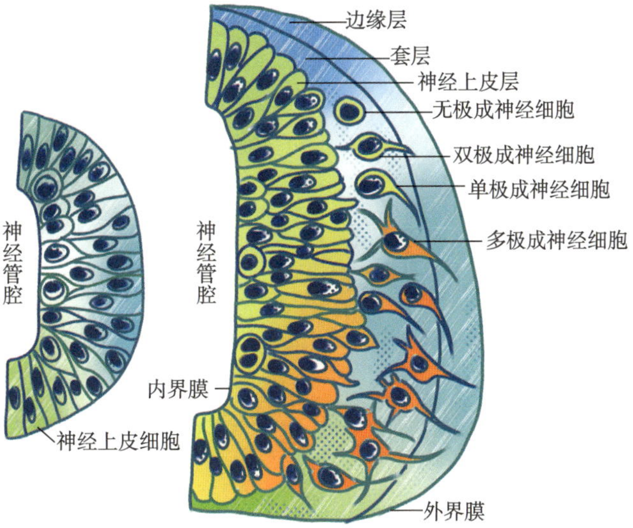

图 17-21 神经管组织结构的分化

三、消化和呼吸系统的发生

（一）消化、呼吸系统的早期发生

消化、呼吸系统的发生起源于胚胎内胚层，最早的消化道称原肠。中胚层形成后，原肠有了双层壁——内胚层和中胚层。内胚层将发育形成消化道的黏膜上皮和消化腺的腺上皮。脏中胚层将形成消化道的其余各层和消化腺中的间质。体褶的出现将原肠分为胚内和胚外部分。胚内部分包括前肠、中肠和后肠，胚外部分为卵黄囊。前肠和后肠是盲管，两者之间的原肠区称中肠，中肠此时没有底壁（图 17–22）。

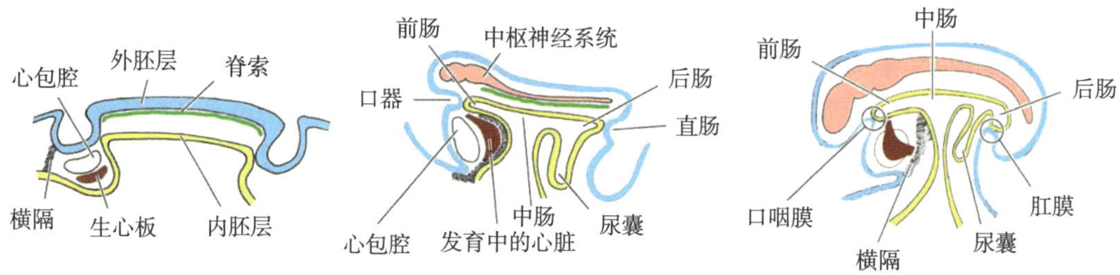

图 17–22　猪胚原肠形成（McGeady 等，2017）

（二）消化和呼吸器官的形成

消化和呼吸系统在胚胎发育过程中关系密切，两系统的大多数器官均是由原肠演变而成的（图 17–23）。前肠主要形成口腔的后部、咽、喉、气管和肺、食管、胃、十二指肠、肝、胰、胸腺以及甲状腺、甲状旁腺等。中肠分化为空肠、回肠、前段结肠。后肠将化为后段结肠和直肠。

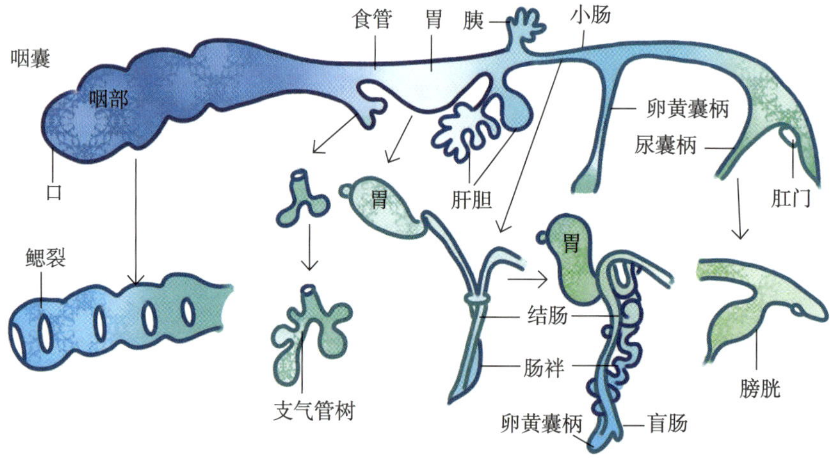

图 17–23　原肠演变模式图

1. 口腔和鼻腔

头部的额鼻隆起和下颌隆起之间有一宽大的口凹。口凹位于前肠的腹侧面，口凹的外胚层逐渐与前肠的内胚层相接触，形成口板。在猪胚的 25 体节时，口板破裂形成原始口腔。口前肠在发育过程中退化。7～9 mm 猪胚时口腔底壁正中隆起称奇结节，两侧为成对的侧舌原基，奇结节和侧舌原基发育成舌。当猪胚达到 28 ~ 30 mm 时，上下颌的口腔上皮明显增厚，形成唇牙板，继续分化为较小的唇龈板和较发达的牙板，将发育为上皮性牙胚（tooth germ）和成釉器（enamel organ），之后形成牙各部结构。口凹顶部外胚层上皮向间脑底部方向生长形成拉司克囊（Rathke pouch），后者将发育成腺垂体，间脑底壁的漏斗囊发育成神经垂体。腭起源于正中腭突和外侧腭突。由于腭的发生，原始口腔和原始鼻腔被分隔开来。

2. 咽及其衍生物

咽发生于口凹尾侧的前肠，呈左右宽、背腹窄的扁平囊。位于中央的主咽室发育为成体的咽。扁平囊向左右两侧突出的部分称为鳃囊（branchial pouch）或咽囊（pharyngeal pouch），与鳃囊相对应的外胚层向内凹陷形成鳃沟（branchial groove）。在哺乳动物和禽类，鳃不具有任何功能，是动物起源的胚胎学证据。在以后的发育中，各个鳃囊与主咽室隔开，分化成不同的器官。第一鳃囊外侧部膨大形成中耳鼓室，第一鳃沟形成外耳道；第二鳃囊内侧部形成咽扁桃体；第一和第二对鳃囊之间的底部正中形成甲状腺；第三和第四鳃囊向外生长，形成甲状旁腺、胸腺和鳃后体；第五对鳃囊退化。

3. 食管和胃

咽后端的前肠明显变窄，被食管气管隔分隔成背侧的食管和腹侧的气管。在咽与将来形成胃的局部膨大之间的原肠，其口径狭小并且一致，此段演变成食管。直形原肠在食管末端将形成胃的部位呈现梭形膨大，随着发育进程，背壁发育较快向背侧突出，形成胃大弯。腹壁发育较慢并出现凹陷，形成胃小弯。成体的胃大弯朝向腹壁，贲门和幽门为左右关系，背侧系膜转变为胃网膜。

4. 肠

胃原基后方的肠管形成原始肠袢，呈压发针状，分升、降两支，降支在前，升支在后，升支起始部出现一个小的突起，即盲肠原基，也是小肠与大肠的交界点。盲肠原基前方的肠袢演变为小肠，后方的肠袢演变成大肠。小肠和大肠的生长是不平衡的，小肠在肠袢扭转后立即开始呈现特有的盘曲，随后进一步演变成十二指肠、空肠和回肠。结肠袢至临出生前呈现近似成体结肠的排列。

5. 肝和胰

在胃与十二指肠交界处的内胚层向腹侧以出芽方式形成肝憩室（liver diverticulum）或称肝原基。肝憩室明显分成前、后两支，前支大，生长快，演变为肝实质和肝管；后支小，发育成胆囊和胆管。胰原基在肝原基发生同一位置于相近时间内出现，包括背胰原基和腹胰原基。背胰原基发生较早，直接由十二指肠背侧内胚层发生，生长迅速，形成胰的主要部分；腹胰原基发生较迟，从肝憩室内胚层发生，体积较小，随后发育进程中背腹胰原基相互靠近并融合。胰岛的细胞团是从腺组织上分离出来的内胚层细胞分化而成。

6. 喉、气管和肺

咽原基底部正中发生一条纵沟，称喉气管沟（laryngotracheal groove），此沟加深形成一个盲囊，从咽腹侧突出，称喉气管憩室（laryngotracheal diverticulum），其开口于咽的部分发育成喉，喉以下的部分发育成气管。喉气管憩室末端膨大并向两侧分支，称肺芽（lung bud）。肺芽生长并不断分支，形成支气管和肺内支气管，再反复分支形成支气管树，后者末端上皮形成肺泡。

（三）体腔和系膜的形成

侧中胚层分壁中胚层和脏中胚层，形成成对的胚内合一的原始体腔。体褶的出现促成了原肠底部的封闭，脏中胚层向中线靠拢包围消化管，在消化管的背侧和腹侧的脏中胚层与壁中胚层相延续的部分称原始系膜或总系膜。将消化管悬吊在体壁背侧的原始系膜称背系膜，位于原肠的背侧；将原肠连于腹侧体壁的原始系膜称腹系膜，位于原肠的腹侧。原始系膜未破裂前，原来的左右侧体腔保持隔离，但是腹系膜很早就破裂，之后发育中除肝区以外全部消失，故而构建了成体的单个体腔。背系膜在发育中几乎全部保留，成为体腔内支持消化器官的主要系膜，并成为背侧体壁内神经和血管导入消化器官的主要通路。

横隔和腹褶发育形成膈，将体腔分隔成胸腔和腹腔。横隔从腹侧体壁向背侧伸展，形成一个圆形的隔板，其尾侧面与肝融合，颅侧面紧靠心脏的心室。胸腹褶成对，从体壁的背外侧壁发生，向着横隔的背部伸展，最后与横隔的背部融合，故形成成对的胸腔。胸心包褶发育形成心包腔，使心脏与肺隔开。

四、泌尿和生殖系统的发生

泌尿、生殖器官的胚胎起源相同，主要起源于中段（间介）中胚层，二者的管道系统在成体解剖上的关系亦很密切。颈段中胚层称生肾节，其余部分节段称生肾索，生肾索的末段（骨盆部中胚层）称生后肾组织。生肾索发育形成尿生殖嵴（urogenital ridge），逐渐分化成两纵行的嵴突，即外侧的生肾嵴（nephrogenic crest）和内侧的生殖嵴（genital crest），以后分别演化成泌尿器官和生殖器官。

（一）泌尿器官的形成

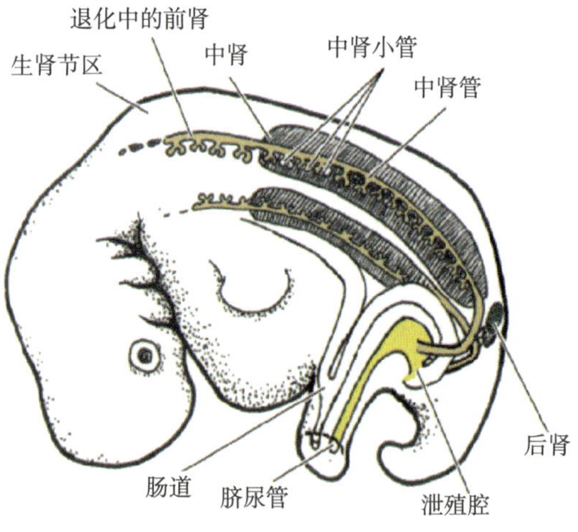

图 17-24　前肾、中肾和后肾发育关系
（McGeady 等，2017）

脊椎动物泌尿器官在胚胎发育过程中，前后共发生 3 代位置不同的肾，即前肾（pronephros）、中肾（mesonephros）和后肾（metanephros）（图 17-24）。这 3 种肾在某些脊椎动物的成体中都可见到，泌尿器官的演化过程，反映了系统发育的真实情况。

前肾只在某些圆口纲和少数硬骨鱼终生保留。在无羊膜类的胚胎期或幼体，前肾才有泌尿的功能。中肾是无羊膜类成体的泌尿器官，也是羊膜类胚胎期间的肾脏。后肾是羊膜动物成体的肾脏。

间介中胚层演化出生肾节后，前部的生肾节形成许多独立的分节排列的前肾小管，其一端开口于体腔，称肾口，另一端汇入侧面一总的导管，称前肾管，末端向后延伸通入泄殖腔。在肾口附近有血管丛形成的血管球，它们以滤过的方式将血液中所含的代谢废物排入体腔，借助于肾口纤毛的摆动，将体腔中的废物收集入前肾小管中，再经前肾管由泄殖腔排出体外。这种一端开口于体腔，一端通体外的前肾小管和无脊椎动物中环节动物的肾管是相似的。畜禽的前肾出现时间短暂（鸡：36 h～4 d末），当前肾尚未消失，前肾管尚未到达泄殖腔时，中肾已开始发育（鸡：55 h，人：4周龄至2月龄末，猪16～17体节，约16 d），在前肾的后方一系列生肾节形成新的肾小管，即中肾小管。中肾小管向侧面延伸，与纵行的前肾管相通，这时前肾管就改称为中肾管。中肾小管的一端开口于中肾管，另一端膨大内陷为一个双层的肾小囊，将血管球包裹共同形成一个肾小体。这种包在囊中的血管球称为内血管球，以区别于前肾悬浮在体腔中的外血管球，内血管球由血液滤出的废物不是排到体腔借肾口收集入肾小管，而是直接进入肾小囊，经中肾小管而到中肾管，这种联系称血管联系，以区别于前肾的体腔联系。由体腔联系到血管联系是动物排泄方式的一大进步。中肾小管的发生最初也是分节的构造，和前肾小管之间有一个过渡，这些靠近前肾的中肾小管还保留有肾口。随着胚胎的发育，中肾小管不断以出芽方式增加，并由初级中肾小管分出次级、三级中肾小管，它们各自形成自己的肾小体和迂回盘旋的小管，失去了肾口，也不再呈现分节现象。当后端的中肾小管形成的时候，前面的中肾小管已开始退化。猪胚中肾特别发达，中肾在胚胎的早中期有一定的排泄功能，以后被后肾所取代。

后肾在中肾还未退化时已开始发育。中肾管后端生出后肾憩室或输尿管芽。输尿管芽向颅侧生长，生成以后的输尿管、肾盂、肾盏、集合管。在输尿管芽的诱导下，胚体后端的生肾索细胞分化，形成生后肾组织（metanephrogenic tissue）。生后肾组织分化发育成肾小囊、足细胞、系膜组织、球旁细胞和后肾小管等结构。后肾小管向集合小管末端生长，与集合小管顶端分支相接触和相通（图17–25）。后肾小管也与血管球形成肾小体。后肾的发育过程中，生后肾组织不断有新的肾小管形成，输尿管芽也有新的集合管生成，再接触再相通，这种过程反复进行多次，越接近肾表面的弓状集合管与肾单位发生越晚。到出生时已形成12～14代的肾小管（人每个肾有100万～200万个肾单位），出生后主要是小管生长而非小管数增加。后肾小管不仅数量多，而且比中肾小管形成更复杂的盘曲。后肾从胚胎中后期开始成为畜禽的永久性泌尿器官（图17–26）。

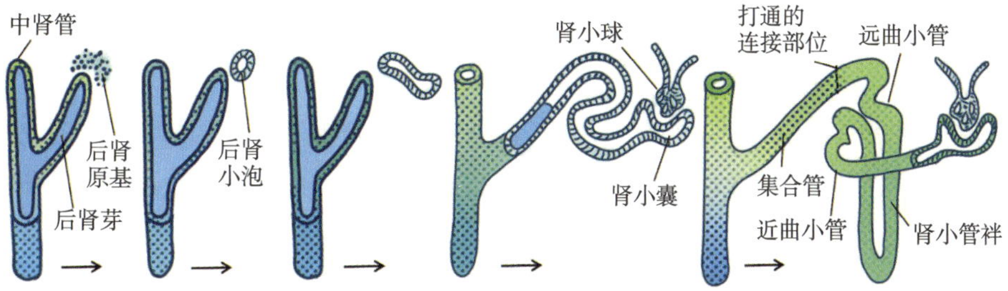

图17–25 肾集合管和肾单位的发生

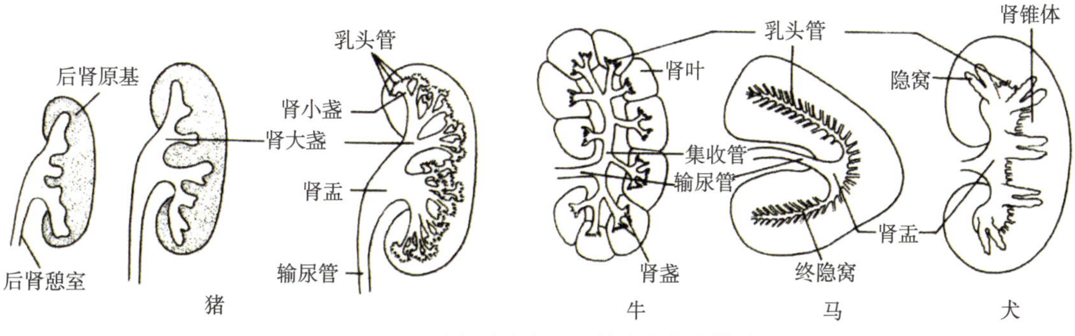

图17–26 后肾憩室肾盂端的分支发育模式

（二）生殖器官的形成

胚胎期的生殖腺是由一对细长隆起的生殖嵴起源的，生殖嵴在中肾和肠系膜之间发生，由体腔上皮增厚形成（图 17-27）。生殖嵴最初沿整个胸腹腔的长度延伸，之后两端逐渐退化，只留中段膨大形成生殖腺。生殖腺向后突入体腔，以生殖系膜和体壁相连，生殖腺中的生殖细胞并不是由生殖嵴本身分化来的，而是由其他部位发生后迁移到生殖腺的原生殖细胞（primordial germ cell, PGC）分化来的。

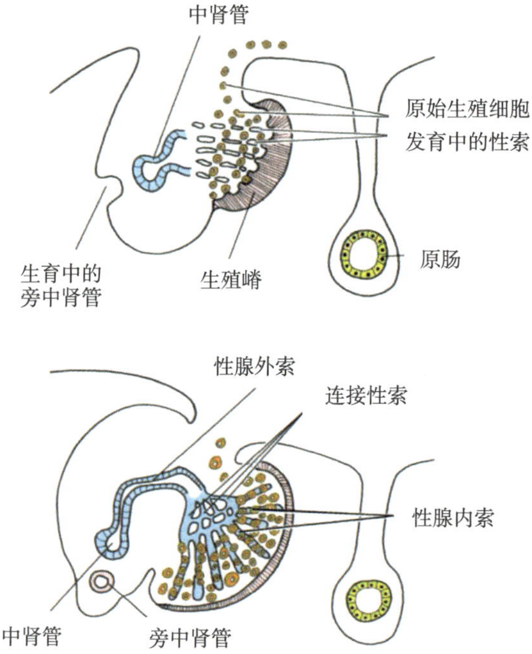

图 17-27　生殖嵴、生殖腺的发生（性别未分化期）（McGeady 等，2017）

1. 原生殖细胞的起源与迁移

生殖细胞的起源，大体上有 2 种观点：一种认为，生殖细胞是在胚胎发生后从体细胞分化出来的，是由于受到相邻器官原基诱发作用或在外界环境因素影响下，使局部的体细胞发育分化而成的，这种情况普遍见于海绵动物、肠虫动物、扁虫、苔藓动物等；另一种认为，生殖细胞从胚胎发生初始（即受精卵第一次卵裂时期）就与体细胞分离，是由含有一种特殊细胞质的卵裂球形成的，这种特殊的细胞质称为生殖质（germ plasm），含有这种生殖质的卵裂球称为原生殖细胞。生殖质可被一定的染料着色，有一定的形态结构，并随卵的受精和卵裂而分配到一定的卵裂球中。目前已在动物界 8 个门中 80 多种动物的生殖细胞中找到生殖质或类似生殖质的称为朦胧子（nuage）的致密小体，如大鼠的原生殖细胞中发现有朦胧子，在很多哺乳动物的精、卵母细胞中都可以找到。

脊椎动物中已知，无尾两栖类的原生殖细胞为植物极卵裂球，位于内胚层。鸟类的原生殖细胞迄今没有找到生殖质或朦胧子这类特殊的细胞质结构。有实验表明：鸡的原生殖细胞是由上胚层形成的。未孵育的胚盘中，原生殖细胞是平均分布的，孵育几小时之后，原生殖细胞集中于胚盘前部的下胚层中，在明区和暗区之间胚外区的前端呈半月形分布，称为生殖新月（germinal crescent）（图 17-28）。原生殖细胞比周围细胞大，直径达 15 ～ 20 μm，圆形或梨形，有一个圆而大的核（8 ～ 10 μm）位于细胞的一端，内有 1 ～ 2 个核仁。此外，鸡胚原生殖细胞呈现有大量的 PAS 阳性物质。哺乳动物原生殖细胞的起源部位，争议颇多，认为：①原生殖细胞来自脏中胚层，以后移到内胚层；② 8 d 小鼠胚胎的原生殖细胞位于卵黄囊内胚层，后肠形成时移到后肠内胚层；③嵌合体胚胎实验说明原生殖细胞来自外胚层。

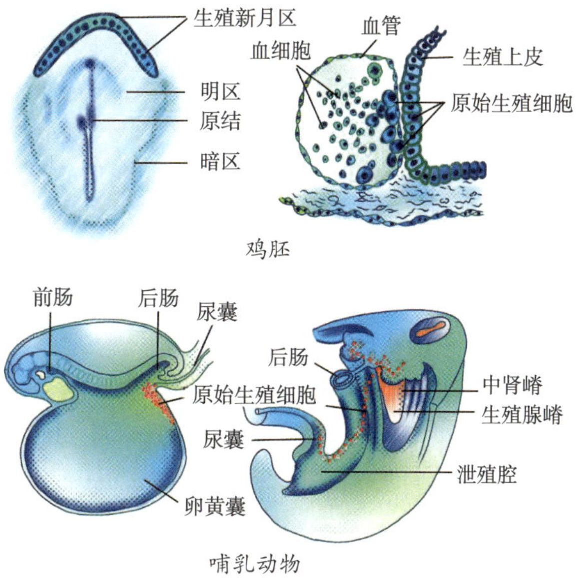

图 17-28　原始生殖细胞的迁移

原生殖细胞的迁移，一般认为在鸟类是通过血液循环将原生殖细胞迁移到生殖腺原基中的；在哺乳动物是经原肠形成时的形态发生运动迁移到后肠，然后通过背系膜到达生殖嵴的（图 17-28）。生殖腺原基对原生殖细胞有一种吸引能力。胚胎发育早期无雌雄性别之分，称性未分化期，此时，除未分化的生殖腺外，还有两组不同的生殖管道，即中肾管和旁（副）中肾管（图 17-29），随后胚胎发育进入性分化期，分化发育形成睾丸或卵巢（图 17-29）。

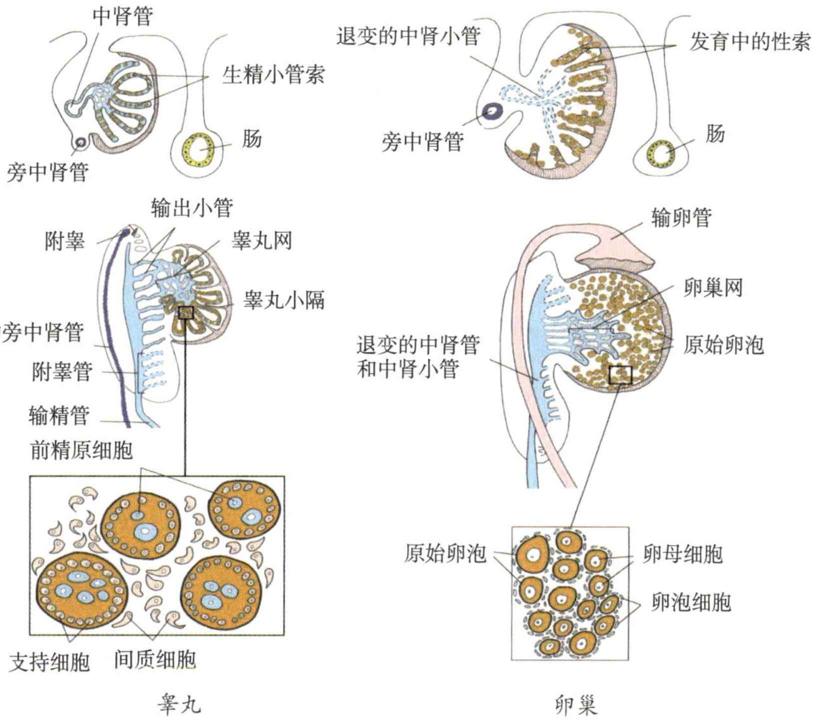

图 17-29　性腺的发生（McGeady 等，2017）

2. 睾丸的发生

性未分化期的生殖腺由表面的柱状上皮和内部的间叶组织组成，表面柱状上皮向内增殖为多层细胞索或细胞团，称生殖索（gonadal cord）。当生殖腺向睾丸分化时，原生殖细胞迁移到外围的生殖索内，后者逐渐形成袢状，演变成曲精小管。在生殖腺内部的生殖索连接成网，形成睾丸网。最初形成的曲精小管无明显的管腔，由精原细胞和支持细胞构成，临近性成熟时才出现明显的管腔。原生殖细胞发育为精原细胞，生殖嵴上皮发育为支持细胞、间质细胞、直精小管上皮，间叶组织发育为睾丸的结缔组织和血管。

3. 卵巢的发生

缺乏 Y 染色体的胚胎，生殖腺发育较慢，当其向卵巢分化时，从生殖腺上皮形成新的生殖索，第二次生殖索称皮质索（cortical cord），它逐渐代替了原有的生殖索，原生殖细胞迁移到生殖腺内增殖，形成卵原细胞克隆。生殖细胞在原始卵巢中包入皮质索内，细胞索断离成团，细胞团外的一层扁平细胞，分化为卵泡细胞，中央为卵原细胞或初级卵母细胞，形成原始卵泡。此后，许多卵原细胞和初级卵母细胞逐渐退变，原始卵泡闭锁。出生时两侧卵巢共 70 万～200 万个原始卵泡及少量的初级与次级卵泡。

4. 生殖管道的发生

生殖道发生与泌尿器官的发生密切相关。在性别分化之前，有两套生殖管道，一套是泌尿器官发生过程中形成的中肾管，另一套是紧贴于中肾管的外侧并与之并行的副中肾管。副中肾管的发生在有尾两栖类、板鳃鱼由中肾管纵裂形成，在畜、禽由体腔上皮凹陷形成腹膜沟再形成副中肾管。如果胚胎生殖腺向睾丸分化，中肾管进一步发育为输精管，一部分中肾小管与睾丸相连形成附睾；副中肾管退化，一小部分保留形成雄性子宫。如果胚胎生殖腺向卵巢分化，中肾管则退化形成卵巢冠和卵巢旁体；副中肾管发育成输卵管、子宫和阴道。

哺乳动物卵巢两侧输卵管均正常发育。鸟类的原生殖细胞大部迁移到左侧的生殖嵴。左侧的卵巢和输卵管发育成为有正常功能的生殖器官，右侧的生殖腺和副中肾管逐渐退化。这可能与鸟类产生大型硬壳卵有关。当某些因素导致左侧卵巢萎缩时，则右侧生殖腺发生性分化，形成睾丸，此时的母鸡中止产卵，发出公鸡的鸣叫，出现公鸡的第二性征，在生物学上，这种现象称为性逆转。

5. 泄殖腔区的早期变化与膀胱的形成

尿囊形成后不久（猪胚 25 体节，17 d），尿囊发生部位尾侧的原肠扩大形成原肠腔。当泄殖腔开始形成时，后肠仍与外界不相通，但尾根部下方的外胚层朝向原肠方向凹陷，分隔后肠与外界的组织逐渐变薄。这个从外向内形成的凹陷称原肛凹，封闭后肠的薄层组织称泄殖膜。泄殖膜最终破裂，后肠有了开口。

在泄殖腔获得开口之前，内部也在发生重要变化。在尿囊与后肠的汇合处形成尿生殖襞或称尿直肠隔（泄殖腔隔）。泄殖腔逐渐被隔成两部分，背侧形成直肠，腹侧形成尿生殖窦。泄殖腔在泄殖膜破裂之前分隔完全，分隔开的两部分分别开口为肛门和尿生殖口。尿生殖口的发育因性别不同而有较大差异。尿囊的近端扩大形成膀胱的远端，膀胱颈大部分是由尿生殖窦的一部分形成的。

五、循环系统的发生

心血管和淋巴管都是由中胚层间充质衍生的，血细胞最初也来源于间充质。间充质是胚胎的原始结缔组织，主要由体节、体壁中胚层和脏壁中胚层分化而成，具有十分强大的分化潜能。循环系统的发生反映出亿万年祖先种系结构进化的变化趋势。胚胎也和成体一样通过血液循环获取养料和排泄废物，其主要血流都集中在代谢活动中心。但是胚胎生活条件与亲体完全不同，所以代谢中心也不同，当一个中心退化，另一个中心占据主要地位时，主要血流逐渐发生变化，原先的大血管变小了，许多不规则的小血管组成一个新主干。

1. 血细胞的发生

（1）卵黄囊造血 鸡 24 ～ 33 h 的胚、小鼠 8 ～ 10 d 的胚，人 2 周末至 6 周的胚，在紧贴内胚层的胚外中胚层间充质细胞聚集成团称血岛（blood island）。血岛的细胞向两个方向分化，周边的细胞变扁，形成毛细血管内皮细胞，称为血管细胞。中央的细胞变圆，呈嗜碱性，与周边细胞脱离，形成原始血细胞或最早的多能造血干细胞。

（2）肝造血期 肝的造血干细胞源于卵黄囊血岛。肝造血部位在血窦之外，造血干细胞散见于肝细胞索中，新生的血细胞穿越血窦壁进入血液循环。肝造血以产生红细胞为主，亦可见巨核细胞和粒细胞。人胚 6 周至出生为肝脏造血期。

（3）脾造血期 小鼠的脾造血以产生粒细胞为主，其中的造血干细胞可能来源于肝。在鸡胚，卵黄囊是脾造血干细胞的来源。鼠脾造血始于胚胎第 15 天，人脾造血始于胚胎第 12 周。

（4）骨髓造血期 在进化过程中，骨髓是出现最迟的造血器官。无脊椎动物缺乏骨骼也无骨髓；鱼类有骨还没有骨髓。两栖类出现具有造血功能的骨髓骨，但其骨髓造血是暂时的和季节性的。爬行类骨髓承担了更多的造血功能，鸟类的骨髓才成为血生成的主要部位。在哺乳类，骨髓是血发生中最主要和最重要的器官。骨髓是胚胎时期最后出现的一个造血器官。小鼠始于胚胎 17 ～ 18 d，人始于 12 ～ 20 周。在啮齿动物胚胎，骨髓造血仅限于粒系，出生后才有红细胞生成。人胚骨髓既可造粒细胞，也可造红细胞。在鸡胚，骨髓承担粒系和红系造血，红系造血发生在血管内，粒系造血发生在血管外，这种分隔模式持续到孵出后。鸟类血管内红细胞发生最终形成有核红细胞。哺乳类红系造血部分也在血管外，血管外红细胞发生最终形成无核红细胞。

造血器官从胚外→胚内脏器→骨髓（全身→躯干）表现为造血活动的向心性演化。血细胞发生从血管内→血管外。淋巴系干细胞经骨髓或腔上囊和胸腺分别培养成前 B 细胞和 T 细胞。

2. 血管的发生

众多的血岛互相连接起来，形成了血管网。由于心脏的出现、遗传和血流性质所决定，某些毛细血管因机能需要演变成动脉或静脉主干，并互相联系形成原始的血管系统。

3. 心脏的发生

心脏由一对位于咽下部的血管原基演变而来。在前肠门两侧，由胚脏壁中胚层分离出一些细胞，形成两条心内膜管。随着前肠门后移和前肠的延长，两条心内膜管互相靠近并与前肠腹侧融合成一条心内膜管（简称心管）。靠近心管处的脏壁中胚层加厚，并将心管包围，形成心外肌膜。在发育进程中，心内膜管演变成心内膜，心外肌膜则演变成心肌层和心外膜。心管外面的壁中胚层形成心包。心管在心包内继续发育成“U”字形袢，由于袢的各部发育不均衡，致使外形扭曲，随后心管内部发生隔膜，将心脏分割成左右心房和心室（图 17–30）。心脏内部分隔：房室管的分隔，心内膜垫分隔左、右房室管；心房的分隔，第一隔，第二隔，卵圆孔；心室的分隔；动脉干和心球的分隔，主动脉和肺动脉的出现与半月瓣的形成；静脉窦的演变。

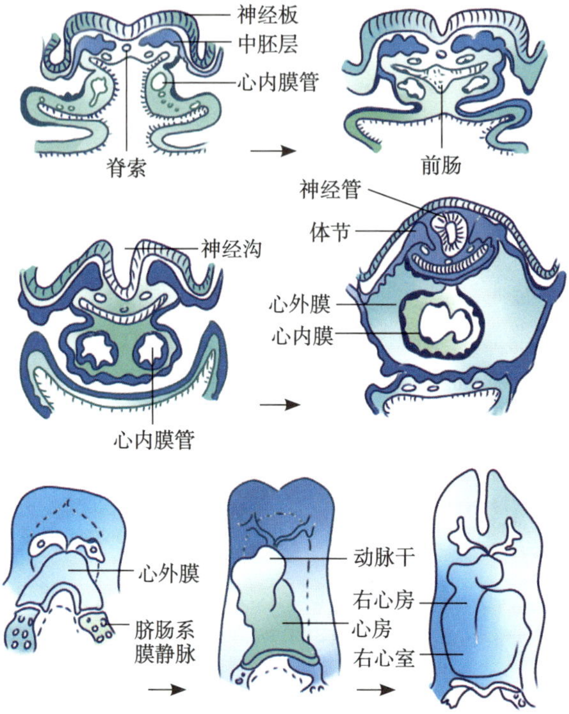

图 17–30　猪胚胎心脏发生模式图

六、免疫系统的发生

免疫系统是生物在进化中逐渐发展起来的。无脊椎动物以吞噬作用和炎症反应来体现防御功能；软骨鱼有了胸腺和淋巴细胞的细胞免疫反应，可排斥异体组织移植；鸟类有腔上囊，开始出现特异性抗体；哺乳动物的个体发生过程中，也是先有细胞免疫而后产生体液免疫。

1. 胸腺的发生

所有的脊椎动物都有胸腺组织，低等脊椎动物的胸腺组织保持与腮弓的联系而不往尾侧迁移；禽类的胸腺每侧分 5～7 叶从颈前部延伸到胸前部。哺乳动物的胸腺位于颈后和纵隔内，大体解剖和组织结构均非常相似。

胸腺起源于第 3 和第 4 对咽囊的内胚层，有资料表明小鼠第 2～4 鳃沟的外胚层也参与其形成。咽囊的内胚层细胞和鳃沟的外胚层细胞形成胸腺中的上皮细胞。研究发现第 5 天鹌鹑胚的胸腺原基上皮分泌一种趋化因子，它能吸引附近血管内的淋巴干细胞迁出，进入胸腺原基。迁入胸腺的淋巴干细胞又产生一种抑制因子，反馈性地抑制上皮细胞分泌趋化因子。约 5 d 后，这批干细胞增殖和分化，这种抑制作用又消失。于是上皮细胞又开始分泌趋化因子，吸引另一批淋巴干细胞进入胸腺，因而呈现出淋巴干细胞周期性迁入现象。孵育第 10 天左右的鸡胚，胸腺两侧分开，第 12 天皮质部和髓质部开始明显，胸腺小体也开始出现，到 14～15 d，胸腺小体形成。自 16～17 d 末，结缔组织将腺体分成小叶。哺乳动物的造血干细胞迁入胸腺原基后，干细胞迅速分化为淋巴细胞样和上皮细胞，增殖分化；淋巴样细胞分布于网状上皮组织之中，形成胸腺小叶。

2. 腔上囊的发生

腔上囊是鸟类特有的初级淋巴器官，第 4 ～ 5 天鸡胚原肠为一直管，腔上囊即从后肠末端近泄殖腔开口处开始形成。第 5 ～ 8 天，腔上囊最初为一个内胚层上皮性盲囊，有人认为泄殖腔膜外胚层细胞也参与其中。到第 8 ～ 9 天，上皮下方的间充质形成许多细胞团，贴近上皮并逐渐嵌入上皮内，逐渐形成腔上囊小结，此时造血干细胞先迁入间充质，到第 11 天穿越基膜，迁入上皮细胞之间。以后淋巴细胞增多，小结长大，数目增多并陷入腔上囊间充质中。因腔上囊小结发生先后不一，14 ～ 16 d 鸡胚腔上囊切片中可见到各种不同发育程度的腔上囊小结。鸡胚第 17 天，小结出现髓质部（图 17–31）。从孵育第 18 天到孵出后 8 d，淋巴细胞继续增殖分化，逐渐出现明显的皮质部。皮质形成与受外界抗原刺激有关，皮质部的淋巴细胞来自髓质部成熟淋巴细胞的外迁。孵出第 9 天到 1 月龄仔鸡，腔上囊小结不断增多、扩大，几乎占据腔上囊的全部皱襞。腔上囊小结明显分为皮质部和髓质部，均充满淋巴细胞。腔上囊生长到 1 月龄为最发达期。1 月龄后腔上囊小结不再长大，增多。2 月龄时，小结的髓质部淋巴细胞逐渐减少，随后皮质部淋巴细胞也开始减少。4 月龄后腔上囊逐步萎缩。腔上囊萎缩与性成熟相关，卵用品种退化早，肉用品种退化晚。

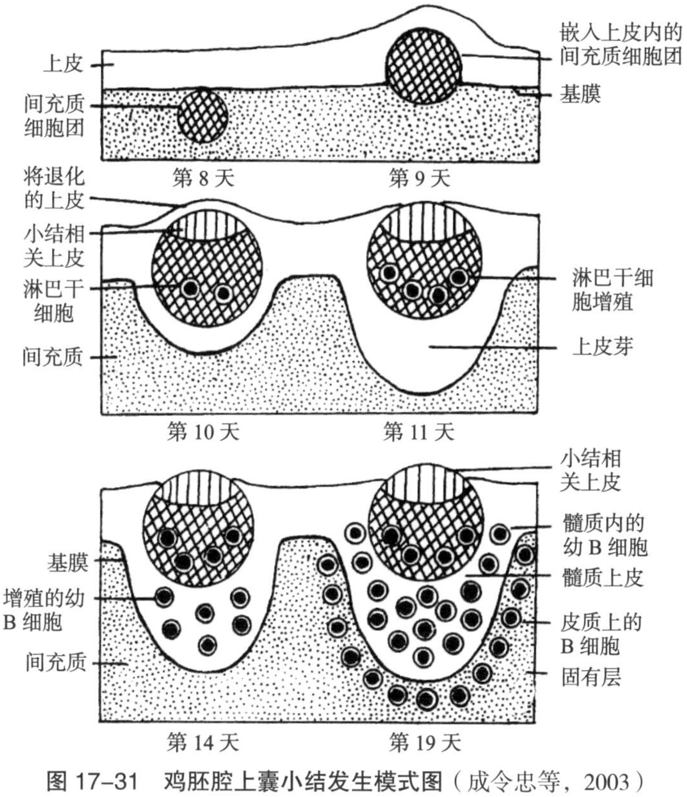

图 17–31 鸡胚腔上囊小结发生模式图（成令忠等，2003）

腔上囊小结内的淋巴干细胞的来源有两种说法：有人认为它们由间充质细胞团近上皮基部的细胞分化而成；有人认为它们由血液中淋巴干细胞迁入。可能两种情况都存在，早期以前者为主，晚期以后者为主。

3. 淋巴管的发生

淋巴管的发生较血管的发生略晚，是以毛细血管发生相同的方式形成的，早期淋巴管来源于静脉的内皮细胞增生的分支。最初形成的毛细淋巴管网沿原始静脉干分布，在一定部位形成 6 个淋巴囊。

4. 淋巴结的发生

鱼类无淋巴结，两栖类、爬行类和鸟类也无明显的淋巴结。哺乳动物有淋巴结，但形态、大小及数量各异，大小自数毫米到数厘米；数量差异很大，牛约有 300 个，马约 800 个，犬约 60 个，人约 450 个。大鼠胚胎的 17～19 d，人胚的第 7 周，含淋巴细胞的结缔组织突入膨大的淋巴管（淋巴囊），后者逐渐包围这团含有较多淋巴细胞的结缔组织，共同形成淋巴结原基。膨大的淋巴管发育形成被膜下淋巴窦。人胚第 3 个月，淋巴结原基尚无皮质、髓质之分。出生后淋巴结生长迅速，出现皮质和髓质以及有生发中心的淋巴小结。

5. 脾的发生

鱼类及两栖类的脾为最终造血器官，大多数哺乳动物的脾仅在胚胎期有造血功能，出生后在正常情况下不造血。鼠脾在出生后虽能继续造血，但功能减弱，造血数量及种类均减少。鼠脾常见红髓中有巨核细胞及少量幼稚的粒细胞。人成体脾内保留着很少量幼稚的粒细胞（干细胞），在一定条件下可恢复造血功能。

脾的发生较早，鸡胚 4～5 d，人胚 5～6 周。最初为系膜上的一团间充质细胞，之后造血干细胞迁入脾原基的间充质内。胚胎脾的小动脉周围渐有淋巴细胞聚集，逐渐形成白髓，淋巴小结一般在出生后数周出现。

6. 扁桃体的发生

扁桃体最初在口咽部两侧黏膜内发生，由内胚层上皮索长入周围间充质，同时淋巴细胞侵入。此后，淋巴细胞增多，扁桃体隐窝明显，出生时已可见淋巴小结。

七、内分泌腺的发生

在发生来源上，垂体、松果体和肾上腺的髓质来源于外胚层；肾上腺的皮质来源于中胚层，睾丸和卵巢中分泌雄激素和雌激素的内分泌细胞也来源于中胚层；甲状腺和甲状旁腺来源于原始咽壁内胚层，胰岛是胰腺的内分泌部，来源于原肠内胚层。

1. 垂体

垂体是由两种不同来源的上皮性原基经过分化并融合而成的（图 17-32）。最初由原始口腔顶部口咽膜前方的外胚层向间脑底壁外突形成拉司克囊（Rathke pouch），与此同时，第三

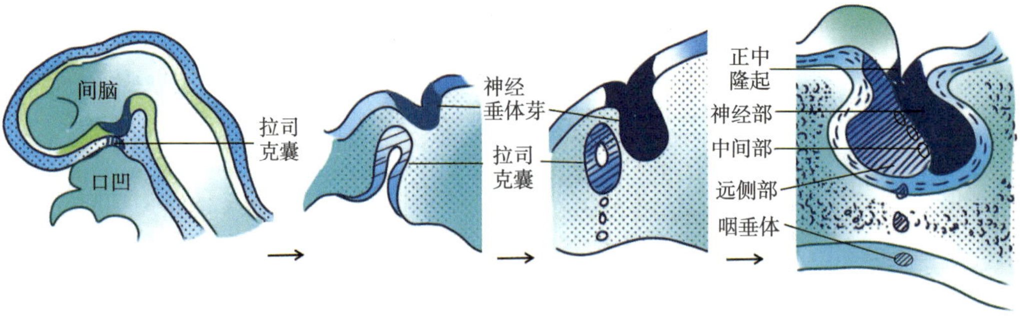

图 17-32　垂体发生示意图

脑室底壁向腹侧外突形成垂体漏斗囊。一般认为，拉司克囊是在脊索前中胚层诱导下发生的，漏斗囊也有诱导拉司克囊发生的作用。两周后，两个部分彼此相遇融合形成垂体原基。

腺垂体的分化较早，胚胎时期的垂体远侧部已发生分化，细胞内可见到分泌颗粒，并有一定的功能活动。神经垂体的组织发生较晚，来自下丘脑的神经元轴突先进入漏斗柄，逐渐延伸到垂体后叶内。

2. 松果体

几乎所有脊椎动物都有松果体或称脑上体。在大多数低等脊椎动物，松果体终生以小球囊形式存在，多数是成对的。其结构很似视网膜，由 3 种细胞构成，即感光细胞（主细胞）、神经节细胞和支持细胞，均来自神经外胚层。有成对松果体者，其第二器官称为松果体旁器（parapineal organ），位于松果体前端，呈囊泡样或凹窝样，此在原始鱼、无尾两栖类和蜥蜴中均存在。

比较原始的圆口纲动物，其脑上体为两个囊状突起，分别称为松果体旁器突和松果体突。松果体突中有典型光感的松果体细胞，有感觉神经直接分布。松果体旁器，即颅顶眼，保留有角膜、晶状体和视网膜结构，位于皮下，可辨明暗。两栖类动物为囊状松果体，仍以锥体样光感细胞为主，故为感光性器官。无尾两栖类的某些蛙具有松果体旁器（颅顶眼）。爬行类动物的松果体主要是原始分泌型光感细胞，蛇的松果体细胞在形态结构上与哺乳动物很相似。一般认为，鸟类是感光功能松果体转化为分泌功能松果体的中间型，松果体具有囊泡状，多囊泡状的结构与哺乳类松果体的实体小叶状结构相似。哺乳类动物的松果体只具有神经内分泌功能，或者说是神经 – 内分泌转换器，无感光作用。从种系发生上追踪，其松果体细胞（主细胞）由光感型转变为分泌型，而胶质细胞则与低等脊椎动物的细胞同源，并有交感神经支配。

哺乳动物胚胎初期由间脑顶板第 3 脑室正中线末端向外突起形成松果体原基。有时在其前方还发生一个小囊突，即松果体旁器突，此结构多在胚胎后期消失。松果体原基明显向外突起，先形成小囊，以后细胞增殖变厚发育成实心器官，只在基部保留一小腔，即为隐窝。松果体与间脑相连处形成松果体柄，随后开始分化出松果体细胞（主细胞）和神经胶质细胞。两种细胞呈镶嵌排列，胚胎和幼年时期以松果体细胞为主。原来包于松果体原基外的间充质长入，形成小梁，将腺体分割成不规则的小叶，丘脑上部神经细胞发生的神经纤维穿入其内。出生后松果体继续发育，青春期后松果体细胞明显退化，结缔组织增生，使松果体的小叶结构变明显，神经胶质细胞相对增加。由于基质的钙化，开始出现大小不一的脑砂，并随年龄的增加而增多。

胚胎松果体原基中室管膜层细胞向外套层迁移，并成滤泡状排列。之后松果体细胞开始显现，增生，细胞成团索状排列，有神经胶质细胞分化，成熟的松果体细胞体积大，形状不规则，有细长突起，核出现凹陷或分叶状，有明显的核仁，细胞质内含有嗜铬性细颗粒，尚有大量微管、线粒体、内质网、高尔基体发达。松果体细胞体的突起逐渐增多，在伸向血管附近的突起形成球状膨大。另一方面，胚胎交感神经的分支开始长入松果体，进入腺实质，其轴突末端与松果体细胞发生接触。

3. 肾上腺

猪胚（9 ～ 12 mm）中肾颅侧附近背系膜基部两侧的脏中胚层细胞增殖，并伸入腹侧排列成细胞索，形成肾上腺皮质原基。稍晚，从神经嵴迁移来的细胞被肾上腺皮质包裹形成髓质。

髓质的嗜铬细胞和交感神经节神经元同源。

在种系发生上，肾上腺皮质和髓质最初是完全分开的。①鱼类：起源于中胚层的称为肾间器，位于两肾内侧缘之间，呈分节状。外胚层来源的称肾上器，紧贴后主静脉与背主动脉的靠近肾区。②两栖类：肾间器和肾上器开始接近和混杂，位于肾的腹面。③爬行类：肾间器和肾上器两者关系密切。到鸟类和哺乳类则合并成一个器官。禽类的肾上腺皮质和髓质相混杂。哺乳类皮质包在髓质外面，皮质分为浅层皮质、中间带（束状带）和网状带。

4. 甲状腺

脊椎动物开始有独立的甲状腺，脊椎动物的甲状腺素是由甲状腺合成的。在无脊椎动物，如昆虫、海星、海贝等，虽然还没有出现甲状腺器官或甲状腺组织，但它们体内已能合成碘化酪氨酸。原索动物文昌鱼，在其咽底部开始出现内柱样结构，内有纤毛细胞和黏液细胞，并有一细管与咽相连，甲状腺球蛋白的合成可能发生在内柱细胞内，合成后的碘化甲状腺蛋白不被内柱细胞水解，也不直接释放入血液，而是经细管排放到咽部，在消化道内水解成有活性的 T_4 和 T_3，并由消化道吸收入体内。较低等的圆口纲，在其幼体的咽下部出现管状的原始甲状腺，无包膜。在成体可见散在的滤泡群合成的碘化蛋白质，其不在消化道内水解，而是直接在腺体内被蛋白酶分解后以 T_4 形式释出。鱼类的甲状腺有一个不成对的腺体，两栖类则分为两叶，爬行类通常不成对，到较高等的脊椎动物，便成为典型滤泡状具有被膜的腺体。某些脊椎动物的唾液腺细胞和胃上皮细胞有浓集碘的功能。

甲状腺起源于内胚层，是胚胎内分泌腺中最早出现的腺体。胚胎初期在原始咽底正中处，相当于第 1 咽囊平面的奇结节尾侧，内胚层细胞增生，形成甲状腺原基。它向尾侧生长，在第 1、2 咽囊平面处分为 2 个芽突。芽突继续向颈下方生长，其根部仅借细长的甲状舌骨管与原始咽底壁相连。以后细管萎缩退化，在舌根部留有一痕迹，称为盲孔。甲状腺原基进一步分化发育，左右芽突的末端细胞增生，演变成为甲状腺的两侧叶，其中间部称为峡部。甲状腺原基的芽突由盘曲的细胞索构成。细胞索相继断裂，形成两个胞团，之后，细胞之间出现间隙，间隙逐渐融合成一个大空腔，于是，细胞团变成了小滤泡。胚胎后期滤泡中开始出现胶样物质，左、右甲状腺滤泡开始合成甲状腺素。胎儿甲状腺对胎儿发育起着重要作用，主要是促进胎儿骨骼和中枢神经系统的发育。

5. 甲状旁腺

在种系发生上，甲状旁腺出现比较晚，首先见于两栖类。鱼类的甲状旁腺比较原始，为埋于甲状腺内的小细胞团。陆生脊椎动物的甲状旁腺均由第 3 对和第 4 对咽囊背侧壁内胚层细胞发育而成。两栖类和爬行类的甲状旁腺有 2～3 对。哺乳类各种动物的甲状旁腺，其数目和位置极不相同，但进化趋势是数目越来越少，内分泌作用越来越强。灵长类、犬、猫、鼠等通常有恒定的 2 对甲状旁腺，多位于甲状腺背侧的结缔组织被膜内，鼠类是埋藏于甲状腺内。近年来发现鼠、兔、羊、犬、猫等动物的甲状旁腺内有 C 细胞，分泌降钙素。冬眠动物甲状旁腺的构造和分泌活动有季节变化。羊的妊娠期 150 d，第 26 天出现具有特异性分泌颗粒和典型结构的甲状旁腺细胞。

6. 胰岛

胰岛的形成、结构及所含细胞的类型，因动物种属而有一定的差异。圆口纲鱼类仅有产生胰岛素的 B 细胞。鱼纲颌口类有了明确的产生胰高血糖素的 A 细胞，若干无尾两栖类还有分泌生长抑素的 D 细胞。爬行类的胰岛除含有 A、B、D 3 种细胞外，尚有分泌胰多肽的 PP

细胞，如蜥蜴。鸟类胰岛可分为明、暗两部分，亮型主要含 B 细胞和 D 细胞，暗型则含 A 细胞和少量 D 细胞。鸟类胰腺一般分 4 叶，每叶均有 B 细胞，A 细胞仅出现在第 3 叶和脾叶。哺乳类动物的胰岛一般分为两部分，以 B 细胞为主的中央部和以 A、D 细胞为主的周围部。鸟类胰岛的周边区还存在含有内、外两种分泌颗粒的细胞，称为腺泡 – 胰岛移行细胞，在猪的胰腺中亦见到了腺泡 – 腺岛移行细胞，提示在发育过程中腺泡细胞和胰岛细胞可能存在转化现象。

一般认为胰岛与胰腺的外分泌部有着共同来源。胰腺内分泌部主要由胰管二级以下分支的管壁上皮细胞向周围间充质内增生、脱离和分化而成。

第四节 胚外膜和胎盘

胚外膜（embryonic membrane）是胚胎的辅助性结构，在陆栖脊椎动物发育过程中对保护胚胎、满足胚胎发育时的生理代谢需要，具有十分重要的意义。胎盘（fetal membrane）是哺乳动物胎儿与母体进行物质交换的结构，它由胎盘的胎儿部分和母体部分共同组成。胎盘的胎儿部分由各种胎膜构成，母体部分由子宫内膜构成。

一、家禽的胚外膜

家禽的胚胎发育主要在体外孵化过程中进行，胚胎对卵黄和卵白营养物质的吸收利用、代谢废物的排除和气体交换，都需要胚外膜帮助完成。胚外膜不参与胚体的形成，胚胎发育结束时消失或废弃。鸡的外胚膜有 4 种：卵黄囊（yolk sac）、羊膜（amnion）、浆膜（serosa）和尿囊（allantois）（图 17–33）。

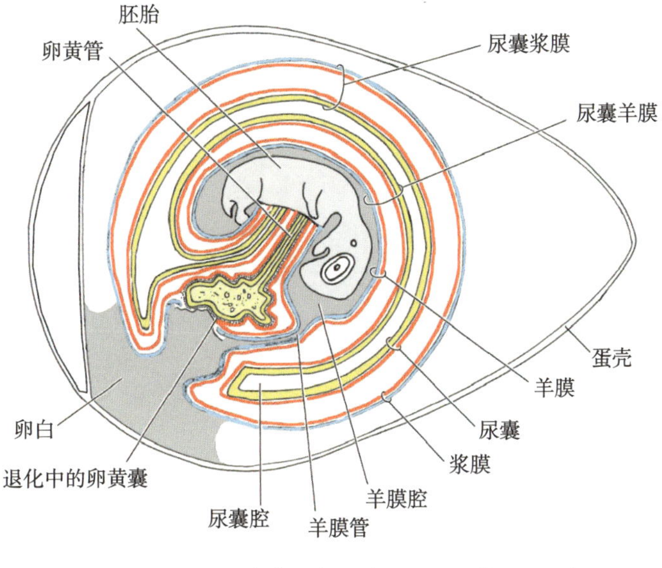

图 17–33 鸡的胚外膜示意图（McGeady 等，2017）

1. 卵黄囊

在胚盘四周边缘上，外胚层和体壁中胚层形成胚体壁，内胚层和脏壁中胚层形成胚脏壁。胚体壁和胚脏壁在近胚体处向内向下折入，将胚体举起，内折的结构称为体褶。胚盘出现体褶（头褶 24 h，侧褶、尾褶 72 h）有了胚内和胚外的划分，体褶进一步加深，使胚体离开卵黄，从胚盘上隆起而独立出来。

4 种胚外膜中，卵黄囊形成最早，其由胚脏壁，即胚外内胚层＋胚外脏中胚层构成。鸡胚由于卵黄过多，胚脏壁不形成封闭的原肠，其底壁最初由卵黄充当。随着胚胎发育，胚脏壁在卵黄表面持续生长，最终将卵黄完全包裹。由于头褶的出现，使原肠前端首先获得细胞性底壁而变为前肠。尾褶的出现，又形成了具有细胞性底壁的后肠。在前肠与后肠之间，仍暴露于卵黄的部分为中肠（图 17–34）。随着体褶的加深，前后肠不断增长，中肠则缩小变细，最终演变为卵黄囊柄（yolk stalk）。以卵黄囊柄为界，其外的胚脏壁为卵黄囊，其内的为原肠。

鸡胚 36～48 h 卵黄囊出现血岛和血管网，96 h 血管网建成。胚内中胚层形成心，与心相连的为背大动脉。卵黄囊血管网逐渐和胚胎体内血管相连，构成卵黄囊血液循环，即背大动脉——脐肠系膜动脉——卵黄动脉—卵黄囊毛细血管—卵黄静脉——脐肠系膜静脉—心。卵黄囊内表面形成许多皱褶，扩大与卵黄接触的面积。卵黄囊的作用：消化和吸收卵黄，提供营养。

鸡胚发育时主要营养物质的利用：孵化 1～12 d，19～21 d 时利用卵黄，其中在孵化 4～7 d 时，卵白中的水分经卵黄被膜转运到卵黄，使得卵白变稠，卵黄变稀。孵化 13～18 d 时利用蛋白。孵出前 14～20 h，通过脐孔将卵黄囊及剩余少量卵黄吸入腹内，成为新出雏早期生长的营养来源之一，故出壳后 2 d 内可只供水不供食。成年后保留卵黄蒂。

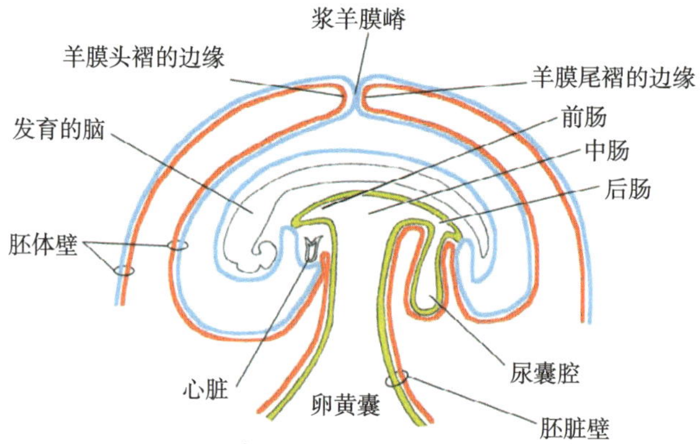

胚外膜发生与胚体壁的形成

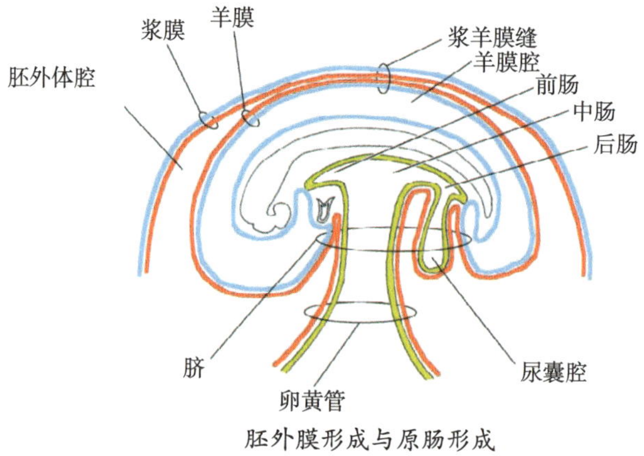

胚外膜形成与原肠形成

图 17–34　鸡胚胚外膜形成与原肠形成示意图（McGeady 等，2017）

胚胎对卵黄的利用过程：①原条形成前主要利用明区的卵黄；②原条形成后主要利用暗区的卵黄。早期吸收卵黄的方式为通过内胚层细胞的吞噬；③孵化 48 h 至末期，通过卵黄囊膜内胚层细胞分泌的酶水解卵黄后，经卵黄囊血液循环运输（通过脐肠系膜静脉转运给胚胎）到胚体内，再加以吸收利用。

2. 羊膜和浆膜

羊膜和浆膜同时发生，都来自胚外胚体壁。当体褶在胚胎腹侧不断加深时，鸡胚（第 2 天）胚外的胚体壁沿胚体四周向上折起，形成浆羊膜褶。羊膜头褶先出现，其后侧褶和尾褶相继发生。各方羊膜褶不断生长，在胚胎上方相遇汇合（孵化第 3 天），汇合处较厚称为浆羊膜嵴。浆羊膜嵴融合后，内、外两层分开，形成内侧的羊膜和外侧的浆膜，二者之间的腔为浆羊膜腔，属于胚外体腔的一部分。羊膜直接包着胚体，羊膜腔内含有羊水，保证胚胎正常发育。羊膜的外层为体壁中胚层，内层为外胚层，后者在卵黄囊柄处与胚体表面外胚层相连。浆膜的胚层结构与羊膜相同，但位置恰好相反，即浆膜的外胚层在外，而体壁中胚层在内侧。浆膜发展迅速，将胚胎和其他所有胚外膜包围，并与蛋壳相连。浆膜的外胚层上皮分化为具有呼吸功能的上皮，当尿囊与浆膜接触之后，共同执行呼吸功能。

鸟类以起褶方式形成羊膜腔，浆羊膜褶的出现和汇合形成浆羊膜缝，浆羊膜嵴的融合划分羊膜和浆膜。羊膜的功能：①分泌羊水；②波动羊水（鸡 5～6 d，鸭 8～9 d）。浆膜的作用（羊膜 - 浆膜，尿囊 - 浆膜）：①呼吸作用；②孵化后期对壳钙的利用；③推动卵白形成卵白囊。

3. 尿囊

尿囊起源于胚体内部，鸡胚孵化第 3 天末，后肠腹侧壁向外突出一个小囊，即尿囊。尿囊的胚层结构与位置关系与卵黄囊相同，脏壁中胚层在外，内胚层在内。尿囊向胚外体腔迅速扩展，其根部很细，称尿囊柄，位于卵黄囊柄的后方；远端膨大，在浆羊膜腔内很快（孵化第 5 天）与浆膜相贴并融合形成尿囊浆膜。此时尿囊的脏中胚层和浆膜的体壁中胚层融合形成双中胚层，其内部发生血管，之后丰富的血管汇集成尿囊动、静脉，再与胚胎体循环血管连接，构成尿囊循环，负责气体、营养和代谢废物的运输。鸡胚尿囊和浆膜中胚层融合形成尿囊浆膜和尿囊循环的建立，类似于哺乳动物的尿囊绒毛膜胎盘。

尿囊发育从蛋的钝端至锐端，尿囊浆膜不断扩展，将羊膜和卵黄囊都包围起来，还推动浆膜一起向蛋的锐端扩展，同时将卵白挤向锐端，最终尿囊浆膜布满全蛋称“合拢”。尿囊浆膜从左右包围卵白，形成卵白囊。卵白囊的内层为浆膜，外层为尿囊。当尿囊在扩展中受到浆羊膜缝的阻挡时，只能沿其两侧向蛋的锐端，于是有一部分蛋白滞留在浆羊膜缝隙附近。随后浆羊膜缝上出现孔洞形成浆羊膜道，卵白囊内的蛋白得以进入羊膜腔内，混合形成蛋白羊水，可被胚胎吞食，开始胃肠消化过程。

二、哺乳动物的胎膜

哺乳动物的胎膜（foetal membrane）和鸟类的胚外膜基本相同，也包括 4 种：卵黄囊、羊膜、绒毛膜（chorion）和尿囊（图 17-35）。

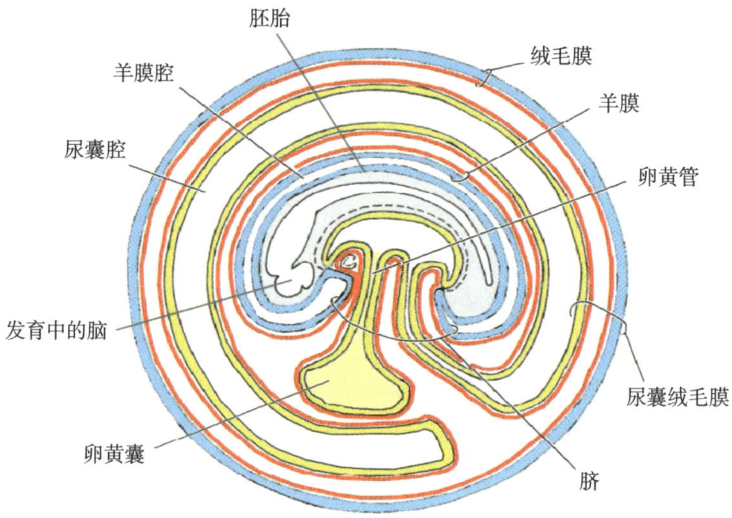

图 17-35 哺乳动物胎膜示意图（McGeady 等，2017）

1. 卵黄囊

哺乳动物卵由于卵黄较少，胚脏壁形成封闭的原肠，但在胚胎发育过程中仍有卵黄囊形成。早在原肠形成时期，由于体褶发生，胚体上举，胚脏壁向中间缢缩形成胚内的原肠和胚外的卵黄囊。卵黄囊早期较大，很快缩小退化，被永久性胎盘（尿囊绒毛膜胎盘）所取代，仅保留与原肠之间的缩细部分称卵黄囊柄。猪胚胎在 13 d 左右卵黄囊形成，17 d 开始退化，1 个月左右完全退化。牛胚胎在 8～19 d 内卵黄囊发育和形成，到 22 d 即退化。由卵黄囊绒毛膜行使物质交换功能在马和肉食动物尤为明显，马的卵黄囊与绒毛膜接触，真正形成了卵黄囊胎盘，并有丰富血管吸收子宫乳，供胚胎早期的营养，但后来也被尿囊绒毛膜胎盘取代。

2. 羊膜和绒毛膜

哺乳动物羊膜的形成有 2 种方式，一种是起褶式，家畜多为褶生羊膜动物，以与禽类相同的方式形成羊膜和绒毛膜，绒毛膜相当于禽胚的浆膜；另一种是分裂方式，如蝙蝠、鼠类、灵长类，由内细胞团细胞分出羊膜外胚层。猪胚胎在前体节期胚外胚体壁向胚体上方折起形成羊膜褶，胚胎 15 d 左右羊膜头褶、侧褶和尾褶在胚体背侧部汇合即形成羊膜和绒毛膜。绒毛膜表面不同区域上皮细胞向外伸出许多指状突起而得名。绒毛膜在胚胎最外侧，包围其他所有的胎膜。绒毛膜内层为体壁中胚层，外层为外胚层；羊膜与之正好相反，内面为外胚层，外面为体壁中胚层。羊膜腔内充满由羊膜上皮细胞分泌的羊水，为胚胎发育提供一个类似于水生动物一样的液体环境，同时保护胎儿免受挤压和震荡。

3. 尿囊

哺乳动物的尿囊发生与禽类相同，也是从后肠腹侧向外突出的盲囊，在胚外体腔中扩展，其囊壁由内侧的胚外内胚层和外侧的胚外脏壁中胚层构成。有的动物如猪、犬等，尿囊相当发达。猪胚 13 d 时尿囊发生，向胚外体腔中突出，17 d 左右与绒毛膜内面相贴，共同形成尿囊绒毛膜，1 个月左右时尿囊扩展完毕并包围羊膜，此时卵黄囊已完全退化。尿囊的形状和扩展程度因家畜的种类而异。马的尿囊为盲囊状，最终充满整个胚外体腔，形成尿囊绒毛膜和尿囊羊膜。在牛、羊和猪，尿囊分成左、右两只且未完全包围羊膜，除有尿囊绒毛膜和尿囊羊膜外，还有羊膜绒毛膜存在。尿囊绒毛膜在家畜的胎盘形成中起重要作用。

4. 脐带

在哺乳动物，其胚胎伴随体褶的形成和缢缩，形成了胚体与胚外进行代谢循环的通道，称脐带（umbilical cord），起着吸收营养和排泄代谢产物的作用。脐带起源于胚胎早期的体褶，随着胚胎发育和羊膜腔的扩大，羊膜向腹部扩展，使尿囊柄和退化的卵黄囊柄靠拢缩细，并被羊膜包围形成长索状结构，即为脐带。脐带外部被覆一层光滑的羊膜，内部为黏性结缔组织，后者由中胚层起源。脐带的黏性结缔组织间质中有尿囊柄、脐动脉和脐静脉通过，胎儿产生的尿液可经尿囊柄储存于尿囊腔，脐动脉将胎儿血液输送至胎盘，而脐静脉将胎盘处的血液输送至胎儿体内。脐动脉、脐静脉及其在胎膜上的分支构成了胎儿血液循环的体外部分。脐动脉在胎儿出生后变成膀胱圆韧带，脐静脉在胎儿出生后变成肝圆韧带。

三、胎盘

胎盘（placenta）见于胎生的哺乳动物，是胎儿与母体选择性进行物质交换的结构，由母体胎盘和胎儿胎盘组成。母体胎盘部分由子宫内膜构成，胎儿胎盘部分由各种胎膜构成。从低等的胎生哺乳动物，如北美洲袋鼠，到高等哺乳动物家畜、真兽类及灵长类（包括人），胎盘由卵黄囊型逐渐进化为尿囊型。有些哺乳动物胎盘的发育早期曾出现过卵黄囊型。

（一）胎盘的分类

1. 卵黄囊胎盘

卵黄囊胎盘（yolk sac placenta）又称卵黄囊绒毛膜胎盘（choriovitelline placenta），是由卵黄囊和绒毛膜融合成的胎儿胎盘，有雏型和成熟型两种。

（1）雏型卵黄囊胎盘 又称原始胎盘，见于某些低等的胎生哺乳动物，如美洲袋鼠。该类动物胚胎发育早期形成一个大卵黄囊，囊壁的胚外中胚层有丰富的血管。随着胚胎发育，卵黄囊逐渐与绒毛膜相贴，其囊壁上的胚外脏中胚层与绒毛膜内面的胚外壁中胚层融合，其中的血管也相互连接成网。绒毛膜外面的小皱襞与子宫内膜的陷窝相嵌合，使胚泡牢固地黏附于子宫内膜上。子宫内膜腺体分泌的富含营养物的黏液（称子宫乳）排放到内膜表面，供绒毛膜吸收，并通过卵黄囊壁上的血管输入胚体。

（2）成熟型卵黄囊胎盘 结构较原始胎盘复杂，它的绒毛膜外面不仅有皱褶形成，且绒毛膜上皮增生，形成许多由合体滋养层细胞组成的绒毛状突起，溶解子宫内膜上皮并侵入内膜中。因此，绒毛膜可以直接从子宫内膜中吸收营养物质。具有此类型胎盘的胚泡与子宫内膜的关系更为密切。低等哺乳动物的胎盘大多属于此类。

2. 尿囊胎盘

尿囊胎盘（allantoic placenta）是高等哺乳动物所具有的一类胎盘，又称尿囊绒毛膜胎盘（chorioallantoic placenta）。由卵黄囊胎盘进化为尿囊胎盘之前，原始尿囊胎盘（果狸）是一种中间过渡型。其特点是胚胎的卵黄囊很大，形成卵黄囊绒毛膜。同时，胚胎还有一个很大的尿囊，占据另一部分胚外体腔，囊壁与绒毛膜融合，形成尿囊绒毛膜。尿囊绒毛膜形成绒毛样突起侵入子宫内膜，突起表面的上皮常常变薄，甚至残缺不全，使胎膜的血管与子宫内膜的血管紧密相贴，胎膜与母体间在此进行物质交换。胎儿胎盘有3层组织：血管内皮、间充质和绒毛膜上皮；母体胎盘也包括3层组织，但排列方向相反，为子宫内膜上皮、结缔组织和血管内皮。这些组织构成胎盘屏障（placental barrier），胎儿血液与母体血液之间的物质交换必须通过此屏障。

家畜的胎盘多为尿囊绒毛膜胎盘。根据不同的标准，尿囊绒毛膜胎盘又分为多种类型（表17–6）。

表 17-6 尿囊绒毛膜胎盘的分类

物种	分类		
	胎盘形态及绒毛分布方式	胎盘屏障的组织结构	分娩时子宫组织损伤
马	弥散和微子叶	上皮绒毛膜	非蜕膜（无损伤）
猪	弥散	上皮绒毛膜	非蜕膜（无损伤）
绵羊、山羊、牛、水牛	子叶	上皮（早期）、结缔绒毛膜	非蜕膜（无损伤）
犬、猫	环带状	内皮绒毛膜	蜕膜（中度损伤）
灵长类、啮齿类	盘状	血绒毛膜	蜕膜（广泛损伤）

（1）根据胎盘形态和绒毛膜上绒毛的分布方式分类 可分为 4 种类型（图 17–36）。

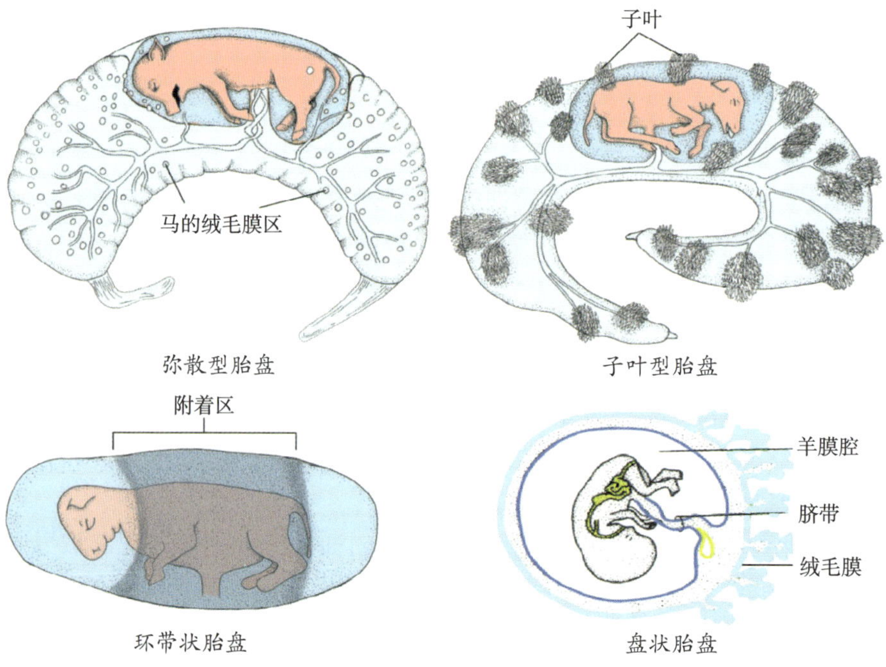

图 17–36 哺乳动物胎盘模式图（McGeady 等，2017）

①弥散型胎盘（diffuse placenta）：常见于马、猪等有蹄类动物。它们的胚泡呈长椭圆形，除胚泡两端外，绒毛膜表面都均匀分布着绒毛（马）或皱褶（猪），后者与子宫内膜相应的凹陷部分相嵌合。

②子叶型胎盘（cotyledonary placenta）：见于牛、羊、鹿等反刍类动物。其结构特点是，在圆柱状的胚泡外面，绒毛在绒毛膜表面集中成簇状或成束分布，形成绒毛叶或称子叶（cotyledon）。子叶与子宫内膜上的圆形突起称子宫肉阜（caruncle）紧密嵌合。羊的子宫肉阜上有一大的凹窝，子叶伸入凹窝内构成胎盘块；牛的子宫肉阜上无凹窝，子叶包裹子宫肉阜而构成胎盘块。

③环带状胎盘（zonary placenta）：见于肉食类动物，如犬、猫、狐等。其特点是在长椭圆形的胚泡表面，绒毛仅分布在绒毛膜的中段，集中呈宽的环带状，绒毛膜的其余部分与子宫壁并不形成密切接触。

④盘状胎盘（discoidal placenta）：见于人、灵长类和啮齿类动物。在早期绒毛膜上普遍长满绒毛，随着胚泡的长大，大部分区域内的绒毛退化消失，只有对着子宫壁的一个盘状区域内的绒毛发育良好，即绒毛集中分布在绒毛膜的一盘状区域内。该区域内绒毛伸入子宫壁深层。

（2）根据胎盘屏障的组织结构分类 可分为 4 种类型（图 17–37），各种类型胎盘中，胎儿部分的 3 层组织结构变化不大，但母体部分有很大不同。

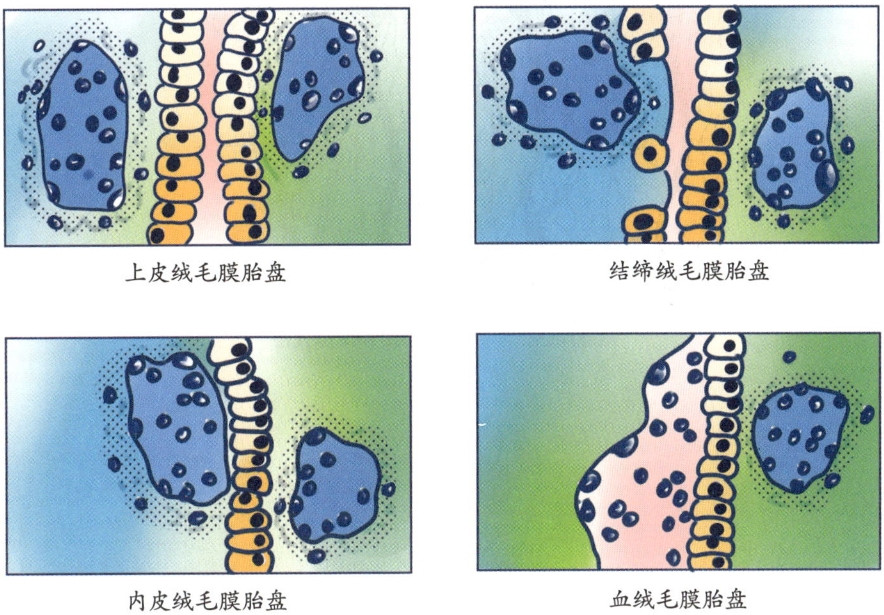

图 17–37 各类型胎盘屏障模式图

①上皮绒毛膜胎盘（epitheliochorial placenta）：绒毛膜上皮和子宫内膜上皮均比较完整，平行紧靠互相接触，绒毛嵌合于子宫内膜相应的凹陷中。胚胎血液与母体血液之间的物质交换通过以下 6 层屏障结构：绒毛膜血管内皮、绒毛膜结缔组织（间充质）、绒毛膜上皮、子宫内膜上皮、子宫内膜结缔组织和子宫内膜血管内皮。马和猪的弥散型胎盘属于此类（图 17–38，图 17–39），大多数反刍动物妊娠初期的子叶胎盘也属于此类。

②结缔绒毛膜胎盘（syndesmochorial placenta）：与绒毛相对的子宫内膜增厚，血管密集，子宫内膜表面上皮细胞变性脱落，绒毛膜上皮直接与子宫内膜结缔组织相接触。反刍动物妊娠后期的子叶胎盘属于此类。

③内皮绒毛膜胎盘（endotheliochorial placenta）：子宫内膜上皮和结缔组织均被侵蚀，绒毛膜上皮直接与子宫内膜固有层中的毛细血管内皮相接触。许多肉食动物（犬、猫）的环带状胎盘属于此类。

④血绒毛膜胎盘（hemochorial placenta）：母体胎盘的所有 3 层子宫组织，即子宫内膜上皮、结缔组织和血管内皮均缺如，血液溢入绒毛间隙，绒毛膜上皮直接浸浴在母体血管破裂后形成的血窦中。灵长类和啮齿类动物以及人类的盘状胎盘均属于此类。在某些动物如兔的

盘状胎盘中，绒毛不但浸浴在母血中，绒毛的滋养层上皮也退化消失，致使绒毛的血管内皮直接浸在母血中，故此类胎盘又称血内皮胎盘（hemoendothelial placenta）。

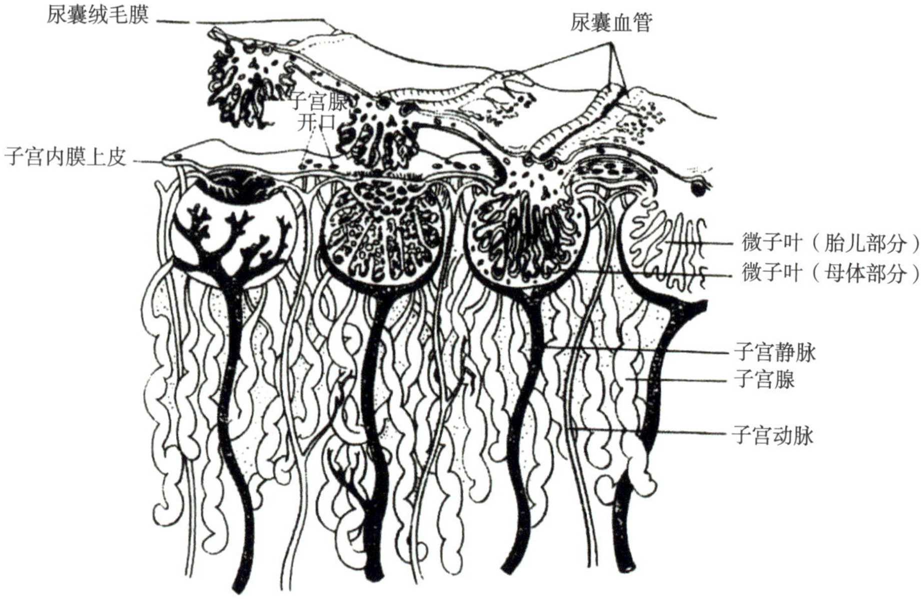

图 17-38　马胎盘组织结构模式图

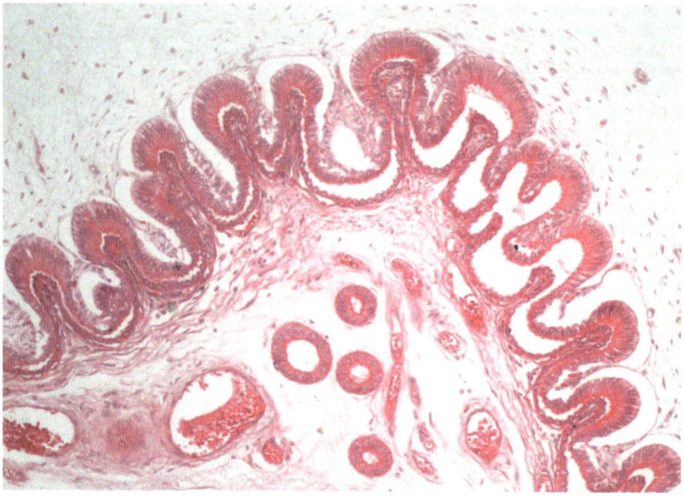

图 17-39　猪胎盘组织结构（HE 染色）（中国农业大学组胚室供图）

（3）**根据分娩时子宫组织的损伤程度分类**　可分为 2 种类型。

①蜕膜胎盘（decidual placenta）：又称结合型胎盘或真胎盘。胎儿胎盘深入子宫内膜，绒毛将子宫内膜破坏并长入内膜基质，反复分支形成绒毛树，其主干与子宫内膜深层牢固结合。胚胎附近的子宫内膜基质变形和增生，这样的子宫内膜从妊娠开始就改称为蜕膜。直到分娩时，蜕膜连同胎膜一起脱落，子宫组织损伤很大，伴有血管破裂和广泛出血现象。环带状与盘状胎盘都属于蜕膜胎盘。

②非蜕膜胎盘（non-decidual placenta）：又称并列型胎盘或半胎盘。绒毛膜与相对完好

的子宫内膜组织相结合。分娩时胎儿胎盘与母体胎盘各自分离，对子宫组织不造成大的损伤，没有子宫内膜的脱落，也无出血。弥散型和子叶型胎盘都属于非蜕膜胎盘。

（二）胎盘的功能

胎盘执行许多机能，对于胎儿起着相当于成体胃肠道、肺、肾、肝及内分泌腺的作用；此外，胎盘将母体与胎儿相对隔开，确保胎儿发育的独立性。因此，胎盘具有物质交换、物质代谢、分泌激素及屏障功能。

1. 物质交换

胎儿与母体的血液不直接混合，但这两套血液循环在绒毛膜和子宫内膜结合处紧密接触，通过组织液的互换，确保营养物质和氧气从母体血液到达胎儿血液，代谢废物和二氧化碳由胎儿到达母体。胎盘的各层膜通过简单扩散、主动运输、易化扩散、胞吐和胞饮等机制调节着多种物质的运输。

2. 物质代谢

胎盘组织内含有丰富的酶类，具有广泛的合成与分解代谢功能。如合成脂肪酸、胆固醇、核酸和蛋白质等，分解组织胺。

3. 胎盘的内分泌功能

胎盘是一个很重要的暂时性内分泌器官，一些功能类似黄体。它能分泌多种促激素和类固醇激素并释放到胎儿和母体的血液中。所分泌的激素有的进入羊膜液中，或者被胎儿或母体再吸收。马和绵羊等动物的妊娠早期胎盘能合成和分泌马绒毛膜促性腺激素，所有家畜的妊娠中后期胎盘滋养层细胞能分泌雌激素和黄体酮。这些激素对胚胎附植、发育与妊娠的维持具有重要作用。

4. 屏障功能

胎盘的屏障功能表现在两方面，一是阻止某些物质的运输，二是免疫屏障。

（1）阻止物质运输 主要是选择性阻止大分子物质通过胎盘膜，防止胎儿受异物分子的侵害。例如，分子质量小、脂溶性高、电离度小的药物多通过简单扩散穿越胎盘膜进入胎儿血，反之，不能穿越胎盘膜。妊娠早期，胚体对各种药物敏感和胎儿肝脏对药物解毒功能不足，可使胎儿致畸。

（2）免疫屏障 主要是指胎盘局部的免疫抑制作用，保护胎儿不受母体的免疫排斥。胎儿具有的来自父系遗传物质的表达产物，对母体来说是同种异体移植物。从理论上讲，胎儿对于母体的免疫系统具有抗原性，可引起免疫排斥反应。但实际上，胎儿和胎盘在整个妊娠过程直到分娩前都不受排斥。其原因可能有如下几方面：一是在母体和胎儿之间存在物理屏障，滋养层细胞本身起免疫屏障的作用；二是异体抗原在胚胎发育中逐渐形成，妊娠早期抗原性很弱，不足以发生免疫排斥，至分娩前，抗原性已比较成熟，随即发生强烈的排斥反应，即分娩；三是母体免疫排斥作用被自身的免疫增强作用或胎儿产生的免疫抑制物作用所阻断。前者是指滋养层或胎儿细胞上的抗原使母体免疫系统致敏，产生抗体和致敏淋巴细胞，其中的抗体和滋养层细胞上的相应位点结合，阻止致敏淋巴细胞与这些细胞结合，使胎儿不再受到更强大的致敏淋巴细胞的攻击；免疫抑制物作用是指胎儿或胎盘产生一些免疫抑制性的类固醇激素或其他代谢产物进入母体血液，阻止免疫排斥反应。四是子宫内膜可能缺少有效的免疫成分，形成一个非免疫特许区，使胎儿不受排斥。

【思考题】

1. 名词解释：胚外膜、胎膜、胎盘。
2. 简述鸡胚外膜的构成及其形成过程。
3. 简述哺乳动物胎膜的构成及其形成过程。
4. 简述家畜胎盘的类型。

（中国农业大学　马云飞）

第五节 生殖工程

生殖工程（reproduction engineering）是利用现代生殖生理学、繁殖学、免疫学、胚胎学、遗传学、发育生物学与分子生物学的新发现与新技术，通过人为操控家畜繁殖与胚胎发育过程，实现提高良种家畜繁殖率与培育优良种畜目的的一门学科。随着生命科学基础研究的不断发展，生殖工程已发展为包括体外受精、胚胎移植、胚胎冷冻、转基因动物与动物克隆等技术在内的综合性胚胎生物工程。

一、体外授精技术

动物个体的发生源于卵子与精子受精过程的完成，一切能使受精卵数量增加的技术手段将是提高动物繁殖率的有效措施。体外受精技术就是这些措施当中较为有效的一项技术。它的出现不仅可以解决胚胎移植所需胚胎来源匮乏等关键问题，而且能为动物克隆与转基因等其他胚胎生物技术提供实验材料和研究手段。通常所指的体外受精技术，是指将动物精子和卵子置于适宜的培养条件下使之完成受精的一种技术。由于正常受精过程的完成需要一个完全成熟的卵子和一个具备受精能力的精子，形成受精卵后，经过培养才能发育成为一个可移植胚胎。因此，体外受精技术由卵母细胞体外成熟培养、体外受精与早期胚胎体外培养三项密切相关的技术组成。

1. 卵母细胞体外成熟培养

获取成熟卵母细胞有两条主要途径：体内成熟与体外成熟（*in vitro* maturation, IVM）。体内成熟是经超排处理后，收集成熟卵泡内的卵母细胞或者从输卵管内回收刚刚排出的卵母细胞。体外成熟是采集有腔卵泡中未成熟的卵母细胞，经体外培养使之成熟。这种方法可以充分挖掘母畜卵巢的生殖潜力，是解决卵母细胞来源最有效的途径，具有较大实用价值。

（1）卵母细胞成熟过程　动物卵母细胞依其生长发育阶段可分为生长期与成熟期两个阶段。生长期是从第一次减数分裂停滞期到完成生长时期。卵母细胞减数分裂始于胚胎早期，出生时已达第一次减数分裂前期的双线期，分裂停止进行，此时卵母细胞核亦称生发泡，大而圆，呈静止外观，染色体高度分散。

人工采集的卵母细胞大都处于上述时期。在体外环境中，卵母细胞迅速打破停滞，完成生长，恢复减数分裂进程，进入成熟期。随后完成第一次减数分裂，停滞于第二次减数分裂中期。在体外成熟过程中，卵母细胞会出现两个在光镜下明显可见的形态学变化：生发泡破裂与第一极体（first polar body, PB1）排出。一般而言，生发泡破裂代表减数分裂恢复启动，而第一极体排出标志卵母细胞完成核成熟。在电镜下观察，线粒体从近核区域迁移至质膜下区，形成呈空泡状的帽状线粒体，这是卵母细胞成熟的另一个重要特征。

细胞质成熟与细胞核成熟密切相关，共同决定了卵母细胞的成熟程度与后续胚胎发育质量。卵母细胞在生长期内，各种类型 RNAs 旺盛合成；在 GVBD 前后，合成大量蛋白质，促进卵母细胞自身成熟。现已证明，颗粒细胞与卵丘细胞的存在对于细胞质成熟至关重要。颗粒细胞可以启动卵母细胞内蛋白质合成；卵丘细胞层的完整与紧密程度直接影响着体外成熟效率。细胞核成熟与细胞质成熟存在时间差，即体外培养时核成熟时间明显短于细胞质成熟时间。近来研究发现，卵母细胞内环腺苷酸（cAMP）水平是决定卵母细胞 GVBD 发生的关键因子。高浓度的 cAMP 能够维持减数分裂停滞状态，而体外培养造成的卵母细胞内 cAMP 水平降低，会促使 GVBD 发生。故此，目前围绕卵母细胞内 cAMP 水平调节的相关研究，对于改善体外成熟卵母细胞的体外受精效率，极具实用价值。

（2）卵母细胞体外成熟培养 适当的成熟培养液对于卵母细胞体外成熟效率至关重要。近年来，研究者多用合成培养液（如 TCM-199, Ham's F12 等），作为家畜卵母细胞体外成熟的基础培养液。随后添加血清（如胎牛血清或者发情牛血清等）、促性腺激素（hCG 或者 LH ＋ FSH 等）以及雌激素等。目前采用特定的基础培养液、血清以及激素组合，在牛、绵羊和猪等家畜卵母细胞体外成熟率，均达 80% 以上。

成熟培养环境与时间对卵母细胞体外成熟有重要影响。考虑到多数家畜直肠温度是 39℃而非 37℃，故此目前除人与啮齿类动物（37℃）外，牛、猪、羊与马等家畜卵母细胞体外培养温度均为 38～39℃。由于目前采用的培养液大都以 HCO_3^- 作为酸碱平衡缓冲体系，故需维持一定浓度 CO_2（5%）的气相环境来保持培养液的酸碱度。另外，对于大多数家畜来讲，卵母细胞成熟培养时间一般采用 22～24 h, 但猪（40～44 h）与马（30～36 h）除外。研究表明，牛、羊等卵母细胞核成熟虽已在 16～20 h 完成，但其细胞质尚未充分成熟，因此适当延长成熟培养时间，如 24 h，有利于卵母细胞受精与胚胎发育进程。

2. 体外受精

体外受精的完成需要成熟的精子与卵子。就精子而言，经过精子制备与获能处理，获得高活力获能精子，保证了两性配子在体外环境中受精过程的顺利完成。

精液中含有大量精浆，其中不乏精子获能抑制因子；若是冷冻精液，其中还含有防冻剂等成分，这些成分在体外受精前必须被去掉。此外，精子活力亦是影响体外受精的重要因素之一，过多死精子留在受精环境中不利于卵母细胞的受精完成。因此，精子的分离与制备是体外受精技术的关键环节之一。

精子在体内的获能过程是：在母畜生殖道环境中，精子质膜胆固醇外流，导致膜的通透性增加；Ca^{2+} 内流，腺苷酸环化酶被激活，cAMP 浓度升高，促使精子膜蛋白重新分布，膜的稳定性进一步下降，获能完成。因此，任何导致精子内膜蛋白脱除、质膜稳定性下降与通透性增加、Ca^{2+} 内流的处理，均有可能诱发精子获能。

获能精子与成熟卵母细胞在一定体外培养系统中完成受精。通常做法是：在受精液体系中，放入体外成熟卵母细胞与获能精子，在培养箱内孵育 6～24 h, 取得良好的受精效果。

3. 早期胚胎的体外培养

经体外受精后，动物早期胚胎（受精卵）能够在适当体外发育培养环境中，持续发育至囊胚阶段。

研究发现，哺乳动物早期胚胎体外发育存在发育阻滞现象。不同种类动物的胚胎发育阻滞出现时期不同，牛、羊为 8～16 细胞期，猪为 4 细胞期，小鼠为 2 细胞期等，其原因在于不同动物此期胚胎开始由卵母细胞基因组向胚胎基因组转录转变，故此对体外培养环境要求较高。

目前，普遍采用体外共同培养系统或者单纯培养液，来完成早期胚胎的体外培养过程。体外共同培养系统是将体外受精卵与多种体细胞共同培养，包括输卵管上皮细胞、颗粒细胞成纤维细胞等；常用的单纯培养液主要有添加胎牛血清的合成输卵管液（SOF）或者其他添加 BSA 与氨基酸的培养液等。虽然体外共同培养系统在体外受精卵发育至囊胚的比率上稍优于单纯培养液，但体外培养胚胎质量明显劣于体内培养胚胎。

二、胚胎移植

胚胎移植（embryo transfer, ET）也称受精卵移植。其含义是将体内或体外生产的动物早期胚胎，移植到另一头同种的生理状况相同雌性动物生殖道内，使之继续发育成为新个体。提供胚胎的个体称为供体（donor），接受胚胎的个体称为受体（recipient）。胚胎移植的实质为，产生胚胎的供体和养育胚胎的受体分工合作，共同繁殖后代的过程。该项技术不仅能够充分发挥良种母畜的繁殖潜力，提高繁殖效率，也是研究受精生物学、胚胎学和动物育种学等各门科学理论问题与体外受精、动物克隆和转基因动物等技术发展的基础手段。

1. 胚胎移植的生理学基础

大多数自然排卵的动物，不论是否受精，其生殖器官均处于相同的生理状态，如黄体形成、黄体酮分泌、子宫内膜组织增生等。该类孕期变化是未配种发情受体母畜能够接受外源胚胎并支持其不断发育的主要生理依据。

早期胚胎发育仅依赖自身储存养分，能够长时间游离于输卵管或子宫内，在适当条件下可以脱离母体而存活。同时胚胎的遗传学特性是由供体基因型决定的，受体对胚胎不产生遗传上的影响。这些胚胎的固有特性使得良种家畜胚胎移植成为可能。

受体母畜生殖道（子宫或者输卵管）对于同种外源胚胎一般不产生免疫排斥，所以胚胎在不同母体间转移，能够存活下来。

2. 胚胎移植技术内容

胚胎移植技术的主要内容包括：超数排卵、胚胎采集、胚胎鉴定保存与胚胎移植。

（1）超数排卵 超数排卵（superovulation）是指利用外源促性腺激素促使供体母畜卵巢中较多卵泡发育与排卵的技术，可以充分提升良种母畜的繁殖潜力。其具体程序为：首先，选择生产性能高、经济价值大的动物作为供体；挑选健康、有正常繁殖史的地方母畜作为受体。随后，对受体进行同期发情处理，使供受体发情状况同步化。供受体发情时间差越小，移植受胎率越高。目前诱发同期发情的首选药物为前列腺素（prostaglandins, PGs）及其类似物，其剂量随处理动物种类与药物种类而异。对供体进行超排处理。其原理在于：外源激素处理，提升供体血液中促性腺激素浓度，增加成熟卵泡数量。虽然在多数家畜超数排卵技术相对成熟，但是由于生殖内分泌轴（下丘脑－垂体－性腺）分泌调控及其对卵巢异常刺激的复杂性，使得超排效果不够稳定。故此，在生产实践中需要综合考虑家畜的个体情况与环境条件，制定合理的超排方案。

（2）胚胎采集 胚胎的采集，也称采卵，就是利用冲卵液将胚胎从生殖道（输卵管或者子宫）中冲出并收集起来。胚胎采集分手术与非手术法两种。前者适用范围较广，后者仅用于牛、马等大家畜。胚胎采集时间应该根据畜种、胚胎发育阶段以及采卵方法等的不同来确定。例如，绵羊通常采用手术法，通过冲洗输卵管来收集胚胎，收集时间一般为 2.5 d 左右，此时受精卵处于 2～8 细胞阶段；牛非手术法采卵大都在发情后 7 d，此时胚胎处于晚期桑葚期或者囊胚期，位于子宫角内。

（3）胚胎的检查与鉴定 胚胎的检查是指在立体显微镜下，从冲卵液中寻找胚胎。为了减少体外环境对胚胎的不利影响，从母畜生殖道内收集到的含有胚胎的冲卵液，应该尽量保持 37℃、无菌环境，同时尽量缩短在立体显微镜下的捡卵时间。牛、羊早期胚胎直径约为 150 μm。检出的胚胎移入含有 20% 犊牛血清的 PBS 中进行鉴定。

胚胎的鉴定是对收集到的胚胎进行质量与活力的鉴定。移植前胚胎质量的鉴定，是保证胚胎移植成功与否的关键因素之一。胚胎鉴定方法较多，其中形态学鉴定法为胚胎移植实践中最常用的方法，因其简单易行，鉴定者经验丰富能够保证鉴定结果的可靠性。该法通过检查透明带形态、卵裂球色泽与致密程度、卵周隙内细胞碎片是否存在等形态学指标，来评定胚胎的活力。应该指出，形态学鉴定法往往凭借经验进行鉴定，带有一定主观性；另外卵裂球形态与其内在生活力并不完全存在必然相关性，故此该方法具有一定局限性。

（4）胚胎移植 胚胎的移植是本项技术中的又一关键环节。与胚胎采集一样，胚胎移植也分为手术法和非手术法两种，其中非手术法只用于牛、马等大家畜。无论采用何种方法，胚胎移植通常是将 3 日龄左右胚胎移入输卵管或者将 5～6 日龄胚胎放入子宫角，利用受体生殖器官实现“借腹怀胎”之目的。对于术后供受体，需进行精心的护理与观察。不仅要维护两者的健康状况，还需留心观察或检查受体妊娠表现，以确定胚胎移植是否成功。

三、胚胎冷冻保存

胚胎冷冻保存是采用特殊的保护措施和降温措施，使胚胎在 -196℃的条件下停止代谢，而升温后又不失去代谢恢复能力的一种长期保存胚胎的技术。该项技术为建立优良动物的胚胎库提供条件。家畜胚胎库的建立，可实现简便廉价地远距离运输胚胎，以代替运输活畜，节约运输和检疫费用。在鲜胚移植时，供体与受体必须同地饲养、同期发情、同日回收和移植胚胎。而冷冻胚胎则更为简便，在受体处于和胚龄相应日期时，可随时解冻移植。故此，胚胎冷冻技术为动物育种、繁衍和工厂化生产奠定了坚实的基础。

1. 冷冻原理

在冷冻过程中，胚胎细胞内水分形成游离水，易冻结成冰晶，使细胞膜与细胞质蛋白结构发生不可逆变化，导致细胞死亡。冷冻过程对胚胎细胞的伤害，主要发生在冷冻与解冻过程。

在冷冻过程中，当外界温度降至 0℃以下时，胚胎可能会遭受两类损害：物理损伤与化学损伤。物理损伤是指在冷冻过程中，由于胚胎细胞内外渗透压的变化与冷冻速度的快慢，可能会造成细胞内形成较大冰晶，从而对细胞结构造成机械损伤。化学损伤是指从冰点缓慢降温至细胞完全脱水过程中，细胞处于高浓度溶质中，若不能加入抗冻剂而造成的细胞损害。在解冻过程中，原本存在于细胞内对其无害的微小冰晶会重结晶，形成可能会造成细胞死亡的较大结晶。故此，胚胎冷冻与解冻的关键在于，冷冻时如何有效地保护胚胎细胞安全通过 -50～-10℃这一致死性温区，直至降至 -196℃保存起来；解冻时以极快速率升温，使胚胎瞬时经过致死温区回升到室温，并恢复常态。

2. 胚胎冷冻

选择合适的冷冻保护剂对于胚胎冷冻顺利完成至关重要。研究发现，与甘油和二甲基亚砜（DMSO）相比，丙二醇与乙二醇对胚胎冷冻保护的效果更优。后二者不仅能够降低细胞内冰晶的数量和体积，对胚胎的毒性作用也较小。胚胎冷冻前需要移入冷冻保护液中，进行冻前处理，使冷冻保护剂和细胞在冷冻过程中保持渗透压平衡。胚胎移入保护液时，通常选择温度 18 ～ 26℃，平衡时间 15 ～ 25 min。较高温度与较长时间易对胚胎产生较大毒害。目前胚胎冷冻常用方法包括快速冷冻与直接冷冻两种，但快速冷冻应用更为普遍。

3. 胚胎解冻

研究证实，快速解冻优于缓慢解冻。快速解冻可以使胚胎在 30 ～ 40 s 内由 –196℃迅速升至 30 ～ 35℃，使细胞内冰晶来不及形成。通常胚胎解冻时，室温下稍作停留，温度缓慢升高，再投入温水持续解冻。但是解冻水温不宜过高，以避免其对透明带的热应激伤害，提高移植成功率。最后，解冻后应尽快脱除保护剂，利于胚胎的移植后健康发育。

虽然胚胎冷冻技术在大多数家畜上已获得成功，但冻胚移植后妊娠率和产胎率仍低于鲜胚。因此，寻求更有效的冷冻保护剂，简化与完善现有的胚胎冷冻与解冻方法，对于胚胎冷冻流程的简化与妊娠和产仔率的提升，有重要实践意义。

四、动物细胞核移植技术

哺乳动物核移植（nuclear transfer），也称动物克隆（animal cloning），是指利用显微操作技术，将供核细胞核导入去核的成熟卵母细胞内，构建重组胚（reconstructed embryo），使之激活与体外发育，移植后能够产生与供核细胞基因型完全相同后代的技术。根据供核细胞的不同，细胞核移植可以被分为胚胎细胞核移植、胎儿成纤维细胞核移植与成年体细胞核移植等。

1. 细胞核移植的原理

无论供核细胞为何种细胞，均具有与提供细胞个体相同基因型。供核细胞核被导入至去核成熟卵母细胞内，基因表达被重新编排或调整，可恢复至“全能性”状态。另外，如胎儿成纤维细胞或者成年体细胞等已分化细胞同样具有潜在的发育全能性，经过去分化培养，也可以恢复“全能性”。上述细胞核移植特性，保证重组胚能够正常发育为具有与供核细胞动物相同遗传特性的新生个体。

2. 细胞核移植技术过程

细胞核移植技术主要内容包括：供体细胞准备、受体卵母细胞准备、供体核移植、供核细胞与卵母细胞融合、重构胚激活与培养。

供体细胞的准备是核移植技术最为关键的环节。作为核供体的细胞可以是胚胎细胞、胚胎干细胞、胎儿成纤维细胞或者高度分化的成年动物体细胞等。但是不同种类供核细胞的核移植效果仍存在较大差异。

成熟卵母细胞被广泛用作核移植的受体细胞。成熟卵母细胞核需要被首先去除。如果去核失败或者去核不完全，会造成重组胚因染色体非整倍性或者多倍体而发育受阻，因此去核方法非常重要。目前常用的去核方法有很多种，其中荧光引导去核法应用最广泛。该法通过对卵母细胞核进行荧光染色，确定核位置后进行去核，保证了较高的去核成功率。但无论何种方法，均会造成部分卵母细胞胞质成分的丢失，对细胞造成一定损害，故此非损害性去核方法还需进一步探索。

供体核移植是将去核卵母细胞作为核移植受体接受核供体移入。移植部位是卵周隙内或者细胞质中。前者通常是将供核细胞注射入卵周隙，使其与卵母细胞质膜紧密黏合在一起，利于细胞融合发生；后者通过反复抽吸供核细胞，使其质膜破裂，随后直接注入去核卵母细胞中。研究显示，卵母细胞质内注射法要优于卵周隙内注射。

卵周隙内注射供核细胞的方法必须经历融合处理，才能使供核细胞与卵母细胞形成卵核复合体。目前电融合法是细胞核移植的最佳融合方法，其原理是依靠直流脉冲使细胞膜产生可逆性微孔，促使两类细胞发生融合。该法不仅能使供核细胞与卵母细胞有效融合，还可引起卵母细胞激活。

重构胚的正常发育取决于其能否被充分激活。由于正常受精过程中，精子入卵引发的卵母细胞内 Ca^{2+} 浓度升高，是卵子激活的前提条件，因此利用电融合后再结合钙离子载体激活等方法，能够明显提高重构胚的发育率。激活后重构胚可以采用体内或者体外培养方法，完成其胚胎移植前的发育培养过程。由于体外发育培养方法能够避免体内培养固有的如操作复杂、成本较高等缺点，因此体外培养系统的不断改进与完善，对于促进核移植效率意义重大。

3. 细胞核移植技术的应用前景

核移植技术的成功是生殖工程技术的重大突破，其应用前景十分广阔。该技术不仅为细胞分化、核质关系及其互作机制等重大理论研究提供研究手段，而且在医学上为干细胞生产与器官复制开辟了一条可行途径。在畜牧业生产中，该技术通过迅速扩繁遗传性状优良个体，从而加快家畜育种与改良步伐。另外，细胞核移植技术对于野生动物物种保护与濒危物种拯救等也具有重大意义。

【思考题】

1. 名词解释：超数排卵。
2. 简述体外受精技术内容。
3. 简述胚胎移植技术程序。
4. 简述细胞核移植技术过程。

（内蒙古农业大学　李海军）

参考文献

1. 陈秋生. 兽医比较组织学. 北京：中国农业出版社，2002.

2. 陈秋生. 动物组织学与胚胎学. 北京：科学出版社，2019.

3. 陈耀星. 兽医组织学彩色图谱. 2版. 北京：中国农业大学出版社，2007.

4. 成令忠，王一飞，钟翠平. 组织胚胎学. 上海：上海科学技术文献出版社，2003.

5. 成令忠，钟翠平，蔡文琴. 现代组织学. 3版. 上海：上海科学技术文献出版社，2003.

6. 杜德克·罗娜（Dudek R. W.）. 医学组织学图谱（中英对照）. 北京：人民卫生出版社，2013.

7. 高英茂，李和. 组织学与胚胎学. 2版. 北京：人民卫生出版社，2011.

8. 高英茂，李和，曾园山. 组织学与胚胎学. 北京：科学出版社，2006.

9. 霍生东，杨具田. 动物胚胎工程，北京：中国农业出版社，2012.

10. 李和, 李继承. 组织学与胚胎学. 3版. 北京：人民卫生出版社，2015.

11. 李云庆. 神经解剖学. 西安：第四军医大学出版社，2000.

12. 李子义, 栾维民, 岳占碰. 动物组织学与胚胎学. 2版. 北京：科学出版社，2014.

13. 彭克美. 动物组织学及胚胎学. 北京：高等教育出版社，2009.

14. 彭克美. 动物组织学及胚胎学. 2版. 北京：高等教育出版社，2016.

15. 沈霞芬. 家畜组织学与胚胎学. 3版. 北京：中国农业出版社，2001

16. 沈霞芬. 家畜组织学与胚胎学. 4版. 北京：中国农业出版社，2011.

17. 沈霞芬, 卿素珠. 家畜组织学与胚胎学. 5版. 北京：中国农业出版社，2015.

18. 唐军民，张雷. 组织学与胚胎学. 4版. 北京：北京大学医学出版社，2018.

19. 滕可导. 动物解剖学与组织胚胎学. 2版. 北京：高等教育出版社，2017.

20. 杨倩. 动物组织学与胚胎学. 北京：中国农业大学出版社，2008.

21. 杨倩. 动物组织学与胚胎学. 2版. 北京：中国农业大学出版社，2018.

22. 赵德明，杨利峰，周向梅. 兽医病理学. 5版. 北京：中国农业出版社，2015.

23. 张改平，崔保安，周恩民. 兽医免疫学. 8版. 北京：中国农业出版社，2012.

24. 翟中和. 细胞生物学. 3版. 北京：高等教育出版社，2007.

25. 邹仲之, 李继承. 组织学与胚胎学. 7版. 北京：人民卫生出版社，2011.

26. 邹仲之, 李继承. 组织学与胚胎学. 8版. 北京：人民卫生出版社，2013.

27. 左雪明. 人体解剖生理学. 3版. 北京：高等教育出版社，2015.

28. 马雷，李令一，杨中汉. 免疫调控米色脂肪生成的研究进展. 生命的化学, 2018, 38（1）：128-134.

29. 温佳，王一民，葛静. 动物白色脂肪组织棕色化的调控机制. 家畜生态学报, 2018, 39

（8）：8–12.

30. ALBERTS B, JOHNSON A, Lewis J, *et al.*. Molecular biology of the cell. 4th ed. New York: Garland Science, Inc, 2002.

31. AUGHEY E, FRYE F L. Comparative veterinary histology with clinical correlates. CRC press. Boca Raton, 2001.

32. BACHHA W J, BACHHA L M. Color atlas of veterinary histology. 3rd ed. Wiley, 2012.

33. EURELL J A, FRAPPIER B L. Dellmann's textbook of veterinary histology. 6th ed. Blackwell Publishing, 2006.

34. KÖNIG H E, LIEBICH H G. Veterinary anatomy of domestic mammals: Textbook and colour atlas. 3rd ed. Stuttgart–New York: Schattauer GmbH, 2004.

35. MCGEADY T A, QUINN P J, FITZPATRICK E S, *et al.*. Veterinary embryology. 2nd ed. Wiley–Blackwell. 2017.

36. LODISH H, BERK A, MATSUDAIRA P. *et al.*. Molecular cell biology. 5th ed.New York: W. H. Freeman & Company, 2003.

37. MESCHER A L. Junqueira's basic histology. 13th ed. New York: McGraw–Hill Lange, 2013.

38. ROSS M H, PAWLINA W. Histology: A test and atlas with correlated cell and molecular biology. 6th ed. Baltimore: Lippincott Williams & Wilkins, 2011.

39. SAMUELSON D A. Textbook of veterinary histology. St. Louis: Saunders, 2007.

中英文名词对照

（按章汇总）

绪论

动物组织学 animal histology
动物胚胎学 animal embryology
显微解剖学 microscopic anatomy
细胞 cell
细胞学 cytology
组织 tissue
基本组织 elementary tissue
器官 organ
系统 system
组织培养 tissue culture
体外 *in vitro*
组织工程 tissue engineering
活体染色法 vital staining
台盼蓝 trypan blue
细胞分离 cell isolation
细胞融合 cell fusion
细胞杂交 cell hybridization
杂交细胞 hybrid cell
苏木精 hematoxylin
伊红 eosin
嗜碱性 basophilia
嗜酸性 acidophilia
中性 neutrophilia
异染性 metachromasy
过碘酸–希夫反应 periodic acid–Schiff reaction, PAS 反应
瑞氏–吉姆萨染色 Wright–Giemsa staining
浸银染色 silver impregnation staining
亲银性 argentaffin
嗜银性 argyrophilia
福尔根反应 Feulgen reaction
甲基绿–派洛宁反应 methyl green–pyronin reaction
免疫组织化学 immunohistochemistry
免疫细胞化学 immunocytochemistry
过氧化物酶–抗过氧化物酶法 peroxidase anti–peroxidase method，PAP 法
亲和素–生物素–酶复合物法 avidin–biotin–peroxidase complex method，ABC 法
原位杂交组织化学 *in situ* hybridization histochemistry
放射自显影术 autoradiography
形态计量术 morphometry
生物体视学 biological stereology
流式细胞术 flow cytometry, FCM
差速离心术 differential centrifugation
光学显微镜 light microscope，LM
荧光显微镜 fluorescence microscope
暗视野显微镜 dark field microscope
相差显微镜 phase contrast microscope
倒置显微镜 inverted microscope
偏光显微镜 polarizing microscope
激光扫描共聚焦显微镜 laser scanning confocal microscopy, LSCM
电子显微镜 electron microscope, EM
透射电镜 transmission electron microscope, TEM
扫描电镜 scanning electron microscope, SEM
原子力显微镜 atomic force microscope, AFM

第一章

细胞 cell
原生质 protoplasm
细胞器 organelle
原核细胞 prokaryotic cell
真核细胞 eukaryotic cell
细胞膜 cell membrane
质膜 plasma membrane
生物膜 biomembrane
单位膜 unit membrane
整合蛋白 integral protein
外周蛋白 peripheral protein
流动镶嵌模型 fluid mosaic model
脂筏模型 lipid raft model
细胞质 cytoplasm
细胞质基质 cytoplasmic matrix
细胞器 organelle
线粒体 mitochondrion
线粒体嵴 cristae
基粒 elementary particle
偶联因子 1 coupling factor 1, F_1
内质网 endoplasmic reticulum, ER
粗面内质网 rough endoplasmic reticulum, RER
滑面内质网 smooth endoplasmic reticulum, SER
高尔基体 Golgi body
高尔基器 Golgi apparatus
高尔基复合体 Golgi complex
溶酶体 lysosome
初级溶酶体 primary lysosome
次级溶酶体 secondary lysosome
残余体 residual body
过氧化物酶体 peroxisome
微体 microbody
核糖体 ribosome
中心体 centrosome
中心粒 centriole
细胞骨架 cytoskeleton
微管 microtubule
微管蛋白 tubulin
微丝 microfilament
肌动蛋白 actin
中间丝 intermediate filament
内含物 inclusion
细胞核 nucleus
核被膜 nuclear envelope
核膜 nuclear membrane
核周隙 perinuclear space
核孔 nuclear pore
核孔复合体 nuclear pore complex
染色质 chromatin
核小体 nucleosome
染色体 chromosome
基因组 genome
核型 karyotype
核仁 nucleolus
核基质 nuclear matrix
核骨架 nuclear oskeleton
核纤层 nuclear lamina
细胞增殖 cell proliferation
细胞周期 cell cycle
细胞增殖周期 cell reproductive cycle
细胞生活周期 cell life cycle
有丝分裂 mitosis
前期 prophase
前中期 prometaphase
中期 metaphase
后期 anaphase
末期 telophase
胞质分裂 cytokinesis
减数分裂 meiosis
无丝分裂 amitosis
细胞分化 cell differentiation
细胞衰老 cell aging
细胞死亡 cell death
细胞坏死 necrosis
程序性坏死 necroptosis
细胞凋亡 apoptosis

细胞程序性死亡 programmed cell death, PCD
自噬 autophagy
细胞焦亡 pyroptosis
铁死亡 ferroptosis
多聚 ADP 核糖聚合酶 -1 依赖性细胞死亡 parthanatos

第二章

变移上皮 transitional epithelium
杯状细胞 goblet cell
单层扁平上皮 simple squamous epithelium
单层立方上皮 simple cuboidal epithelium
单层柱状上皮 simple columnar epithelium
缝隙连接 gap junction
复层扁平上皮 stratified squamous epithelium
复层柱状上皮 stratified columnar epithelium
假复层纤毛柱状上皮 pseudostratified ciliated columnar epithelium
间皮 mesothelium
桥粒 desmosome
紧密连接 tight junction
基膜 basement membrane
内皮 endothelium
内分泌腺 endocrine gland
上皮组织 epithelial tissue
刷状缘 brush border
腺上皮 glandular epithelium
微绒毛 microvillus
纹状缘 striated border
外分泌腺 exocrine gland
中间连接 intermediate junction
细胞衣 cell coat
纤毛 cilium
腺上皮 glandular epithelium
质膜内褶 plasma membrane infolding
终末网 terminal web
基体 basal body
动力蛋白 dynein
闭锁小带 zonula occludens
黏着小带 zonula adherens
角蛋白丝 tonofilament
半桥粒 hemidesmosome

第三章

结缔组织 connective tissue
支持组织 supporting tissue
细胞间质 extracellular matrix, ECM
基质 ground substance
间充质 mesenchyme
固有结缔组织 connective tissue proper
疏松结缔组织 loose connective tissue
基质 ground substance
蛋白聚糖 proteoglycan
糖胺多糖 glycosaminoglycan
纤维粘连蛋白 fibronectin, FN
层粘连蛋白 laminin, LN
软骨粘连蛋白 chondronectin
组织液 tissue fluid
纤维 fiber
胶原纤维 collagenous fiber
弹性纤维 elastic fiber
网状纤维 reticular fiber
成纤维细胞 fibroblast
纤维细胞 fibrocyte
巨噬细胞 macrophage
组织细胞 histiocyte
浆细胞 plasma cell
肥大细胞 mast cell
脂肪细胞 adipocyte，fat cell
未分化的间充质细胞 undifferentiated mesenchymal cell
白细胞 leukocyte
致密结缔组织 dense connective tissue
规则的致密结缔组织 dense regular connective tissue
网状组织 reticular tissue

不规则的致密结缔组织 dense irregular connective tissue
脂肪组织 adipose tissue
透明质酸 hyaluronic acid
硫酸软骨素 chondroitin sulfate
硫酸皮肤素 dermatan sulphate
硫酸角质素 keratin sulfate
硫酸乙酰肝素 heparan sulfate
肝素 heparin
瘦素 leptin
脂联素 adiponectin
抵抗素 resistin
内脂素 visfatin
白色脂肪组织 white adipose tissue, WAT
黄色脂肪组织 yellow adipose tissue
单泡脂肪细胞 unilocular adipose cell
棕色脂肪组织 brown adipose tissue, BAT
多泡脂肪细胞 multilocular adipose cell
米色脂肪 beige adipocytes
糖蛋白 glycoprotein
胶原原纤维 collagen fibril
嗜银纤维 argyrophilic fiber
溶血 hemolysis
血影 ghost
淋巴液 lymph
白细胞 leukocyte
单核细胞 monocyte
多能干细胞 multipotential stem cell
定向干细胞 committed stem cell
红细胞 erythrocyte
淋巴细胞 lymphocyte
嗜酸性红粒胞 eosinophilic granulocyte
嗜碱性粒细胞 basophilic granulocyte
网织红细胞 reticulocyte
血红蛋白 hemoglobin, Hb
血小板 blood platelet
中性粒细胞 neutrophilic granulocyte
造血干细胞 hematopoietic stem cell
造血祖细胞 hemopoietic progenitor cell
成骨区 zone of ossification
成软骨细胞 chondroblast
初级骨化中心 primary ossification center
穿通管 perforating canal
穿通纤维 perforating fiber
次级骨化中心 secondary ossification center
弹性软骨 elastic cartilage
蛋白聚糖 versican
封闭区 sealing zone
附加性生长 appositional growth
钙结合蛋白 D9k calbindin D9k
干骺端 metaphysis
骨板 bone lamella
骨被覆细胞 bone lining cell
骨单位骨板 osteon lamella
骨发生 osteogenesis
骨改建 bone remodeling
骨钙蛋白 osteocalcin
骨化中心 ossification center
骨领 bone collar
骨内膜 endosteum
骨桥蛋白 osteopontin
骨髓 bone marrow
骨外膜 periosteum
骨涎蛋白 bone sialoprotein
骨陷窝 bone lacuna
骨小管 bone canaliculus
骨小梁 bone trabecula
骨形态发生蛋白 bone morphogenic protein
骨粘连蛋白 osteonectin
骨祖细胞 osteoprogenitor cell
骨组织 osseous tissue
矿化 mineralization
骨盐 bone mineral
骨质 osteoid
骨细胞 osteocyte
红骨髓 red bone murrow
过渡型骨小梁 transitional bone trabecula
哈弗斯系统 Haversian system

骺板 epiphyseal plate
骺线 epiphyseal line
环骨板 circumferential lamellae
基质金属蛋白酶 matrix metalloproteinase
基质小泡 matrix vesicle
间骨板 interstitial lamella
间质性生长 interstitial growth
聚集蛋白聚糖 aggrecan
聚透明质酸 hyaluronan
亮区 clear zone
硫酸角质素 keratan sulfate
硫酸软骨素 chondroitin sulfate
锚定蛋白 C anchorin C
密质骨 compact bone
膜内成骨 intramembranous ossification
黏合线 cement line
破骨细胞 osteoclast
羟基磷灰石结晶 hydroxyapatite crystal
软骨 cartilage
软骨膜下生长 subperichondrial growth
软骨雏形 cartilage model
软骨储备区 zone of reserve cartilage
软骨单位 chondron
软骨发生 chondrogenesis
软骨钙化区 zone of calcified cartilage
软骨基质 cartilage matrix
软骨膜 perichondrium
软骨囊 cartilage capsule
软骨内成骨 endochondral ossification
软骨细胞 chondrocyte
软骨陷窝 cartilage lacunae
软骨形成中心 chondrification center
软骨增生区 zone of proliferating cartilage
软骨粘连蛋白 chondronectin
软骨组织 cartilage tissue
弹性软骨 elastic cartilage
生长板 growth plate
松质骨 spongy bone
同源细胞群 isogenous group
透明软骨 hyaline cartilage
吸收凹 resorption bay
纤维软骨 fibrous cartilage
整合素 integrin
中央管 central canal
皱褶缘 ruffled border
滋养孔 nutrient foramina
组织蛋白酶 cathepsin

第四章

肌组织 muscle tissue
骨骼肌 skeletal muscle
肌纤维 muscle fiber
肌膜 sarcolemma
肌浆 sarcoplasm
骨骼肌纤维 skeletal muscle fiber
肌原纤维 myofibril
肌节 sarcomere
肌卫星细胞 muscle satellite cell
粗肌丝 thick filament
细肌丝 thin filament
肌球蛋白 myosin
肌动蛋白 actin
原肌球蛋白 tropomyosin
肌原蛋白 troponin
横小管 transverse tubule
肌浆网 sarcoplasmic reticulum
终池 terminal cisterna
肌红蛋白 myoglobin
肌外膜 epimysium
肌束膜 perimysium
肌内膜 endomysium
心肌 cardiac muscle
心肌细胞 cardiac muscle cell
心肌纤维 cardiac muscle fiber
闰盘 intercalated disc
平滑肌 smooth muscle
内脏肌 visceral muscle

平滑肌细胞 smooth muscle cell
平滑肌纤维 smooth muscle fiber

第五章

Ⅰ型突触 type Ⅰ synapse
Ⅱ型突触 type Ⅱ synapse
Waller 变性 Wallerian degeneration
氨基酸能神经元 amino acidergic neuron
胺能神经元 aminergic neuron
胞体 soma
被囊细胞 capsular cell
扁平小泡 flat vesicle
溃变 degeneration
不对称突触 asymmetric synapse
初节 initial segment
触觉小体 tactile corpuscle
传出神经元 efferent neuron
传入神经元 afferent neuron
胆碱能神经元 cholinergic neuron
对称性突触 symmetrical synapse
电紧张偶联 electrotonic coupling
非突触性化学传递 non-synaptic chemical transmission
感觉神经末梢 sensory nerve ending
感觉神经元 sensory neuron
高尔基Ⅰ型神经元 Golgi type Ⅰ neuron
高尔基Ⅱ型神经元 Golgi type Ⅱ neuron
核周质 perikaryon
环层小体 lamellar corpuscle
混合性突触 mixed synapse
肌梭 muscle spindle
胶质细胞 glial cell
胶质丝 glial filament
脚板 foot plate
胶质界膜 glia limitans
胶原原纤维酸性蛋白 glial fibrillary acid protein, GFAP
结间体 internode
颗粒小泡 granular vesicle
郎飞结 Ranvier node
联合神经元 associated neuron
脉络丛上皮细胞 choroid plexus epithelial cell
梅氏小体 Meissner corpuscle
内棍 inner bulb
内脏运动神经末梢 visceral motor nerve ending
囊细胞 capsular cell
尼氏体 Nissl body
逆行性变性 retrograde degeneration
潘申尼小体 Pacinian corpuscle
膨体 varicosity
鞘细胞 sheath cell
球形小泡 spherical vesicle
躯体运动神经末梢 somatic motor nerve ending
少突胶质细胞 oligodendrocyte
伸长细胞 tanycyte
神经递质 neurotransmitter
神经递质共存 coexistence of neurotransmitters
神经胶质 neuroglia
神经膜 neurilemma
神经膜细胞 neurolemmal cell
神经末梢 nerve ending
神经肽 neuropeptide
神经调质 neuromodulator
神经微管 neurotubules
神经微丝 neurofilaments
神经细胞 nerve cell
神经纤维 nerve fiber
神经营养因子 neurotrophic factors
神经元 neuron
神经原纤维 neurofibril
神经组织 nervous tissue
生长锥 growth cone
施-兰切迹 incisures of Schmidt-Lanterman
施万细胞 Schwann cell
室管膜细胞 ependymal cell
树突 dendrite
树突棘 dendritic spine

顺行性变性 anterograde degeneration
髓磷脂 myelin
髓鞘 myelin sheath
梭内肌纤维 intrafusal muscle fiber
肽能神经元 peptidergic neuron
突触 synapse
突触后成分 postsynaptic element
突触后膜 postsynaptic membrane
突触间隙 synaptic cleft
突触扣结 synaptic button
突触前成分 presynaptic element
突触前膜 presynaptic membrane
突触素 synapsin
突触体素 synaptophysin
突触小泡 synaptic vesicle
突起 neurite
卫星细胞 satellite cell
无髓神经纤维 unmyelinated nerve fiber
细胞核 nucleus
细胞膜 cell membrane
细胞质 cell body cytoplasm
纤维性星形胶质细胞 fibrous astrocyte
小胶质细胞 microglia cell
效应器 effector
星形胶质细胞 astrocyte
兴奋性突触 excitatory synapse
抑制性突触 inhibitory synapse
游离神经末梢 free nerve ending
有被囊神经末梢 encapsulated nerve ending
有髓神经纤维 myelinated nerve fiber
原浆性星形胶质细胞 protoplasmic astrocyte
远距离突触 distant synapse
运动神经末梢 motor end plate
运动神经元 motor neuron
运动终板 motor end plate
再生 regeneration
中间神经元 interneuron
中枢突 central process
周围突 peripheral process
轴膜 axolemma
轴丘 axon hillock
轴突 axon
轴突运输 axonal transport
轴质 axoplasm

第六章

神经系统 nervous system
中枢神经系统 central nervous system
周围神经系统 peripheral nervous system
神经–免疫–内分泌网络 neuro–immune–endocrine network
灰质 gray matter
白质 white matter
皮质 cortex
髓质 medulla
脊髓 spinal cord
闰绍细胞 Renshaw cell
束细胞 tract cell
小脑 cerebellum
分子层 molecular layer
蒲肯野细胞层 Purkinje cell layer
星形细胞 stellate cell
篮状细胞 basket cell
颗粒层 granular layer
平行纤维 parallel fiber
小脑小球 cerebellar glomerulus
攀缘纤维 climbing fiber
苔藓纤维 mossy fiber
大脑 cerebrum
神经元 neurons
锥体细胞 pyramidal cell
水平细胞 horizontal cell
颗粒细胞 granular cell
梭形细胞 fusiform cell
外颗粒层 external granular layer
外锥体细胞层 external pyramidal layer
内颗粒层 internal granular layer

内锥体细胞层 internal pyramidal layer
多形细胞层 polymorphic layer
脑脊膜 meninges
硬膜 dura mater
蛛网膜 arachnoid
软膜 pia mater
血脑屏障 blood brain barrier,BBB
紧密连接 tight junction, TJ
脑、脊神经 cerebrospinal nerve
神经节 ganglion
脑脊神经节 cerebrospinal ganglion
植物性神经 vegetative nerve
植物性神经节 vegetative ganglion
节细胞 ganglion cell

第七章

穿内皮小管 transendothelial channel
大动脉 large artery
大静脉 large vein
弹性动脉 elastic artery
动静脉吻合 arteriovenous anastomosis
动脉 artery
窦房结 atrionector
窦状毛细血管 sinusoidal capillary
房室结 atrioventricular node
肌内皮连接 myoendothelial junction
肌性动脉 muscular artery
肌性微静脉 muscular venule
集合微静脉 collecting venule
浆膜 serous membrane
结细胞 nodal cell
颈动脉窦 carotid sinus
颈动脉体 carotid body
静脉 vein
静脉瓣 venous valve
抗心律失常肽 antiarrhythmic peptide
连续毛细血管 continuous capillary
淋巴导管 lymphatic duct
淋巴管 lymphatic vessel
毛细淋巴管 lymphatic capillary
毛细血管 capillaries
毛细血管床 capillary beds
毛细血管后微静脉 postcapillary venule
毛细血管网 capillaries form
脑钠素 brain natriuretic peptide
心房尿钠多肽 atrial natriuretic polypeptide
内弹性膜 internal elastic membrane
内膜 tunica intima
内皮下层 subendothelial layer
内源性类洋地黄素 endogenous digitalis- like factor
浦肯野纤维 Purkinje fiber
起搏细胞 pacemaker cell
束细胞 bundle cell
弹性动脉 elastic artery
外膜 tunica adventitia
微动脉 arteriole
微静脉 venule
微循环 microcirculation
小动脉 small artery
小静脉 small vein
心瓣膜 cardiac value
心房特殊颗粒 specific atrial granule
心骨骼 cardiac skeleton
心肌膜 myocardium
心钠素 cardionatrin
心内膜 endocardium
心内膜下层 subendocardial layer
心外膜 epicardium
心脏 heart
循环系统 circulatory system
心内皮 cardiac endothelium
心血管系统 cardiovascular system
血窦 sinusoid
血管内皮 vascular endothelium
移行细胞 transitional cell
有孔毛细血管 fenestrated capillary
真毛细血管 true capillary

直捷通路 thoroughfare channel
质膜小泡 plasmalemmal vesicle
中膜 tunica media
中静脉 medium–sized vein
终末微动脉 terminal arteride
周细胞 pericyte

第八章

被皮系统 integumentary system
皮肤 skin
表皮 epidermis
生发层 stratum germinativum
基底层 stratum basale
棘细胞层 stratum spinosum
张力原纤维 tonofibril
颗粒层 stratum granulosum
透明层 stratum lucidum
角质层 stratum corneum
黑素细胞 melanocyte
朗格汉斯细胞 Langerhans cell
伯贝克颗粒 Birbeck granule
梅克尔细胞 Merkel's cell
真皮 dermis
乳头层 papillary layer
网状层 reticular layer
皮下组织 hypodermis
毛 hair
毛干 hair shaft
毛根 hair root
毛球 hair bulb
毛乳头 hair papilla
竖毛肌 arrector pilli muscle
毛囊 hair follicle
窦毛 sinus hair
皮脂腺 sebaceous gland
汗腺 sweat gland
乳腺 mammary gland

第九章

天然免疫 innate immunity
非特异性免疫 nonspecific immunity
获得性免疫 acquired immunity
特异性免疫 specific immunity
哨兵细胞 sentinel cell
抗原提呈细胞 antigen presenting cell, APC
体液免疫 humoral immunity
细胞免疫 cellular immunity
主要组织相容性Ⅰ类分子 the major histocompatibility complex Ⅰ, MHC Ⅰ
主要组织相容性Ⅱ类分子 the major histocompatibility complex Ⅱ, MHC Ⅱ
初始（童贞或处女）T细胞 naive or virgin T cell
树突细胞 dendritic cell, DC
辅助性T细胞 helper T cell，Th
浆细胞样树突细胞 plasmacytoid DC, PDC
骨髓样（组织）树突细胞 myeloid DC, MDC
滤泡树突细胞 follicular DC, FDC
朗格汉斯细胞 Langerhans cells
面纱细胞 veiled cell
交错细胞 staggered cell
指状树突细胞 interdigitating cell
报警素 alarmin
巨噬细胞 macrophage
单核细胞 monocyte
单核巨噬细胞系统 mononuclear phagocytic system, MPS
组织细胞（巨噬细胞）histocyte
尘细胞（肺泡巨噬细胞）dust cells or alveolar phagocyte
隔细胞 septa cell
库普弗细胞 Kupffer's cell
小胶质细胞 microglial cell
破骨细胞 osteoclast
微皱褶细胞 microfold cell
自然杀伤淋巴细胞 natural killer cell，NK

B 淋巴细胞 B lymphocyte
T 淋巴细胞 T lymphocyte
细胞毒性 T 细胞 cytotoxic T lymphocyte，Tc
调节性（抑制性）T 细胞 regulatory T lymphocyte, Tr
胸腺依赖淋巴细胞 thymus dependent lymphocyte
T 细胞抗原受体 T cell antigen receptor, TCR
转化生长因子 β transforming growth factor β, TGF-β
骨髓依赖淋巴细胞 bone marrow dependent lymphocyte
囊依赖淋巴细胞 bursa dependent lymphocyte
B 细胞抗原受体 B cell antigen receptor, BCR
杀伤淋巴细胞 killer cell，K
基质细胞 stromal cell
上皮性网状细胞 epithelial reticular cell
网状细胞 reticular cell
弥散淋巴组织 diffused lymphoid tissue
淋巴小结 lymphatic nodule
初级淋巴小结 primary lymphatic nodule
生发中心 germinal center
次级淋巴小结 secondary lymphatic nodule
明（或亮）区 light zone
暗区 dark zone
帽区 cap
套区 mantle zone
初级淋巴器官 primary lymphoid organs
中枢淋巴器官 central lymphoid organs
胸腺 thymus
上皮性网状细胞 epithelial reticular cell
胸腺皮质 thymic cortex
胸腺细胞 thymocyte
哺育细胞 nurse cell
血胸屏障 blood-thymus barrier
胸腺髓质 thymic medulla
胸腺小体 thymus corpuscles
骨髓 bone marrow
骨髓-血屏障 bone marrow-blood barrier, MBB
法氏囊 bursa of Fabricius
腔上囊 cloacal bursa
淋巴上皮滤泡 lympho-epithelial follicle
小结相关上皮 follicle associated epithelia, FAE
派尔集合淋巴结 Peyer's patches, PP
次级淋巴器官 secondary lymphoid organs
外周淋巴器官 peripheral lymphoid organs
淋巴结 lymph node
输入淋巴管 afferent lymphatic vessel
输出淋巴管 efferent lymphatic vessel
小梁 trabecula
门部 hilus
浅层皮质 peripheral cortex
副皮质区 paracortex zone
皮质淋巴窦 cortical lymphoid sinus
高内皮微静脉 high endothelial venule, HEV
髓索 medullary cord
髓窦 medullary sinus
脾 spleen
白髓 white pulp
红髓 red pulp
脾小结 splenic corpuscle
动脉周围淋巴鞘 periarterial lymphatic sheath
边缘区 marginal zone
边缘窦 marginal sinus
脾索 splenic cord
脾血窦 splenic sinus
小梁动动脉 trabecular artery
小结微动脉 nodular artery
边缘窦 marginal sinus
髓微动脉 pulp arteriole
笔毛微动脉 penicillar arteriole
开放循环 open circulation
终末动脉毛细血管 terminal arterial capillary
鞘毛细血管 sheathed capillary
椭球体 ellipsoid
封闭循环 closed circulation
髓微静脉 pulp venule
小梁静脉 trabecular vein

血淋巴结 haemolymph node
扁桃体 tonsil
肠道相关淋巴组织 gut-associated lymphatic tissue
小结相关上皮 follicle associated epithelium, FAE
淋巴细胞再循环 lymphocyte recirculation

第十章

激素 hormone
靶器官 target organ
靶细胞 target cell
甲状腺 thyroid
滤泡 follicle
甲状腺球蛋白 thyroglobulin
滤泡上皮细胞 follicular epithelial cell
胶体 colloid
甲状腺素 thyroxine
亮细胞 clear cell
滤泡旁细胞 parafollicular cell
降钙素 calcitonin
甲状旁腺 parathyroid gland
主细胞 chief cell
肾上腺 adrenal gland
皮质 cortex
多形带 zona multiformis
盐皮质激素 mineralocorticoid
皮质醇 cortisol
醛固酮 aldosterone
束状带 zona fasciculate
糖皮质激素 glucocorticoid
网状带 zona reticularis
雄激素 androgen
髓质 medulla
嗜铬细胞 chromaffin cell
肾上腺素 epinephrine
去甲肾上腺素 norepinephrine
垂体 hypophysis
远侧部 pars distalis
中间部 pars intermedia
结节部 pars tuberalis
神经部 pars nervosa
腺垂体 adenohypophysis
神经垂体 neurohypophysis
嫌色细胞 chromophobe cell
嗜酸性细胞 acidophil
生长激素 growth hormone, GH
催乳素 prolactin, PRL
嗜碱性细胞 basophil
促甲状腺激素 thyroid stimulating hormone, TSH
促肾上腺皮质激素 adrenocorticotropic hormone, ACTH
卵泡刺激素 follicle-stimulating hormone, FSH
黄体生成素 luteinizing hormone, LH
间质细胞刺激素 interstitial cell stimulating hormone, ICSH
黑素细胞刺激素 melanocyte stimulating hormone, MSH
垂体细胞 pituicyte
赫令氏体 Herring body
视上核 supraoptic nucleus
室旁核 paraventricular nucleus
催产素 oxytocin
加压素 vasopressin
抗利尿激素 antidiuretic hormone, ADH
松果体 pineal body
松果体细胞 pinealocyte
脑砂 brain sand
褪黑激素 melatonin
摄取胺前体脱羧细胞 amine precursor uptake and decarboxylation（APUD）cell
弥散神经内分泌系统 diffuse neuroendocrine system, DNES

第十一章

感觉器官 sense organ
眼 eye

纤维膜 fibrous tunic
角膜 cornea
角膜上皮 corneal epithelium
前界层 anterior limiting lamina
角膜基质 corneal stroma
后界层 posterior limiting lamina
角膜内皮 corneal endothelium
巩膜 sclera
角巩膜缘 corneoscleral limbus
角膜缘 corneal limbus
巩膜距 scleral spur
血管膜 vascular tunic
虹膜 iris
睫状体 ciliary body
睫状突 ciliary process
脉络膜 choroid
照膜 tapetum lucidum
视网膜 retina
视网膜视部 pars optica retina
视网膜盲部 pars caeca retina
锯齿缘 ora serrata
色素上皮 pigment epithelium
视细胞 visual cell
双极细胞 bipolar cell
节细胞 ganglion cell
苗勒氏细胞 Müller's cell
晶状体 lens
玻璃体 vitreous body
房水 aqueous humor
眼睑与结膜 eyelid and conjunctiva
睫毛 eyelash
睑板 tarsal plate
睑板腺 tarsal gland
瞬膜 nictitating membrane
第三眼睑 third eyelid
哈德氏腺 Harderina's gland
泪器 lacrimal apparatus
泪腺 lacrimal gland
泪道 lacrimal tract
耳 ear
外耳 external ear
耳廓 auricle
外耳道 external auditory meatus
耵聍腺 ceruminous gland
中耳 middle ear
鼓膜 tympanic membrane
鼓室 tympanic cavity
听小骨 auditory ossicles
锤骨 malleus
砧骨 incus
镫骨 stapes
前庭窗 vestibular window
卵圆窗 oval window
咽鼓管 auditory tube
咽鼓管囊 guttural pouch
内耳 inner ear
迷路 labyrinth
骨迷路 osseous labyrinth
膜迷路 membranous labyrinth
壶腹 ampulla
壶腹嵴 crista ampullaris
位觉斑 maculae acusticae
位砂或耳石 otolith
耳蜗 cochlea
血管纹 stria vascularis
螺旋器 spiral organ
柯蒂氏器 organ of Corti
盖膜 tectorial membrane
蜗窗 cochlear window

第十二章

黏膜下神经丛 submucosal plexus
黏膜 tunica mucosa
黏膜上皮 epithelium mucosa
固有膜 lamina propria
黏膜肌层 muscularis mucosa
黏膜下层 tunica submucosa

肌层 tunica muscularis
外膜 tunica adventitia
纤维膜 tunica fibrosa
浆膜 tunica serosa
丝状乳头 filiform papillae
口腔 oral cavity
菌状乳头 fungiform papillae
叶状乳头 foliate papillae
轮廓乳头 circumvallate papillae
味蕾 taste bud
味孔 gustatory pore
咽 pharynx
胃 stomach
食管腺 esophageal gland
瘤胃 rumen
网胃 reticulum
瓣胃 omasum
类角质膜 keratinoid layer
皱胃 abomasums
胃小凹 gastric pit
胃底腺 fundic gland
主细胞 chief cell
壁细胞 parietal cell
颈黏液细胞 mucous neck cell
微管泡系统 tubulovesicular system
干细胞 stem cell
细胞内分泌小管 intracellular secretory canaliculi
贲门腺 cardiac gland
幽门腺 pyloric gland
小肠 small intestine
吸收细胞 absorptive cell
纹状缘 striated border
表面黏液细胞 surface mucous cell
泌酸细胞 oxyntic cell
胃酶原细胞 zymogenic cell
腺胃 glandular stomach
肌胃 muscular stomach
砂囊 gizzard
粪道 coprodeum
肠绒毛 intestinal villus
环行皱襞 plicae circulare
未分化细胞 undifferentiated cell
泄殖道 urodeum
肛道 proctodeum
十二指肠腺 glandulae duodenales
中央乳糜管 central lacteal
肠隐窝 intestinal crypt
潘氏细胞 Paneth cell
防御素 defensin
小肠腺 small intestinal gland
肠腺 intestinal gland
大肠 large intestine
APUD amine precursor uptake and decarboxylation
皱褶细胞 microfold cell

第十三章

呼吸系统 respiratory system
嗅泡 olfactory vesicle
嗅毛 olfactory cilia
基细胞 basal cell
刷细胞 brush cell
小颗粒细胞 small granular cell
鼻前庭 vestibular region
呼吸部 respiratory region
嗅部 olfactory region
支持细胞 sustentacular cell
嗅细胞 olfactory cell
黏膜 mucosa
黏膜下层 submucosa
外膜 tunica externa
肺 lung
上皮 mucosal epithelium
固有层 lamina propria
支气管树 bronchial tree
肺小叶 pulmonary lobule
细支气管 bronchiole
终末细支气管 terminal bronchiole

呼吸性细支气管 respiratory bronchiole
肺泡管 alveolar duct
肺泡囊 alveolar sac
肺泡 pulmonary alveoli
肺泡上皮 alveolar epithelium
Ⅰ型肺泡上皮细胞 type Ⅰ alveolar epithelial cell
Ⅱ型肺泡上皮细胞 type Ⅱ alveolar epithelial cell
表面活性物质 surfactant
肺泡隔 alveolar septum
巨噬细胞 macrophage
成纤维细胞 fibroblast
肥大细胞 mast cell
神经纤维 nerve fiber
单核细胞 monocyte
尘细胞 dust cell
心力衰竭细胞 heart failure cell
肺泡孔 alveolar pore
气管 trachea
巨核细胞 megakaryocyte
初级支气管 primary bronchus
次级支气管 secondary bronchus
三级支气管 tertiary bronchus
肺房 atrium
肺毛细管 pulmonary capillary
气囊 air sac
血气屏障 blood-air barrier
副支气管 para bronchus

第十四章

肾 kidney
肾门 renal hilus
肾锥体 renal pyramid
肾乳头 renal papilla
肾柱 renal column
髓放线 medullary ray
皮质迷路 cortical labyrinth
泌尿小管 uriniferous tubule
肾单位 nephron
集合管 collecting duct
血管球 glomerulus
肾小囊 renal capsule
髓袢 medullary loop
肾单位袢 nephron loop
浅表肾单位 superficial nephron
髓旁肾单位 juxtamedullary nephron
肾小管 renal tubule
肾小体 renal corpuscle
血管球 glomerulus
肾小囊 renal capsule
足细胞 podocyte
足突 foot process 或 pedicel
泌尿小管 uriniferous tubule
滤过膜 filtration membrane
滤过屏障 filtration barrier
血－尿屏障 blood-urine barrier
近端小管 proximal tubule
近曲小管 proximal convoluted tubule
刷状缘 brush border
纵纹 basal striation
质膜内褶 membrane folding
侧突 lateral process
细段 thin segment
集合小管 collecting tubule
球旁复合体 juxtaglomerular complex
血管球旁器 juxtaglomerular apparatus
球旁细胞 juxtaglomerular cell
肾素 renin
致密斑 macula densa
极垫细胞 polar cushion cell
球外系膜细胞 extraglomerular mesangial cell
载脂间质细胞 lipid-laden interstitial cell
髓脂Ⅰ medullipin-Ⅰ
髓脂Ⅱ medullipin-Ⅱ
远端小管 distal tubule
远曲小管 distal convoluted tubule

第十五章

雄性生殖系统 male reproductive system
睾丸 testis
附睾 epididymis
输精管 deferent duct
副性腺 accessory gland
阴茎 penis
精子 sperm
雄性激素 androgen
精液 semen
曲精小管 convoluted seminiferous tubule
直精小管 straight seminiferous tubule
睾丸网 rete testis
输出小管 efferent duct
生精细胞 spermatogenic cell
支持细胞 sustentacular cell
精原细胞 spermatogonium
初级精母细胞 primary spermatocyte
次级精母细胞 second spermatocyte
精子细胞 spermatid
精子发生 spermatogenesis
雄激素结合蛋白 androgen binding protein, ABP
血-睾屏障 blood-testis barrier
间质细胞 interstitial cell
附睾管 epididymal duct
精清 seminal plasma
精囊腺 vesicular gland
前列腺 prostate gland
尿道球腺 bulbourethral gland
海绵体 cavernous corpus

第十六章

卵巢 ovary
生殖上皮 germinal epithelium
白膜 tunica albuginea
基质细胞 stroma cell
门细胞 hilus cell
卵泡 follicle
卵泡细胞 follicular cell
原始卵泡 primordial follicle
生长卵泡 growing follicle
成熟卵泡 mature follicle
初级卵母细胞 primary oocyte
透明带 zona pellucida
卵泡膜 theca folliculi
卵泡腔 follicular antrum
卵丘 cumulus oophorus
放射冠 corona radiata
颗粒层 stratum granulosum
内层 theca interna
膜细胞 theca cell
外层 theca externa
囊状卵泡 vesicular follicle
第一极体 first polar body
卵泡小斑 follicular stigma
排卵 ovulation
血体 corpus hemorrhagicum
第二极体 second polar body
卵周隙 perivitelline space
卵子发生 oogenesis
黄体 corpus luteum
粒黄体细胞 granular lutein cell
膜黄体细胞 theca lutein cell
黄体酮 progesterone
松弛素 relaxin
假黄体 corpus luteum spurium
真黄体 corpus luteum verum
妊娠黄体 corpus luteum of pregnancy
白体 corpus albicans
闭锁卵泡 atrctic follicle
间质腺 interstitial gland
输卵管 oviduct，uterine tube
子宫内膜 endometrium
子宫肌层 myometrium
子宫外膜 perimetrium
子宫腺 uterine gland

阴道 vagina
放射带 zona radiata
卵黄膜周围层 perivitelline layer
卵泡斑 stigma

第十七章

超数排卵 superovulation
成熟卵子 ovum
重组胚 reconstructed embryo
初级卵泡 primary follicle
初级精母细胞 primary spermatocyte
次级精母细胞 secondary spermatocyte
次级卵泡 secondary follicle
动物克隆 animal cloning
第一极体 first polar body, PB1
第二极体 secondary polar body
核移植 nuclear transfer
供体 donor
减数分裂 meiosis
精子发生 spermatogenesis
精子细胞 spermatid
精原细胞 spermatogonia
卵丘-卵母细胞复合体 cumulus-oocyte complex, COC
卵周隙 perivitelline space
卵子发生 oogenesis
卵原细胞 oogonium
胚胎移植 embryo transfer, ET
前列腺素 prostaglandins, PGs
生发泡 germinal vesicle
生发泡破裂 germinal vesicle breakdown, GVBD
生殖工程 reproduction engineering
生殖腺嵴 genital ridge
生殖质 germ plasm
受体 recipient
体外成熟 in vitro maturation, IVM
原始卵泡 primordial follicle
原始生殖细胞 primordial germ cell, PGC
不全型卵裂 meroblastic cleavage
雌原核 female pronucleus
顶体反应 acrosomal reaction
合子 zygote
脊索 notochord
精子获能 capacitation
卵黄膜反应 vitelline reaction
卵裂 cleavage
卵裂球 blastomere
内细胞团 inner cell mass
囊胚 blastula
胚泡 blastocyst
胚泡腔 blastocoele
全裂 holoblastic cleavage
桑葚胚 morula
神经板 neural plate
神经沟 neural groove
神经管 neural tube
神经褶 neural fold
受精 fertilization
体节 somite
体腔 coelome
透明带反应 zona reaction
雄原核 male pronucleus
原肠 primitive gut
外胚层 ectoderm
内胚层 endoderm
原肠胚 gastrula
原肠腔 gastrocoele
原沟 primitive groove
原结 primitive knot
原条 primitive streak
原窝 primitive pit
原褶 primitive fold
植入 implantation
中胚层 mesoderm
滋养层 trophoblastic layer
牙胚 tooth germ
成釉器 enamel organ

拉司克囊 Rathke pouch
鳃囊 branchial pouch
咽囊 pharyngeal pouch
鳃沟 branchial groove
肝憩室 liver diverticulum
喉气管沟 laryngotracheal groove
喉气管憩室 laryngotracheal diverticulum
肺芽 lung bud
尿生殖嵴 urogenital ridge
生肾嵴 nephrogenic crest
生殖嵴 genital crest
前肾 pronephros
中肾 mesonephros
后肾 metanephros
生后肾组织 metanephrogenic tissue
生殖质 germ plasm
朦胧子 nuage
生殖新月 germinal crescent
生殖索 gonadal cord
皮质索 cortical card
血岛 blood island
松果体旁器 parapineal organ
胚外膜 embryonic membrane
胎盘 fetal membrane
胎膜 fetal membrane
卵黄囊 yolk sac
羊膜 amnion
浆膜 serosa
尿囊 allantois
卵黄囊柄 yolk stalk
绒毛膜 chorion
脐带 umbilical cord
卵黄囊胎盘 yolk sac placenta
卵黄囊绒毛膜胎盘 choriovitelline placenta
尿囊胎盘 allantoic placenta
尿囊绒毛膜胎盘 chorioallantoic placenta
胎盘屏障 placental barrier
弥散型胎盘 diffuse placenta
子叶型胎盘 cotyledonary placenta
环带状胎盘 zonary placenta
盘状胎盘 discoidal placenta
上皮绒毛膜胎盘 epitheliochorial placenta
结缔绒毛膜胎盘 syndesmochorial placenta
内皮绒毛膜胎盘 endotheliochorial placenta
血绒毛膜胎盘 hemochorial placenta
血内皮胎盘 hemoendothelial placenta
蜕膜胎盘 decidual placenta
非蜕膜胎盘 non-decidual placenta